线性锥优化导论

Introduction to Linear Conic Optimization

邢文训 方述诚 编著

清华大学出版社
北京

内 容 简 介

线性锥优化是线性规划的延伸，也是非线性规划，尤其是二次规划的一种新型研究工具，其理论性强、应用面广，值得深入研究。本书系统地介绍了线性锥优化的相关理论、模型和计算方法，主要内容包括：线性锥优化简介，凸集和凸函数基础知识，最优性条件与对偶，可计算线性锥优化，应用案例和内点算法软件介绍等。

在内容上，本书不仅包含了线性规划、二阶锥规划和半定规划等基本模型，还引进二次函数锥规划来探讨更一般化的线性锥优化模型。同时，在共轭对偶理论的基础上，系统地建立了线性锥优化的对偶模型，给出了原始与对偶模型之间的强对偶条件。本书主要总结了我们过去多年以科学出版社 2013 年出版的《线性锥优化》为辅助教材的教学过程中所发现的问题和积累的经验，大量增加了二阶锥可表示和半定锥可表示的一些实例和习题，使读者更容易掌握线性锥优化模型建立的一些基本方法和技巧，可看成该书的一个教学版本。本书可作为最优化相关专业研究生、高年级本科生的教材，也可作为相关专业教师、科研人员的参考书。

图书在版编目(CIP)数据

线性锥优化导论/邢文训，方述诚编著. —北京：清华大学出版社，2020.7
ISBN 978-7-302-55504-9

Ⅰ. ①线…　Ⅱ. ①邢…　②方…　Ⅲ. ①线性规划　Ⅳ. ①O221.1

中国版本图书馆 CIP 数据核字(2020)第 085261 号

责任编辑：刘　颖
封面设计：常雪影
责任校对：王淑云
责任印制：杨　艳

出版发行：清华大学出版社
网　　址：http://www.tup.com.cn，http://www.wqbook.com
地　　址：北京清华大学学研大厦 A 座　　**邮　　编**：100084
社 总 机：010-62770175　　**邮　　购**：010-62786544
投稿与读者服务：010-62776969，c-service@tup.tsinghua.edu.cn
质量反馈：010-62772015，zhiliang@tup.tsinghua.edu.cn
印 装 者：北京嘉实印刷有限公司
经　　销：全国新华书店
开　　本：185mm×260mm　　**印　　张**：12.75　　**字　　数**：310 千字
版　　次：2020 年 8 月第 1 版　　**印　　次**：2020 年 8 月第1 次印刷
定　　价：45.00 元

产品编号：086106-01

前言
FOREWORD

线性锥优化是对决策变量取自一个锥，而约束和目标函数为决策变量的线性函数这类优化问题研究的统称，其内容包括模型的建立、最优解性质的理论分析、最优解的计算求解和模型的应用等议题。最简单的线性锥优化问题其实就是大家熟悉的线性规划问题，其决策变量限定在$\mathbb{R}^n_+$这个锥上，而目标和约束都是决策变量的线性函数。线性规划问题是线性锥优化中最为经典、最为著名的一类。自 1947 年 George B. Dantzig 提出单纯形算法后，线性规划问题在许多学科中得到了广泛的应用。虽说单纯形算法非常实用，但在极端情况下，研究者举出了计算效率降至极低的实例。20 世纪 70 年代末期椭球算法以及 80 年代初期内点算法的出现，证明了线性规划问题是多项式时间可计算的。由此学术界更期望在给定的精度下发现更多的多项式时间可计算（简称可计算）问题。研究者相继提出了二阶锥规划、半定规划等可计算问题，并在大量实际问题中得到应用，由此引发了人们对线性锥优化问题的关注和研究兴趣。

线性锥优化问题涵盖线性规划、二阶锥规划和半定规划这些可计算问题，使得大量实际应用问题得以有效求解。同时，像二次约束二次规划这种理论问题也可以在其框架下研究和求解。因此，线性锥优化非常具有代表性和挑战性。如何利用锥的特殊结构来扩大我们在理论上对一些困难问题的了解和如何实现近似计算求解，成为数学规划领域中的一个重要的研究方向。

基于对 2013 年版《线性锥优化》一书多年教学中发现的问题和积累的经验，本书主要选取了原《线性锥优化》一书的第 1 章至第 4 章、第 7 章和附录的部分内容，大量增加了二阶锥可表示和半定锥可表示的一些问题，使读者掌握化成线性锥优化模型的一些基本方法和技巧，并在每章最后加入小结和习题，算是《线性锥优化》一书的一个教学版本，可作为凸分析和线性锥优化的一本完整教材。本书充分考虑凸分析内容的完整性与线性锥优化的相关性，在 Euclidean 空间的假设下，给出凸分析的相关结论。对原《线性锥优化》一书的内容进行了重新编排和修正，对其中的一些证明进行了简化和补充，以便于读者掌握相关凸分析的基础理论和证明技巧。

本书可作为最优化相关专业研究生、高年级本科生、教师、科研人员的教材或参考书。

作为引论，本书第 1 章从应用的视角分别介绍了隶属于线性规划、二阶锥规划、半定规划和二次函数锥规划的线性规划问题、Torricelli 点问题、相关阵满足性问题和最大割问题及其数学模型的建立。具有运筹学、高等数学基础知识的读者阅读这一章不会有太大困难。第 2、3 章介绍凸分析和非线性规划的基础知识，为后续章节内容做准备。特别需要关注这两章中关于相对内点内容的讨论和对偶观点的介绍。第 4、5 章为本书的核心。第 4 章介绍最优性条件和共轭对偶优化问题，由此给出了线性锥优化问题最优解可达的充分条件这个核心结论。第5章具体给出可计算线性锥优化的模型和理论结果，包括线性规划、二阶锥规划和半定规划三类模型。由于具备多项式时间可计算的特点，这三类模型在很多实际问题中得以应用。可计算线性锥优化问题的计算一般采用内点算法，第5章对内点算法的框架给予简单介绍。第6章选择了若干个典型问题，介绍线性锥优化的应用。为了便于线性锥优化的研究和应用，我们在第7章中简单介绍内点算法软件CVX的使用。本书多处通过例子介绍二次函数锥规划的模型，从而让读者了解一类难于求解的线性锥优化问题。

本书在清华大学教学中多次使用，得到很多同仁和同学的指正，特别是2019年秋季学期课程“数学规划Ⅱ”的全体同学为本书提出修改建议并完成了全部习题的解答。在此，我们对所有给予我们帮助的各位同仁和同学表示衷心的感谢！也感谢国家自然科学基金(11771243)的部分资助！

最后也最为重要的是：如果没有家庭的支持，我们的工作是绝无可能完成的。谨将此书献给赵继新、方先安、李娟、邢睿磊！谢谢他们无尽的体谅和支持。

邢文训　方述诚

2019年冬

常用符号

$\mathbb{R}$	实数集合
$\mathbb{R}_+$	非负实数集合
$\mathbb{R}_{++}$	正实数集合
$\mathbb{R}^n$	n 维实向量空间
$\mathbb{R}^n_+$	n 维非负实向量集合
$\mathbb{R}^n_{++}$	n 维正实向量集合
$\cup,\cap$	集合运算符号：并，交
$\in,\notin,\subseteq$	属于，不属于，集合包含于
a_i,b_i,f_i 等带下标的小写字母	表示列向量第 i 个分量
a,b,f 等小写字母	黑体表示向量，白体表示实数
$\boldsymbol{a}^i,\boldsymbol{b}^i,\boldsymbol{f}^i$ 等带上标的小写字母	表示第 i 个列向量
$\alpha,\beta,\alpha_i,\beta_i$ 等希腊字母	黑体表示向量，白体表示实数
$\boldsymbol{A},\boldsymbol{B},\boldsymbol{Q}$ 或 $\boldsymbol{A}_i,\boldsymbol{B}_i,\boldsymbol{Q}_i$ 等大写字母	表示矩阵
$\mathrm{diag}(x_1,x_2,\cdots,x_n)$	表示对角元为 $x_1,x_2,\cdots,x_n$ 的对角矩阵
$\boldsymbol{A}\succeq\boldsymbol{B},\boldsymbol{A}\succ\boldsymbol{B}$	$\boldsymbol{A}-\boldsymbol{B}$ 为半正定，正定矩阵
$\boldsymbol{x}^{\mathrm{T}},\boldsymbol{A}^{\mathrm{T}}$	列向量 $\boldsymbol{x}$、矩阵 $\boldsymbol{A}$ 的转置
$\mathcal{C},\mathcal{F},\mathcal{X},\mathcal{K}$等大写花字母	表示集合
$\mathcal{C}^*,\mathcal{X}^*,\mathcal{K}^*$ 等大写花字母	表示对偶集合
$\mathcal{M}(m,n)$	$m\times n$ 实矩阵集
$\mathcal{S}^n$	n 阶实对称矩阵集
$\mathcal{S}^n_+$	n 阶实对称半正定矩阵集
$\mathcal{S}^n_{++}$	n 阶实对称正定矩阵集
$\mathcal{N}(\boldsymbol{A})$	矩阵 $\boldsymbol{A}$ 的零空间
$\mathcal{R}(\boldsymbol{A})$	矩阵 $\boldsymbol{A}$ 的列生成空间
$\mathrm{rank}(\boldsymbol{A})$	矩阵 $\boldsymbol{A}$ 的秩
inf,sup	下确界，上确界
min,max	极小，极大
$\dim(\mathcal{X})$	集合$\mathcal{X}$的维数
$\mathrm{tr}(\boldsymbol{A})$	矩阵 $\boldsymbol{A}$ 的迹
$\cdot$	内积
$\\|\boldsymbol{x}\\|$	向量 $\boldsymbol{x}$ 的范数
$\lvert x\rvert$	实数 x 的绝对值

$\mathcal{N}(\boldsymbol{x},\delta)$	以 $\boldsymbol{x}$ 为中心，半径为 δ 的开球邻域
$\mathrm{cl}(\mathcal{X})$	集合$\mathcal{X}$的闭包集合
$\mathrm{int}(\mathcal{X})$	集合$\mathcal{X}$的内点集合
$\mathrm{bdry}(\mathcal{X})$	集合$\mathcal{X}$的边界点集合
$\mathrm{ri}(\mathcal{X})$	集合$\mathcal{X}$的相对内点集合
$\mathrm{conv}(\mathcal{G})$	集合$\mathcal{G}$的凸包
$\mathrm{cone}(\mathcal{G})$	集合$\mathcal{G}$的锥包
“O”，“o”	大小的级别
$\nabla f(\boldsymbol{x})$	函数 $f(\boldsymbol{x})$的梯度
$\nabla^2 f(\boldsymbol{x})$	函数 $f(\boldsymbol{x})$的 Hessian 矩阵
$\mathrm{conv}(f)$	函数 $f(\boldsymbol{x})$的凸包函数
$\mathrm{epi} f$	函数 $f(\boldsymbol{x})$的上方图
$\partial f(\boldsymbol{x})$	函数 $f(\boldsymbol{x})$在 $\boldsymbol{x}$ 点的次梯度集合
$\mathcal{D}_{\mathcal{G}}$	集合$\mathcal{G}$上的非负二次函数锥
$\mathcal{CP}^n$	n 阶协正锥
$\mathcal{CP}^n_{\mathcal{G}}$	集合$\mathcal{G}$上的 n 阶协正锥

目录
CONTENTS

第1章

引　论

本章将通过一些简单例子的介绍，分别引出线性锥优化（linear conic programming 或 linear conic optimization）中的线性规划、二阶锥规划（second-order conic programming）、半定规划（semi-definite programming）和非负二次函数锥规划（conic programming over the cone of nonnegative quadratic functions）等模型，从而对线性锥优化有一个初步的认识。

线性锥优化比线性优化多出的一个"锥"字，主要指决策变量在锥集合中选取。所谓的锥集合$\mathcal{C}\subseteq\mathbb{R}^n$ 定义为：任取 $\boldsymbol{x}\in\mathcal{C}$和正实数 $\theta\in\mathbb{R}_{++}$，$\theta\boldsymbol{x}\in\mathcal{C}$ 恒成立。简而言之，线性锥优化问题定义为：决策变量在一个锥中定义，目标函数和约束函数关于决策变量为线性函数；在满足约束的条件下，选取一个决策变量使得目标函数值最优。

第1节　线性规划

线性规划模型的最早提出者可以追溯到 1939 年的俄罗斯科学家 Leonid Kantorovich，他当时建立了车间产品生产的一个初始线性规划模型。随着第二次世界大战的结束，一些运筹学的核心内容得以公开。George B. Dantzig 于 1947 年提出了一套完整的线性规划模型和单纯形算法，解决军方的物资和人员调度问题，翌年与 John von Neumann 讨论后形成了对偶理论。由此线性规划成为一套完整的体系，在大量实际问题中得以广泛应用。虽说单纯形算法有非常好的实际计算效果，但 1969 年 Klee 和 Minty[27] 在理论上证实该算法是指数复杂度的。第一部关于线性规划理论的专著成型于 1963 年[9]。单纯形算法提出的 30 多年后，L. G. Khachiyan[26] 于 1979 年和 N. Karmarkar[25] 于 1984 年分别给出多项式时间求解线性规划问题的椭球算法和内点算法，这成为运筹学发展的一个里程碑，由此进一步引发人们对线性锥优化和凸优化问题的关注。

线性规划问题的标准模型如下：

$$\begin{aligned}\min\quad & \sum_{j=1}^{n} c_j x_j \\ \text{s.t.}\quad & \sum_{j=1}^{n} a_{ij} x_j = b_i,\quad i=1,2,\cdots,m \\ & \boldsymbol{x}\in\mathbb{R}_{+}^{n},\end{aligned}\tag{1.1}$$

其中 $\boldsymbol{x}=(x_1,x_2,\cdots,x_n)^{\mathrm{T}}$ 为决策变量，$\boldsymbol{c}=(c_1,c_2,\cdots,c_n)^{\mathrm{T}}$ 为给定的 n 维向量，$\boldsymbol{A}=(a_{ij})_{m\times n}$，$\boldsymbol{b}=(b_1,b_2,\cdots,b_m)^{\mathrm{T}}$ 分别为给定的 $m\times n$ 矩阵和 m 维向量，$\mathbb{R}_+^n=\{\boldsymbol{x}\in\mathbb{R}^n \mid \boldsymbol{x}\geqslant\boldsymbol{0}\}$。满足约束条件的点称为可行解，由所有可行解组成的集合称为可行解集合。线性规划问题标准模型(1.1)写成矩阵形式为

$$\begin{aligned}&\min\ \boldsymbol{c}^{\mathrm{T}}\boldsymbol{x}\\&\text{s. t. }\ \boldsymbol{A}\boldsymbol{x}=\boldsymbol{b}\\&\qquad\ \boldsymbol{x}\in\mathbb{R}_+^n。\end{aligned}$$

标准模型具有最小化目标函数、约束方程都取等号和决策变量非负的形式特征。写成标准模型形式一方面有利于问题的识别和分类，另一方面则是有利于数学性质的研究。上述标准模型中，约束是 $\sum_{j=1}^{n} a_{ij}x_j=b_i,i=1,2,\cdots,m$ 的形式，正是大学线性代数中线性方程组的形式，因此，线性代 数的理论可以用来研究线性规划问题。线性规划的实际问题中可能出现最大化目标函数、约束中有“$\leqslant$”或“$\geqslant$”的不等号形式和决策变量非正或无符号约束等情形，可以通过数学模型的转换而得到“等价”的标准模型的形式。优化问题的两个等价模型遵循：两个模型的最优解具有一一对应关系，即一个模型的最优解可唯一确定另外一个模型的最优解，反之亦然。

对目标函数

$$\max\sum_{j=1}^{n}c_jx_j$$

除目标函数值相差一个符号外，可处理成

$$\min\Big(-\sum_{j=1}^{n}c_jx_j\Big)。$$

对约束

$$\sum_{j=1}^{n}a_{ij}x_j\leqslant b_i,$$

通过增加松弛变量 $y_i\geqslant 0$，写成等式

$$\sum_{j=1}^{n}a_{ij}x_j+y_i=b_i。$$

同理，对

$$\sum_{j=1}^{n}a_{ij}x_j\geqslant b_i,$$

通过引进松弛变量 $y_i\geqslant 0$，等式形式成为

$$\sum_{j=1}^{n}a_{ij}x_j-y_i=b_i。$$

对决策变量 $x_j\leqslant 0$，令 $y_j=-x_j$，则成为 $y_j\geqslant 0$。对决策变量 $x_j\in\mathbb{R}$，则

$$x_j=y_j-z_j,\quad y_j\geqslant 0,\quad z_j\geqslant 0$$

是一个等价的表示形式。这里需要特别注意，由于 $x_j=y_j-z_j$ 展开的 y_j 和 z_j 并不唯一，一般情况下，应增加 $y_jz_j=0$ 的要求才能满足等价模型的要求，但由于线性规划模型所具有的特点，这个要求被略去。

在可行解集非空的情况下，不失一般性，标准模型中可以假设 $\boldsymbol{A}$ 的行(row)向量组线性

无关，即 $\operatorname{rank}(\boldsymbol{A})=m$，否则去掉线性相关的行向量不改变可行解集合，也就不影响线性规划问题的最优解，也就有 $m\leqslant n$。

由 $\boldsymbol{A}$ 中 m 列(column)组成的可逆矩阵，记为 $\boldsymbol{B}$，通过列和相应变量的对换，$\boldsymbol{Ax}=\boldsymbol{b}$ 可以写成 $(\boldsymbol{B},\boldsymbol{N})\begin{pmatrix}\boldsymbol{x}_B\\ \boldsymbol{x}_N\end{pmatrix}=\boldsymbol{b}$。当满足 $\boldsymbol{B}^{-1}\boldsymbol{b}\geqslant\boldsymbol{0}$ 时，可构造一个 n 维向量 $\boldsymbol{x}\in\mathbb{R}^n$，将 $\boldsymbol{B}$ 对应位置的 m 个分量 $\boldsymbol{x}_B$ 以 $\boldsymbol{B}^{-1}\boldsymbol{b}$ 添加，余下加上 $n-m$ 个 0 分量记为 $\boldsymbol{x}_N$。这个向量称为线性规划问题的一个基础可行解。当一个线性规划问题的最优目标函数值有下界时，其最优解一定可在某个基础可行解达到[13]。这样的结果使得求解线性规划问题的最优解变得非常直观，我们最多枚举 $C_n^m=\dfrac{n(n-1)\cdots(n-m+1)}{m(m-1)\cdots 1}$ 个满足以上条件的 $\boldsymbol{B}$ 即可得到。George B. Dantzig 的单纯形算法是一个非常精巧的枚举基础可行解的辗转替换方法。V. Klee 和 G. J. Minty[27] 给出的一个实例证明单纯形算法在最坏的情形下是指数时间的算法。L. G. Khachiyan[26] 给出以椭球覆盖最优可行解区域然后逐步分割的椭球算法，N. Karmarkar[25] 则提出从可行解区域内点出发搜索最优解的内点算法。这两个算法被证明具有多项式时间的计算复杂性，由此确定了线性规划问题为一类多项式时间可计算问题。

观察模型(1.1)，决策变量的定义域为 $\mathbb{R}_+^n$，目标函数为线性函数，约束方程为线性方程。不难验证 $\mathbb{R}_+^n$ 满足锥集合的定义，所以线性规划问题是一个线性锥优化问题。

第 2 节 Torricelli 点问题

该问题的起源可以追溯到 17 世纪著名法国数学家 Pierre de Fermat(1601—1665)提出的一个问题：给定平面上的三个点 $\boldsymbol{a}=(a_1,a_2)^{\mathrm{T}}$，$\boldsymbol{b}=(b_1,b_2)^{\mathrm{T}}$ 和 $\boldsymbol{c}=(c_1,c_2)^{\mathrm{T}}$，求平面上的一点 $\boldsymbol{x}=(x_1,x_2)^{\mathrm{T}}$ 使其与这三个点的距离之和最小。意大利数学家 E. Torricelli(1608—1647)给出一个求解方法，这个问题也因此得名。其优化模型为

$$
\begin{aligned}
\min\quad & t_1+t_2+t_3\\
\text{s. t.}\quad & [(x_1-a_1)^2+(x_2-a_2)^2]^{1/2}\leqslant t_1\\
& [(x_1-b_1)^2+(x_2-b_2)^2]^{1/2}\leqslant t_2\\
& [(x_1-c_1)^2+(x_2-c_2)^2]^{1/2}\leqslant t_3\\
& x_1,x_2,t_1,t_2,t_3\in\mathbb{R}。
\end{aligned}
\tag{1.2}
$$

记

$$
\begin{cases}y_1=x_1-a_1\\ y_2=x_2-a_2\end{cases}\quad
\begin{cases}z_1=x_1-b_1\\ z_2=x_2-b_2\end{cases}\quad
\begin{cases}w_1=x_1-c_1\\ w_2=x_2-c_2\end{cases}。
$$

则有

$$
(y_1^2+y_2^2)^{1/2}\leqslant t_1,\quad (z_1^2+z_2^2)^{1/2}\leqslant t_2,\quad (w_1^2+w_2^2)^{1/2}\leqslant t_3。
$$

记

$$
\mathcal{L}^3=\{(x_1,x_2,t)^{\mathrm{T}}\in\mathbb{R}^3:(x_1^2+x_2^2)^{1/2}\leqslant t\}。
$$

以变量替换消除 x_1,x_2 项，则模型(1.2)可以等价表示为

$$\begin{aligned}\min\quad & t_1+t_2+t_3\\ \text{s.t.}\quad & y_1-z_1=b_1-a_1\\ & y_1-w_1=c_1-a_1\\ & y_2-z_2=b_2-a_2\\ & y_2-w_2=c_2-a_2\\ & (y_1,y_2,t_1)^{\mathrm T}\in\mathcal{L}^3,\quad (z_1,z_2,t_2)^{\mathrm T}\in\mathcal{L}^3,\quad (w_1,w_2,t_3)^{\mathrm T}\in\mathcal{L}^3。\end{aligned}\tag{1.3}$$

将模型(1.3)的定义域写成 Cartesian 积的形式$\mathcal{L}^3\times\mathcal{L}^3\times\mathcal{L}^3$。容易验证，对任意$(x_1,x_2,t)^{\mathrm T}\in\mathcal{L}^3$和$\theta>0$，有

$$\sqrt{(\theta x_1)^2+(\theta x_2)^2}=\theta\sqrt{(x_1)^2+(x_2)^2}\leqslant\theta t,$$

即$\theta(x_1,x_2,t)^{\mathrm T}\in\mathcal{L}^3$。由此得知模型(1.3)的定义域$\mathcal{L}^3\times\mathcal{L}^3\times\mathcal{L}^3$是一个锥。$\mathcal{L}^3$被称为一个三维的二阶锥(second-order cone)，由于其图形像一个冰淇淋，也称为冰淇淋锥。

观察模型(1.3)的目标函数和约束方程，它们都是线性函数，决策变量取自锥$\mathcal{L}^3\times\mathcal{L}^3\times\mathcal{L}^3$，因此模型(1.3)称为一个二阶锥规划问题，是一个线性锥优化问题。特别地，当形如模型(1.3)中所有线性约束取等式时，我们称其为二阶锥规划的标准模型。

第3节 相关阵满足性问题

对于两个随机变量$\boldsymbol{X},\boldsymbol{Y}$，它们的相关系数定义为

$$r(\boldsymbol{X},\boldsymbol{Y})=\frac{\operatorname{cov}(\boldsymbol{X},\boldsymbol{Y})}{\sqrt{\operatorname{var}(\boldsymbol{X})\operatorname{var}(\boldsymbol{Y})}},$$

其中

$$\operatorname{cov}(\boldsymbol{X},\boldsymbol{Y})=E(\boldsymbol{X}-E(\boldsymbol{X}))(\boldsymbol{Y}-E(\boldsymbol{Y}))$$

称为$\boldsymbol{X},\boldsymbol{Y}$的协方差，

$$\operatorname{var}(\boldsymbol{X})=E(\boldsymbol{X}-E(\boldsymbol{X}))^2$$

称为$\boldsymbol{X}$的方差，$E(\boldsymbol{X})$表示$\boldsymbol{X}$的数学期望。对于给定的n个随机变量$\boldsymbol{X}_1,\boldsymbol{X}_2,\cdots,\boldsymbol{X}_n$，其对应的随机变量相关阵(correlation matrix)定义为$(r(\boldsymbol{X}_i,\boldsymbol{X}_j))$。

对任意给定的$\boldsymbol{x}=(x_1,x_2,\cdots,x_n)^{\mathrm T}\in\mathbb{R}^n$，记$\boldsymbol{Y}=\sum\limits_{i=1}^{n}x_i\boldsymbol{X}_i$为这些随机变量的任意一个线性组合。由概率论的性质知

$$\operatorname{var}(\boldsymbol{Y})=E(\boldsymbol{Y}-E(\boldsymbol{Y}))^2\geqslant 0$$

因此有

$$\begin{aligned}\operatorname{var}(\boldsymbol{Y})=E(\boldsymbol{Y}-E(\boldsymbol{Y}))^2&=\sum_{i=1}^{n}\sum_{j=1}^{n}\operatorname{cov}(\boldsymbol{X}_i,\boldsymbol{X}_j)x_ix_j\\ &=\sum_{i=1}^{n}\sum_{j=1}^{n}r(\boldsymbol{X}_i,\boldsymbol{X}_j)\sqrt{\operatorname{var}(\boldsymbol{X}_i)}\,x_i\sqrt{\operatorname{var}(\boldsymbol{X}_j)}\,x_j\\ &=\sum_{i=1}^{n}\sum_{j=1}^{n}r(\boldsymbol{X}_i,\boldsymbol{X}_j)y_iy_j\geqslant 0\end{aligned}$$

对任意的$\boldsymbol{y}=(y_1,y_2,\cdots,y_n)^{\mathrm T}\in\mathbb{R}^n$成立，其中$y_i=\sqrt{\operatorname{var}(\boldsymbol{X}_i)}\,x_i$。由二次函数的性质知，

随机变量相关阵$(r(\boldsymbol{X}_i,\boldsymbol{X}_j))$有半正定性。

假设有三个随机变量 $\boldsymbol{A}$,$\boldsymbol{B}$ 和 $\boldsymbol{C}$。它们的相关系数 ρ_{AB},ρ_{AC} 和 ρ_{BC} 一定满足

$$\begin{pmatrix} 1 & \rho_{AB} & \rho_{AC} \\ \rho_{AB} & 1 & \rho_{BC} \\ \rho_{AC} & \rho_{BC} & 1 \end{pmatrix} \succeq \mathbf{0},$$

其中“$\succeq$”表示矩阵的半正定关系。假设我们通过一些先验知识(如大量的数值实验)得到 $-0.2\leqslant\rho_{AB}\leqslant-0.1$ 和 $0.4\leqslant\rho_{BC}\leqslant0.5$,那么 ρ_{AC} 可以在什么范围内变化?

非常直观,我们可以建立相关阵满足性问题(correlation matrix satisfying problem)的以下模型:

$$\begin{aligned} \min/\max\quad & \rho_{AC} \\ \text{s.t.}\quad & -0.2\leqslant\rho_{AB}\leqslant-0.1 \\ & 0.4\leqslant\rho_{BC}\leqslant0.5 \\ & \rho_{AA}=\rho_{BB}=\rho_{CC}=1 \\ & \begin{pmatrix} \rho_{AA} & \rho_{AB} & \rho_{AC} \\ \rho_{AB} & \rho_{BB} & \rho_{BC} \\ \rho_{AC} & \rho_{BC} & \rho_{CC} \end{pmatrix} \succeq \mathbf{0}。 \end{aligned} \tag{1.4}$$

沿用前两节建立模型的思路,对模型(1.4)的变量重新表示为:$\rho_{AA}=x_{11}$,$\rho_{AB}=x_{12}$,$\rho_{AC}=x_{13}$,$\rho_{BB}=x_{22}$,$\rho_{BC}=x_{23}$,$\rho_{CC}=x_{33}$,增加松弛变量 x_{44},x_{55},x_{66},x_{77},再扩大到一个变量矩阵$(x_{ij})_{7\times7}$,模型(1.4)可等价地表示为

$$\begin{aligned} \min/\max\quad & x_{13} \\ \text{s.t.}\quad & x_{12}+x_{44}=-0.1 \\ & x_{12}-x_{55}=-0.2 \\ & x_{23}+x_{66}=0.5 \\ & x_{23}-x_{77}=0.4 \\ & x_{11}=x_{22}=x_{33}=1 \\ & x_{ij}=0,\begin{cases} 1\leqslant i\leqslant 3 \text{ 且 } 4\leqslant j\leqslant 7 \\ 4\leqslant i\leqslant 7 \text{ 且 } 1\leqslant j\leqslant 3 \\ 4\leqslant i,\quad j\leqslant 7 \text{ 且 } i\neq j \end{cases} \\ & (x_{ij})\in\mathcal{S}_+^7, \end{aligned} \tag{1.5}$$

其中“$\mathcal{S}_+^7$”表示 7 阶对称半正定矩阵集合。

$\mathcal{S}_+^7$ 明显具有锥的特性,因为任何一个半正定矩阵乘上一个正数仍为半正定矩阵。由于模型(1.5)的目标和约束函数都具有线性且决策变量取自锥$\mathcal{S}_+^7$,因此我们称其为一个半定规划问题,它是一个线性锥优化问题。特别地,模型(1.5)中的函数约束都为等号,我们称其为半定规划的标准模型。

第 4 节 最大割问题

最大割(max-cut)是组合最优化中的经典问题之一,其描述如下:给定一个无向图 $G=(N,E)$,结点集为 $N=\{1,2,\cdots,n\}$,边集 $E=\{(i,j)\mid i,j\in N=\{1,2,\cdots,n\}\}$和$(i,j)\in E$

边上的权重 $w_{ij}\geqslant 0$，求结点集 N 的一个划分 (S,S')，即 $S\cup S'=N$ 且 $S\cap S'=\varnothing$，使得连接 S 和 S' 之间边上的权重和最大。

当 i 落入 S 时，选取决策变量 $x_i=1$，否则 $x_i=-1$。不失一般性，定义 $w_{ij}=0,(i,j)\notin E$，则目标函数可表示为

$$\begin{aligned}&\frac{1}{2}\Big(\sum_{(i,j)\in E}w_{ij}-\sum_{(i,j)\in E}w_{ij}x_ix_j\Big)\\=&\frac{1}{2}\left(\frac{1}{2}\sum_{i,j=1}^{n}w_{ij}-\frac{1}{2}\sum_{i,j=1}^{n}w_{ij}x_ix_j\right)\\=&\frac{1}{4}\sum_{i,j=1}^{n}w_{ij}(1-x_ix_j)。\end{aligned}$$

因此，最大割模型为

$$\begin{aligned}\max\quad&\frac{1}{4}\sum_{i,j=1}^{n}w_{ij}(1-x_ix_j)\\\text{s. t.}\quad&x_i^2=1,i=1,2,\cdots,n。\end{aligned}$$

为了讨论方便，将上面模型写成如下 0-1 二次规划形式：

$$\begin{aligned}\max\quad&\frac{1}{2}\boldsymbol{x}^{\mathrm{T}}\boldsymbol{Q}\boldsymbol{x}\\\text{s. t.}\quad&x_i^2=1,\quad i=1,2,\cdots,n,\end{aligned}\tag{1.6}$$

其中 $\boldsymbol{Q}=\dfrac{\sum_{i,j=1}^{n}w_{ij}}{2n}\boldsymbol{I}-\dfrac{1}{2}(w_{ij})$，$\boldsymbol{I}$ 为单位矩阵。

给定一个 $n\times n$ 矩阵 $\boldsymbol{A}=(a_{ij})$，迹(trace)定义为

$$\operatorname{tr}(\boldsymbol{A})=\sum_{i=1}^{n}a_{ii}。$$

在 n 维实对称矩阵集合 $\mathcal{S}^n$ 上，定义一个由迹形成的运算

$$\boldsymbol{A}\bullet\boldsymbol{X}=\operatorname{tr}(\boldsymbol{A}\boldsymbol{X}^{\mathrm{T}})=\sum_{i=1}^{n}\sum_{j=1}^{n}a_{ij}x_{ij},\quad \boldsymbol{A}=(a_{ij}),\quad \boldsymbol{X}=(x_{ij})\in\mathcal{S}^n。$$

不难验证 $\boldsymbol{A}\bullet\boldsymbol{X}$ 满足

$$\boldsymbol{A}\bullet(k\boldsymbol{X}_1+l\boldsymbol{X}_2)=k\boldsymbol{A}\bullet\boldsymbol{X}_1+l\boldsymbol{A}\bullet\boldsymbol{X}_2,\quad \forall k,l\in\mathbb{R},\boldsymbol{X}_1,\boldsymbol{X}_2\in\mathcal{S}^n,$$

即两对称矩阵的点乘运算是一个关于 $\boldsymbol{X}$ 的线性函数且 $\boldsymbol{A}\bullet\boldsymbol{x}\boldsymbol{x}^{\mathrm{T}}=\boldsymbol{x}^{\mathrm{T}}\boldsymbol{A}\boldsymbol{x},\boldsymbol{x}\in\mathbb{R}^n$。将模型(1.6)等价写成

$$\begin{aligned}\max\quad&\frac{1}{2}\boldsymbol{Q}\bullet\boldsymbol{X}\\\text{s. t.}\quad&\boldsymbol{X}=\boldsymbol{x}\boldsymbol{x}^{\mathrm{T}},\boldsymbol{x}\in\{-1,1\}^n。\end{aligned}$$

对集合

$$\mathcal{Y}=\{\boldsymbol{X}\mid\boldsymbol{X}=\boldsymbol{x}\boldsymbol{x}^{\mathrm{T}},\boldsymbol{x}\in\{-1,1\}^n\},$$

定义它的凸包为

$$\operatorname{conv}(\mathcal{Y})=\left\{\boldsymbol{X}\mid\boldsymbol{X}=\sum_{i=1}^{k}\alpha_i\boldsymbol{X}_i,\sum_{i=1}^{k}\alpha_i=1,\alpha_i\geqslant 0,\boldsymbol{X}_i\in\mathcal{Y},i=1,2,\cdots,k\right\},$$

闭凸包为 conv($\mathcal{Y}$)及其所有的极限点的并集，记为

$$\mathrm{cl}(\mathrm{conv}(\{\boldsymbol{X} \mid \boldsymbol{X}=\boldsymbol{x}\boldsymbol{x}^{\mathrm{T}}, \boldsymbol{x} \in \{-1,1\}^n\}))。$$

考虑模型(1.6)的一个扩大可行解集合的松弛优化问题

$$\begin{aligned} \max \quad & \frac{1}{2}\boldsymbol{Q} \cdot \boldsymbol{X} \\ \text{s.t.} \quad & \boldsymbol{X} \in \mathrm{cl}(\mathrm{conv}(\{\boldsymbol{X} \mid \boldsymbol{X}=\boldsymbol{x}\boldsymbol{x}^{\mathrm{T}}, \boldsymbol{x} \in \{-1,1\}^n\})), \end{aligned} \tag{1.7}$$

下面将证明其与模型(1.6)有相同的最优目标值。

对模型(1.6)的任意一个可行解 $\boldsymbol{x}$，$\boldsymbol{X}=\boldsymbol{x}\boldsymbol{x}^{\mathrm{T}}$ 为模型(1.7)的一个可行解。因此，模型(1.7)的最优目标值不小于$\frac{1}{2}\boldsymbol{Q} \cdot \boldsymbol{X}=\frac{1}{2}\boldsymbol{x}^{\mathrm{T}}\boldsymbol{Q}\boldsymbol{x}$。继而有模型(1.7)的最优目标值不小于模型(1.6)的最优目标值。

由于模型(1.6)的可行解集为$\{-1,1\}^n$，具有有限个可行解，因此其最优目标值有限，记其最优目标值为 v_{mc}。还是对模型(1.6)的任意一个可行解 $\boldsymbol{x}$，由优化问题的定义，得到模型(1.6)的最优目标值满足

$$v_{mc} \geqslant \frac{1}{2}\boldsymbol{x}^{\mathrm{T}}\boldsymbol{Q}\boldsymbol{x}=\frac{1}{2}\boldsymbol{Q} \cdot \boldsymbol{X}, \quad \boldsymbol{X}=\boldsymbol{x}\boldsymbol{x}^{\mathrm{T}}。$$

对 $\forall \boldsymbol{x}^l \in \{-1,1\}^n$，$\lambda_l \geqslant 0$，$1 \leqslant l \leqslant k$，$\sum\limits_{l=1}^{k} \lambda_l=1$，令 $\boldsymbol{X}^l=\boldsymbol{x}^l(\boldsymbol{x}^l)^{\mathrm{T}}$，再加上 $\boldsymbol{Q} \cdot \boldsymbol{X}$ 关于 $\boldsymbol{X}$ 所具有的线性性质，进一步得到

$$v_{mc} \geqslant \sum_{l=1}^{k} \frac{\lambda_l}{2}(\boldsymbol{x}^l)^{\mathrm{T}}\boldsymbol{Q}\boldsymbol{x}^l=\frac{1}{2}\boldsymbol{Q} \cdot \sum_{l=1}^{k}\lambda_l\boldsymbol{X}^l,$$

即

$$v_{mc} \geqslant \frac{1}{2}\boldsymbol{Q} \cdot \boldsymbol{X}, \quad \forall \boldsymbol{X} \in \mathrm{conv}(\{\boldsymbol{x}\boldsymbol{x}^{\mathrm{T}} \mid \boldsymbol{x} \in \{-1,1\}^n\}),$$

也就推出

$$v_{mc} \geqslant \frac{1}{2}\boldsymbol{Q} \cdot \boldsymbol{X}, \quad \forall \boldsymbol{X} \in \mathcal{D}=\mathrm{cl}(\mathrm{conv}(\{\boldsymbol{x}\boldsymbol{x}^{\mathrm{T}} \mid \boldsymbol{x} \in \{-1,1\}^n\}))。$$

由此得到模型(1.6)的最优目标值不小于模型(1.7)的最优目标值。因此模型(1.6)和模型(1.7)的最优目标值相同。

对模型(1.7)中仅有的约束集合

$$\mathrm{cl}(\mathrm{conv}(\{\boldsymbol{X} \mid \boldsymbol{X}=\boldsymbol{x}\boldsymbol{x}^{\mathrm{T}}, \boldsymbol{x} \in \{-1,1\}^n\})),$$

按锥的要求定义一个新的锥集合

$$\mathcal{D}=\{\boldsymbol{Y} \mid \boldsymbol{Y}=\theta\boldsymbol{X}, \theta \geqslant 0, \boldsymbol{X} \in \mathrm{cl}(\mathrm{conv}(\{\boldsymbol{X} \mid \boldsymbol{X}=\boldsymbol{x}\boldsymbol{x}^{\mathrm{T}}, \boldsymbol{x} \in \{-1,1\}^n\}))\}。$$

在新的集合中加入约束 $y_{ii}=1, i=1,2,\cdots,n$，就对应原有的集合，由此进一步将模型(1.7)写成

$$\begin{aligned} \max \quad & \frac{1}{2}\boldsymbol{Q} \cdot \boldsymbol{Y} \\ \text{s.t.} \quad & y_{ii}=1, i=1,2,\cdots,n \\ & \boldsymbol{Y}=(y_{ij}) \in \mathcal{D}。 \end{aligned} \tag{1.8}$$

与前 3 节有类似的结论，模型(1.8)具有线性的等式约束及目标函数且决策变量取自锥

$\mathcal{D}$,所以它是一个线性锥优化问题的标准形式。由于锥$\mathcal{D}$与非负二次函数锥(cone of nonnegative quadratic functions)有关[45],我们称模型(1.8)为一个非负二次函数锥规划(conic programming over the cone of nonnegative quadratic functions)问题。

仔细比对上面4节最终的模型会发现,第1节至第3节的模型,虽然有些变量的增加或替换,总可以通过最后模型的最优解还原到原问题的最优解;但对第4节我们只能得到最后的模型(1.8)和原始模型(1.6)有相同的最优目标值这样的结论,无法通过最后模型的最优解给出原始模型的最优解。这正是线性锥优化研究的内涵所在。

小　结

以上列举的线性规划问题、Torricelli点问题、相关阵满足性问题和最大割问题,最终都可以等价地表示为一个具有线性目标函数、一些线性等式约束方程和定义域为锥集合的优化问题形式。这些就是我们后续将要研究的线性锥优化问题。线性规划问题是$\mathbb{R}_+^n$中的锥规划问题,Torricelli点问题是二阶锥规划问题的一个例子,相关阵满足性问题可化成一个半定规划问题,最大割问题等价于一个二次函数锥规划问题。本书后续的内容将揭示前三类问题相对比较简单,是可以通过内点算法在多项式时间内求出最优解的,由此简称为可计算问题,而最后一个问题则相对复杂,目前只能近似求解。

线性锥优化因A. S. Nemirovski在2006年国际数学家大会以"Advances in convex optimization: conic programming"[35]为题的一小时报告得到国际数学界关注。基于线性锥优化中线性规划、二阶锥规划和半定规划问题的可计算性,诸多更为复杂的优化问题通过等价地化成上述模型而得以计算求解。目前已有一些讲义、教材或专著介绍线性锥优化理论和方法,可参考A. Ben-Tal和A. S. Nemirovski[3],Y. Ye[55]和S. Boyd和L. Vandenberghe[7]的著作。他们多将重点放在可计算的线性锥优化模型和应用案例上。他们书中一些应用问题的线性锥优化模型转换和计算非常具有特色。

由于有内点算法求解线性规划、二阶锥规划和半定规划等模型,这就形成了一套研究方法,一是将应用问题等价转换成上述模型,通过等价模型直接求解而得到原问题的最优解,二则是将应用问题松弛成上述模型,通过模型的求解而给出问题的下界或近似解。这些是近期应用研究的一个方向,因此也是本书写作的一个原因。

线性规划、二阶锥规划和半定规划问题具有目标函数为凸函数和可行解区域为凸集的特性,而变量所定义的锥为凸集。最小化凸目标函数且约束集合为凸集的优化问题称为凸优化(convex optimization)问题。显然,凸优化问题比线性锥优化问题涵盖的内容更为广泛,而线性锥优化的研究结果可被凸优化研究借鉴。在S. Boyd和L. Vandenberghe[7]所著有关凸优化的著作中,他们以多项式时间复杂性的内点算法为核心,给出一系列通过内点算法可计算的凸优化问题。

凸分析为线性锥优化和凸优化问题的理论基础,凸分析的系统论著可参考文献[42]。针对线性锥优化问题,相应的论著中以线性锥问题及其对偶问题的强对偶和最优解可达为目标介绍对应的凸分析基础(参考文献[14,55])。在研究凸优化问题时,我们会发现其采用的凸分析理论与线性锥优化介绍部分有很多类似之处(参考文献[4,7,14])。因此,本书的凸优化理论内容可作为凸分析的基础来教学。

从算法的角度来看，线性锥优化和凸优化的算法差异巨大。线性锥优化问题主要采用内点算法求解，而研究关注的重点是如何将一个问题写成等价的可计算线性锥优化模型或用一系列可计算的锥优化模型近似求解。除了线性锥优化问题外，一般的凸优化问题不一定可以套用内点算法求解，也不一定是多项式时间可计算的，因此问题如何求解就显得更为重要。这就形成了对凸优化问题求解算法的研究（参考 D. P. Bertsekas 的著作[5]和 Y. Nesterov 的新版著作[37]）。另外，从近期学术界的研究和应用界的需求来看，用内点算法求解线性锥优化问题因其占用空间规模大及计算时间长有时难以满足实际需要，一些计算速度更快但可能损失计算精度的凸优化算法得到关注。因此，快速算法的设计、收敛性和计算复杂性分析成为目前优化领域的一个重点研究方向，而对凸优化算法的研究将是近期学术界的一个研究热点。

我们需要特别强调，并不是所有的线性锥优化问题都可在多项式时间求得最优解，也就是所谓的可计算问题。本章最大割问题等价的二次函数锥规划问题就不是可计算的，我们将在第 5 章第 4 节专门讨论这个话题。

习　题

1.1　将下列问题写成决策变量定义在$\mathbb{R}^n_+$，目标函数为线性函数，约束为线性等式的线性规划问题的标准形式。

(1) $$\begin{aligned}\min\quad & -x_1+x_2\\ \text{s.t.}\quad & 2x_1-x_2\geqslant -2\\ & x_1+2x_2\leqslant 8\\ & x_1\geqslant 0\\ & x_2\geqslant 0。\end{aligned}$$

(2) $$\begin{aligned}\max\quad & -3x_1+2x_2-x_3\\ \text{s.t.}\quad & 50x_1-10x_2=-2\\ & -10x_1-7x_2-x_3\leqslant 200\\ & x_1\geqslant 10\\ & x_3\geqslant -12。\end{aligned}$$

(3) $$\begin{aligned}\max\quad & x_1+x_2+x_3\\ \text{s.t.}\quad & x_1+x_2+x_3\leqslant 2\\ & x_1+x_2-x_3\leqslant 1\\ & x_1\geqslant 0\\ & x_2\geqslant 0。\end{aligned}$$

(4) $$\begin{aligned}\min\quad & x_1-x_3\\ \text{s.t.}\quad & -2x_1+3x_2-4x_3+6x_4\leqslant 3\\ & x_1-x_2+3x_3-2x_4\geqslant 1\\ & x_1+x_2+x_3-x_4\geqslant 3\\ & x_1\geqslant 1, x_3\geqslant 0。\end{aligned}$$

1.2　给定 $\boldsymbol{A}\in\mathcal{S}^n_+$，$\boldsymbol{b}\in\mathbb{R}^n$，$c\in\mathbb{R}$，证明：$\{\boldsymbol{x}\in\mathbb{R}^n \mid \boldsymbol{x}^{\mathrm{T}}\boldsymbol{A}\boldsymbol{x}+\boldsymbol{b}^{\mathrm{T}}\boldsymbol{x}+c\leqslant 0\}$与下列集合相同

$$\left\{\boldsymbol{x}\in\mathbb{R}^n \;\middle|\; \sqrt{\boldsymbol{x}^{\mathrm{T}}\boldsymbol{A}\boldsymbol{x}+\left(\frac{\boldsymbol{b}^{\mathrm{T}}\boldsymbol{x}+c+1}{2}\right)^2}\leqslant\frac{-\boldsymbol{b}^{\mathrm{T}}\boldsymbol{x}-c+1}{2}\right\}。$$

1.3　对给定的 $\boldsymbol{A},\boldsymbol{X}\in\mathcal{S}^n$，定义一个运算 $\boldsymbol{A}\cdot\boldsymbol{X}=\mathrm{tr}(\boldsymbol{A}\boldsymbol{X})$。证明：(1) $\boldsymbol{A}\cdot(k\boldsymbol{X}+l\boldsymbol{Y})=k\boldsymbol{A}\cdot\boldsymbol{X}+l\boldsymbol{A}\cdot\boldsymbol{Y}$，即 $\boldsymbol{A}\cdot\boldsymbol{X}$ 关于 $\boldsymbol{X}$ 是线性函数，其中 $\boldsymbol{X},\boldsymbol{Y}\in\mathcal{S}^n$，$k,l\in\mathbb{R}$。(2) $\boldsymbol{x}^{\mathrm{T}}\boldsymbol{A}\boldsymbol{x}=\boldsymbol{A}\cdot\boldsymbol{x}\boldsymbol{x}^{\mathrm{T}}$，其中 $\boldsymbol{x}\in\mathbb{R}^n$。

1.4　将下列问题写成决策变量定义在$\mathbb{R}^n_+$，$\mathcal{L}^n$或$\mathcal{S}^n_+$锥上，目标函数为线性函数，约束为线性等式的等价标准形式。

(1) min $x_1+2x_2+x_3$

s. t. $\sqrt{x_1^2+x_2^2}-x_3\leqslant 10$

$x_1-x_2+x_3=1$

$x_3\geqslant 1$。

(2) min $x_1^2+2x_2^2$

s. t. $x_1^2+x_2^2-x_3\leqslant 10$

$x_1\geqslant 1$

$x_3\leqslant 2$。

(3) min $x_1^2+2x_2^2-2x_1x_2$

s. t. $x_1^2+x_2^2+2x_1x_2-x_3\leqslant 10$

$x_1\leqslant -1$。

(4) min $x_{11}+x_{22}+x_{33}+x_{13}$

s. t. $x_{11}\geqslant 1$

$x_{22}+x_{33}\leqslant 1$

$(x_{ij})\in\mathcal{S}_+^3$。

(5) min $x+y+z+u$

s. t. $x\geqslant 0$

$z\geqslant 0$

$v\geqslant 0$

$xz-y_2\geqslant 0$

$zv-u^2\geqslant 0$。

1.5 Steiner 问题。(1)(min-max Steiner)设 $\boldsymbol{p}^1,\boldsymbol{p}^2,\cdots,\boldsymbol{p}^k$ 为$\mathbb{R}^n$ 中 k 个给定点,求一点 $\boldsymbol{x}\in\mathbb{R}^n$ 使得该点到所有点的最大距离最小,即优化问题

$$\min\max_{1\leqslant i\leqslant k}\|\boldsymbol{x}-\boldsymbol{p}^i\|_2,$$

其中 $\|\cdot\|_2$ 表示 Euclidean 距离。将其化成等价的线性锥优化问题。(2)加权 Steiner 问题:设 $\boldsymbol{p}^1,\boldsymbol{p}^2,\cdots,\boldsymbol{p}^k$ 为$\mathbb{R}^n$ 中 k 个给定点,$w_1,w_2,\cdots,w_k$ 为给定的正权数,加权 Steiner 问题定义为

$$\min\sum_{i=1}^{k}w_i\|\boldsymbol{x}-\boldsymbol{p}^i\|_2。$$

将其化成等价的线性锥优化问题。

1.6 给定 $\boldsymbol{A}\in\mathcal{S}^n$,(1) 证明:$\lambda_0$ 为 $\boldsymbol{A}$ 的最大特征值充分必要条件是其为如下的线性锥优化问题的最优解

$$\begin{aligned}\min\quad&\lambda\\ \text{s. t.}\quad&\lambda\boldsymbol{I}-\boldsymbol{A}\in\mathcal{S}_+^n\\ &\lambda\in\mathbb{R}。\end{aligned}$$

(2) 将上述模型写成等式约束的线性锥优化标准模型。

1.7 最大独立集(maximum independent set)问题。给定一个无向图 $G=(N,E)$,其中 N 表示有 n 个结点的结点集,$E=\{(i,j)\mid,i,j\in N\}$为给定的边集。求一个具有最多结点数的子集 $S\subseteq N$ 使得 S 中的任意两个结点 $i,j\in S$ 都满足$(i,j)\notin E$。这个问题可以等价地表示成如下的优化问题:

$$\begin{aligned}\max\quad&\sum_{i=1}^{n}x_i\\ \text{s. t.}\quad&x_ix_j=0,(i,j)\in E\\ &x_i\in\{0,1\},\quad i=1,2,\cdots,n。\end{aligned}$$

分别给出决策变量 x_i 取值、最优解和最优目标值的含义。仿效第 4 节,写出与其最优目标值相同的线性锥优化模型并证明你的结论。

第2章

集合、空间和矩阵正定性

本章将规范一些集合的常用符号和概念，给出一些有关集合的基本结论。第 1 节主要介绍集合、线性空间与范数的基本概念和基本运算，引出了 Euclidean 空间的概念。第 2 节介绍一些有关正定矩阵的性质，用于后续章节一些理论分析。第 3 节给出凸集合的相关性质和锥的概念。第 4 节给出对偶集合的概念和性质。最后是本章的小结和习题。

第 1 节　集合、线性空间与范数

2.1.1　集合与运算

集合是一些元素的群体。对于集合$\mathcal{A}$，$\mathcal{B}$和全集 Ω，常用的集合运算有：交、并、差和补，定义分别如下：

（1）交运算。$\mathcal{A}\cap\mathcal{B}=\{x\in\Omega \mid x\in\mathcal{A}且\ x\in\mathcal{B}\}$；

（2）并运算。$\mathcal{A}\cup\mathcal{B}=\{x\in\Omega \mid x\in\mathcal{A}或\ x\in\mathcal{B}\}$；

（3）差运算。$\mathcal{A}\backslash\mathcal{B}=\{x\in\Omega \mid x\in\mathcal{A}但\ x\notin\mathcal{B}\}$；

（4）补运算。$\bar{\mathcal{A}}=\Omega\backslash\mathcal{A}$。

一个集合的负元素集定义为

$$-\mathcal{A}=\{-x\in\Omega \mid x\in\mathcal{A}\}。$$

两个集合的加和减运算分别定义为

$$\mathcal{A}+\mathcal{B}=\{x+y\in\Omega \mid x\in\mathcal{A},y\in\mathcal{B}\},$$
$$\mathcal{A}-\mathcal{B}=\mathcal{A}+(-\mathcal{B})。$$

集合运算的简单性质有

$$\overline{\mathcal{A}\cap\mathcal{B}}=\bar{\mathcal{A}}\cup\bar{\mathcal{B}},\quad \overline{\mathcal{A}\cup\mathcal{B}}=\bar{\mathcal{A}}\cap\bar{\mathcal{B}},\quad \overline{(\bar{\mathcal{A}})}=\mathcal{A}。$$

本书中还会用到 Cartesian 积集合运算。设$\mathcal{A}$及其全集 Ω_1 和$\mathcal{B}$及其全集 Ω_2，定义两个集合的 Cartesian 积为

$$\mathcal{A}\times\mathcal{B}=\left\{\begin{pmatrix}x\\y\end{pmatrix}\in\Omega_1\times\Omega_2 \mid x\in\mathcal{A},y\in\mathcal{B}\right\}。$$

2.1.2 向量与线性空间

记全体实数集合为$\mathbb{R}$。$\boldsymbol{x}=(x_1,x_2,\cdots,x_n)^{\mathrm{T}}$ 表示一个 n 维实列(column)向量,其中“T”为转置符号。实向量的全体用$\mathbb{R}^n$ 表示,即

$$\mathbb{R}^n=\{\boldsymbol{x}=(x_1,x_2,\cdots,x_n)^{\mathrm{T}}\mid x_i\in\mathbb{R},i=1,2,\cdots,n\}。$$

向量可以用行或列的形式表示,为了规范,本书通篇采用列向量形式。对 $\boldsymbol{x}\in\mathbb{R}^n$,$\boldsymbol{x}\geqslant 0$ 为 $x_i\geqslant 0,i=1,2,\cdots,n$ 的简写形式,称为非负向量。$\mathbb{R}^n$ 中的非负向量集合记为

$$\mathbb{R}_+^n=\{\boldsymbol{x}\in\mathbb{R}^n\mid\boldsymbol{x}\geqslant\boldsymbol{0}\}。$$

$\boldsymbol{A}=(a_{ij})_{m\times n}$ 表示一个由 m 行 n 列实数 $a_{ij},i=1,2,\cdots,m,j=1,2,\cdots,n$ 组成的矩阵,其全体记成$\mathcal{M}(m,n)$。一些常用的特殊矩阵有:$\mathrm{diag}(a_1,a_2,\cdots,a_n)$表示以 $a_1,a_2,\cdots,a_n$ 为对角元素而其他元素为 0 的对角方阵,$\boldsymbol{I}$ 表示对角元素全为 1 的对角方阵。向量是一类特殊的 $n\times 1$ 矩阵。

两个同型矩阵 $\boldsymbol{A}=(a_{ij}),\boldsymbol{B}=(b_{ij})\in\mathcal{M}(m,n)$称为相等,若 $a_{ij}=b_{ij}$ 对所有的 $1\leqslant i\leqslant m,1\leqslant j\leqslant n$ 成立。两个同型矩阵的加法定义为

$$\boldsymbol{A}+\boldsymbol{B}=(a_{ij}+b_{ij})。$$

当 $k\in\mathbb{R},\boldsymbol{A}=(a_{ij})\in\mathcal{M}(m,n)$时,矩阵的数乘运算为

$$k\boldsymbol{A}=(ka_{ij})。$$

当 $\boldsymbol{A}=(a_{ij})\in\mathcal{M}(m,n)$和 $\boldsymbol{B}=(b_{ij})\in\mathcal{M}(n,p)$时,两个矩阵相乘的结果为 $\boldsymbol{AB}=(c_{ij})\in\mathcal{M}(m,p)$,其中 c_{ij} 定义为

$$c_{ij}=\sum_{l=1}^{n}a_{il}b_{lj}。$$

当 $\boldsymbol{A}=(a_{ij})\in\mathcal{M}(m,n)$时,$\boldsymbol{A}$ 的转置矩阵记为 $\boldsymbol{A}^{\mathrm{T}}=(b_{ij})\in\mathcal{M}(n,m)$,其中 b_{ij} 定义为

$$b_{ij}=a_{ji},\quad i=1,2,\cdots,n,j=1,2,\cdots,m。$$

在定义以上的加法和数乘后,$\mathbb{R}^n$ 和$\mathcal{M}(m,n)$分别构成一个线性空间。线性空间有其严格的定义,本书后续内容主要集中在$\mathbb{R}^n$ 和$\mathcal{M}(m,n)$这两个实线性空间上讨论,在此不再扩展介绍这个概念。后续会出现一些有关线性空间和线性子空间的概念,请读者参考任何一本线性代数的教材(如文献[24])。

实线性空间中 $s\geqslant 1$ 个元素$\boldsymbol{\alpha}_1,\boldsymbol{\alpha}_2,\cdots,\boldsymbol{\alpha}_s$ 的线性组合(linear combination)为

$$k_1\boldsymbol{\alpha}_1+k_2\boldsymbol{\alpha}_2+\cdots+k_s\boldsymbol{\alpha}_s,\tag{2.1}$$

其中 $k_1,k_2,\cdots,k_s$ 为实数。若线性组合

$$k_1\boldsymbol{\alpha}_1+k_2\boldsymbol{\alpha}_2+\cdots+k_s\boldsymbol{\alpha}_s=\boldsymbol{0},$$

当且仅当 $k_1=k_2=\cdots=k_s=0$ 时成立,则称$\boldsymbol{\alpha}_1,\boldsymbol{\alpha}_2,\cdots,\boldsymbol{\alpha}_s$ 线性无关(linearly independent)。

当(2.1)式中 $k_1\geqslant 0,k_2\geqslant 0,\cdots,k_s\geqslant 0$ 且 $\sum_{l=1}^{s}k_l=1$ 时,称其为凸组合(convex combination)。去掉组合系数非负的要求,即(2.1)式中只要求 $\sum_{l=1}^{s}k_l=1$ 时,称其为仿射组合(affine combination)。

若线性空间中一个子集合的任意有限个元素的仿射组合还在其中,则称这个子集合为

仿射空间(affine space)。包含原点的仿射空间为一个线性空间。任何一个仿射空间$\mathcal{Y}$可以通过其中的任何一点$\boldsymbol{\alpha}_0 \in \mathcal{Y}$的位移得到一个线性空间

$$\mathcal{X}=\{\boldsymbol{\alpha}-\boldsymbol{\alpha}_0 \mid \boldsymbol{\alpha} \in \mathcal{Y}\}。$$

当$\mathbb{R}^n$中$\boldsymbol{\alpha}_1,\boldsymbol{\alpha}_2,\cdots,\boldsymbol{\alpha}_{s+1}$个点以任何一个点位移后得到的$s$个向量线性无关,则称$\boldsymbol{\alpha}_1,\boldsymbol{\alpha}_2,\cdots,\boldsymbol{\alpha}_{s+1}$仿射线性无关(affine linearly independent)。

一个矩阵称为实对称的,若其满足$\boldsymbol{A}\in\mathcal{M}(n,n)$且$\boldsymbol{A}=\boldsymbol{A}^{\mathrm{T}}$。全体$n$阶实对称矩阵的集合记成$\mathcal{S}^n$。$\mathcal{S}^n$构成一个线性空间,它是$\mathcal{M}(n,n)$的一个线性子空间。

当$\boldsymbol{A}\in\mathcal{M}(m,n)$时,记

$$\mathcal{N}(\boldsymbol{A})=\{\boldsymbol{x}\in\mathbb{R}^n \mid \boldsymbol{A}\boldsymbol{x}=\boldsymbol{0}\},$$

称为$\boldsymbol{A}$的零空间(null space),也就是线性方程组$\boldsymbol{A}\boldsymbol{x}=\boldsymbol{0}$的解空间。定义

$$\mathcal{R}(\boldsymbol{A})=\left\{\boldsymbol{y}\in\mathbb{R}^m \mid \boldsymbol{y}=\boldsymbol{A}\boldsymbol{x}=\sum_{i=1}^{n}x_i\boldsymbol{A}_i,\boldsymbol{x}=(x_1,x_2,\cdots,x_n)^{\mathrm{T}}\in\mathbb{R}^n\right\},$$

称为$\boldsymbol{A}$的列生成的空间,也称为$\boldsymbol{A}$的值域(range of $\boldsymbol{A}$),表示$\boldsymbol{A}$的列向量的所有线性组合所形成的集合,其中$\boldsymbol{A}=(\boldsymbol{A}_1,\boldsymbol{A}_2,\cdots,\boldsymbol{A}_n)$,$\boldsymbol{A}_i$为$\boldsymbol{A}$的第$i$个列向量。

2.1.3　空间、集合的维数与矩阵的秩

一个线性空间$\mathcal{V}$中线性无关元素的最大个数称为空间的维数(dimension),记成$\dim(\mathcal{V})$。

对一个仿射空间$\mathcal{Y}$,任取$\boldsymbol{x}^0\in\mathcal{Y}$,令$\mathcal{X}=\mathcal{Y}-\{\boldsymbol{x}^0\}$,则$\mathcal{X}$为一个线性空间。仿射空间$\mathcal{Y}$的维数定义为$\mathcal{X}$的维数。记成$\dim(\mathcal{Y})$。从仿射线性无关的定义可以看出,仿射空间的维数等于仿射线性无关向量的个数减1。

对一个集合$\mathcal{X}$,记$\mathcal{A}$是包含$\mathcal{X}$的最小仿射空间。该集合的维数定义为$\dim(\mathcal{X})=\dim(\mathcal{A})$。只包含一个点的集合的最小仿射空间为其本身,故其维数为0。

由线性代数理论知,一个矩阵所有列向量中线性无关向量的最大个数同所有行向量中线性无关向量的最大个数相同,因此,一个矩阵$\boldsymbol{A}$的所有列向量(或所有行向量)中线性无关向量的最大个数称为矩阵的秩(rank),记成$\mathrm{rank}(\boldsymbol{A})$。$n$阶单位矩阵的秩$\mathrm{rank}(\boldsymbol{I})=n$。

依据以上定义和线性代数的结论,我们有

$$\dim(\mathbb{R}^n)=\dim(\mathbb{R}^n_+)=n,\quad \dim(\mathcal{M}(m,n))=mn,$$
$$\dim(\mathcal{S}^n)=\frac{n(n+1)}{2},$$
$$\dim(\mathcal{N}(\boldsymbol{A}))=n-\mathrm{rank}(\boldsymbol{A}),\quad \dim(\mathcal{R}(\boldsymbol{A}))=\mathrm{rank}(\boldsymbol{A}),$$

其中$\boldsymbol{A}$是一个$m\times n$矩阵。

2.1.4　行列式、迹、内积和范数

若$\boldsymbol{A}=(a_{ij})$为n阶方阵,$\det(\boldsymbol{A})$表示$\boldsymbol{A}$的行列式(determinant),$\mathrm{tr}(\boldsymbol{A})=\sum_{i=1}^{n}a_{ii}$表示$\boldsymbol{A}$的迹(trace)。以下罗列一些有关迹的结论,请读者作为练习证明。

定理 2.1 迹有下列性质：

(1) $\mathrm{tr}(\boldsymbol{A})=\mathrm{tr}(\boldsymbol{A}^{\mathrm{T}})$，其中 $\boldsymbol{A}$ 是一个 n 阶方阵；

(2) $\mathrm{tr}(\boldsymbol{A}\boldsymbol{B}^{\mathrm{T}})=\mathrm{tr}(\boldsymbol{B}^{\mathrm{T}}\boldsymbol{A})$，其中 $\boldsymbol{A}$ 和 $\boldsymbol{B}$ 是同型矩阵；

(3) $\mathrm{tr}\left(\boldsymbol{A}\left(\sum_{i=1}^{k}\boldsymbol{B}_i\right)^{\mathrm{T}}\right)=\sum_{i=1}^{k}\mathrm{tr}(\boldsymbol{A}\boldsymbol{B}_i^{\mathrm{T}})$，其中 $\boldsymbol{A}$ 和 $\boldsymbol{B}_i$ 是同型矩阵；

(4) $\mathrm{tr}(k\boldsymbol{A}\boldsymbol{B}^{\mathrm{T}})=k\,\mathrm{tr}(\boldsymbol{A}\boldsymbol{B}^{\mathrm{T}})$，其中 k 为实数，$\boldsymbol{A}$ 和 $\boldsymbol{B}$ 是同型矩阵；

(5) $\mathrm{tr}(\boldsymbol{A}^{\mathrm{T}}\boldsymbol{A})\geqslant 0$ 且 $\mathrm{tr}(\boldsymbol{A}^{\mathrm{T}}\boldsymbol{A})=0$ 当且仅当 $\boldsymbol{A}=\boldsymbol{0}$；

(6) $\mathrm{tr}(\boldsymbol{D}\boldsymbol{x}\boldsymbol{x}^{\mathrm{T}})=\boldsymbol{x}^{\mathrm{T}}\boldsymbol{D}\boldsymbol{x}$，其中 $\boldsymbol{D}\in\mathcal{S}^n$，$\boldsymbol{x}\in\mathbb{R}^n$。

在线性空间$\mathcal{V}$上，满足下列四条性质的运算关系"·"称为内积(inner product)：

(1) $\boldsymbol{X}\cdot\boldsymbol{Y}=\boldsymbol{Y}\cdot\boldsymbol{X},\ \forall\,\boldsymbol{X},\boldsymbol{Y}\in\mathcal{V}$；

(2) $\boldsymbol{X}\cdot(\boldsymbol{Y}+\boldsymbol{Z})=\boldsymbol{X}\cdot\boldsymbol{Y}+\boldsymbol{X}\cdot\boldsymbol{Z},\ \forall\,\boldsymbol{X},\boldsymbol{Y},\boldsymbol{Z}\in\mathcal{V}$；

(3) $(k\boldsymbol{X})\cdot\boldsymbol{Y}=k(\boldsymbol{X}\cdot\boldsymbol{Y}),\ \forall\,\boldsymbol{X},\boldsymbol{Y}\in\mathcal{V},k\in\mathbb{R}$；

(4) $\boldsymbol{X}\cdot\boldsymbol{X}\geqslant 0,\ \forall\,\boldsymbol{X}\in\mathcal{V}$且 $\boldsymbol{X}\cdot\boldsymbol{X}=0\Leftrightarrow\boldsymbol{X}=\boldsymbol{0}$。

当一个线性空间定义内积后，就可以定义范数和角度。$\boldsymbol{X}\in\mathcal{V}$的范数(norm)可以定义为

$$\|\boldsymbol{X}\|=(\boldsymbol{X}\cdot\boldsymbol{X})^{\frac{1}{2}}。$$

由内积的定义，得到 Cauchy-Schwarz 不等式：$\boldsymbol{X},\boldsymbol{Y}\in\mathcal{V}$，

$$|\boldsymbol{X}\cdot\boldsymbol{Y}|\leqslant\|\boldsymbol{X}\|\,\|\boldsymbol{Y}\|。$$

以此定义两个非零元素 $\boldsymbol{X},\boldsymbol{Y}$ 间的角度为

$$\theta=\arccos\frac{\boldsymbol{X}\cdot\boldsymbol{Y}}{\|\boldsymbol{X}\|\,\|\boldsymbol{Y}\|}。$$

对 $\boldsymbol{x},\boldsymbol{y}\in\mathbb{R}^n$，一个自然的内积为

$$\boldsymbol{x}\cdot\boldsymbol{y}=\boldsymbol{x}^{\mathrm{T}}\boldsymbol{y}。$$

在$\mathcal{M}(m,n)$上，当 $\boldsymbol{X},\boldsymbol{Y}\in\mathcal{M}(m,n)$时，我们常用如下的内积

$$\boldsymbol{X}\cdot\boldsymbol{Y}=\mathrm{tr}(\boldsymbol{X}^{\mathrm{T}}\boldsymbol{Y})=\mathrm{tr}(\boldsymbol{X}\boldsymbol{Y}^{\mathrm{T}})。$$

于是定义了 $\boldsymbol{X}\in\mathcal{M}(m,n)$的 Frobenius 范数(Frobenius norm)：

$$\|\boldsymbol{X}\|_{\mathrm{F}}=(\boldsymbol{X}\cdot\boldsymbol{X})^{\frac{1}{2}}=\sqrt{\mathrm{tr}(\boldsymbol{X}^{\mathrm{T}}\boldsymbol{X})}。$$

一个有限维线性空间在赋予了内积后，线性空间就有了范数和角度，因此称为 Euclidean 空间。本书所讨论内容主要涉及两个 Euclidean 空间$\mathbb{R}^n$ 和$\mathcal{M}(m,n)$，因此，在不产生混淆的情况下，书中用符号$\mathbb{E}$代表这两个 Euclidean 空间，用"·"表示其上的内积。具体到对应的 Euclidean 空间中，$\mathbb{R}^n$ 默认采用自然内积及 $\mathcal{M}(m,n)$采用 Frobenius 内积。

一般来说，范数赋予向量一个长度，Euclidean 空间中的内积自然定义了一个范数。还有一些其他常见的范数定义，如：

- p-范数：$\|\boldsymbol{x}\|_p=\left(\sum_{i=1}^{n}|x_i|^p\right)^{1/p}$，其中 $p\geqslant 1$，$\boldsymbol{x}\in\mathbb{R}^n$；
- 无穷范数：$\|\boldsymbol{x}\|_\infty=\max\{|x_1|,|x_2|,\cdots,|x_n|\}$，$\boldsymbol{x}\in\mathbb{R}^n$；
- 谱范数：$\|\boldsymbol{X}\|_2=\sqrt{\lambda_{\max}(\boldsymbol{X}^{\mathrm{T}}\boldsymbol{X})}$，其中 $\boldsymbol{X}\in\mathcal{M}(m,n)$，$\lambda_{\max}(\boldsymbol{X}^{\mathrm{T}}\boldsymbol{X})$表示 $\boldsymbol{X}^{\mathrm{T}}\boldsymbol{X}$ 的最大特征值。

在 Euclidean 空间$\mathcal{V}$中，范数满足三角不等式，即对任意 $\boldsymbol{x},\boldsymbol{y}\in\mathcal{V}$，都有

$$\|\boldsymbol{x}+\boldsymbol{y}\| \leqslant \|\boldsymbol{x}\|+\|\boldsymbol{y}\|。$$

两个 Euclidean 空间$\mathcal{V}_1$和$\mathcal{V}_2$可以通过 Cartesian 积形成一个 Euclidean 空间$\mathcal{V}_1\times\mathcal{V}_2$，其中一个元素$\begin{pmatrix}\boldsymbol{x}\\ \boldsymbol{y}\end{pmatrix}\in\mathcal{V}_1\times\mathcal{V}_2$的范数可以定义为

$$\left\|\begin{pmatrix}\boldsymbol{x}\\ \boldsymbol{y}\end{pmatrix}\right\|=\sqrt{\|\boldsymbol{x}\|^2+\|\boldsymbol{y}\|^2},$$

其中$\|\boldsymbol{x}\|$和$\|\boldsymbol{y}\|$虽然用同一个范数符号，但分别表示在原有空间$\mathcal{V}_1$和$\mathcal{V}_2$中的范数。

内积运算的(2)和(3)具有线性性质，于是将线性方程组在自然内积下记为

$$\begin{cases}\boldsymbol{a}^1\cdot\boldsymbol{x}=b_1,\\ \boldsymbol{a}^2\cdot\boldsymbol{x}=b_2,\\ \quad\vdots\\ \boldsymbol{a}^m\cdot\boldsymbol{x}=b_m,\end{cases}$$

简记为$\boldsymbol{A}\boldsymbol{x}=\boldsymbol{b}$，其中$\boldsymbol{a}^1,\boldsymbol{a}^2,\cdots,\boldsymbol{a}^m$和$\boldsymbol{x}$都属于$\mathbb{R}^n$且$\boldsymbol{A}=(\boldsymbol{a}^1,\boldsymbol{a}^2,\cdots,\boldsymbol{a}^m)^{\mathrm{T}}$。

进一步对属于$\mathcal{S}^n$的矩阵$\boldsymbol{A}_1,\boldsymbol{A}_2,\cdots,\boldsymbol{A}_m$和$\boldsymbol{X}$

$$\begin{cases}\boldsymbol{A}_1\cdot\boldsymbol{X}=b_1,\\ \boldsymbol{A}_2\cdot\boldsymbol{X}=b_2,\\ \quad\vdots\\ \boldsymbol{A}_m\cdot\boldsymbol{X}=b_m,\end{cases}$$

上述方程简记成$\mathcal{A}\cdot\boldsymbol{X}=\boldsymbol{b}$，其中$\mathcal{A}=\begin{pmatrix}\boldsymbol{A}_1\\ \boldsymbol{A}_2\\ \vdots\\ \boldsymbol{A}_m\end{pmatrix}$。

第 2 节　矩阵正定性

在本书中，我们经常会用到矩阵半正定或正定的一些性质，在此罗列后续会用到的一些主要结果。

若n阶实对称矩阵$\boldsymbol{A}$对任意$\boldsymbol{x}\in\mathbb{R}^n$满足$\boldsymbol{x}^{\mathrm{T}}\boldsymbol{A}\boldsymbol{x}\geqslant 0$，则称$\boldsymbol{A}$是半正定的(positive semi-definite)，记成$\boldsymbol{A}\succeq 0$。记全体n阶半正定的矩阵集合为

$$\mathcal{S}_+^n=\{\boldsymbol{A}\in\mathcal{S}^n\mid \boldsymbol{A}\succeq 0\}。$$

若n阶实对称矩阵$\boldsymbol{A}$对任意$\boldsymbol{x}\in\mathbb{R}^n,\boldsymbol{x}\neq\boldsymbol{0}$满足$\boldsymbol{x}^{\mathrm{T}}\boldsymbol{A}\boldsymbol{x}>0$，则称$\boldsymbol{A}$是正定的(positive definite)，记成$\boldsymbol{A}\succ 0$。全体n阶正定矩阵的集合记成

$$\mathcal{S}_{++}^n=\{\boldsymbol{A}\in\mathcal{S}^n\mid \boldsymbol{A}\succ 0\}。$$

由线性代数的理论(参考文献[24])，可知有以下结论。

定理 2.2　若$\boldsymbol{A}\in\mathcal{S}^n$，则存在正交阵$\boldsymbol{Q}$，即$\boldsymbol{Q}^{\mathrm{T}}\boldsymbol{Q}=\boldsymbol{Q}\boldsymbol{Q}^{\mathrm{T}}=\boldsymbol{I}$，使得

$$\boldsymbol{Q}^{\mathrm{T}}\boldsymbol{A}\boldsymbol{Q}=\mathrm{diag}(\lambda_1,\lambda_2,\cdots,\lambda_n),$$

$$\mathrm{tr}(\boldsymbol{A})=\sum_{i=1}^n\lambda_i,\quad \det(\boldsymbol{A})=\lambda_1\lambda_2\cdots\lambda_n,$$

其中 $\lambda_1,\lambda_2,\cdots,\lambda_n$ 为 $\boldsymbol{A}$ 的特征值。$\boldsymbol{A}\in\mathcal{S}_+^n$ 的充分必要条件为 $\lambda_i\geqslant 0, i=1,2,\cdots,n$。若 $\boldsymbol{A}=(a_{ij})\in\mathcal{S}_+^n$，则有 $a_{ii}\geqslant 0, i=1,2,\cdots,n$。

定理 2.3 (Shur 定理)若 $\boldsymbol{A}\in\mathcal{S}_{++}^n$，则 $\begin{pmatrix}\boldsymbol{A} & \boldsymbol{B}\\ \boldsymbol{B}^{\mathrm{T}} & \boldsymbol{C}\end{pmatrix}\in\mathcal{S}_+^{n+p}$ 的充分必要条件是 $\boldsymbol{C}-\boldsymbol{B}^{\mathrm{T}}\boldsymbol{A}^{-1}\boldsymbol{B}\in\mathcal{S}_+^p$。

证明 由

$$\begin{pmatrix}\boldsymbol{I} & \boldsymbol{0}\\ -\boldsymbol{B}^{\mathrm{T}}\boldsymbol{A}^{-1} & \boldsymbol{I}\end{pmatrix}\begin{pmatrix}\boldsymbol{A} & \boldsymbol{B}\\ \boldsymbol{B}^{\mathrm{T}} & \boldsymbol{C}\end{pmatrix}\begin{pmatrix}\boldsymbol{I} & -\boldsymbol{A}^{-1}\boldsymbol{B}\\ \boldsymbol{0} & \boldsymbol{I}\end{pmatrix}=\begin{pmatrix}\boldsymbol{A} & \boldsymbol{0}\\ \boldsymbol{0} & \boldsymbol{C}-\boldsymbol{B}^{\mathrm{T}}\boldsymbol{A}^{-1}\boldsymbol{B}\end{pmatrix}$$

得到结论。 □

定理 2.4 已知 $\boldsymbol{A}\in\mathcal{S}_{++}^n$ 和 $\boldsymbol{B}\in\mathcal{S}^n$，则存在可逆阵 $\boldsymbol{P}$ 使得 $\boldsymbol{P}^{\mathrm{T}}\boldsymbol{A}\boldsymbol{P}$ 和 $\boldsymbol{P}^{\mathrm{T}}\boldsymbol{B}\boldsymbol{P}$ 同时为对角矩阵。

证明 由条件 $\boldsymbol{A}\in\mathcal{S}_{++}^n$ 和定理 2.2 知，存在可逆阵 $\boldsymbol{P}_1$ 使得 $\boldsymbol{P}_1^{\mathrm{T}}\boldsymbol{A}\boldsymbol{P}_1=\boldsymbol{I}$。继续由定理 2.2 知，存在正交阵 $\boldsymbol{Q}$ 满足 $\boldsymbol{Q}^{\mathrm{T}}\boldsymbol{P}_1^{\mathrm{T}}\boldsymbol{B}\boldsymbol{P}_1\boldsymbol{Q}=\mathrm{diag}(d_1,d_2,\cdots,d_n)$。令 $\boldsymbol{P}=\boldsymbol{P}_1\boldsymbol{Q}$，则有 $\boldsymbol{P}^{\mathrm{T}}\boldsymbol{A}\boldsymbol{P}=\boldsymbol{I}$，$\boldsymbol{P}^{\mathrm{T}}\boldsymbol{B}\boldsymbol{P}=\mathrm{diag}(d_1,d_2,\cdots,d_n)$，同时对角化，结论得证。 □

定理 2.5 (Cholesky 分解)设 $\boldsymbol{A}\in\mathcal{S}_{++}^n$，则存在对角线上都是正数的下三角矩阵 $\boldsymbol{L}$ 使得 $\boldsymbol{A}=\boldsymbol{L}\boldsymbol{L}^{\mathrm{T}}$。

证明 由 $\boldsymbol{A}\in\mathcal{S}_{++}^n$ 知 $\boldsymbol{A}$ 的第一行第一列元素大于 0。对 $\boldsymbol{A}$ 用初等行变换(Gauss 消元法)的第一行的倍数加到另一行，达到除第一行第一列元素不变外，第一列的其他元素全为 0，同法对 $\boldsymbol{A}$ 的行做相同的运算，得到如下效果的矩阵(参考文献[24])

$$\boldsymbol{A}=\boldsymbol{B}\,\mathrm{diag}(d_1,d_2,\cdots,d_n)\boldsymbol{B}^{\mathrm{T}},$$

其中 $\boldsymbol{B}$ 为下三角矩阵且对角线上的元素都是 1。由 $\boldsymbol{A}$ 的正定性得到 $d_i>0, i=1,2,\cdots,n$。记

$$\boldsymbol{L}=\boldsymbol{B}\,\mathrm{diag}(\sqrt{d_1},\sqrt{d_2},\cdots,\sqrt{d_n}),$$

则结论成立。 □

推论 2.6 (1) 设 $\boldsymbol{A}\in\mathcal{S}^n$ 的特征值为 $\lambda_1,\lambda_2,\cdots,\lambda_n$，则 $\mathrm{tr}(\boldsymbol{A}^{\mathrm{T}}\boldsymbol{A})=\sum\limits_{i=1}^{n}\lambda_i^2$。当 $\boldsymbol{x}\neq\boldsymbol{0}$ 时，

$$\min_{1\leqslant i\leqslant n}\{\lambda_i\}\leqslant\frac{\boldsymbol{x}^{\mathrm{T}}\boldsymbol{A}\boldsymbol{x}}{\boldsymbol{x}^{\mathrm{T}}\boldsymbol{x}}\leqslant\max_{1\leqslant i\leqslant n}\{\lambda_i\}。$$

(2) 设 $\boldsymbol{A}=(a_{ij}),\boldsymbol{B}=(b_{ij})\in\mathcal{S}^n$。当 $\boldsymbol{A}-\boldsymbol{B}\in\mathcal{S}_+^n$ 时，有 $\sum\limits_{i=1}^{k}a_{ii}\geqslant\sum\limits_{i=1}^{k}b_{ii}$ 对任意 $1\leqslant k\leqslant n$ 成立，特别 $\mathrm{tr}(\boldsymbol{A})\geqslant\mathrm{tr}(\boldsymbol{B})$。

证明 (1) 由定理 2.2，得到

$$\boldsymbol{A}^{\mathrm{T}}\boldsymbol{A}=\boldsymbol{Q}\,\mathrm{diag}(\lambda_1^2,\lambda_2^2,\cdots,\lambda_n^2)\boldsymbol{Q}^{\mathrm{T}}。$$

再由定理 2.1，得到 $\mathrm{tr}(\boldsymbol{A}^{\mathrm{T}}\boldsymbol{A})=\sum\limits_{i=1}^{n}\lambda_i^2$。

同时，

$$\frac{\boldsymbol{x}^{\mathrm{T}}\boldsymbol{A}\boldsymbol{x}}{\boldsymbol{x}^{\mathrm{T}}\boldsymbol{x}}=\frac{(\boldsymbol{Q}^{\mathrm{T}}\boldsymbol{x})^{\mathrm{T}}\mathrm{diag}(\lambda_1,\lambda_2,\cdots,\lambda_n)\boldsymbol{Q}^{\mathrm{T}}\boldsymbol{x}}{(\boldsymbol{Q}\boldsymbol{x})^{\mathrm{T}}\boldsymbol{Q}\boldsymbol{x}}\leqslant\max_{1\leqslant i\leqslant n}\{\lambda_i\}。$$

同理得到$\frac{x^{\mathrm{T}}Ax}{x^{\mathrm{T}}x} \geqslant \min\limits_{1\leqslant i\leqslant n}\{\lambda_i\}$。

(2) 当$A-B\in\mathcal{S}_+^n$时,由定理2.2得到$a_{ii}-b_{ii}\geqslant 0, i=1,2,\cdots,n$。故$\sum\limits_{i=1}^{k}a_{ii}\geqslant\sum\limits_{i=1}^{k}b_{ii}$对任意$1\leqslant k\leqslant n$成立。 □

我们通过上述推论的结论(1)得到一个实对称方阵A的Frobenius范数为$\|A\|_F=\sqrt{\sum\limits_{i=1}^{n}\lambda_i^2}$。下面给出矩阵的Frobenius范数、矩阵2范数和向量2范数之间的关系。

推论2.7 设$A\in\mathcal{M}(m,n)$和$B\in\mathcal{M}(n,p)$,则有(1)$\|A\|_2\leqslant\|A\|_F$;(2)对任意$x\in\mathbb{R}^n$,有$\|Ax\|_2\leqslant\|A\|_2\|x\|_2$;(3)$\|AB\|_F\leqslant\|A\|_2\|B\|_F$。

证明 由定理2.2,得到$\|A\|_2=\sqrt{\lambda_{\max}(A^{\mathrm{T}}A)}\leqslant\sqrt{\sum\limits_{i=1}^{n}\lambda_i(A^{\mathrm{T}}A)}=\|A\|_F$,其中$\lambda_{\max}(A^{\mathrm{T}}A)$,$\lambda_i(A^{\mathrm{T}}A)$分别表示$A^{\mathrm{T}}A$的最大特征值和第$i$个特征值。因此结论(1)成立。

由推论2.6知,$\|Ax\|_2^2=x^{\mathrm{T}}A^{\mathrm{T}}Ax\leqslant\lambda_{\max}(A^{\mathrm{T}}A)x^{\mathrm{T}}x=\|A\|_2^2\|x\|_2^2$。因此结论(2)成立。

由$\lambda_{\max}(A^{\mathrm{T}}A)I-A^{\mathrm{T}}A\in\mathcal{S}_+^n$及定理2.2,得到$\lambda_{\max}(A^{\mathrm{T}}A)I-A^{\mathrm{T}}A=C^{\mathrm{T}}C$,其中$C\in\mathcal{M}(n,n)$。因此得到

$$B^{\mathrm{T}}(\lambda_{\max}(A^{\mathrm{T}}A)I-A^{\mathrm{T}}A)B=(CB)^{\mathrm{T}}(CB),$$

并知

$$B^{\mathrm{T}}(\lambda_{\max}(A^{\mathrm{T}}A)I-A^{\mathrm{T}}A)B=\lambda_{\max}(A^{\mathrm{T}}A)B^{\mathrm{T}}B-B^{\mathrm{T}}A^{\mathrm{T}}AB\in\mathcal{S}_+^p。$$

由推论2.6结论(2)得到

$$\mathrm{tr}(\lambda_{\max}(A^{\mathrm{T}}A)B^{\mathrm{T}}B)=\lambda_{\max}(A^{\mathrm{T}}A)\mathrm{tr}(B^{\mathrm{T}}B)\geqslant\mathrm{tr}((AB)^{\mathrm{T}}AB),$$

所以,$\|AB\|_F\leqslant\|A\|_2\|B\|_F$。 □

定理2.8 设$A\in\mathcal{S}_+^n$且$\mathrm{rank}(A)=r$,则存在$p^i\in\mathbb{R}^n, i=1,2,\cdots,r$,使得

$$A=\sum_{i=1}^{r}p^i(p^i)^{\mathrm{T}}。$$

证明 由定理2.2和$A\in\mathcal{S}_+^n$的条件知,存在正交阵Q使得

$$Q^{\mathrm{T}}AQ=\mathrm{diag}(d_1,d_2,\cdots,d_r,0,\cdots,0),$$

其中$d_i>0, i=1,2,\cdots,r$。于是

$$A=Q\mathrm{diag}(d_1,d_2,\cdots,d_r,0,\cdots,0)Q^{\mathrm{T}}=CC^{\mathrm{T}},$$

其中

$$C=Q\begin{pmatrix}\sqrt{d_1} & \cdots & 0 & \cdots & 0\\ 0 & \ddots & 0 & & 0\\ 0 & \cdots & \sqrt{d_r} & \cdots & 0\\ 0 & \cdots & 0 & \cdots & 0\end{pmatrix}$$

记$C=(p^1,p^2,\cdots,p^r,0,\cdots,0)$,得到结论。 □

对于半正定矩阵还可以进一步进行秩一分解(rank-one decomposition)且满足一定的约束条件。

定理2.9[45] 设$X\in\mathcal{S}_+^n$的秩为r,G为任意给定的矩阵,则$G\cdot X\geqslant 0$的充分必要条件为:存在$p^i\in\mathbb{R}^n, i=1,2,\cdots,r$,使得

$$X=\sum_{i=1}^{r}p^i(p^i)^{\mathrm{T}} \quad 且 \quad (p^i)^{\mathrm{T}}Gp^i\geqslant 0。$$

特别 $G\cdot X=0$ 时，存在 $p^i\in\mathbb{R}^n, i=1,2,\cdots,r$，使得

$$X=\sum_{i=1}^{r}p^i(p^i)^{\mathrm{T}} \quad 且 \quad (p^i)^{\mathrm{T}}Gp^i=0。$$

证明 由定理 2.1 得到

$$G\cdot X=\mathrm{tr}(GX^{\mathrm{T}})=\sum_{i=1}^{r}G\cdot(p^i(p^i)^{\mathrm{T}})=\sum_{i=1}^{r}(p^i)^{\mathrm{T}}Gp^i\geqslant 0,$$

充分性得证。我们按 Sturm 和 Zhang[45] 给出的一个构造性计算过程证明必要性。计算过程如下：

- 输入：$X\in\mathcal{S}_+^n$ 和给定的 G 满足 $G\cdot X\geqslant 0$。
- 输出：向量 y 满足 $0\leqslant y^{\mathrm{T}}Gy\leqslant G\cdot X$ 且 $X-yy^{\mathrm{T}}$ 为秩 $r-1$ 的半正定矩阵。

步骤 0 计算出 $p^1,p^2,\cdots,p^r$ 使得 $X=\sum_{i=1}^{r}p^i(p^i)^{\mathrm{T}}$。

步骤 1 若$[(p^1)^{\mathrm{T}}Gp^1][(p^i)^{\mathrm{T}}Gp^i]\geqslant 0$ 对任意 $i=2,3,\cdots,r$ 成立，则输出 $y=p^1$。否则任取其一 j 满足$[(p^1)^{\mathrm{T}}Gp^1][(p^j)^{\mathrm{T}}Gp^j]<0$。

步骤 2 计算 α 使得$(p^1+\alpha p^j)^{\mathrm{T}}G(p^1+\alpha p^j)=0$。输出 $y=(p^1+\alpha p^j)/\sqrt{1+\alpha^2}$。

首先考虑 $G\cdot X\geqslant 0$ 的情形。

当$(p^1)^{\mathrm{T}}Gp^1=0$ 时，计算在步骤 1 停止，输出 $y=p^1$ 而 $X-yy^{\mathrm{T}}$ 为秩 $r-1$ 的半正定矩阵。

以下在$(p^1)^{\mathrm{T}}Gp^1\neq 0$ 的假设下讨论。若$[(p^1)^{\mathrm{T}}Gp^1][(p^i)^{\mathrm{T}}Gp^i]\geqslant 0$ 对任意 $i=2,3,\cdots,r$ 成立，就此推出$(p^1)^{\mathrm{T}}Gp^1$ 和$(p^i)^{\mathrm{T}}Gp^i$ 有相同符号。加上

$$G\cdot X=\sum_{i=1}^{r}G\cdot p^i(p^i)^{\mathrm{T}}=\sum_{i=1}^{r}(p^i)^{\mathrm{T}}Gp^i\geqslant 0,$$

就得到$(p^i)^{\mathrm{T}}Gp^i\geqslant 0$ 对所有 $1\leqslant i\leqslant r$ 成立。

否则算法在步骤 2 停止，由于$(p^1)^{\mathrm{T}}Gp^1$ 和$(p^j)^{\mathrm{T}}Gp^j$ 异号，则存在 α 使得 $y^{\mathrm{T}}Gy=0\leqslant G\cdot X$ 成立。记 $z=(p^j-\alpha p^1)/\sqrt{1+\alpha^2}$。有

$$X-yy^{\mathrm{T}}=zz^{\mathrm{T}}+\sum_{i\in\{2,3,\cdots,r\}-j}p^i(p^i)^{\mathrm{T}}\in\mathcal{S}_+^n,$$

且秩为 $r-1$。

对一个秩为 r 的矩阵，$r=0$ 时结论明显成立。否则重复以上算法使得秩逐步下降可以得到必要性的证明。

对 $G\cdot X=0$ 的特殊情形，对上述算法做适当修改，将 $G\cdot X\geqslant 0$，$y^{\mathrm{T}}Gy\geqslant 0$ 和$(p^i)^{\mathrm{T}}Gp^i\geqslant 0$ 中的“$\geqslant$”限定修改为“$=$”。对上述证明的整个过程，除$(p^1)^{\mathrm{T}}Gp^1\neq 0$ 时的讨论相同。当$(p^1)^{\mathrm{T}}Gp^1\neq 0$ 时，由

$$G\cdot X=\sum_{i=1}^{r}G\cdot p^i(p^i)^{\mathrm{T}}=\sum_{i=1}^{r}(p^i)^{\mathrm{T}}Gp^i=0,$$

得知算法不会在步骤 2 停止。一定存在 j 使得$(p^1)^{\mathrm{T}}Gp^1$ 和$(p^j)^{\mathrm{T}}Gp^j$ 异号，故存在 α 使得 $y^{\mathrm{T}}Gy=0\leqslant G\cdot X$ 成立，而 $X-yy^{\mathrm{T}}$ 为秩 $r-1$ 的半正定矩阵。重复以上步骤使得秩逐步下降可以得到 $G\cdot X=0$ 特殊情形下结论的证明。 □

有关步骤 0 中满足条件的 $\boldsymbol{p}^1, \boldsymbol{p}^2, \cdots, \boldsymbol{p}^r$ 分解，定理 2.8 只是给出了存在性证明，但从计算时间来考虑，我们则需要一个"简单"的算法，这就是第 3 章最后第 4 节介绍的"多项式时间算法"的概念。采用 Gauss 消元法（参考文献[24]），只使用一行加（减）到另一行的初等行变换，对称地同时一列加（减）到另一列的初等列变换，即可得到满足条件的分解，这一过程的计算量不超过 n^3 的一个常数倍数。步骤 1 的计算量也不超过 n^3 的常数倍数。再考虑 每次循环输出一个 y，最多有 n 次这样的循环，因此上述算法的总计算量不超过 n^4 的常数倍数，与变量个数 n 为多项式关系，这样的算法称为多项式时间算法（polynomial time algorithm）。

鉴于以后研究的线性锥优化问题主要在$\mathbb{R}^n$ 和$\mathcal{S}^n$两个线性空间讨论，且在$\mathbb{R}^n$ 采用自然内积范数和在$\mathcal{S}^n$采用 Frobenius 范数，我们可以建立一个一对一的映射

$$\begin{aligned}\boldsymbol{X} \in \mathcal{S}^n &\rightleftharpoons \mathrm{vec}(\boldsymbol{X}) \\ &= [X_{11}, \sqrt{2}X_{12}, X_{22}, \sqrt{2}X_{13}, \sqrt{2}X_{23}, X_{33}, \cdots, X_{nn}]^{\mathrm{T}} \in \mathbb{R}^{\frac{n(n+1)}{2}},\end{aligned}$$

使得

$$\boldsymbol{X} \bullet \boldsymbol{Y} = \mathrm{vec}(\boldsymbol{X})^{\mathrm{T}}\mathrm{vec}(\boldsymbol{Y}) = \sum_{i,j} X_{ij} Y_{ij},$$

其中第一个"•"表示 $\mathcal{S}^n$中的矩阵 Frobenius 内积，第二个 $\mathrm{vec}(\boldsymbol{X})^{\mathrm{T}}\mathrm{vec}(\boldsymbol{Y})$表示$\mathbb{R}^{\frac{n(n+1)}{2}}$ 中的自然内积。

由此，我们以后都针对$\mathbb{R}^n$ 进行讨论，所得结果可以自然推广到$\mathcal{S}^n$上。

第3节 凸集与锥

2.3.1 内点和相对内点、开集、闭集和相对开集

对于任何一个 Euclidean 空间，因有了范数，就有距离概念，也就可以定义开集、闭集、内点等概念。为了直观简便，以下结果都针对$\mathbb{R}^n$ 给出。由上节结束部分的讨论知，所得结果同样在$\mathcal{S}^n$上成立。以下讨论在$\mathbb{R}^n$ 中采用自然内积范数而在$\mathcal{S}^n$中采用 Frobenius 范数。

以点 $\boldsymbol{x}^0$ 为中心，$\varepsilon>0$ 为半径的邻域（neighborhood）定义为

$$N(\boldsymbol{x}^0;\varepsilon) = \{\boldsymbol{x} \in \mathbb{R}^n \mid \|\boldsymbol{x} - \boldsymbol{x}^0\| < \varepsilon\}。$$

对于给定的一个集合$\mathcal{X} \subseteq \mathbb{R}^n$ 和一点$\boldsymbol{x}^0 \in \mathcal{X}$，若存在 $\varepsilon>0$ 使得 $N(\boldsymbol{x}^0;\varepsilon) \subseteq \mathcal{X}$ 成立，则称 $\boldsymbol{x}^0$ 为$\mathcal{X}$的一个内点（interior point）。对任意 $\boldsymbol{x} \in \mathcal{X}$，若 $\boldsymbol{x}$ 都为$\mathcal{X}$的一个内点，则称$\mathcal{X}$为$\mathbb{R}^n$ 中的开集，简称开集（open set）。$\mathcal{X} \subseteq \mathbb{R}^n$ 为闭集（closed set）定义为：$\mathbb{R}^n \setminus \mathcal{X} = \{\boldsymbol{x} \in \mathbb{R}^n \mid \boldsymbol{x} \notin \mathcal{X}\}$ 为开集。$\mathcal{X} \subseteq \mathbb{R}^n$ 的闭包（closure）定义为包含$\mathcal{X}$的最小闭集，记成 $\mathrm{cl}(\mathcal{X})$。

闭集也可以用极限点的概念来定义。称 $\bar{\boldsymbol{x}}$ 为$\mathcal{X}$的一个极限点，当存在$\{\boldsymbol{x}^i \mid i=1,2,\cdots\} \subseteq \mathcal{X}$，使得 $\boldsymbol{x}^i \to \bar{\boldsymbol{x}}, i \to +\infty$。若$\mathcal{X}$中的任何一个极限点还在该集合中，则该集合为闭集。

$\mathcal{X} \subseteq \mathbb{R}^n$ 的内点集定义为

$$\mathrm{int}(\mathcal{X}) = \{\boldsymbol{x} \in \mathcal{X} \mid 存在\ \varepsilon_x > 0\ 使得\ N(\boldsymbol{x};\varepsilon_x) \subseteq \mathcal{X}\}。$$

$\mathcal{X} \subseteq \mathbb{R}^n$ 的边界（boundary）定义为

$$\mathrm{bdry}(\mathcal{X}) = \mathrm{cl}(\mathcal{X}) \setminus \mathrm{int}(\mathcal{X}) = \{\boldsymbol{x} \in \mathrm{cl}(\mathcal{X}) \mid \boldsymbol{x} \notin \mathrm{int}(\mathcal{X})\}。$$

若存在 $r>0$ 使得 $\|\boldsymbol{x}\|\leqslant r,\forall \boldsymbol{x}\in\mathcal{X}$,则称$\mathcal{X}$有界。

例 2.1 $\mathcal{S}_{++}^n$ 是开集,$\mathcal{S}_+^n$ 是闭集,$\mathrm{int}(\mathcal{S}_+^n)=\mathcal{S}_{++}^n$,$\mathrm{cl}(\mathcal{S}_+^n)=\mathrm{cl}(\mathcal{S}_{++}^n)=\mathcal{S}_+^n$,

$\mathrm{bdry}(\mathcal{S}_+^n)=\{\boldsymbol{A}\in\mathcal{S}_+^n \mid$ 存在 $\boldsymbol{x}\in\mathbb{R}^n$ 且 $\boldsymbol{x}\neq\boldsymbol{0}$ 使得 $\boldsymbol{x}^{\mathrm{T}}\boldsymbol{A}\boldsymbol{x}=0\}$。

解 用 $\lambda_{\max}(\boldsymbol{A})$ 和 $\lambda_{\min}(\boldsymbol{A})$ 分别表示矩阵 $\boldsymbol{A}$ 的最大特征值和最小特征值。任给 $\boldsymbol{A}\in\mathcal{S}_{++}^n$,由定理 2.2 和正定的定义推出 $\lambda_{\min}(\boldsymbol{A})>0$。取 $\varepsilon=\dfrac{\lambda_{\min}(\boldsymbol{A})}{2}$,对

$$N(A;\varepsilon)=\{\boldsymbol{B}\in\mathcal{S}^n \mid \|\boldsymbol{B}-\boldsymbol{A}\|<\varepsilon\}$$

中的任意 $\boldsymbol{B}$,由推论 2.6 推知 $\boldsymbol{B}-\boldsymbol{A}$ 每一个特征值的绝对值严格小于ε。对任意 $\boldsymbol{x}\neq\boldsymbol{0}$,有

$$\boldsymbol{x}^{\mathrm{T}}\boldsymbol{B}\boldsymbol{x}=\boldsymbol{x}^{\mathrm{T}}\boldsymbol{A}\boldsymbol{x}+\boldsymbol{x}^{\mathrm{T}}(\boldsymbol{B}-\boldsymbol{A})\boldsymbol{x}>(\lambda_{\min}(\boldsymbol{A})-\varepsilon)\boldsymbol{x}^{\mathrm{T}}\boldsymbol{x}=\frac{\lambda_{\min}}{2}\boldsymbol{x}^{\mathrm{T}}\boldsymbol{x}>0,$$

推出 $\boldsymbol{B}>0$,即 $\boldsymbol{B}\in\mathcal{S}_{++}^n$,所以$\mathcal{S}_{++}^n$ 为开集。

欲证$\mathcal{S}_+^n$ 是闭集,只需证明$\mathcal{S}^n\backslash\mathcal{S}_+^n$ 为开集。同上思路,$\forall \boldsymbol{A}\in\mathcal{S}^n\backslash\mathcal{S}_+^n$,其特征值$\lambda_{\min}(\boldsymbol{A})<0$,取 $\varepsilon=\dfrac{|\lambda_{\min}(\boldsymbol{A})|}{2}$,即可仿效上面的证明得到 $N(\boldsymbol{A};\varepsilon)$的任何一个元素都存在一个负的特征值。故 $\mathcal{S}^n\backslash\mathcal{S}_+^n$ 为开集。

现在我们利用极限点的概念再证$\mathcal{S}_+^n$ 为闭集。对$\mathcal{S}_+^n$的任何一个极限点 $\boldsymbol{B}$,即存在$\{\boldsymbol{A}_i \mid i=1,2,\cdots\}\subseteq\mathcal{S}_+^n$,使得 $\boldsymbol{A}_i\to\boldsymbol{B},i\to+\infty$。

对每一个给定的 $\boldsymbol{x}\in\mathbb{R}^n$,由于 $\boldsymbol{x}^{\mathrm{T}}\boldsymbol{A}_i\boldsymbol{x}\geqslant0,\forall i\geqslant1$,则有

$$\lim_{i\to+\infty}\boldsymbol{x}^{\mathrm{T}}\boldsymbol{A}_i\boldsymbol{x}=\boldsymbol{x}^{\mathrm{T}}\boldsymbol{B}\boldsymbol{x}\geqslant0。$$

所以得到 $\boldsymbol{B}\in\mathcal{S}_+^n$,即$\mathcal{S}_+^n$ 为闭集。

明显 $\mathrm{int}(\mathcal{S}_+^n)\supseteq\mathcal{S}_{++}^n$。$\forall \boldsymbol{A}\in\mathrm{int}(\mathcal{S}_+^n)$,若 $\boldsymbol{A}$ 不是正定矩阵,记 $\boldsymbol{A}=\boldsymbol{Q}\mathrm{diag}(\lambda_1,\lambda_2,\cdots,\lambda_n)\boldsymbol{Q}^{\mathrm{T}}$,不妨设 $\lambda_1\leqslant\lambda_2\leqslant\cdots\leqslant\lambda_n$,由定理 2.2 及半正定阵的定义,得 $\lambda_1=0$。对任意的 $\varepsilon>0$,存在

$$\boldsymbol{B}=\boldsymbol{Q}\mathrm{diag}(-\varepsilon/2,\lambda_2,\cdots,\lambda_n)\boldsymbol{Q}^{\mathrm{T}},$$

使得 $\|\boldsymbol{B}-\boldsymbol{A}\|=\varepsilon/2<\varepsilon$,但 $\boldsymbol{B}$ 不是半正定矩阵。故 $\mathrm{int}(\mathcal{S}_+^n)\subseteq\mathcal{S}_{++}^n$。由此得到 $\mathrm{int}(\mathcal{S}_+^n)=\mathcal{S}_{++}^n$。

例中余下的结论可类似证明。

对集合$\mathcal{X}\subseteq\mathbb{R}^n$,设$\mathcal{A}$是一个包含$\mathcal{X}$的最小仿射空间,若 $\boldsymbol{x}^0\in\mathcal{X}$且存在开集$\mathcal{Y}\subseteq\mathbb{R}^n$ 满足 $\boldsymbol{x}^0\in\mathcal{Y}\cap\mathcal{A}\subseteq\mathcal{X}$,则称 $\boldsymbol{x}^0$ 是$\mathcal{X}$的一个相对内点(relative interior)。$\mathcal{X}$的所有相对内点组成的集合记为 $\mathrm{ri}(\mathcal{X})$,称为$\mathcal{X}$的相对内点集。

根据相对内点的定义,我们可以引入相对开集(relative open set)的概念。若$\mathcal{Y}\subseteq\mathcal{X}$中的任何一点都是$\mathcal{X}$的相对内点,则称$\mathcal{Y}$为$\mathcal{X}$的相对开子集。

相对内点的概念比较抽象,但在线性锥优化中非常基础。首先需要特别注意的是,当$\mathcal{X}$只含一个点时,它的相对内点就是其本身。可以完全按定义得到包含这一点的仿射空间就是这一点自身,仿射空间的维数为 0。当$\mathcal{X}$中至少包含两点时,包含$\mathcal{X}$的最小仿射空间至少包含这两点形成的直线,此时,这个仿射空间的维数不小于 1,相对内点就相当于这个仿射空间的内点。于是,研究相对内点的性质就可以先将这个最小仿射空间(经一点的位移为线性空间)看成线性空间,然后按线性空间的性质研究。所以,有时我们不加区别地将线性空间的一些性质直接套用到研究相对内点的仿射空间中。

相对内点是优化问题中经常遇到的一个概念，如线性规划的约束集合 $\mathcal{F}=\{\boldsymbol{x}\in\mathbb{R}^2 \mid x_1+x_2=1, x_1\geqslant 0, x_2\geqslant 0\}$，虽说是$\mathbb{R}^2$中的一个集合，但它的维数只有一维，等同于可行解集合$\mathcal{F}_1=\{x_1\in\mathbb{R}\mid 0\leqslant x_1\leqslant 1\}$的变形。在$\mathbb{R}$中，$F_1$ 是有内点的一个集合，故$\mathcal{F}$在$\mathbb{R}^2$中有相对内点。下面通过两个例子予以进一步说明。

例 2.2 $\mathcal{X}=\{(x_1,x_2)^{\mathrm{T}}\in\mathbb{R}^2\mid x_1=1, 0<x_2\leqslant 1\}$的相对内点集合

$$\mathrm{ri}(\mathcal{X})=\{(x_1,x_2)^{\mathrm{T}}\in\mathbb{R}^2\mid x_1=1, 0<x_2<1\}。$$

解 任取$\mathcal{X}$中一点，如 $\boldsymbol{x}^0=(1,0.5)^{\mathrm{T}}\in\mathcal{X}$，再取不同于 $\boldsymbol{x}^0$ 的一点，如 $\boldsymbol{x}^1=(1,1)^{\mathrm{T}}\in\mathcal{X}$，则得到一个非零的方向 $\boldsymbol{d}=\boldsymbol{x}^1-\boldsymbol{x}^0=(0,0.5)^{\mathrm{T}}$。此时，仿射线性组合为 $\boldsymbol{y}=\boldsymbol{x}^0+k\boldsymbol{d}=k\boldsymbol{x}^1+(1-k)\boldsymbol{x}^0, k\in\mathbb{R}$，表示以 $\boldsymbol{x}^0$ 为起点沿 $\boldsymbol{d}$ 方向的一条直线。于是包含$\mathcal{X}$的最小仿射空间为$\mathcal{A}=\{(x_1,x_2)^{\mathrm{T}}\in\mathbb{R}^2\mid x_1=1, x_2\in\mathbb{R}\}$。按定义得到相对内点集合的结论。

上述例子说明，当仿射空间为一维空间时，集合$\mathcal{X}$的相对内点集等同一维空间$\mathbb{R}$的开区间 $0<x_2<1$。

例 2.3 设$\mathcal{X}=\mathcal{X}_1\cup\mathcal{X}_2$，其中

$$\mathcal{X}_1=\{(x_1,x_2)^{\mathrm{T}}\in\mathbb{R}^2\mid x_1=1, 0\leqslant x_2<1\},$$

$$\mathcal{X}_2=\{(x_1,x_2)^{\mathrm{T}}\in\mathbb{R}^2\mid x_1\geqslant 2, x_2=0\},$$

则$\mathcal{X}$的相对内点集合 $\mathrm{ri}(\mathcal{X})=\varnothing$。

解 与上例相同的逻辑，任取$\mathcal{X}$中一点，如 $\boldsymbol{x}^0=(1,0)^{\mathrm{T}}\in\mathcal{X}$，再取不同于 $\boldsymbol{x}^0$ 的两点，如 $\boldsymbol{x}^1=(1,0.5)^{\mathrm{T}}\in\mathcal{X}_1$ 和 $\boldsymbol{x}^2=(2,0)^{\mathrm{T}}\in\mathcal{X}_2$，则得到两个方向 $\boldsymbol{d}^1=\boldsymbol{x}^1-\boldsymbol{x}^0=(0,0.5)^{\mathrm{T}}$ 和 $\boldsymbol{d}^2=\boldsymbol{x}^2-\boldsymbol{x}^0=(1,0)^{\mathrm{T}}$。明显看出 $\boldsymbol{d}^1$ 和 $\boldsymbol{d}^2$ 线性无关，且仿射线性组合 $\boldsymbol{y}=\boldsymbol{x}^0+k_1\boldsymbol{d}^1+k_2\boldsymbol{d}^2=k_1\boldsymbol{x}^1+k_2\boldsymbol{x}^2+(1-k_1-k_2)\boldsymbol{x}^0, k_1,k_2\in\mathbb{R}$ 可以表示$\mathbb{R}^2$中的任何一点。因此，包含$\mathcal{X}$的最小仿射空间为$\mathbb{R}^2$。于是，$\mathcal{X}$中的任何一点都不是相对内点。

上述两个例子说明，当仿射空间是一维时，一点的开区间还在这个集合中，则该点是一个相对内点。同理，当仿射空间为二维时，一点的一个开圆还在这个集合中，则该点为这个集合的相对内点。

需要注意的是，当两个集合$\mathcal{X}_1\subseteq\mathcal{X}_2$时，结论 $\mathrm{ri}(\mathcal{X}_1)\subseteq\mathrm{ri}(\mathcal{X}_2)$不成立。如$\mathcal{X}_2$取例 2.2 的$\mathcal{X}$，$\mathcal{X}_1=\{(1,1)^{\mathrm{T}}\}$。由上面的讨论知，$\mathrm{ri}(\mathcal{X}_2)=\{(x_1,x_2)^{\mathrm{T}}\in\mathbb{R}^2\mid x_1=1, 0<x_2<1\}$ 和 $\mathrm{ri}(\mathcal{X}_1)=\{(1,1)^{\mathrm{T}}\}$，结论不成立。

2.3.2 凸集及其性质

线性空间$\mathbb{R}^n$ 中凸集(convex set)$\mathcal{X}$定义如下：对任意 $\boldsymbol{x}^1\in\mathcal{X}$和 $\boldsymbol{x}^2\in\mathcal{X}$及 $0\leqslant\lambda\leqslant 1$，$\lambda\boldsymbol{x}^1+(1-\lambda)\boldsymbol{x}^2\in\mathcal{X}$恒成立。凸集的几何直观见图 2.1，左侧为凸集，右侧不是凸集。包含一个集合$\mathcal{X}$的最小凸集称为$\mathcal{X}$凸包(convex hull)，记成 $\mathrm{conv}(\mathcal{X})$，等价为

$$\mathrm{conv}(\mathcal{X})=\left\{\boldsymbol{x}\in\mathbb{R}^n\;\middle|\;\begin{array}{l}\text{存在正整数 } m, \lambda_i\geqslant 0 \text{ 和 } \boldsymbol{y}^i\in\mathcal{X}, i=1,2,\cdots,m,\\ \text{使得} \sum\limits_{i=1}^{m}\lambda_i=1,\quad \boldsymbol{x}=\sum\limits_{i=1}^{m}\lambda_i\boldsymbol{y}^i\end{array}\right\}。$$

集合运算有如下直观的结论，有关有限个集合的 Cartesian 积与和的内点性质将在讨论完相对内点性质后一并讨论。

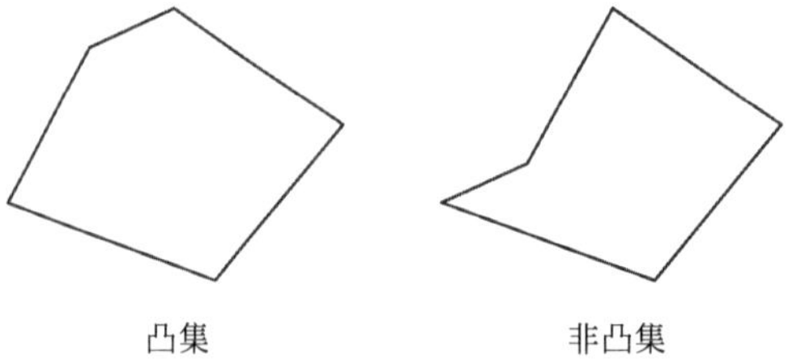

图 2.1 凸集与非凸集

引理 2.10 若$\mathcal{X}_1,\mathcal{X}_2,\cdots,\mathcal{X}_m$都分别为凸集或闭集，则$\mathcal{X}_1\times\mathcal{X}_2\times\cdots\times\mathcal{X}_m$相应地为凸集或闭集。若$\mathcal{X}_1,\mathcal{X}_2,\cdots,\mathcal{X}_m$都为凸集，则$\mathcal{X}_1+\mathcal{X}_2+\cdots+\mathcal{X}_m$是凸集。对$i=1,2,\cdots$，若$\mathcal{X}_i$分别是凸集或闭集，则$\bigcap_{i=1}^{\infty}\mathcal{X}_i$相应地为凸集或闭集。对$i=1,2,\cdots$，若$\mathcal{X}_i$是开集，则$\bigcup_{i=1}^{\infty}\mathcal{X}_i$为开集。

闭集的和运算不能保证闭性，见下例。

例 2.4 已知

$$\mathcal{X}_1=\left\{(x,y)^{\mathrm{T}}\in\mathbb{R}^2 \mid x>0, y\geqslant\frac{1}{x}\right\},\quad \mathcal{X}_2=\{(x,y)^{\mathrm{T}}\in\mathbb{R}^2 \mid y=0\},$$

不难验证$\mathcal{X}_2$为闭凸集。现验证$\mathcal{X}_1$为闭凸集。由函数分析的结论知$f(x)=x+\dfrac{1}{x}, x>0$的最小值是 2 且在$x=1$处得到，于是对任意$(x_1,y_1)^{\mathrm{T}},(x_2,y_2)^{\mathrm{T}}\in\mathcal{X}_2$和$0\leqslant\alpha\leqslant1$，有

$$\begin{aligned}[\alpha y_1+(1-\alpha)y_2][\alpha x_1+(1-\alpha)x_2] &\geqslant \left[\alpha\frac{1}{x_1}+(1-\alpha)\frac{1}{x_2}\right][\alpha x_1+(1-\alpha)x_2] \\ &=1+2\alpha^2-2\alpha+\alpha(1-\alpha)\left(\frac{x_2}{x_1}+\frac{x_1}{x_2}\right) \\ &\geqslant 1。\end{aligned}$$

因此$\alpha y_1+(1-\alpha)y_2\geqslant\dfrac{1}{\alpha x_1+(1-\alpha)x_2}$，则得到$\mathcal{X}_1$为凸集。其闭性由任何一个该集合点列的极限点还属于该集合的性质得到。

不难验证

$$\mathcal{X}_1+\mathcal{X}_2=\{(x,y)^{\mathrm{T}}\in\mathbb{R}^2 \mid y>0\}$$

且其为一个开集。

集合的并运算并不能保证凸性，见下例。

例 2.5 已知

$$\mathcal{X}_1=\{(x_1,x_2)^{\mathrm{T}}\in\mathbb{R}^2 \mid x_2=0\},\quad \mathcal{X}_2=\{(x_1,x_2)^{\mathrm{T}}\in\mathbb{R}^2 \mid x_1=0\},$$

则有

$$\mathcal{X}_1\cup\mathcal{X}_2=\{(x_1,x_2)^{\mathrm{T}}\in\mathbb{R}^2 \mid x_2=0\}\cup\{(x_1,x_2)^{\mathrm{T}}\in\mathbb{R}^2 \mid x_1=0\}。$$

几何直观是：$\mathcal{X}_1$和$\mathcal{X}_2$分别是平面上的x_1轴和x_2轴，每一个集合都是凸集，但它们的并集就是这两条直线，不再是凸集。

无限个闭集的并集不能保证闭性和无限个开集的交集不能保证开性已在实变函数论中讨论过，在此不再累述。

引理 2.11 设$\mathcal{X}$为非空凸集，(1)对任意$y\in\mathrm{cl}(\mathcal{X})$，都存在$\mathcal{X}$中的点列以$\boldsymbol{y}$为极限点；(2)$\mathrm{cl}(\mathcal{X})$为闭凸集。

证明 (1) 当 $\boldsymbol{y}\in\mathcal{X}$时，$\mathcal{X}$中的点列取 $\boldsymbol{y}$ 自身即可。当 $\boldsymbol{y}\notin\mathcal{X}$时，由于 $\mathrm{cl}(\mathcal{X})$为闭集，故 $\boldsymbol{y}$ 为$\mathcal{X}$的一个极限点，结论成立。

(2) 闭性由闭包的定义得到，下面仅证凸性。给定 $\boldsymbol{y}^1,\boldsymbol{y}^2\in\mathrm{cl}(\mathcal{X})$，由(1)的结论知存在 $\boldsymbol{y}^{1k},\boldsymbol{y}^{2k}\in\mathcal{X}$使得 $\boldsymbol{y}^{1k}\to\boldsymbol{y}^1,\boldsymbol{y}^{2k}\to\boldsymbol{y}^2,k\to+\infty$。于是对任意的 $0\leqslant\alpha\leqslant1$，有 $\alpha\boldsymbol{y}^1+(1-\alpha)\boldsymbol{y}^2=\lim\limits_{k\to+\infty}[\alpha\boldsymbol{y}^{1k}+(1-\alpha)\boldsymbol{y}^{2k}]\in\mathrm{cl}(\mathcal{X})$。结论成立。 □

1. 相对内点的描述及性质

由于相对内点较为抽象，而内点的概念相对容易理解，下面给出**仿射空间位移法**(displacement for an affine space)，以建立它们之间的联系。

设$\mathcal{X}\subseteq\mathbb{R}^n$为任一非空集合，包含$\mathcal{X}$的最小仿射空间记为$\mathcal{A}$。任取一点 $\boldsymbol{x}^0\in\mathcal{A}$，记$\widetilde{\mathcal{A}}=\mathcal{A}-\{\boldsymbol{x}^0\}=\{\boldsymbol{x}-\boldsymbol{x}^0\mid\boldsymbol{x}\in\mathcal{A}\}$，$\widetilde{\mathcal{X}}=\mathcal{X}-\{\boldsymbol{x}^0\}=\{\boldsymbol{x}-\boldsymbol{x}^0\mid\boldsymbol{x}\in\mathcal{X}\}$。由仿射空间的定义知，$\widetilde{\mathcal{A}}$为一个线性空间，而$\widetilde{\mathcal{X}}\subseteq\widetilde{\mathcal{A}}$。在$\widetilde{\mathcal{A}}$这个线性空间中，沿袭 $\mathbb{R}^n$ 中的范数(内积)后，$\widetilde{\mathcal{A}}$成为一个有度量的线性空间，即 Euclidean 空间。这个方法称为仿射空间位移方法。这里需要读者对线性代数的线性空间与子空间有一定了解(可以参考文献[24])。在采用仿射空间位移方法后，有如下一些结论。

第一个结论为：若$\mathcal{X}\subseteq\mathbb{R}^n$为任一非空凸集，则$\mathcal{X}$为$\mathcal{A}$中的非空凸集，反之也正确。这个结论可按凸集的定义验证得知。

第二个结论为：$N(\boldsymbol{x}^0,\delta)$为$\mathbb{R}^n$中以 $\boldsymbol{x}^0$ 为中心的一个开球形邻域，则 $N(\boldsymbol{x}^0,\delta)\cap\mathcal{A}$为$\mathcal{A}$中以 $\boldsymbol{x}^0$ 为中心的一个开球形邻域；反之，若$\mathcal{Y}\subseteq\mathcal{X}$是$\mathcal{A}$中以 $\boldsymbol{x}^0$ 为中心的一个开球形邻域，则可扩展到$\mathbb{R}^n$中以 $\boldsymbol{x}^0$ 为中心的一个开球形邻域 $N(\boldsymbol{x}^0,\delta)$，使得 $N(\boldsymbol{x}^0,\delta)\cap\mathcal{A}=\mathcal{Y}$，即 $\boldsymbol{x}^0$ 是$\mathcal{X}$中一个相对内点的充分必要条件为 $\boldsymbol{x}^0$ 是$\mathcal{X}\cap\mathcal{A}$中的内点。

我们证明上述结论的正确性。由定义，$N(\boldsymbol{x}^0,\delta)$表示$\mathbb{R}^n$中以 $\boldsymbol{x}^0$ 为中心的一个开球，即

$$N(\boldsymbol{x}^0,\delta)=\{\boldsymbol{x}\in\mathbb{R}^n\mid\|\boldsymbol{x}-\boldsymbol{x}^0\|_2<\delta\}。$$

而

$$N(\boldsymbol{x}^0,\delta)\cap\mathcal{A}=\{\boldsymbol{x}\in\mathcal{A}\cap\mathbb{R}^n\mid\|\boldsymbol{x}-\boldsymbol{x}^0\|_2<\delta\}=\{\boldsymbol{x}\in\mathcal{A}\mid\|\boldsymbol{x}-\boldsymbol{x}^0\|_2<\delta\},$$

即按定义其为$\mathcal{A}$中以 $\boldsymbol{x}^0$ 为中心的一个开球形邻域。

反之，若$\mathcal{Y}\subseteq\mathcal{X}$是$\mathcal{A}$中以 $\boldsymbol{x}^0$ 为中心的一个开球形邻域，按定义

$$\mathcal{Y}=\{\boldsymbol{x}\in\mathcal{A}\mid\|\boldsymbol{x}-\boldsymbol{x}^0\|_2<\delta\},$$

在$\mathbb{R}^n$中令

$$N(\boldsymbol{x}^0,\delta)=\{\boldsymbol{x}\in\mathbb{R}^n\mid\|\boldsymbol{x}-\boldsymbol{x}^0\|_2<\delta\},$$

则

$$N(\boldsymbol{x}^0,\delta)\cap\mathcal{X}=\mathcal{Y}。$$

第三个结论为：设$\mathcal{H}$为$\mathbb{R}^n$中的一个超平面且 $\dim(\mathcal{A})=r$，$\dim(\mathcal{H}\cap\mathcal{A})=r-1$，则$\mathcal{H}\cap\mathcal{A}$为$\mathcal{A}$中$\mathcal{X}$的一个超平面；反之，$\mathcal{A}$中的任何一个超平面可写成$\mathbb{R}^n$中的一个超平面。

由于我们只定义了线性空间$\mathbb{R}^n$中的超平面具有$\mathcal{H}=\{\boldsymbol{x}\in\mathbb{R}^n\mid\boldsymbol{a}^{\mathrm{T}}\boldsymbol{x}=b\}$形式，其中$\boldsymbol{a}\neq\boldsymbol{0}$，实际上在仿射空间$\mathcal{A}$中超平面也有这样的形式。

现在来证明上述结论。对 $\boldsymbol{x}^0\in\mathcal{X}$，$\mathcal{A}-\{\boldsymbol{x}^0\}$为一个线性子空间。存在一组标准正交基 $\varepsilon_1,\varepsilon_2,\cdots,\varepsilon_r$，扩充到$\mathbb{R}^n$的一组标准正交基 $\varepsilon_1,\varepsilon_2,\cdots,\varepsilon_r,\varepsilon_{r+1},\cdots,\varepsilon_n$。任何 $\boldsymbol{x}-\boldsymbol{x}^0\in\mathbb{R}^n$ 在这

组新基下的坐标记为 $\boldsymbol{y}$ 且记 $\boldsymbol{C}=(\varepsilon_1,\varepsilon_2,\cdots,\varepsilon_n)\in\mathcal{M}(n,n)$，则 $\boldsymbol{x}-\boldsymbol{x}^0=\boldsymbol{C}\boldsymbol{y}$。于是

$$\mathcal{A}=\{\boldsymbol{x}\in\mathbb{R}^n \mid \boldsymbol{x}=\boldsymbol{x}^0+(\varepsilon_1,\varepsilon_2,\cdots,\varepsilon_r)(y_1,y_2,\cdots,y_r)^{\mathrm{T}},(y_1,y_2,\cdots,y_r)^{\mathrm{T}}\in\mathbb{R}^r\},$$

$$\mathcal{H}=\left\{\boldsymbol{x}\in\mathbb{R}^n \;\middle|\; \begin{array}{c}\boldsymbol{x}=\boldsymbol{x}^0+(\varepsilon_1,\varepsilon_2,\cdots,\varepsilon_n)\boldsymbol{y},\boldsymbol{y}\in\mathbb{R}^n\\ \boldsymbol{a}^{\mathrm{T}}\boldsymbol{x}=\boldsymbol{b}\end{array}\right\}$$

进一步得到

$$\mathcal{A}\cap\mathcal{H}=\left\{\boldsymbol{x}\in\mathbb{R}^n \;\middle|\; \begin{array}{l}\boldsymbol{x}=\boldsymbol{x}^0+(\varepsilon_1,\varepsilon_2,\cdots,\varepsilon_r)\boldsymbol{y},\boldsymbol{y}\in\mathbb{R}^r,\\ \boldsymbol{a}^{\mathrm{T}}(\varepsilon_1,\varepsilon_2,\cdots,\varepsilon_r)\boldsymbol{y}=\boldsymbol{b}-\boldsymbol{a}^{\mathrm{T}}\boldsymbol{x}^0\end{array}\right\}$$

令 $\bar{\boldsymbol{a}}=(\boldsymbol{a}^{\mathrm{T}}(\varepsilon_1,\varepsilon_2,\cdots,\varepsilon_r))^{\mathrm{T}},\bar{b}=b-\boldsymbol{a}^{\mathrm{T}}\boldsymbol{x}^0$。由 $\dim(\mathcal{A}\cap\mathcal{H})=r-1$ 推出 $\bar{\boldsymbol{a}}\neq\boldsymbol{0}$。故 $\mathcal{A}\cap\mathcal{H}$ 在仿射空间 $\mathcal{A}$ 是一个形式为 $\bar{H}=\{\boldsymbol{y}\in\mathbb{R}^r\mid\bar{\boldsymbol{a}}^{\mathrm{T}}\boldsymbol{y}=\bar{b}\}$ 的超平面。

反之，$\mathcal{A}$ 中的任何一个超平面，在上述构造新基的条件下，对其任何一个形式为 $\bar{H}=\{\boldsymbol{y}\in\mathbb{R}^r\mid\bar{\boldsymbol{a}}^{\mathrm{T}}\boldsymbol{y}=\bar{b}\}$ 的超平面，令 $\boldsymbol{a}=((\bar{\boldsymbol{a}}^{\mathrm{T}},\boldsymbol{0},\cdots,\boldsymbol{0})\boldsymbol{C}^{-1})^{\mathrm{T}}\in\mathbb{R}^n,b=\bar{b}$，则有 $\boldsymbol{a}\neq\boldsymbol{0},H=\{\boldsymbol{x}\in\mathbb{R}^n\mid\boldsymbol{a}^{\mathrm{T}}\boldsymbol{y}=\boldsymbol{b}\}$ 为 $\mathbb{R}^n$ 的一个超平面。

依据上述讨论，为了几何直观和便于理解，对与相对内点有关性质的研究就可以采用仿射空间位移的办法处理，在位移后按与内点相关的直观性质研究。这将是我们后续一些证明中经常用到的技巧。

关注 $\boldsymbol{x}$ 是 $\mathcal{X}$ 的一个相对内点的定义，对包含 $\mathcal{X}$ 的最小仿射空间 $\mathcal{A}$，存在 $\delta>0$ 使得 $N(\boldsymbol{x},\delta)\cap\mathcal{A}\subseteq\mathcal{X}$。研究 $\boldsymbol{x}$ 是否为相对内点需要讨论下面两个细节。一个是邻域，即是否存在 $\delta>0$ 的邻域 $N(\boldsymbol{x},\delta)$，这完全是在 $\mathbb{R}^n$ 中讨论的；另一个则是仿射空间，即 $\boldsymbol{x}\in\mathcal{A}$。当给定 $\boldsymbol{x}^0\in\mathcal{X}$ 时，在上述的仿射空间位移法使用时，则讨论 $N(\boldsymbol{x}-\boldsymbol{x}^0,\delta)$ 和 $\boldsymbol{x}-\boldsymbol{x}^0\in\mathcal{A}-\{\boldsymbol{x}^0\}$ 的关系。请注意下面证明中关于这两点的讨论细节。

考察凸集与相对内点的关系，我们先给出如下引理。

引理 2.12 已知 $\mathcal{X}$ 为凸集且 $r=\dim(\mathcal{X})\geqslant1$。当 $\{\boldsymbol{x}^1,\boldsymbol{x}^2,\cdots,\boldsymbol{x}^{r+1}\}$ 为 $\mathcal{X}$ 中 $r+1$ 个仿射线性无关的点时，则对任意 $\lambda_i>0,i=1,2,\cdots,r+1$ 且 $\sum_{i=1}^{r+1}\lambda_i=1$，有 $\boldsymbol{y}=\sum_{i=1}^{r+1}\lambda_i\boldsymbol{x}_i$ 是 $\mathcal{X}$ 的一个相对内点。反之，对任意一个 $\boldsymbol{y}\in\mathrm{ri}(\mathcal{X})$，都存在 $\{\boldsymbol{x}^1,\boldsymbol{x}^2,\cdots,\boldsymbol{x}^{r+1}\}$ 为 $\mathcal{X}$ 中 $r+1$ 个仿射线性无关的点和 $\lambda_i>0,i=1,2,\cdots,r+1$ 且 $\sum_{i=1}^{r+1}\lambda_i=1$，使得 $\boldsymbol{y}=\sum_{i=1}^{r+1}\lambda_i\boldsymbol{x}^i$。

证明 对任意 $\lambda_i>0,i=1,2,\cdots,r+1$ 且 $\sum_{i=1}^{r+1}\lambda_i=1$，由凸集的定义知，明显有 $\boldsymbol{y}\in\mathcal{X}$，我们将证明 $\boldsymbol{y}\in\mathrm{ri}(\mathcal{X})$，由此得到相对内点非空的结论。

由

$$\boldsymbol{y}=\sum_{i=1}^{r+1}\lambda_i\boldsymbol{x}^i=\sum_{i=1}^{r}\lambda_i(\boldsymbol{x}^i-\boldsymbol{x}^{r+1})+\boldsymbol{x}^{r+1},$$

记

$$\boldsymbol{A}=(\boldsymbol{x}^1-\boldsymbol{x}^{r+1},\boldsymbol{x}^2-\boldsymbol{x}^{r+1},\cdots,\boldsymbol{x}^r-\boldsymbol{x}^{r+1})^{\mathrm{T}}(\boldsymbol{x}^1-\boldsymbol{x}^{r+1},\boldsymbol{x}^2-\boldsymbol{x}^{r+1},\cdots,\boldsymbol{x}^r-\boldsymbol{x}^{r+1})。$$

由 $\{\boldsymbol{x}^1,\boldsymbol{x}^2,\cdots,\boldsymbol{x}^{r+1}\}$ 仿射线性无关得到其为包含 $\mathcal{X}$ 的最小仿射空间 $\mathcal{A}$ 的一组仿射基，且 $\{\boldsymbol{x}^1-\boldsymbol{x}^{r+1},\boldsymbol{x}^2-\boldsymbol{x}^{r+1},\cdots,\boldsymbol{x}^r-\boldsymbol{x}^{r+1}\}$ 线性无关，也就有 $\boldsymbol{A}\in\mathcal{S}_{++}^r$。记 $\lambda_{\min}(\boldsymbol{A})$ 为 $\boldsymbol{A}$ 的最小特征值，于是 $\lambda_{\min}(\boldsymbol{A})>0$。

由仿射空间位移法思想来证明 $\boldsymbol{y}-\boldsymbol{x}^{r+1}$ 是$\mathcal{X}-\{\boldsymbol{x}^{r+1}\}$的一个相对内点。令

$$\delta=\frac{\sqrt{\lambda_{\min}(\boldsymbol{A})}}{2}\min\left\{\min_{1\leqslant i\leqslant r}\{\lambda_i\},\frac{\lambda_{r+1}}{r}\right\}$$

对任意 $\boldsymbol{z}-\boldsymbol{x}^{r+1}\in N(\boldsymbol{y}-\boldsymbol{x}^{r+1},\delta)\cap(\mathcal{A}-\boldsymbol{x}^{r+1})$，由$\{\boldsymbol{x}^1-\boldsymbol{x}^{r+1},\boldsymbol{x}^2-\boldsymbol{x}^{r+1},\cdots,\boldsymbol{x}^r-\boldsymbol{x}^{r+1}\}$线性无关知，它们是$\mathcal{A}-\{\boldsymbol{x}^{r+1}\}$的一组基，则可记 $\boldsymbol{z}-\boldsymbol{x}^{r+1}=\sum_{i=1}^{r}\tau_i(\boldsymbol{x}^i-\boldsymbol{x}^{r+1})$，再利用推论 2.6，有

$$\begin{aligned}(\boldsymbol{y}-\boldsymbol{z})^{\mathrm{T}}(\boldsymbol{y}-\boldsymbol{z})&=(\lambda_1-\tau_1,\lambda_2-\tau_2,\cdots,\lambda_r-\tau_r)\boldsymbol{A}(\lambda_1-\tau_1,\lambda_2-\tau_2,\cdots,\lambda_r-\tau_r)^{\mathrm{T}}\\&\geqslant\lambda_{\min}(\boldsymbol{A})\sum_{i=1}^{r}(\lambda_i-\tau_i)^2\\&\geqslant\lambda_{\min}(A)\max_{1\leqslant i\leqslant r}(\lambda_i-\tau_i)^2。\end{aligned}$$

由 $\|\boldsymbol{y}-\boldsymbol{z}\|=\sqrt{(\boldsymbol{y}-\boldsymbol{z})^{\mathrm{T}}(\boldsymbol{y}-\boldsymbol{z})}<\delta$，推出

$$\max_{1\leqslant i\leqslant r}|\lambda_i-\tau_i|<\frac{\delta}{\sqrt{\lambda_{\min}(\boldsymbol{A})}},$$

即

$$\lambda_i=\frac{\delta}{\sqrt{\lambda_{\min}(\boldsymbol{A})}}<\tau_i<\lambda_i+\frac{\delta}{\sqrt{\lambda_{\min}(\boldsymbol{A})}},\quad\forall 1\leqslant i\leqslant r。$$

得到 $\tau_i>\lambda_i-\frac{1}{2}\lambda_i>0,\forall 1\leqslant i\leqslant r$。而令 $\tau_{r+1}=1-\sum_{i=1}^{r}\tau_i$，则$\sum_{i=1}^{r+1}\tau_i=1$ 且

$$\tau_{r+1}>1-\sum_{i=1}^{r}\lambda_i-\frac{r\delta}{\sqrt{\lambda_{\min}(\boldsymbol{A})}}\geqslant 1-\sum_{i=1}^{r}\lambda_i-\frac{\lambda_{r+1}}{2}>0。$$

再由$\mathcal{X}$的凸性，得到 $\boldsymbol{z}=\sum_{i=1}^{r}\tau_i(\boldsymbol{x}^i-\boldsymbol{x}^{r+1})+\boldsymbol{x}^{r+1}=\sum_{i=1}^{r+1}\tau_i\boldsymbol{x}^i\in\mathcal{X}$，即 $\boldsymbol{z}-\boldsymbol{x}^{r+1}\in N(\boldsymbol{y}-\boldsymbol{x}^{r+1},\delta)\cap(\mathcal{A}-\{\boldsymbol{x}^{r+1}\})\subseteq\mathcal{X}-\boldsymbol{x}^{r+1}$。由 $N(\boldsymbol{y}-\boldsymbol{x}^{r+1},\delta)\cap(\mathcal{A}-\{\boldsymbol{x}^{r+1}\})\subseteq\mathcal{X}-\{\boldsymbol{x}^{r+1}\}$ 得到 $N(\boldsymbol{y},\delta)\cap\mathcal{A}\subseteq\mathcal{X}$，故推出 $\boldsymbol{y}$ 是$\mathcal{X}$的一个相对内点。

对任意一个 $\boldsymbol{y}\in\mathrm{ri}(\mathcal{X})$，由相对内点的定义知，存在 $\delta>0$ 使得 $N(y,\delta)\cap\mathcal{A}\subseteq\mathcal{X}$。由仿射空间位移法的思想，在 $\|\boldsymbol{x}-\boldsymbol{y}\|=\frac{\delta}{2}$ 的球面上，存在 $\boldsymbol{x}^1,\boldsymbol{x}^2,\cdots,\boldsymbol{x}^r\in\mathcal{X}\subseteq\mathcal{A}$满足 $\boldsymbol{x}^1-\boldsymbol{y}$，$\boldsymbol{x}^2-\boldsymbol{y},\cdots,\boldsymbol{x}^r-\boldsymbol{y}$ 线性无关。令 $\boldsymbol{z}=\sum_{j=1}^{r}\frac{1}{r}\boldsymbol{x}^j$。由$\mathcal{X}$的凸性得到 $\boldsymbol{z}\in\mathcal{X}$。

由于 $\boldsymbol{y},\boldsymbol{z}\in\mathcal{X}\subseteq\mathcal{A}$，明显地 $\boldsymbol{y}+(\boldsymbol{z}-\boldsymbol{y})=\boldsymbol{z}\in\mathcal{X}\subseteq\mathcal{A}$，而 $2\boldsymbol{y}-\boldsymbol{z}$ 为 $\boldsymbol{y}$ 和 $\boldsymbol{z}$ 的仿射组合，所以 $\boldsymbol{y}-(\boldsymbol{z}-\boldsymbol{y})=2\boldsymbol{y}-\boldsymbol{z}\in\mathcal{A}$。再由 $\|\boldsymbol{z}-\boldsymbol{y}\|\leqslant\sum_{j=1}^{r}\frac{1}{r}\|\boldsymbol{x}^j-\boldsymbol{y}\|=\frac{\delta}{2}$，得到 $\boldsymbol{y}\pm(\boldsymbol{z}-\boldsymbol{y})\in N(\boldsymbol{y},\delta)\cap\mathcal{A}\subseteq\mathcal{X}$。

此时令 $\boldsymbol{x}^{r+1}=\boldsymbol{y}-(\boldsymbol{z}-\boldsymbol{y})=2\boldsymbol{y}-\boldsymbol{z}$，下面的推导说明 $\boldsymbol{x}^{r+1}$ 是$\mathcal{X}$中与 $\boldsymbol{x}^1,\boldsymbol{x}^2,\cdots,\boldsymbol{x}^r$ 仿射线性无关的点。由 $\boldsymbol{x}^1-\boldsymbol{y},\boldsymbol{x}^2-\boldsymbol{y},\cdots,\boldsymbol{x}^r-\boldsymbol{y}$ 线性无关和

$$\sum_{i=1}^{r}k_i(\boldsymbol{x}^i-\boldsymbol{x}^{r+1})=\sum_{i=1}^{r}k_i(\boldsymbol{x}^i-\boldsymbol{y})+\sum_{i=1}^{r}k_i(\boldsymbol{z}-\boldsymbol{y})=\sum_{i=1}^{r}\left(k_i+\frac{\sum_{j=1}^{r}k_j}{r}\right)(\boldsymbol{x}^i-\boldsymbol{y})=\boldsymbol{0}$$

得到 $k_i+\frac{\sum_{j=1}^{r}k_j}{r}=0,i=1,2,\cdots,r$，推出 $k_1=k_2=\cdots=k_r$，继而推出 $k_1=k_2=\cdots=k_r=0$。从而推出 $\boldsymbol{x}^1,\boldsymbol{x}^2,\cdots,\boldsymbol{x}^r,\boldsymbol{x}^{r+1}$ 仿射线性无关。

明显地，$\boldsymbol{y}=\frac{1}{2}\boldsymbol{z}+\frac{1}{2}\boldsymbol{x}^{r+1}=\sum_{i=1}^{r}\frac{1}{2r}\boldsymbol{x}^i+\frac{1}{2}\boldsymbol{x}^{r+1}$。由本证明的上一个结论知，引理成立。

□

推论 2.13 设$\mathcal{X}\subseteq\mathbb{R}^n$为非空凸集，则 $\mathrm{ri}(\mathcal{X})\neq\varnothing$。

证明 若$\mathcal{X}$中只有一点，则由定义得到 $\mathrm{ri}(\mathcal{X})=\mathcal{X}\neq\varnothing$。当 $r=\dim(\mathcal{X})\geqslant 1$ 时，任取$\mathcal{X}$中 $r+1$ 个仿射线性无关的点，由引理 2.12 可得结论成立。 □

引理 2.14 设$\mathcal{X}$为非空凸集，当 $\boldsymbol{y}\in\mathrm{cl}(\mathcal{X})$ 且 $\boldsymbol{z}\in\mathrm{ri}(\mathcal{X})$ 时，有 $\boldsymbol{x}=\alpha\boldsymbol{y}+(1-\alpha)\boldsymbol{z}\in\mathrm{ri}(\mathcal{X})$，$\forall\, 0\leqslant\alpha<1$。

证明 当 $\dim(\mathcal{X})=0$ 时，$\mathcal{X}$中只有一点，结论成立。

当 $\dim(\mathcal{X})\geqslant 1$ 时，设包含$\mathcal{X}$的最小仿射空间为$\mathcal{A}$。因仿射空间为闭集，所以$\mathcal{A}$包含 $\mathrm{cl}(\mathcal{X})$。对 $\boldsymbol{y}\in\mathrm{cl}(\mathcal{X})$，$\boldsymbol{z}\in\mathrm{ri}(\mathcal{X})$ 和 $\boldsymbol{x}=\alpha\boldsymbol{y}+(1-\alpha)\boldsymbol{z}$，$\forall\, 0\leqslant\alpha<1$，有 $\boldsymbol{x}\in\mathcal{A}$。

明显当 $\alpha=0$ 时 $\boldsymbol{x}=\boldsymbol{z}\in\mathrm{ri}(\mathcal{X})$，引理结论成立。

考虑 $0<\alpha<1$ 和对应的 $\boldsymbol{x}=\alpha\boldsymbol{y}+(1-\alpha)\boldsymbol{z}$，下面将证明引理的结论同样成立。

由 $\boldsymbol{z}\in\mathrm{ri}(\mathcal{X})$ 知，存在 $\delta>0$ 使得 $N(\boldsymbol{z},\delta)\cap\mathcal{A}\subseteq\mathcal{X}$，由仿射空间位移法的几何直观，可构造

$$\mathcal{Y}=\left\{\boldsymbol{v}\mid \boldsymbol{v}=\frac{1}{\alpha}\boldsymbol{x}+\left(1-\frac{1}{\alpha}\right)\boldsymbol{w},\boldsymbol{w}\in N(\boldsymbol{z},\delta)\cap\mathcal{A}\right\},$$

该集合中的任何一点为 $\boldsymbol{x}\in\mathcal{A}$ 与 $\boldsymbol{w}\in\mathcal{A}$ 的仿射线性组合，因此，$\mathcal{Y}\subseteq\mathcal{A}$。下面证明其为仿射空间$\mathcal{A}$中的一个开集。

因 $0<\alpha<1$，明显，$\boldsymbol{v}=\frac{1}{\alpha}\boldsymbol{x}+\left(1-\frac{1}{\alpha}\right)\boldsymbol{w}$ 决定了一个 $\boldsymbol{w}$ 与 $\boldsymbol{v}$ 的一一对应。对任意 $\bar{\boldsymbol{v}}\in\mathcal{Y}$，都唯一对应一个 $\bar{\boldsymbol{w}}=\frac{1}{1-\alpha}\boldsymbol{x}+\left(1-\frac{1}{1-\alpha}\right)\bar{\boldsymbol{v}}$ 且 $\bar{\boldsymbol{w}}\in N(\boldsymbol{z},\delta)\cap\mathcal{A}$。再由 $N(\boldsymbol{z},\delta)\cap\mathcal{A}$ 为$\mathcal{A}$中的开集和仿射空间位移法知，存在 $\delta_1>0$ 使得 $N(\bar{\boldsymbol{w}},\delta_1)\cap\mathcal{A}\subseteq N(\boldsymbol{z},\delta)\cap\mathcal{A}$。

此时，若得到 $N\left(\bar{\boldsymbol{v}},\frac{1-\alpha}{\alpha}\delta_1\right)\cap\mathcal{A}\subseteq\mathcal{Y}$，则证明了$\mathcal{Y}$为$\mathcal{A}$中的一个开集。对任意 $\boldsymbol{v}\in N\left(\bar{\boldsymbol{v}},\frac{1-\alpha}{\alpha}\delta_1\right)\cap\mathcal{A}$，都唯一对应 $\boldsymbol{w}=\frac{1}{1-\alpha}\boldsymbol{x}+\left(1-\frac{1}{1-\alpha}\right)\boldsymbol{v}$。由 $\boldsymbol{x},\boldsymbol{v}\in\mathcal{A}$ 和仿射线性组合形式得到 $\boldsymbol{w}\in\mathcal{A}$。再由 $\|\boldsymbol{v}-\bar{\boldsymbol{v}}\|=\frac{1-\alpha}{\alpha}\|\boldsymbol{w}-\bar{\boldsymbol{w}}\|<\frac{1-\alpha}{\alpha}\delta_1$ 推出 $\|\boldsymbol{w}-\bar{\boldsymbol{w}}\|<\delta_1$。因此，$\boldsymbol{w}\in N(\bar{\boldsymbol{w}},\delta_1)\cap\mathcal{A}\subseteq N(\boldsymbol{z},\delta)\cap\mathcal{A}$。继而 $\boldsymbol{v}=\frac{1}{\alpha}\boldsymbol{x}+\left(1-\frac{1}{\alpha}\right)\boldsymbol{w}\in\mathcal{Y}$，就得到 $N\left(\bar{\boldsymbol{v}},\frac{1-\alpha}{\alpha}\delta_1\right)\cap\mathcal{A}\subseteq\mathcal{Y}$。得知$\mathcal{Y}$为仿射空间$\mathcal{A}$的一个开集且 $\boldsymbol{y}=\frac{1}{\alpha}\boldsymbol{x}+\left(1-\frac{1}{\alpha}\right)\boldsymbol{z}\in\mathcal{Y}$。

由于 $\boldsymbol{y}\in\mathcal{Y}$ 和$\mathcal{Y}$为$\mathcal{A}$中的开集，可取 $0<\delta_2\leqslant\frac{1-\alpha}{1+\alpha}\delta$ 使得 $N(\boldsymbol{y},\delta_2)\cap\mathcal{A}\subseteq\mathcal{Y}$。由引理 2.11

的结论(1)知，存在 $\boldsymbol{p}\in\mathcal{X}$满足 $\boldsymbol{p}\in N(\boldsymbol{y},\delta_2)\cap\mathcal{A}$。若能够证明 $N(\boldsymbol{x},\delta_2)\cap\mathcal{A}\subseteq\mathcal{X}$，则得到 $\boldsymbol{x}\in\mathrm{ri}(\mathcal{X})$。

对任意 $\tilde{\boldsymbol{x}}\in N(\boldsymbol{x},\delta_2)\cap\mathcal{A}$，由于 $\boldsymbol{p}\in\mathcal{X}\subseteq\mathcal{A}$，可唯一计算并得到

$$\tilde{\boldsymbol{w}}=\frac{1}{1-\alpha}\tilde{\boldsymbol{x}}+\left(1-\frac{1}{1-\alpha}\right)\boldsymbol{p}\in\mathcal{A}。$$

由

$$\|\tilde{\boldsymbol{w}}-\boldsymbol{z}\|=\left\|\frac{1}{1-\alpha}(\tilde{\boldsymbol{x}}-\boldsymbol{x})+\left(1-\frac{1}{1-\alpha}\right)(\boldsymbol{p}-\boldsymbol{y})+\frac{1}{1-\alpha}\boldsymbol{x}+\left(1-\frac{1}{1-\alpha}\right)\boldsymbol{y}-\boldsymbol{z}\right\|$$

和 $\boldsymbol{x}=\alpha\boldsymbol{y}+(1-\alpha)\boldsymbol{z}$ 得到

$$\|\tilde{\boldsymbol{w}}-\boldsymbol{z}\|=\left\|\frac{1}{1-\alpha}(\tilde{\boldsymbol{x}}-\boldsymbol{x})+\left(1-\frac{1}{1-\alpha}\right)(\boldsymbol{p}-\boldsymbol{y})\right\|。$$

进一步推出

$$\|\tilde{\boldsymbol{w}}-\boldsymbol{z}\|\leqslant\frac{1}{1-\alpha}\|\tilde{\boldsymbol{x}}-\boldsymbol{x}\|+\frac{\alpha}{1-\alpha}\|\boldsymbol{p}-\boldsymbol{y}\|<\frac{1+\alpha}{1-\alpha}\delta_2\leqslant\delta。$$

综上得到 $\tilde{\boldsymbol{w}}\in N(\boldsymbol{z},\delta)\cap\mathcal{A}\subseteq\mathcal{X}$。再由 $\boldsymbol{p}\in\mathcal{X}$，得到

$$\tilde{\boldsymbol{x}}=\alpha\boldsymbol{p}+(1-\alpha)\tilde{\boldsymbol{w}}\in\mathcal{X}。$$

于是有 $N(\boldsymbol{x},\delta_2)\cap\mathcal{A}\subseteq\mathcal{X}$，也就得到 $\boldsymbol{x}\in\mathrm{ri}(\mathcal{X})$。 □

定理 2.15 设$\mathcal{X}$为非空凸集，则 $\mathrm{cl}(\mathrm{ri}(\mathcal{X}))=\mathrm{cl}(\mathcal{X})$，$\mathrm{ri}(\mathrm{cl}(\mathcal{X}))=\mathrm{ri}(\mathcal{X})$。

证明 很明显，$\mathrm{ri}(\mathcal{X})\subseteq\mathcal{X}$，所以 $\mathrm{cl}(\mathrm{ri}(\mathcal{X}))\subseteq\mathrm{cl}(\mathcal{X})$。

反之，对任取 $\boldsymbol{y}\in\mathrm{cl}(\mathcal{X})$，当$\mathcal{X}$中只有一点时，按定义这一点为相对内点，故 $\mathrm{cl}(\mathrm{ri}(\mathcal{X}))=\mathrm{cl}(\mathcal{X})$。当$\mathcal{X}$中至少有两个不同的点时，由凸集的特性知其连线在其内，故 $\dim(\mathrm{ri}(\mathcal{X}))\geqslant1$。再任意选取一点 $\boldsymbol{z}\in\mathrm{ri}(\mathcal{X})$，由引理 2.14 得到 $\boldsymbol{x}^i=\alpha_i\boldsymbol{y}+(1-\alpha_i)\boldsymbol{z}\in\mathrm{ri}(\mathcal{X})$，$\forall\,0\leqslant\alpha_i<1$，所以 $\boldsymbol{x}^i$ 充分接近 $\boldsymbol{y}$(取 α_i 尽量接近 1)，故得到 $\boldsymbol{y}\in\mathrm{cl}(\mathrm{ri}(\mathcal{X}))$，即 $\mathrm{cl}(\mathcal{X})\subseteq\mathrm{cl}(\mathrm{ri}(\mathcal{X}))$。所以 $\mathrm{cl}(\mathcal{X})=\mathrm{cl}(\mathrm{ri}(\mathcal{X}))$成立。

由于分别包含$\mathcal{X}$和 $\mathrm{cl}(\mathcal{X})$的最小仿射空间相同，按相对内点的定义，对任意 $\boldsymbol{x}\in\mathrm{ri}(\mathcal{X})$，有 $\boldsymbol{x}\in\mathrm{ri}(\mathrm{cl}(\mathcal{X}))$，即 $\mathrm{ri}(\mathrm{cl}(\mathcal{X}))\supseteq\mathrm{ri}(\mathcal{X})$。

现证明 $\mathrm{ri}(\mathrm{cl}(\mathcal{X}))\subseteq\mathrm{ri}(\mathcal{X})$。当 $\dim(\mathcal{X})=0$ 时，$\mathcal{X}$为一点，明显成立。考虑 $\dim(\mathcal{X})\geqslant1$ 的情形并记包含$\mathcal{X}$的最小仿射空间为$\mathcal{A}$。对 $\boldsymbol{x}\in\mathrm{ri}(\mathrm{cl}(\mathcal{X}))$，任取一点 $\boldsymbol{z}\in\mathrm{ri}(\mathcal{X})$并不妨设 $\boldsymbol{z}\neq\boldsymbol{x}$，由引理 2.11 的结论(2)知 $\mathrm{cl}(\mathcal{X})$为凸集，所以 $\boldsymbol{x}$ 与 $\boldsymbol{z}$ 的连线点都属于 $\mathrm{cl}(\mathcal{X})$。由 $\boldsymbol{x}\in\mathrm{ri}(\mathrm{cl}(\mathcal{X}))$知，存在 $\delta>0$ 使得 $N(\boldsymbol{x},\delta)\cap\mathcal{A}\subseteq\mathrm{cl}(\mathcal{X})$。因 $\boldsymbol{x},\boldsymbol{z}\in\mathrm{cl}(\mathcal{X})\subseteq\mathcal{A}$，令 $\boldsymbol{y}=\boldsymbol{x}-\dfrac{\delta}{2\|\boldsymbol{z}-\boldsymbol{x}\|}(\boldsymbol{z}-\boldsymbol{x})$，所以 $\boldsymbol{y}=\left(1+\dfrac{\delta}{2\|\boldsymbol{z}-\boldsymbol{x}\|}\right)\boldsymbol{x}-\dfrac{\delta}{2\|\boldsymbol{z}-\boldsymbol{x}\|}\boldsymbol{z}\in\mathcal{A}$。再结合 $\|\boldsymbol{y}-\boldsymbol{x}\|=\dfrac{\delta}{2}<\delta$，所以 $\boldsymbol{y}\in N(\boldsymbol{x},\delta)\cap\mathcal{A}\subseteq\mathrm{cl}(\mathcal{X})$。

记 $\mu=1+\dfrac{\delta}{2\|\boldsymbol{z}-\boldsymbol{x}\|}$，就有 $\boldsymbol{y}=\mu\boldsymbol{x}+(1-\mu)\boldsymbol{z}\in\mathrm{cl}(\mathcal{X})$。而 $1<\mu$ 得到

$$\boldsymbol{x}=\frac{1}{\mu}\boldsymbol{y}+\left(1-\frac{1}{\mu}\right)\boldsymbol{z}。$$

根据 $\boldsymbol{z}\in\mathrm{ri}(\mathcal{X})$，$\boldsymbol{y}\in\mathrm{cl}(\mathcal{X})$，$0<\dfrac{1}{\mu}<1$ 及引理 2.14 的结论，有 $\boldsymbol{x}\in\mathrm{ri}(\mathcal{X})$。所以，$\mathrm{ri}(\mathrm{cl}(\mathcal{X}))\subseteq\mathrm{ri}(\mathcal{X})$。综合得 $\mathrm{ri}(\mathrm{cl}(\mathcal{X}))=\mathrm{ri}(\mathcal{X})$。结论得证。 □

对给定的一个 $\boldsymbol{A}\in\mathcal{M}(m,n)$，定义映射

$$A: \boldsymbol{x}\in\mathbb{R}^n\mapsto\boldsymbol{A}\boldsymbol{x}\in\mathbb{R}^m。$$

容易验证，对任意 $\boldsymbol{x}^1,\boldsymbol{x}^2\in\mathbb{R}^n$ 和任意 $k_1,k_2\in\mathbb{R}$ 满足

$$A(k_1\boldsymbol{x}^1+k_2\boldsymbol{x}^2)=k_1\boldsymbol{A}\boldsymbol{x}^1+k_2\boldsymbol{A}\boldsymbol{x}^2,$$

因此，A 为一个线性变换。符号 $A\mathcal{X}$表示集合$\mathcal{X}\subseteq\mathbb{R}^n$ 经过 A 线性变换后的点集。

定理 2.16 若$\mathcal{X}$为$\mathbb{R}^n$ 中一个非空凸集，$\boldsymbol{A}$ 是 $m\times n$ 矩阵，则 $\mathrm{ri}(A\mathcal{X})=A(\mathrm{ri}(\mathcal{X}))$。

证明 不难验证 $A\mathcal{X}$为非空凸集。

因为 A 是线性映射，不难验证

$$A(\mathrm{ri}(\mathcal{X}))\subseteq A\mathcal{X}\subseteq A(\mathrm{cl}(\mathcal{X}))。$$

再根据定理 2.15 进一步得到

$$A(\mathrm{cl}(\mathcal{X}))=A(\mathrm{cl}(\mathrm{ri}(\mathcal{X})))\subseteq\mathrm{cl}(A(\mathrm{ri}(\mathcal{X}))),$$

其中定理 2.15 保证上式中等号的成立，线性函数的连续性保证第二个关系式满足。于是有 $\mathrm{cl}(A\mathcal{X})\subseteq\mathrm{cl}(A(\mathrm{ri}(\mathcal{X})))$，加之明显 $A(\mathrm{ri}(\mathcal{X}))\subseteq A\mathcal{X}$，所以 $\mathrm{cl}(A\mathcal{X})=\mathrm{cl}(A(\mathrm{ri}(\mathcal{X})))$。

再由定理 2.15，有

$$\mathrm{ri}(A\mathcal{X})=\mathrm{ri}(\mathrm{cl}(A\mathcal{X}))=\mathrm{ri}(\mathrm{cl}(A(\mathrm{ri}(\mathcal{X}))))=\mathrm{ri}(A(\mathrm{ri}(\mathcal{X})))\subseteq A(\mathrm{ri}(\mathcal{X}))。$$

对任意 $\boldsymbol{y}\in A(\mathrm{ri}(\mathcal{X}))$和 $\boldsymbol{z}\in A\mathcal{X}$，则有 $\boldsymbol{y}'\in\mathrm{ri}(\mathcal{X})$和 $\boldsymbol{z}'\in\mathcal{X}$使得 $\boldsymbol{y}=\boldsymbol{A}\boldsymbol{y}'$和 $\boldsymbol{z}=\boldsymbol{A}\boldsymbol{z}'$。因此，由与定理 2.15 证明中相同的原因，存在 $\mu>1$ 使得 $\mu\boldsymbol{y}'+(1-\mu)\boldsymbol{z}'\in\mathcal{X}$，并得到 $\boldsymbol{A}(\mu\boldsymbol{y}'+(1-\mu)\boldsymbol{z}')=\mu\boldsymbol{y}+(1-\mu)\boldsymbol{z}\in A\mathcal{X}$，所以 $\boldsymbol{w}=\mu\boldsymbol{y}+(1-\mu)\boldsymbol{z}\in A\mathcal{X}$。由任何凸集的相对内点非空的结论，当取 $\boldsymbol{z}\in\mathrm{ri}(A\mathcal{X})$时，则有 $0<\dfrac{1}{\mu}<1$，由引理 2.14 得知 $\boldsymbol{y}=\dfrac{\boldsymbol{w}}{\mu}+\dfrac{(\mu-1)\boldsymbol{z}}{\mu}\in\mathrm{ri}(A\mathcal{X})$。于是 $A(\mathrm{ri}(\mathcal{X}))\subseteq\mathrm{ri}(A\mathcal{X})$。整合得到 $A(\mathrm{ri}(\mathcal{X}))=\mathrm{ri}(A\mathcal{X})$。 □

定理 2.17 设$\mathcal{X}_1$和$\mathcal{X}_2$为非空凸集，则 $\mathrm{ri}(\mathcal{X}_1\times\mathcal{X}_2)=\mathrm{ri}(\mathcal{X}_1)\times\mathrm{ri}(\mathcal{X}_2)$，$\mathrm{ri}(\mathcal{X}_1+\mathcal{X}_2)=\mathrm{ri}(\mathcal{X}_1)+\mathrm{ri}(\mathcal{X}_2)$。

证明 由引理 2.10 知，$\mathcal{X}_1\times\mathcal{X}_2$为非空凸集。首先我们证明

$$\mathrm{ri}(\mathcal{X}_1\times\mathcal{X}_2)=\mathrm{ri}(\mathcal{X}_1)\times\mathrm{ri}(\mathcal{X}_2)。$$

设$\mathcal{A}_1$和$\mathcal{A}_2$分别是包含$\mathcal{X}_1$和$\mathcal{X}_2$最小仿射空间，根据空间维数关系 $\dim(\mathcal{A}_1\times\mathcal{A}_2)=\dim(\mathcal{A}_1)+\dim(\mathcal{A}_2)$，则$\mathcal{A}_1\times\mathcal{A}_2$是包含$\mathcal{X}_1\times\mathcal{X}_2$的最小仿射空间。

任取 $\boldsymbol{x}=\begin{pmatrix}\boldsymbol{x}^1\\\boldsymbol{x}^2\end{pmatrix}\in\mathrm{ri}(\mathcal{X}_1\times\mathcal{X}_2)$，则存在 $\delta>0$ 使得

$$N(\boldsymbol{x},\delta)\cap\mathcal{A}_1\times\mathcal{A}_2\subseteq\mathcal{X}_1\times\mathcal{X}_2。\tag{2.2}$$

因此得知 $N(\boldsymbol{x}^1,\delta)\cap\mathcal{A}_1\subseteq\mathcal{X}_1$和 $N(\boldsymbol{x}^2,\delta)\cap\mathcal{A}_2\subseteq\mathcal{X}_2$，就有 $\boldsymbol{x}^i\in\mathrm{ri}(\mathcal{X}_i)$，$i=1,2$，所以 $\mathrm{ri}(\mathcal{X}_1\times\mathcal{X}_2)\subseteq\mathrm{ri}(\mathcal{X}_1)\times\mathrm{ri}(\mathcal{X}_2)$。

反之，对 $i=1,2$ 的 $\boldsymbol{x}^i\in\mathrm{ri}(\mathcal{X}_i)$，则存在 $\delta_i>0$ 使得 $N(\boldsymbol{x}^i,\delta_i)\cap\mathcal{A}_i\subseteq\mathcal{X}_i$，取 $\delta=\min\{\delta_1,\delta_2\}$，则(2.2)式成立，所以 $\mathrm{ri}(\mathcal{X}_1\times\mathcal{X}_2)\supseteq\mathrm{ri}(\mathcal{X}_1)\times\mathrm{ri}(\mathcal{X}_2)$。因此得到我们需要的结论。

取 $\boldsymbol{A}=[\boldsymbol{I}\quad\boldsymbol{I}]$，在$\mathbb{R}^{2n}$上作如下线性变换

$$\boldsymbol{x}=\begin{pmatrix}\boldsymbol{x}^1\\\boldsymbol{x}^2\end{pmatrix}\mapsto\boldsymbol{A}\boldsymbol{x}=\boldsymbol{x}^1+\boldsymbol{x}^2\in\mathbb{R}^n。$$

由定理 2.16 及上面的证明，则有 $\mathrm{ri}(A(\mathcal{X}_1\times\mathcal{X}_2))=\mathrm{ri}(\mathcal{X}_1+\mathcal{X}_2)=A(\mathrm{ri}(\mathcal{X}_1\times\mathcal{X}_2))=\mathrm{ri}(\mathcal{X}_1)+\mathrm{ri}(\mathcal{X}_2)$。结论得证。 □

2. 可分离性质

从后面章节的内容中可以看出，线性锥优化的基础理论来源于“平面”和凸集合位置关系的研究，主要研究平面如何分离或支撑集合的关系。此“平面”就是我们下面定义的超平面。

对于给定的 $\boldsymbol{a}\in\mathbb{R}^n$ 且 $\boldsymbol{a}\neq\boldsymbol{0}$ 和 $b\in\mathbb{R}$，

$$\mathcal{H}=\left\{\boldsymbol{x}\in\mathbb{R}^n \mid \boldsymbol{a}^{\mathrm{T}}\boldsymbol{x}=\sum_{i=1}^{n}a_ix_i=b\right\}$$

称为超平面(hyperplane)。超平面为一个仿射空间。由线性方程组的知识可得，一个系数 $\boldsymbol{a}\neq\boldsymbol{0}$ 时方程 $\boldsymbol{a}^{\mathrm{T}}\boldsymbol{x}=b$ 的解空间是 $n-1$ 维的，因此 $\dim(\mathcal{H})=n-1$。半空间(half space)定义为

$$\mathcal{H}^{+}=\left\{\boldsymbol{x}\in\mathbb{R}^n \,\middle|\, \boldsymbol{a}^{\mathrm{T}}\boldsymbol{x}=\sum_{i=1}^{n}a_ix_i\geqslant b\right\}。$$

一个超平面将空间分成两个半空间，但由上式中 $\boldsymbol{a},b$ 取值的任意性，任何一个半空间都可以写成上面的形式。

对给定的两个集合 $\mathcal{X}_1$ 和 $\mathcal{X}_2$，若存在超平面 $\mathcal{H}=\{\boldsymbol{x}\in\mathbb{R}^n \mid \boldsymbol{a}^{\mathrm{T}}\boldsymbol{x}=b\}$ 使得 $\boldsymbol{a}^{\mathrm{T}}\boldsymbol{x}\geqslant b,\forall\,\boldsymbol{x}\in\mathcal{X}_1$ 和 $\boldsymbol{a}^{\mathrm{T}}\boldsymbol{x}\leqslant b,\forall\,\boldsymbol{x}\in\mathcal{X}_2$，则称超平面 $\mathcal{H}$ 分离(separation)集合 $\mathcal{X}_1$ 和 $\mathcal{X}_2$。

若进一步存在 $\boldsymbol{x}^1\in\mathcal{X}_1$ 使得 $\boldsymbol{a}^{\mathrm{T}}\boldsymbol{x}^1>b$，或 $\boldsymbol{x}^2\in\mathcal{X}_2$ 使得 $\boldsymbol{a}^{\mathrm{T}}\boldsymbol{x}^2<b$，则称此超平面 $\mathcal{H}$ 真分离集合 $\mathcal{X}_1$ 和 $\mathcal{X}_2$。超平面真分离(proper separation)两个集合的另一个几何解释是：超平面分离 $\mathcal{X}_1$ 和 $\mathcal{X}_2$ 且这两个集合中的点不全包含在这个超平面内。下面通过一个例子来理解分离与真分离的差异。

例 2.6 设

$$\mathcal{X}_1=\{\boldsymbol{x}\in\mathbb{R}^2 \mid 1\leqslant x_1<2,x_2=0\}$$

$$\mathcal{X}_2=\{\boldsymbol{x}\in\mathbb{R}^2 \mid 2\leqslant x_1\leqslant 4,x_2=0\}。$$

明显 $\mathcal{X}_1$ 和 $\mathcal{X}_2$ 分别为 x_1 轴上的两个直线段，它们的交集为空。$\mathcal{H}_1=\{\boldsymbol{x}\in\mathbb{R}^2 \mid x_2=0\}$ 按定义是一个超平面，在平面 $\mathbb{R}^2$ 中就是一条直线 x_1 轴，按超平面分离集合的定义，它分离这两个集合，但不是真分离。$\mathcal{H}_2=\{\boldsymbol{x}\in\mathbb{R}^2 \mid x_1=2\}$ 也是一个超平面，易验证它真分离这两个集合。同样容易验证 $\mathcal{H}_3=\{\boldsymbol{x}\in\mathbb{R}^2 \mid ax_1+bx_2=2a\}(a\neq 0,b\in\mathbb{R})$ 真分离这两个集合。

下面给出超平面的一些直观性质。

引理 2.18 设 $\mathcal{X}$ 为 $\mathbb{R}^n$ 中一个内点非空的集合，$\mathcal{H}=\{\boldsymbol{x}\in\mathbb{R}^n \mid \boldsymbol{a}^{\mathrm{T}}\boldsymbol{x}=b\}$ 为 $\mathbb{R}^n$ 中任何一个超平面，则一定存在 $\bar{\boldsymbol{x}}\in\mathcal{X}$ 使得 $\boldsymbol{a}^{\mathrm{T}}\bar{\boldsymbol{x}}\neq b$。

证明 因为 $\mathcal{X}$ 内点非空，所以 $\dim(\mathcal{X})=n$。反证法假设 $\boldsymbol{a}^{\mathrm{T}}\boldsymbol{x}=b,\forall\,\boldsymbol{x}\in\mathcal{X}$，因 $\dim(\mathcal{H})=n-1$，得到 $\dim(\mathcal{X})\leqslant n-1$，矛盾。结论得证。 □

将以上有关内点的性质直接推广到相对内点，我们有以下结论。

引理 2.19 设 $\mathcal{X}$ 为 $\mathbb{R}^n$ 中一个非空集合且 $\mathcal{A}$ 为包含 $\mathcal{X}$ 的最小仿射空间，$\mathrm{ri}(\mathcal{X})\neq\varnothing$。对任意超平面 $\mathcal{H}=\{\boldsymbol{x}\in\mathbb{R}^n \mid \boldsymbol{a}^{\mathrm{T}}\boldsymbol{x}=b\}$ 满足 $\dim(\mathcal{H}\cap\mathcal{A})\leqslant\dim(\mathcal{A})-1$ 时，则存在 $\bar{\boldsymbol{x}}\in\mathcal{X}$ 使得 $\boldsymbol{a}^{\mathrm{T}}\bar{\boldsymbol{x}}\neq b$。

同引理 2.18 的证明一样，利用维数的关系可得。

集合 $\mathcal{X}\subseteq\mathbb{R}^n$ 的支撑超平面(supporting hyperplane)定义为一个超平面

$\mathcal{H}=\{\boldsymbol{x}\in\mathbb{R}^n \mid \boldsymbol{a}^{\mathrm{T}}\boldsymbol{x}=b\}$，满足 $\boldsymbol{a}^{\mathrm{T}}\boldsymbol{y}\geqslant b,\quad \forall\, \boldsymbol{y}\in\mathcal{X}$ 且 $\mathrm{cl}(\mathcal{X})\cap\mathcal{H}\neq\varnothing$。

支撑超平面的几何直观是一个超平面不但托起集合$\mathcal{X}$，同时还与集合$\mathcal{X}$的闭包相交。

为了进一步分析凸集的性质，先给出点到集合的距离定义及基本引理。点 $\boldsymbol{z}\in\mathbb{R}^n$ 到集合$\mathcal{X}$的距离(distance)定义为

$$\mathrm{dist}(\boldsymbol{z},\mathcal{X})=\inf\{\|\boldsymbol{z}-\boldsymbol{x}\| \mid \boldsymbol{x}\in\mathcal{X}\}。$$

引理 2.20 设$\mathcal{X}\subseteq\mathbb{R}^n$ 为非空闭凸集且 $\boldsymbol{z}\in\mathbb{R}^n$，则存在唯一点 $\bar{\boldsymbol{x}}\in\mathcal{X}$满足

$$\mathrm{dist}(\boldsymbol{z},\mathcal{X})=\|\boldsymbol{z}-\bar{\boldsymbol{x}}\|=\min\{\|\boldsymbol{z}-\boldsymbol{x}\| \mid \boldsymbol{x}\in\mathcal{X}\},$$

且

$$(\boldsymbol{z}-\bar{\boldsymbol{x}})^{\mathrm{T}}(\boldsymbol{x}-\bar{\boldsymbol{x}})\leqslant 0,\quad \forall\,\boldsymbol{x}\in\mathcal{X}。$$

证明 若 $\boldsymbol{z}\in\mathcal{X}$，则结论明显成立。若 $\boldsymbol{z}\notin\mathcal{X}$，则$\mathcal{X}$中任取一点到 $\boldsymbol{z}$ 的距离为 $\mathrm{dist}(\boldsymbol{z},\mathcal{X})$ 的上界。由此得存在一个收敛点列$\{\boldsymbol{x}^k \mid k=1,2,\cdots\}\subseteq\mathcal{X}$满足 $\boldsymbol{x}^k\to\bar{\boldsymbol{x}},k\to+\infty,\bar{\boldsymbol{x}}\in\mathcal{X}$且 $\|\boldsymbol{z}-\bar{\boldsymbol{x}}\|=\min\{\|\boldsymbol{z}-\boldsymbol{x}\| \mid \boldsymbol{x}\in\mathcal{X}\}>0$，因此存在性得证。

当 $\bar{\boldsymbol{x}}$ 满足 $\mathrm{dist}(\boldsymbol{z},\mathcal{X})=\|\boldsymbol{z}-\bar{\boldsymbol{x}}\|$ 时，对任意 $\boldsymbol{x}\in\mathcal{X}$，令

$$\hat{x}=\alpha\boldsymbol{x}+(1-\alpha)\bar{\boldsymbol{x}}$$

且 $0<\alpha\leqslant 1$，则

$$\begin{aligned}\|\boldsymbol{z}-\bar{\boldsymbol{x}}\|^2 &\leqslant \|\boldsymbol{z}-\hat{\boldsymbol{x}}\|^2\\ &=\|\boldsymbol{z}-\bar{\boldsymbol{x}}\|^2+2\alpha(\boldsymbol{z}-\bar{\boldsymbol{x}})^{\mathrm{T}}(\bar{\boldsymbol{x}}-\boldsymbol{x})+\alpha^2\|\boldsymbol{x}-\bar{\boldsymbol{x}}\|^2,\end{aligned}$$

得到

$$2(\boldsymbol{z}-\bar{\boldsymbol{x}})^{\mathrm{T}}(\bar{\boldsymbol{x}}-\boldsymbol{x})+\alpha\|\bar{\boldsymbol{x}}-\boldsymbol{x}\|^2\geqslant 0$$

对所有 $0<\alpha\leqslant 1$ 成立，也就推出$(\boldsymbol{z}-\bar{\boldsymbol{x}})^{\mathrm{T}}(\boldsymbol{x}-\bar{\boldsymbol{x}})\leqslant 0$。

用反证法证唯一性。若存在 $\boldsymbol{x}^*\in\mathcal{X}$且 $\boldsymbol{x}^*\neq\bar{\boldsymbol{x}}$ 满足 $\|\boldsymbol{z}-\boldsymbol{x}^*\|=\min\{\|\boldsymbol{z}-\boldsymbol{x}\| \mid \boldsymbol{x}\in\mathcal{X}\}$，由上面的推导，有

$$(\bar{\boldsymbol{x}}-\boldsymbol{x}^*)^{\mathrm{T}}(\bar{\boldsymbol{x}}-\boldsymbol{x}^*)=(\boldsymbol{z}-\bar{\boldsymbol{x}})^{\mathrm{T}}(\boldsymbol{x}^*-\bar{\boldsymbol{x}})+(\boldsymbol{z}-\boldsymbol{x}^*)^{\mathrm{T}}(\bar{\boldsymbol{x}}-\boldsymbol{x}^*)\leqslant 0,$$

与 $\boldsymbol{x}^*\neq\bar{\boldsymbol{x}}$矛盾。因此唯一性得证。 □

引理 2.21 设$\mathcal{X}\subseteq\mathbb{R}^n$ 为非空凸集且 $\boldsymbol{z}\notin\mathrm{cl}(\mathcal{X})$，则存在由 $\boldsymbol{a}\neq\boldsymbol{0},\boldsymbol{a}\in\mathbb{R}^n,b\in\mathbb{R}$ 决定的一个超平面

$$\mathcal{H}=\{\boldsymbol{y}\in\mathbb{R}^n \mid \boldsymbol{a}^{\mathrm{T}}\boldsymbol{y}=b\}$$

使得

$$\boldsymbol{a}^{\mathrm{T}}\boldsymbol{x}\geqslant b>\boldsymbol{a}^{\mathrm{T}}\boldsymbol{z} \text{ 对任意 } \boldsymbol{x}\in\mathcal{X}\text{成立。}$$

证明 由于 $\boldsymbol{z}\notin\mathrm{cl}(\mathcal{X})$，故 $\boldsymbol{z}$ 到 $\mathrm{cl}(\mathcal{X})$的距离大于 0。设 $\bar{\boldsymbol{x}}$ 为 $\mathrm{cl}(\mathcal{X})$到 $\boldsymbol{z}$ 的距离最小点，则有

$$(\boldsymbol{z}-\bar{\boldsymbol{x}})^{\mathrm{T}}(\boldsymbol{z}-\bar{\boldsymbol{x}})>0。$$

再利用引理 2.20，有

$$(\boldsymbol{z}-\bar{\boldsymbol{x}})^{\mathrm{T}}(\boldsymbol{x}-\bar{\boldsymbol{x}})\leqslant 0,\quad \forall\,\boldsymbol{x}\in\mathcal{X}。$$

综合得到

$$(\bar{\boldsymbol{x}}-\boldsymbol{z})^{\mathrm{T}}\boldsymbol{x}\geqslant(\bar{\boldsymbol{x}}-\boldsymbol{z})^{\mathrm{T}}\bar{\boldsymbol{x}}>(\bar{\boldsymbol{x}}-\boldsymbol{z})^{\mathrm{T}}\boldsymbol{z} \text{ 对任意 } \boldsymbol{x}\in\mathcal{X}\text{ 成立。}$$

令 $\boldsymbol{a}=\bar{\boldsymbol{x}}-\boldsymbol{z}$ 和 $\boldsymbol{b}=(\bar{\boldsymbol{x}}-\boldsymbol{z})^{\mathrm{T}}\bar{\boldsymbol{x}}$，即得结论。 □

上述结论的几何特征非常明显，当凸集外一点与该凸集为正距离时，则一定有一个超平

面真分离这一点和凸集且这个超平面不过该点。

引理 2.22 设$\mathcal{X}$为非空凸集，对 $\mathrm{bdry}(\mathcal{X})$的任何一点，都存在 $\mathrm{cl}(\mathcal{X})$以外的点列以该点为极限点。

证明 用反证法证明。对于给定的 $\boldsymbol{y}\in\mathrm{bdry}(\mathcal{X})$，若结论不正确，则存在 $\delta>0$，使得 $N(\boldsymbol{y},\delta)$中不包含 $\mathrm{cl}(\mathcal{X})$外任何一点，即 $N(\boldsymbol{y},\delta)\subseteq\mathrm{cl}(\mathcal{X})$。于是 $y\in\mathrm{int}(\mathrm{cl}(\mathcal{X}))$。由定理 2.15 得到 $\mathrm{int}(\mathrm{cl}(\mathcal{X}))=\mathrm{int}(\mathcal{X})$，所以推出 $\boldsymbol{y}\in\mathrm{int}(\mathcal{X})$，与边界点的定义矛盾。 □

定理 2.23 设$\mathcal{X}\subseteq\mathbb{R}^n$ 为一个非空凸集，则在其边界集 $\mathrm{bdry}(\mathcal{X})$上的任何一点 $\boldsymbol{y}$ 均存在一个由$\boldsymbol{a}\in\mathbb{R}^n$，$b\in\mathbb{R}$ 生成的支撑超平面$\{\boldsymbol{x}\in\mathbb{R}^n\mid\boldsymbol{a}^{\mathrm{T}}\boldsymbol{x}=b\}$，使得$\boldsymbol{a}^{\mathrm{T}}\boldsymbol{y}=b$ 且$\boldsymbol{a}^{\mathrm{T}}\boldsymbol{x}\geqslant b$ 对任意 $\boldsymbol{x}\in\mathcal{X}$成立。

证明 任意取定 $\mathrm{bdry}(\mathcal{X})$上的一点 $\boldsymbol{y}$，由引理 2.22 可构造 $\mathrm{cl}(\mathcal{X})$外的点列$\{\boldsymbol{z}^k\mid k=1,2,\cdots\}$收敛到 $\boldsymbol{y}$。由引理 2.21 知，存在 $\boldsymbol{a}^k$，b_k 使得

$$(\boldsymbol{a}^k)^{\mathrm{T}}\boldsymbol{x}\geqslant b_k>(\boldsymbol{a}^k)^{\mathrm{T}}\boldsymbol{z}^k,\text{对任意 }\boldsymbol{x}\in\mathcal{X}\text{成立。}$$

单位化处理平面方程系数$\dfrac{1}{\sqrt{(\boldsymbol{a}^k)^{\mathrm{T}}\boldsymbol{a}^k+b_k^2}}\begin{pmatrix}\boldsymbol{a}^k\\ b_k\end{pmatrix}$，则每一个分量都有界，由此存在一个子列

$\left\{\dfrac{1}{\sqrt{(\boldsymbol{a}^{k_i})^{\mathrm{T}}\boldsymbol{a}^{k_i}+b_{k_i}^2}}\begin{pmatrix}\boldsymbol{a}^{k_i}\\ b_{k_i}\end{pmatrix}\right\}$收敛到$\begin{pmatrix}\boldsymbol{a}\\ b\end{pmatrix}$，使得

$$\boldsymbol{a}^{\mathrm{T}}\boldsymbol{x}\geqslant b\geqslant\boldsymbol{a}^{\mathrm{T}}\boldsymbol{y}\text{ 对任意 }\boldsymbol{x}\in\mathcal{X}\text{成立。}$$

因 $\boldsymbol{y}\in\mathrm{bdry}(\mathcal{X})$，故由引理 2.11 的结论(1)知存在$\{\boldsymbol{x}^k\mid k=1,2,\cdots\}\subseteq\mathcal{X}$以 $\boldsymbol{y}$ 为极限点。进而对任意 k 满足$\boldsymbol{a}^{\mathrm{T}}\boldsymbol{x}^k\geqslant b\geqslant\boldsymbol{a}^{\mathrm{T}}\boldsymbol{y}$。所以得到$\boldsymbol{a}^{\mathrm{T}}\boldsymbol{y}=b$。 □

从几何的角度观察，定理 2.23 比引理 2.21 更进一步，当给定的一点在该凸集的边界上，我们没法用一个超平面将它与凸集分开，但可以选择一个超平面支撑这个凸集且过该点。

对于两个凸集，不难推出下列性质。

定理 2.24 若两个非空凸集$\mathcal{X}_1\subseteq\mathbb{R}^n$ 和$\mathcal{X}_2\subseteq\mathbb{R}^n$ 的交集$\mathcal{X}_1\cap\mathcal{X}_2=\varnothing$，则存在一个由$\boldsymbol{a}\in\mathbb{R}^n$，$b\in\mathbb{R}$ 生成的超平面$\{\boldsymbol{x}\in\mathbb{R}^n\mid\boldsymbol{a}^{\mathrm{T}}\boldsymbol{x}=b\}$分离$\mathcal{X}_1$和$\mathcal{X}_2$。

证明 当$\mathcal{X}_2$为凸集时，明显有$-\mathcal{X}_2$也为凸集。令$\mathcal{X}=\mathcal{X}_1-\mathcal{X}_2=\mathcal{X}_1+(-\mathcal{X}_2)$，由引理 2.10 得知$\mathcal{X}$为凸集。再由交集为空集的特性，得到$\boldsymbol{0}\notin\mathcal{X}$，依据引理 2.21 和定理 2.23，存在一个$\boldsymbol{c}\in\mathbb{R}^n$，$d\in\mathbb{R}$ 的超平面$\{\boldsymbol{x}\in\mathbb{R}^n\mid\boldsymbol{c}^{\mathrm{T}}\boldsymbol{x}=d\}$使得$\boldsymbol{c}^{\mathrm{T}}\boldsymbol{0}=0\leqslant d$ 和$\boldsymbol{c}^{\mathrm{T}}\boldsymbol{x}\geqslant d$，$\forall\,\boldsymbol{x}\in\mathcal{X}$。

而$\boldsymbol{c}^{\mathrm{T}}\boldsymbol{x}\geqslant d\geqslant 0$ 对所有 $\boldsymbol{x}\in\mathcal{X}$成立。等价于$\boldsymbol{c}^{\mathrm{T}}\boldsymbol{x}^1\geqslant\boldsymbol{c}^{\mathrm{T}}\boldsymbol{x}^2$，$\forall\,\boldsymbol{x}^1\in\mathcal{X}_1$和$\forall\,\boldsymbol{x}^2\in\mathcal{X}_2$。于是对任意 $\boldsymbol{x}^2\in\mathcal{X}_2$，$\boldsymbol{c}^{\mathrm{T}}\boldsymbol{x}^2$ 对 $\boldsymbol{c}^{\mathrm{T}}\boldsymbol{x}^1$，$\forall\,\boldsymbol{x}^1\in\mathcal{X}_1$有下界控制。同理对任意 $\boldsymbol{x}^1\in\mathcal{X}_1$，$\boldsymbol{c}^{\mathrm{T}}\boldsymbol{x}^1$ 对 $\boldsymbol{c}^{\mathrm{T}}\boldsymbol{x}^2$，$\forall\,\boldsymbol{x}^2\in\mathcal{X}_2$有上界控制。因此分别得到 $\inf\limits_{\boldsymbol{x}^1\in\mathcal{X}_1}\boldsymbol{c}^{\mathrm{T}}\boldsymbol{x}^1$ 存在并记为 b_1 和 $\sup\limits_{\boldsymbol{x}^2\in\mathcal{X}_2}\boldsymbol{c}^{\mathrm{T}}\boldsymbol{x}^2$ 存在并记为 b_2，且满足 $b_1\geqslant b_2$ 和 $\inf\limits_{\boldsymbol{x}^1\in\mathcal{X}_1}\boldsymbol{c}^{\mathrm{T}}\boldsymbol{x}^1=b_1\geqslant b_2=\sup\limits_{\boldsymbol{x}^2\in\mathcal{X}_2}\boldsymbol{c}^{\mathrm{T}}\boldsymbol{x}^2$。

取 $\boldsymbol{a}=\boldsymbol{c}$，$b$ 为$[b_2,b_1]$中的任何一个值，重新构造一个超平面$\mathcal{H}=\{\boldsymbol{x}\in\mathbb{R}^n\mid\boldsymbol{a}^{\mathrm{T}}\boldsymbol{x}=b\}$，则有

$$\boldsymbol{a}^{\mathrm{T}}\boldsymbol{x}\geqslant b,\quad\forall\,\boldsymbol{x}\in\mathcal{X}_1\quad\text{且}\quad\boldsymbol{a}^{\mathrm{T}}\boldsymbol{x}\leqslant b,\quad\forall\,\boldsymbol{x}\in\mathcal{X}_2\text{。}$$

于是得到结论。 □

上述定理可能在几何上造成一种错觉：定理中得到的超平面一定将两个凸集真分离

开。实际则不然，例 2.6 就是一个很好的例子，例子中的两个集合满足本定理的条件，$\mathcal{H}_1$ 是一个分离超平面，但将其两个集合都包括在内。因此需要进一步讨论真分离的情形。

定理 2.25 两个非空集 $\mathcal{X}_1 \subseteq \mathbb{R}^n$ 和 $\mathcal{X}_2 \subseteq \mathbb{R}^n$ 可以被超平面真分离的充要条件为存在一个向量 $\boldsymbol{a} \in \mathbb{R}^n$，使得

$$(1)\ \inf_{x\in\mathcal{X}_1} \boldsymbol{a}^{\mathrm{T}}\boldsymbol{x} \geqslant \sup_{x\in\mathcal{X}_2} \boldsymbol{a}^{\mathrm{T}}\boldsymbol{x},$$

$$(2)\ \sup_{x\in\mathcal{X}_1} \boldsymbol{a}^{\mathrm{T}}\boldsymbol{x} > \inf_{x\in\mathcal{X}_2} \boldsymbol{a}^{\mathrm{T}}\boldsymbol{x}。$$

证明 必要性。由可分离的定义，易知存在 $\boldsymbol{a}$ 使得条件(1)成立。假设对所有使得条件(1)成立的 $\boldsymbol{a}$ 而言条件(2)不正确，则

$$\sup_{x\in\mathcal{X}_1} \boldsymbol{a}^{\mathrm{T}}\boldsymbol{x} \leqslant \inf_{x\in\mathcal{X}_2} \boldsymbol{a}^{\mathrm{T}}\boldsymbol{x} \leqslant \sup_{x\in\mathcal{X}_2} \boldsymbol{a}^{\mathrm{T}}\boldsymbol{x} \leqslant \inf_{x\in\mathcal{X}_1} \boldsymbol{a}^{\mathrm{T}}\boldsymbol{x}。$$

又由

$$\inf_{x\in\mathcal{X}_1} \boldsymbol{a}^{\mathrm{T}}\boldsymbol{x} \leqslant \sup_{x\in\mathcal{X}_1} \boldsymbol{a}^{\mathrm{T}}\boldsymbol{x}$$

得到

$$\sup_{x\in\mathcal{X}_1} \boldsymbol{a}^{\mathrm{T}}\boldsymbol{x} = \inf_{x\in\mathcal{X}_2} \boldsymbol{a}^{\mathrm{T}}\boldsymbol{x} = \sup_{x\in\mathcal{X}_2} \boldsymbol{a}^{\mathrm{T}}\boldsymbol{x} = \inf_{x\in\mathcal{X}_1} \boldsymbol{a}^{\mathrm{T}}\boldsymbol{x}。$$

这表明$\mathcal{X}_1$和$\mathcal{X}_2$在超平面$\{\boldsymbol{x}\in\mathbb{R}^n \mid \boldsymbol{a}^{\mathrm{T}}\boldsymbol{x} = \inf_{x\in\mathcal{X}_1} \boldsymbol{a}^{\mathrm{T}}\boldsymbol{x}\}$内。这样，不存在真分离$\mathcal{X}_1$和$\mathcal{X}_2$的超平面，产生矛盾。

充分性。由于 $\mathcal{X}_1$ 和 $\mathcal{X}_2$ 非空，则 $\inf_{x\in\mathcal{X}_1} \boldsymbol{a}^{\mathrm{T}}\boldsymbol{x}$ 和 $\sup_{x\in\mathcal{X}_2} \boldsymbol{a}^{\mathrm{T}}\boldsymbol{x}$ 存在，取 $b = \inf_{x\in\mathcal{X}_1} \boldsymbol{a}^{\mathrm{T}}\boldsymbol{x}$，则可将$\{\boldsymbol{x}\in\mathbb{R}^n \mid \boldsymbol{a}^{\mathrm{T}}\boldsymbol{x}=b\}$分离成两个集合。若$\mathcal{X}_1$中有一点没有落入超平面$\{\boldsymbol{x}\in\mathbb{R}^n \mid \boldsymbol{a}^{\mathrm{T}}\boldsymbol{x}=b\}$内，则结论成立。否则，$\mathcal{X}_1$落入超平面$\{\boldsymbol{x}\in\mathbb{R}^n \mid \boldsymbol{a}^{\mathrm{T}}\boldsymbol{x}=b\}$内，由条件(2)知存在一点 $\boldsymbol{x}\in\mathcal{X}_2$使得 $\boldsymbol{a}^{\mathrm{T}}\boldsymbol{x}<b$，故结论成立。 □

上述定理在描述两个凸集存在超平面真分离时用到了上下确界的概念，造成了理解的困难。深入地研究发现，真分离与两个凸集的相对内点直接相关。我们可以用相对内点的特征描述超平面真分离两个集合的情形。先讨论一个点和一个凸集的关系，然后再讨论两个凸集的情形。

定理 2.26 设$\mathcal{X}$为一个非空凸集，对于给定的 $\boldsymbol{x}^0 \notin \mathrm{ri}(\mathcal{X})$，存在一个超平面 $\boldsymbol{a}^{\mathrm{T}}\boldsymbol{x}=b$ 使得 $\boldsymbol{a}^{\mathrm{T}}\boldsymbol{x}\geqslant b$，$\forall\, \boldsymbol{x}\in\mathcal{X}$，$\boldsymbol{a}^{\mathrm{T}}\boldsymbol{x}^0=b$ 且 $\boldsymbol{a}^{\mathrm{T}}\boldsymbol{x}>b$，$\forall\, \boldsymbol{x}\in\mathrm{ri}(\mathcal{X})$。

证明 对 $\boldsymbol{x}^0\notin\mathrm{ri}(\mathcal{X})$分 $\boldsymbol{x}^0\notin\mathrm{cl}(\mathcal{X})$和 $\boldsymbol{x}^0\in\mathrm{bdry}(\mathcal{X})$两种情形讨论。

当 $\boldsymbol{x}^0\notin\mathrm{cl}(\mathcal{X})$时，由引理 2.21 知存在 $\bar{\boldsymbol{a}}$ 和 $\bar{b}$ 使得 $\bar{\boldsymbol{a}}^{\mathrm{T}}\boldsymbol{x}\geqslant\bar{b}>\bar{\boldsymbol{a}}^{\mathrm{T}}\boldsymbol{x}^0$ 对任意 $\boldsymbol{x}\in\mathcal{X}$成立。令 $\boldsymbol{a}=\bar{\boldsymbol{a}}$ 和 $b=\bar{\boldsymbol{a}}^{\mathrm{T}}\boldsymbol{x}^0$，则定理结论成立。

当 $\boldsymbol{x}^0\in\mathrm{bdry}(\mathcal{X})$时，由$\mathcal{X}$为一个非空凸集和 $\boldsymbol{x}^0\notin\mathrm{ri}(\mathcal{X})$的条件，得到 $\dim(\mathcal{X})\geqslant 1$。记包含$\mathcal{X}$的最小仿射空间为$\mathcal{A}$，采用仿射空间位移的方法在仿射空间$\mathcal{A}$中讨论。根据定理 2.23，在$\mathcal{A}$中存在一个 $\dim(\mathcal{A})-1$ 的超平面，扩大到$\mathbb{R}^n$ 中记为$\mathcal{H}=\{\boldsymbol{x}\in\mathbb{R}^n \mid \boldsymbol{a}^{\mathrm{T}}\boldsymbol{x}=b\}$，使得 $\boldsymbol{a}^{\mathrm{T}}\boldsymbol{x}\geqslant b$，$\forall\, \boldsymbol{x}\in\mathcal{X}$和 $\boldsymbol{a}^{\mathrm{T}}\boldsymbol{x}^0=b$，且保证 $\dim(\mathcal{H}\cap\mathcal{A})=\dim(\mathcal{A})-1$。至少存在一点 $\bar{\boldsymbol{x}}\in\mathcal{X}$使得 $\boldsymbol{a}^{\mathrm{T}}\bar{\boldsymbol{x}}>b$。否则$\mathcal{X}\subseteq\mathcal{H}\cap\mathcal{A}$与 $\dim(\mathcal{X})=r$ 矛盾。

反证 $\boldsymbol{a}^{\mathrm{T}}\boldsymbol{x}>b$，$\forall\, \boldsymbol{x}\in\mathrm{ri}(\mathcal{X})$成立。若存在 $\boldsymbol{x}\in\mathrm{ri}(\mathcal{X})$使得 $\boldsymbol{a}^{\mathrm{T}}\boldsymbol{x}=b$，由于 $\boldsymbol{x}\in\mathrm{ri}(\mathcal{X})$，则存在 $\delta>0$，使得 $N(\boldsymbol{x},\delta)\cap\mathcal{A}\subseteq\mathcal{X}$。而令 $\boldsymbol{y}=\boldsymbol{x}-\dfrac{\delta}{2\|\bar{\boldsymbol{x}}-\boldsymbol{x}\|}(\bar{\boldsymbol{x}}-\boldsymbol{x})$，则推出 $\boldsymbol{y}=$

$\left(1+\frac{\delta}{2\|\boldsymbol{x}-\bar{\boldsymbol{x}}\|}\right)\boldsymbol{x}-\frac{\delta}{2\|\boldsymbol{x}-\bar{\boldsymbol{x}}\|}\bar{\boldsymbol{x}}\in N(\boldsymbol{x},\delta)\cap\mathcal{A}\subseteq\mathcal{X}$，但 $\boldsymbol{a}^{\mathrm{T}}\boldsymbol{y}=\boldsymbol{a}^{\mathrm{T}}\boldsymbol{x}-\frac{\delta(\boldsymbol{a}^{\mathrm{T}}\bar{\boldsymbol{x}}-\boldsymbol{a}^{\mathrm{T}}\boldsymbol{x})}{2\|\boldsymbol{x}-\bar{\boldsymbol{x}}\|}<b$ 与 $\boldsymbol{a}^{\mathrm{T}}\boldsymbol{x}\geqslant b,\forall\,\boldsymbol{x}\in\mathcal{X}$矛盾。因此结论成立。 □

现在来讨论两个凸集存在超平面真分离的情形。

定理 2.27 对两个非空凸集$\mathcal{X}_1$和$\mathcal{X}_2$，存在真分离超平面的充分必要条件为 $\mathrm{ri}(\mathcal{X}_1)\cap\mathrm{ri}(\mathcal{X}_2)=\varnothing$。

证明 必要性。当两个非空凸集$\mathcal{X}_1$和$\mathcal{X}_2$存在真分离时，令$\mathcal{X}=\mathcal{X}_1-\mathcal{X}_2$，则易验证$\mathcal{X}$为凸集。由定理 2.25 知，存在真分离时一定存在 $\boldsymbol{a}\in\mathbb{R}^n$ 满足

$$(1)\ \inf_{x\in\mathcal{X}_1}\boldsymbol{a}^{\mathrm{T}}\boldsymbol{x}\geqslant\sup_{x\in\mathcal{X}_2}\boldsymbol{a}^{\mathrm{T}}\boldsymbol{x},$$

$$(2)\ \sup_{x\in\mathcal{X}_1}\boldsymbol{a}^{\mathrm{T}}\boldsymbol{x}>\inf_{x\in\mathcal{X}_2}\boldsymbol{a}^{\mathrm{T}}\boldsymbol{x}。$$

取超平面$\mathcal{H}=\{\boldsymbol{x}\mid\boldsymbol{a}^{\mathrm{T}}\boldsymbol{x}=0\}$。于是可知，$\boldsymbol{a}^{\mathrm{T}}\boldsymbol{x}\geqslant 0,\forall\,\boldsymbol{x}\in\mathcal{X}$且存在 $\bar{\boldsymbol{x}}\in\mathcal{X}$使得 $\boldsymbol{a}^{\mathrm{T}}\bar{\boldsymbol{x}}>0$。分$\mathcal{H}\cap\mathrm{cl}(\mathcal{X})=\varnothing$和$\mathcal{H}\cap\mathrm{cl}(\mathcal{X})\neq\varnothing$两种情形来讨论 $\boldsymbol{0}\notin\mathrm{ri}(\mathcal{X})$。

当$\mathcal{H}\cap\mathrm{cl}(\mathcal{X})=\varnothing$时，由 $\boldsymbol{0}\in\mathcal{H}$得到 $\boldsymbol{0}\notin\mathrm{cl}(\mathcal{X})$，进一步得到 $\boldsymbol{0}\notin\mathcal{X}$，也就有 $\boldsymbol{0}\notin\mathrm{ri}(\mathcal{X})$。

当$\mathcal{H}\cap\mathrm{cl}(\mathcal{X})\neq\varnothing$时，用反证法证明。假设 $\boldsymbol{0}\in\mathrm{ri}(\mathcal{X})$时，有 $\boldsymbol{0}\in\mathrm{cl}(\mathcal{X})\cap\mathcal{H}$，所以$\mathcal{H}$为$\mathcal{X}$的过 $\boldsymbol{0}$ 点的支撑超平面。由上面条件(2)的性质可知，存在 $\bar{\boldsymbol{x}}\in\mathcal{X}$使得 $\boldsymbol{a}^{\mathrm{T}}\bar{\boldsymbol{x}}>0$，由反证假设 $\boldsymbol{0}\in\mathrm{ri}(\mathcal{X})$知，存在 $\delta>0$，使得 $N(\boldsymbol{0},\delta)\cap\mathcal{A}\subseteq\mathcal{X}$，其中$\mathcal{A}$为包含$\mathcal{X}$的最小仿射空间。构造 $\bar{\boldsymbol{y}}=-\frac{\delta}{2\|\bar{\boldsymbol{x}}\|}\bar{\boldsymbol{x}}$。由 $\boldsymbol{0}\in\mathrm{ri}(\mathcal{X})\subseteq\mathcal{A}$和 $\bar{\boldsymbol{x}}\in\mathcal{X}\subseteq\mathcal{A}$得到 $\bar{\boldsymbol{y}}=\left(1+\frac{\delta}{2\|\bar{\boldsymbol{x}}\|}\right)\boldsymbol{0}-\frac{\delta}{2\|\bar{\boldsymbol{x}}\|}\bar{\boldsymbol{x}}\in\mathcal{A}$。再综合 $\|\bar{\boldsymbol{y}}-\boldsymbol{0}\|=\frac{\delta}{2}<\delta$，得到 $\bar{\boldsymbol{y}}\in N(\boldsymbol{0},\delta)\cap\mathcal{A}\subseteq\mathcal{X}$。但因为 $\boldsymbol{a}^{\mathrm{T}}\bar{\boldsymbol{y}}=-\frac{\delta}{2\|\bar{\boldsymbol{x}}\|}\boldsymbol{a}^{\mathrm{T}}\bar{\boldsymbol{x}}<0$，与支撑超平面矛盾，说明假设错误，故知 $\boldsymbol{0}\notin\mathrm{ri}(\mathcal{X})$。

由定理 2.17，有 $\mathrm{ri}(\mathcal{X})=\mathrm{ri}(\mathcal{X}_1)-\mathrm{ri}(\mathcal{X}_2)$，而 $\boldsymbol{0}\notin\mathrm{ri}(\mathcal{X})$可推出 $\mathrm{ri}(\mathcal{X}_1)\cap\mathrm{ri}(\mathcal{X}_2)=\varnothing$。

充分性。令$\mathcal{X}=\mathcal{X}_1-\mathcal{X}_2$。由引理 2.10 得到$\mathcal{X}$为非空凸集。

由 $\mathrm{ri}(\mathcal{X}_1)\cap\mathrm{ri}(\mathcal{X}_2)=\varnothing$，得到 $\boldsymbol{0}\notin\mathrm{ri}(\mathcal{X})$，由定理 2.26 得到存在 $\boldsymbol{a}\in\mathbb{R}^n$ 使得 $\boldsymbol{a}^{\mathrm{T}}\boldsymbol{x}\geqslant 0$，$\forall\,\boldsymbol{x}\in\mathcal{X}$且 $\boldsymbol{a}^{\mathrm{T}}\boldsymbol{x}>0,\forall\,\boldsymbol{x}\in\mathrm{ri}(\mathcal{X})$。等价为

$$\boldsymbol{a}^{\mathrm{T}}\boldsymbol{x}\geqslant\boldsymbol{a}^{\mathrm{T}}\boldsymbol{y},\quad\forall\,\boldsymbol{x}\in\mathcal{X}_1,\quad\forall\,\boldsymbol{y}\in\mathcal{X}_2$$

且

$$\boldsymbol{a}^{\mathrm{T}}\boldsymbol{x}>\boldsymbol{a}^{\mathrm{T}}\boldsymbol{y},\quad\forall\,\boldsymbol{x}\in\mathrm{ri}(\mathcal{X}_1),\quad\forall\,\boldsymbol{y}\in\mathrm{ri}(\mathcal{X}_2)。$$

因此得到 $\inf_{x\in\mathcal{X}_1}\boldsymbol{a}^{\mathrm{T}}\boldsymbol{x}\geqslant\sup_{x\in\mathcal{X}_2}\boldsymbol{a}^{\mathrm{T}}\boldsymbol{x}$，$\sup_{x\in\mathcal{X}_1}\boldsymbol{a}^{\mathrm{T}}\boldsymbol{x}>\inf_{x\in\mathcal{X}_2}\boldsymbol{a}^{\mathrm{T}}\boldsymbol{x}$。由定理 2.25 的充分性知定理结论成立。

□

当$\mathcal{X}\subseteq\mathbb{R}^n$ 且 $\dim(\mathcal{X})=r<n$ 时，设$\mathcal{A}$为包含$\mathcal{X}$的最小仿射空间，则有 $\dim(\mathcal{A})=\dim(\mathcal{X})=r$。于是，任取 $\boldsymbol{x}^0\in\mathcal{A}$，有$\mathcal{A}-\boldsymbol{x}^0=\{\boldsymbol{y}\mid\boldsymbol{y}=\boldsymbol{x}-\boldsymbol{x}^0,\boldsymbol{x}\in\mathcal{A}\}$为$\mathbb{R}^n$ 中一个 r 维线性(子)空间，于是利用$\mathcal{A}-\boldsymbol{x}^0$ 中任何 r 个线性无关的向量可以非常容易地构造一个超平面$\mathcal{H}$包含$\mathcal{A}$，也就包含$\mathcal{X}$。当一个集合$\mathcal{X}$完全落在支撑超平面$\mathcal{H}$中时，称这个超平面为平凡的。若$\mathcal{H}$是$\mathcal{X}$的支撑超平面，但$\mathcal{X}$不全部落在$\mathcal{H}$中时，则称$\mathcal{H}$为$\mathcal{X}$的非平凡支撑超平面(non-trivial supporting hyperplane)。

2.3.3 多面体

多面体(polytope)为有限个半空间的交集，表示为

$$\mathcal{X}=\{\boldsymbol{x}\in\mathbb{R}^n \mid (\boldsymbol{a}^i)^{\mathrm{T}}\boldsymbol{x}\leqslant b_i, i=1,2,\cdots,m\},$$

其中 $\boldsymbol{a}^i\in\mathbb{R}^n, b_i\in\mathbb{R}, i=1,2,\cdots,m$。不难验证多面体为一个凸集，而线性规划的可行解区域是一个多面体。包含多面体的最小仿射空间的维数称为多面体的维数。

定理 2.28 设$\mathcal{C}$和$\mathcal{D}$为$\mathbb{R}^n$中的多面体，则

(1) $\mathcal{C}\cap\mathcal{D}$为$\mathbb{R}^n$中的多面体；

(2) $\mathcal{C}\times\mathcal{D}=\left\{\begin{pmatrix}\boldsymbol{x}\\\boldsymbol{y}\end{pmatrix}\in\mathbb{R}^{2n}\mid \boldsymbol{x}\in\mathcal{C},\boldsymbol{y}\in\mathcal{D}\right\}$为$\mathbb{R}^{2n}$中的多面体；

(3) $\mathcal{C}+\mathcal{D}$为$\mathbb{R}^n$中的多面体。

证明 我们用线性代数的方法来证明。$\mathcal{C}$和$\mathcal{D}$为$\mathbb{R}^n$中的多面体，线性约束的表示形式为

$$\mathcal{C}=\{\boldsymbol{x}\in\mathbb{R}^n \mid \boldsymbol{A}\boldsymbol{x}\leqslant\boldsymbol{b}^1\},$$
$$\mathcal{D}=\{\boldsymbol{x}\in\mathbb{R}^n \mid \boldsymbol{B}\boldsymbol{x}\leqslant\boldsymbol{b}^2\},$$

其中 $\boldsymbol{A}$ 和 $\boldsymbol{B}$ 分别为 $m\times n$ 和 $p\times n$ 矩阵。

明显

$$\mathcal{C}\cap\mathcal{D}=\left\{\boldsymbol{x}\in\mathbb{R}^n \;\middle|\; \begin{pmatrix}\boldsymbol{A}\\\boldsymbol{B}\end{pmatrix}\boldsymbol{x}\leqslant\begin{pmatrix}\boldsymbol{b}^1\\\boldsymbol{b}^2\end{pmatrix}\right\}$$

是一个多面体，

$$\mathcal{C}\times\mathcal{D}=\left\{\begin{pmatrix}\boldsymbol{x}\\\boldsymbol{y}\end{pmatrix} \;\middle|\; \begin{pmatrix}\boldsymbol{A}&\boldsymbol{0}\\\boldsymbol{0}&\boldsymbol{B}\end{pmatrix}\begin{pmatrix}\boldsymbol{x}\\\boldsymbol{y}\end{pmatrix}\leqslant\begin{pmatrix}\boldsymbol{b}^1\\\boldsymbol{b}^2\end{pmatrix}\right\}$$

为$\mathbb{R}^{2n}$中的多面体。

多面体可等价地表示成给定有限点集的凸组合和给定有限方向的非负线性组合，也称为 Minkowski 多面体表示定理。由于后续内容不再用到这个结论且证明需要的篇幅较大，本书不展开证明这个结论，感兴趣的读者可参考文献[42]中的 Theorem 19.1。

线性变换 $\sigma: \boldsymbol{x}\in\mathbb{R}^{2n}\rightarrow\boldsymbol{y}=\boldsymbol{L}\boldsymbol{x}\in\mathbb{R}^n$，其中 $\boldsymbol{L}$ 是一个 $n\times 2n$ 矩阵，保持线性性，因此作线性变换

$$\sigma:\begin{pmatrix}\boldsymbol{x}\\\boldsymbol{y}\end{pmatrix}\rightarrow\boldsymbol{x}+\boldsymbol{y}=[\boldsymbol{I}\quad\boldsymbol{I}]\begin{pmatrix}\boldsymbol{x}\\\boldsymbol{y}\end{pmatrix},\quad\forall\begin{pmatrix}\boldsymbol{x}\\\boldsymbol{y}\end{pmatrix}\in\mathcal{C}\times\mathcal{D}。$$

由前面的结论知$\mathcal{C}\times\mathcal{D}$是一个多面体，因此是一些给定有限点集的凸组合和给定有限方向的非负线性组合，经过线性变换后还保持映射后点集的凸组合和映射后方向的非负组合，因此，$\mathcal{C}+\mathcal{D}$为多面体。而$\mathcal{C}+\mathcal{D}$全是 n 维向量，所以，$\mathcal{C}+\mathcal{D}$为$\mathbb{R}^n$中的多面体。 □

2.3.4 锥

锥(cone)集合$\mathcal{K}\subseteq\mathbb{R}^n$的定义如下：$\forall\boldsymbol{x}\in\mathcal{K}$和$\lambda>0$都满足$\lambda\boldsymbol{x}\in\mathcal{K}$。若还满足$\mathcal{K}\cap$

$(-\mathcal{K})=\{\mathbf{0}\}$,就称为尖锥(pointed cone);当 $\mathrm{int}(\mathcal{K})\neq\varnothing$ 时,称为实锥(solid cone);进一步当一个锥同时具有尖、实、闭和凸性,则称其为真锥(proper cone)。

当 $\lambda_k>0, k=1,2,\cdots,k\to+\infty$,且该数列趋于 0 时,对于任意给定的 $\boldsymbol{x}\in\mathbb{R}^n$,都有 $\lambda_k\boldsymbol{x}\to 0, k\to+\infty$。由锥的定义知,当锥$\mathcal{K}$非空并为闭集时,有 $\mathbf{0}\in\mathcal{K}$。

例 2.7 集合

$$\mathcal{K}=\{(x_1,x_2)^{\mathrm{T}}\in\mathbb{R}^2\mid x_1\geqslant 0, x_2=0\}\cup\{(x_1,x_2)^{\mathrm{T}}\in\mathbb{R}^2\mid x_1=0, x_2\geqslant 0\},$$

既不是实锥也不是凸锥,但它是闭锥和尖锥。

对给定的集合 $\mathcal{X}\subseteq\mathbb{R}^n$,其中任何 m 个点 $\{\boldsymbol{x}^1,\boldsymbol{x}^2,\cdots,\boldsymbol{x}^m\}\subseteq\mathcal{X}$ 的锥组合(conic combination)定义为:$\sum_{i=1}^{m}\lambda_i\boldsymbol{x}^i$,其中 $\lambda_i\geqslant 0, i=1,2,\cdots,m$;锥包(conic hull)定义为

$$\mathrm{cone}(\mathcal{X})=\{\boldsymbol{x}\in\mathbb{R}^n\mid \boldsymbol{x}\text{ 为}\mathcal{X}\text{中有限个点的锥组合}\}。$$

锥的 Cartesian 积和交集有如下简单性质。

定理 2.29 若 $\mathcal{K}_1,\mathcal{K}_2,\cdots,\mathcal{K}_m$ 同时为(尖、实、闭或凸)锥,则它们的 Cartesian 积为锥且为(尖、实、闭或凸)锥;交集运算分别保持尖、闭或凸锥的性质;并集运算分别保持实或闭锥的性质。

证明 有关 Cartesian 积运算,仅证明锥的 Cartesian 积运算保持实锥的特性,其他不难证明,留给读者练习。若 $\mathcal{K}_1,\mathcal{K}_2,\cdots,\mathcal{K}_m$ 都是实锥,则对每一个 $1\leqslant i\leqslant m$,存在 $x^i\in\mathcal{K}_i$ 和 $\varepsilon_i>0$,使得 $N(\boldsymbol{x}^i;\varepsilon_i)\subseteq\mathcal{K}_i$。取 $\varepsilon=\min\limits_{1\leqslant i\leqslant m}\varepsilon_i$,当

$$\boldsymbol{y}=\boldsymbol{y}^1\times\boldsymbol{y}^2\times\cdots\times\boldsymbol{y}^m\in N(\boldsymbol{x}^1\times\boldsymbol{x}^2\times\cdots\times\boldsymbol{x}^m;\varepsilon)$$

时,对任意 i 有

$$\|\boldsymbol{y}^i-\boldsymbol{x}^i\|\leqslant\|(\boldsymbol{y}^1\times\boldsymbol{y}^2\times\cdots\times\boldsymbol{y}^m)-(\boldsymbol{x}^1\times\boldsymbol{x}^2\times\cdots\times\boldsymbol{x}^m)\|<\varepsilon\leqslant\varepsilon_i,$$

所以 $\boldsymbol{y}\in\mathcal{K}_1\times\mathcal{K}_2\times\cdots\times\mathcal{K}_m$,$\mathrm{int}(\mathcal{K}_1\times\mathcal{K}_2\times\cdots\times\mathcal{K}_m)\neq\varnothing$ 为实锥。

交集运算结论易证,留给读者练习。

当 $\mathcal{K}_1,\mathcal{K}_2,\cdots,\mathcal{K}_m$ 都是实锥时,易证它们的并集为锥。任何 $\mathcal{K}_i$ 的一个内点是 $\mathcal{K}_1\cup\mathcal{K}_2\cup\cdots\cup\mathcal{K}_m$ 的一个内点,因此并集运算保持实锥运算。

下面证明闭锥的并集为闭集。设 $\boldsymbol{x}^k\in\mathcal{K}_1\cup\mathcal{K}_2\cup\cdots\cup\mathcal{K}_m, k=1,2,\cdots$ 以 $\boldsymbol{y}$ 为极限点。由于 m 是一个有限数,因此在某一个确定的锥 $\mathcal{K}_j$ 中存在 $\{\boldsymbol{x}^k\}$ 的一个无穷子列收敛于 $\boldsymbol{y}$,不妨还记成 $\{\boldsymbol{x}^k\}$。此时有 $\boldsymbol{x}^k\to\boldsymbol{y}, k\to+\infty$ 且由 $\mathcal{K}_j$ 的闭性得到 $\boldsymbol{y}\in\mathcal{K}_j\subseteq\mathcal{K}_1\cup\mathcal{K}_2\cup\cdots\cup\mathcal{K}_m$。结论得证。 □

注 上述定理证明中 $\boldsymbol{y}^1\times\boldsymbol{y}^2\times\cdots\times\boldsymbol{y}^m$ 表示 $((\boldsymbol{y}^1)^{\mathrm{T}},(\boldsymbol{y}^2)^{\mathrm{T}},\cdots,(\boldsymbol{y}^m)^{\mathrm{T}})^{\mathrm{T}}$ 形式的一个列向量。

当 $\mathcal{K}_1,\mathcal{K}_2,\cdots,\mathcal{K}_m$ 分别为实锥时,它们的交集不一定还是实锥,示例如下。

例 2.8 已知

$$\mathcal{K}_1=\{(x,y)^{\mathrm{T}}\in\mathbb{R}^2\mid x\geqslant 0, y\geqslant 0, x-y\geqslant 0\},$$

$$\mathcal{K}_2=\{(x,y)^{\mathrm{T}}\in\mathbb{R}^2\mid x\geqslant 0, y\geqslant 0, x-y\leqslant 0\},$$

易验证 $\mathcal{K}_1,\mathcal{K}_2$ 分别是真锥,但它们的交集

$$\mathcal{K}_1\cap\mathcal{K}_2=\{(x,y)^{\mathrm{T}}\in\mathbb{R}^2\mid x\geqslant 0, y\geqslant 0, x-y=0\}$$

不存在内点而不是实锥。

锥的并集运算不保证凸性已由例 2.5 或例 2.7 给出，不保证尖性见下例。

例 2.9 已知

$$\mathcal{K}_1=\{(x,y)^{\mathrm{T}}\in\mathbb{R}^2\mid x\geqslant 0,y=0\},$$
$$\mathcal{K}_2=\{(x,y)^{\mathrm{T}}\in\mathbb{R}^2\mid x\leqslant 0,y=0\},$$

但

$$\mathcal{K}=\mathcal{K}_1\cup\mathcal{K}_2=\{(x,y)^{\mathrm{T}}\in\mathbb{R}^2\mid y=0\}$$

是平面上 x 轴上的所有点集合。$\mathcal{K}\cap(-\mathcal{K})=\mathcal{K}$ 不只包含 $(0,0)^{\mathrm{T}}$ 一个点。

考虑集合加运算，有以下性质。

定理 2.30 (1)若 $\mathcal{K}_1,\mathcal{K}_2,\cdots,\mathcal{K}_m$ 同时为(实或凸)锥，则 $\mathcal{K}_1+\mathcal{K}_2+\cdots+\mathcal{K}_m$ 为(实或凸)锥。(2)当 $\mathcal{K}_1,\mathcal{K}_2,\cdots,\mathcal{K}_m$ 同时为包含 $\mathbf{0}$ 点的凸锥时，则有

$$\mathcal{K}_1+\mathcal{K}_2+\cdots+\mathcal{K}_m=\operatorname{conv}(\mathcal{K}_1\cup\mathcal{K}_2\cup\cdots\cup\mathcal{K}_m)。$$

证明 当 $\mathcal{K}_1,\mathcal{K}_2,\cdots,\mathcal{K}_m$ 都为凸锥时，易证 $\mathcal{K}_1+\mathcal{K}_2+\cdots+\mathcal{K}_m$ 为凸锥。

当 $\mathcal{K}_1,\mathcal{K}_2,\cdots,\mathcal{K}_m$ 都为实锥时，由定理 2.17 得到 $\mathcal{K}_1+\mathcal{K}_2+\cdots+\mathcal{K}_m$ 为实锥。

下面证明(2)。任给 $\boldsymbol{x}\in\mathcal{K}_1+\mathcal{K}_2+\cdots+\mathcal{K}_m$，都有 $\boldsymbol{x}=\boldsymbol{x}^1+\boldsymbol{x}^2+\cdots+\boldsymbol{x}^m$，$\boldsymbol{x}^i\in\mathcal{K}_i$，$i=1,2,\cdots,m$。进一步可写成 $\boldsymbol{x}=\frac{1}{m}(m\boldsymbol{x}^1)+\frac{1}{m}(m\boldsymbol{x}^2)+\cdots+\frac{1}{m}(m\boldsymbol{x}^m)$。由 $\mathcal{K}_i$ 为锥得到 $m\boldsymbol{x}^i\in\mathcal{K}_i$。明显 $\mathcal{K}_i\subseteq\mathcal{K}_1\cup\mathcal{K}_2\cup\cdots\cup\mathcal{K}_m$ 对任意 $1\leqslant i\leqslant m$ 成立。进而得 $\boldsymbol{x}\in\operatorname{conv}(\mathcal{K}_1\cup\mathcal{K}_2\cup\cdots\cup\mathcal{K}_m)$。所以 $\mathcal{K}_1+\mathcal{K}_2+\cdots+\mathcal{K}_m\subseteq\operatorname{conv}(\mathcal{K}_1\cup\mathcal{K}_2\cup\cdots\cup\mathcal{K}_m)$。

对任意 $\boldsymbol{x}\in\operatorname{conv}(\mathcal{K}_1\cup\mathcal{K}_2\cup\cdots\cup\mathcal{K}_m)$，存在 $\boldsymbol{y}^i,\alpha_i,i=1,2,\cdots,K$ 满足 $\boldsymbol{y}^i\in\mathcal{K}_1\cup\mathcal{K}_2\cup\cdots\cup\mathcal{K}_m$，$\alpha_i\geqslant 0,i=1,2,\cdots,K$，$\sum_{i=1}^{K}\alpha_i=1$，$\boldsymbol{x}=\sum_{i=1}^{K}\alpha_i\boldsymbol{y}^i$。

对满足 $\boldsymbol{y}^i\in\mathcal{K}_l$ 的第一个 l，令 $\boldsymbol{y}^{il}=\boldsymbol{y}^i$，而对其他的 $1\leqslant j\leqslant m$ 令 $\boldsymbol{y}^{ij}=\mathbf{0}$。因每一个 $\mathcal{K}_i$ 都包含 $\mathbf{0}$ 点，此时有 $\boldsymbol{y}^i=\sum_{j=1}^{m}\boldsymbol{y}^{ij}$，其中 $\boldsymbol{y}^{ij}\in\mathcal{K}_j$，$j=1,2,\cdots,m$。

因 $\mathcal{K}_j$ 为凸锥，所以 $\sum_{i=1}^{K}\alpha_i\boldsymbol{y}^{ij}\in\mathcal{K}_j$，由此得到

$$\boldsymbol{x}=\sum_{i=1}^{K}\alpha_i\boldsymbol{y}^i=\sum_{j=1}^{m}\sum_{i=1}^{K}\alpha_i\boldsymbol{y}^{ij}\in\mathcal{K}_1+\mathcal{K}_2+\cdots+\mathcal{K}_m。$$

推出 $\mathcal{K}_1+\mathcal{K}_2+\cdots+\mathcal{K}_m\supseteq\operatorname{conv}(\mathcal{K}_1\cup\mathcal{K}_2\cup\cdots\cup\mathcal{K}_m)$。

综合得到 $\mathcal{K}_1+\mathcal{K}_2+\cdots+\mathcal{K}_m=\operatorname{conv}(\mathcal{K}_1\cup\mathcal{K}_2\cup\cdots\cup\mathcal{K}_m)$。 □

现在来熟悉一些以后经常用到的锥。

例 2.10 锥：

$$\mathcal{K}=\mathbb{R}_+^n=\{\boldsymbol{x}\in\mathbb{R}^n\mid x_i\geqslant 0,i=1,2,\cdots,n\},\tag{2.3}$$

示意图 2.2 从左至右分别表示 $\mathbb{R}_+$，$\mathbb{R}_+^2$ 和 $\mathbb{R}_+^3$ 三个锥。

n 维二阶锥(second-order cone)，也称之为 Lorentz 锥(Lorentz cone)或冰淇淋锥(ice cream cone)：

$$\mathcal{K}=\mathcal{L}^n=\left\{\boldsymbol{x}\in\mathbb{R}^n\mid\sqrt{x_1^2+x_2^2+\cdots+x_{n-1}^2}\leqslant x_n\right\},\tag{2.4}$$

示意图 2.3 从左至右分别表示 $\mathcal{L}^2$ 和 $\mathcal{L}^3$ 两个锥。

n 阶半正定锥(positive semi-definite cone)：

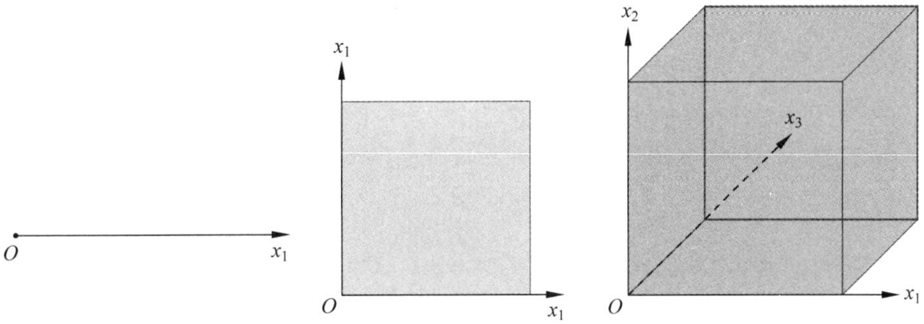

图 2.2 $\mathbb{R}_+^1$,$\mathbb{R}_+^2$ 和 $\mathbb{R}_+^3$

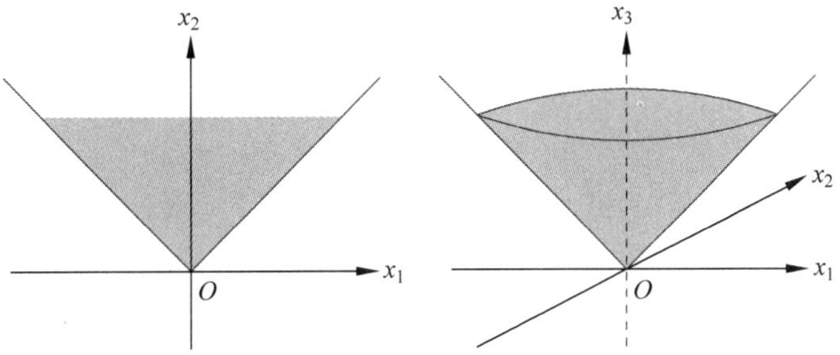

图 2.3 $\mathcal{L}^2$ 和 $\mathcal{L}^3$

$$\mathcal{K}=\mathcal{S}_+^n=\{\boldsymbol{X}\in\mathcal{S}^n \mid \boldsymbol{X}\succeq 0\}, \tag{2.5}$$

2 阶半正定锥图形见示意图 2.4。

在半正定锥图形示意图 2.4 中,我们将决策变量 $\boldsymbol{X}\in\mathcal{S}^2$ 转换到 $\mathrm{vec}(\boldsymbol{X})\in\mathbb{R}^3$(见本章第 2 节末尾的定义)中画出了该图形。

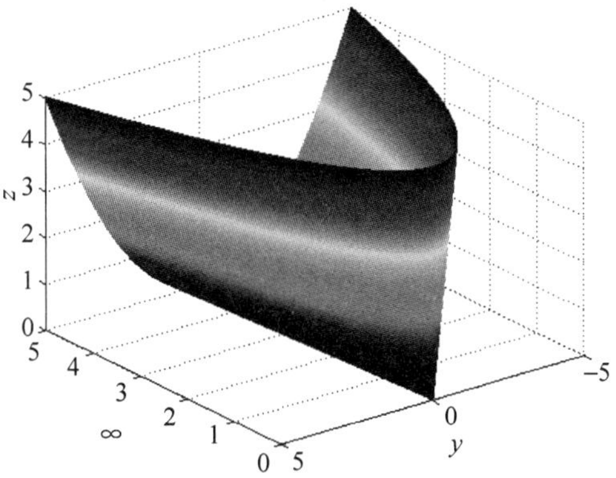

图 2.4 $\mathcal{S}_+^2$

由第 1 章第 1 节可知,线性规划决策变量的定义域就是 $\mathbb{R}_+^n$ 锥。$\mathbb{R}_+^n$ 锥是真锥。

由第 1 章第 2 节可知,Torricelli 点问题的定义域为 $\mathcal{L}^3\times\mathcal{L}^3\times\mathcal{L}^3$,它是三个二阶锥的 Cartesian 积。由定理 2.29 的结论知,Cartesian 积具有保持尖、实、闭或凸的性质,下面我们讨论二阶锥的一些特性。

首先,显然有 $\boldsymbol{0}\in\mathcal{L}^n\subseteq\mathbb{R}^n$,当 $\boldsymbol{x}=(x_1,x_2,\cdots,x_n)^{\mathrm{T}}\in\mathcal{L}^n\cap(-\mathcal{L}^n)$ 时,得到

$$\sqrt{x_1^2+x_2^2+\cdots+x_{n-1}^2}\leqslant x_n,$$

和

$$\sqrt{x_1^2+x_2^2+\cdots+x_{n-1}^2}\leqslant -x_n。$$

故有

$$\sqrt{x_1^2+x_2^2+\cdots+x_{n-1}^2}=0,$$

即 $\boldsymbol{x}=\boldsymbol{0}$,是尖锥。其次,对$\mathcal{L}^n$中点 $\boldsymbol{x}^0=(0,0,\cdots,0,1)$和 $\varepsilon=\frac{1}{n}$,对任意

$$\|\boldsymbol{x}-\boldsymbol{x}^0\|=\sqrt{x_1^2+x_2^2+\cdots+x_{n-1}^2+(x_n-1)^2}<\varepsilon,$$

有$|x_i|<\frac{1}{n}$,$i=1,2,\cdots,n-1$ 和$|x_n-1|<\frac{1}{n}$。由此得到$\frac{n-1}{n}<x_n<\frac{n+1}{n}$。于是有

$$\sqrt{x_1^2+x_2^2+\cdots+x_{n-1}^2}<\frac{\sqrt{n-1}}{n}\leqslant\frac{n-1}{n}<x_n,$$

即 $\boldsymbol{x}\in\mathcal{L}^n$,所以它是实锥。闭性可由集合中任何一个点列的极限点还在其中的结论得到。最后,我们来证明它具有凸性。设 $\boldsymbol{x}=(x_1,x_2,\cdots,x_n)^{\mathrm{T}}$,$\boldsymbol{y}=(y_1,y_2,\cdots,y_n)^{\mathrm{T}}\in\mathcal{L}^n$ 和 $0\leqslant\lambda\leqslant 1$,则有

$$\sqrt{x_1^2+x_2^2+\cdots+x_{n-1}^2}\leqslant x_n,\quad \sqrt{y_1^2+y_2^2+\cdots+y_{n-1}^2}\leqslant y_n$$

和

$$\left|\sum_{i=1}^{n-1}x_iy_i\right|\leqslant\sqrt{\sum_{i=1}^{n-1}x_i^2}\sqrt{\sum_{i=1}^{n-1}y_i^2}\leqslant x_ny_n。$$

于是推导出下式

$$\begin{aligned}&\sqrt{[\lambda x_1+(1-\lambda)y_1]^2+[\lambda x_2+(1-\lambda)y_2]^2+\cdots+[\lambda x_{n-1}+(1-\lambda)y_{n-1}]^2}\\=&\sqrt{\lambda^2\sum_{i=1}^{n-1}x_i^2+2\lambda(1-\lambda)\sum_{i=1}^{n-1}x_iy_i+(1-\lambda)^2\sum_{i=1}^{n-1}y_i^2}\\\leqslant&\sqrt{\lambda^2x_n^2+2\lambda(1-\lambda)x_ny_n+(1-\lambda)^2y_n^2}\\=&\lambda x_n+(1-\lambda)y_n。\end{aligned}$$

所以,有 $\lambda\boldsymbol{x}+(1-\lambda)\boldsymbol{y}\in\mathcal{L}^n$。综合以上讨论,$\mathcal{L}^n$是真锥。

半正定锥$\mathcal{S}_+^n$也是一个真锥。显然,$\boldsymbol{0}\in\mathcal{S}_+^n\cap-\mathcal{S}_+^n$。对任意 $\boldsymbol{A}\in\mathcal{S}_+^n\cap-\mathcal{S}_+^n$,由于 $\boldsymbol{x}^{\mathrm{T}}\boldsymbol{A}\boldsymbol{x}\geqslant 0$,$-\boldsymbol{x}^{\mathrm{T}}\boldsymbol{A}\boldsymbol{x}\geqslant 0$ 对任意 $\boldsymbol{x}\in\mathbb{R}^n$ 成立,推出 $\boldsymbol{A}=\boldsymbol{0}$。所以 $\boldsymbol{0}$ 是$\mathcal{S}_+^n\cap-\mathcal{S}_+^n$中的唯一元素,即$\mathcal{S}_+^n$为尖锥。实锥、闭锥由例 2.1 得到。对任意 $\boldsymbol{A},\boldsymbol{B}\in\mathcal{S}_+^n$,$\boldsymbol{x}\in\mathbb{R}^n$ 和 $0\leqslant\lambda\leqslant 1$,则有 $\boldsymbol{x}^{\mathrm{T}}[\lambda\boldsymbol{A}+(1-\lambda)\boldsymbol{B}]\boldsymbol{x}=\lambda\boldsymbol{x}^{\mathrm{T}}\boldsymbol{A}\boldsymbol{x}+(1-\lambda)\boldsymbol{x}^{\mathrm{T}}\boldsymbol{B}\boldsymbol{x}\geqslant 0$,得到凸集的性质。因此,$\mathcal{S}_+^n$是一个真锥。

第 1 章第 3 节相关阵满足性问题的定义域为 7 阶半正定锥。

例 2.11 对任意非空集合$\mathcal{F}\subseteq\mathbb{R}^n$,定义$\mathcal{F}$集上的非负二次函数锥为

$$\mathcal{D}_{\mathcal{F}}=\left\{\boldsymbol{U}\in\mathcal{S}^{n+1}\ \middle|\ \begin{pmatrix}1\\\boldsymbol{x}\end{pmatrix}^{\mathrm{T}}\boldsymbol{U}\begin{pmatrix}1\\\boldsymbol{x}\end{pmatrix}\geqslant 0,\forall\,\boldsymbol{x}\in\mathcal{F}\subseteq\mathbb{R}^n\right\}。\tag{2.6}$$

该锥是实、凸和闭的。

容易验证$\mathcal{S}_+^{n+1}\subseteq\mathcal{D}_{\mathcal{F}}$,而$\mathcal{S}_{++}^{n+1}$为一个开集,其中任何一点为$\mathcal{S}_+^{n+1}$的内点,也就为$\mathcal{D}_{\mathcal{F}}$的内点,故为实锥。按凸集合的定义易验证是凸锥。闭锥可由集合的任何一个极限点还在集合

中的性质不难得到。但是否为尖锥则取决于$\mathcal{F}$的特性。

例 2.12 $\mathcal{F}=\{\boldsymbol{x}\in\mathbb{R}^n \mid \boldsymbol{e}^{\mathrm{T}}\boldsymbol{x}=1\}$，其中 $\boldsymbol{e}=(1,1,\cdots,1)^{\mathrm{T}}$，则

$$\boldsymbol{U}=\begin{pmatrix}2 & -\boldsymbol{e}^{\mathrm{T}}\\ -\boldsymbol{e} & 0\end{pmatrix}\in\mathcal{D}_{\mathcal{F}}$$

满足

$$\begin{pmatrix}1\\ \boldsymbol{x}\end{pmatrix}^{\mathrm{T}}\boldsymbol{U}\begin{pmatrix}1\\ \boldsymbol{x}\end{pmatrix}=0,$$

同时$-\boldsymbol{U}\in\mathcal{D}_{\mathcal{F}}$，但$\boldsymbol{U}\neq\boldsymbol{0}$。所以，$\mathcal{D}_{\mathcal{F}}$不是一个尖锥。

2.3.5 锥半序

在定义了真锥后，我们同样可以借助锥诱导出一种半序关系。首先，给出半序关系的定义。一个关系"$\geqslant$"在集合$\mathbb{R}^n$ 上是半序(partial order)，若满足下面性质：

(1) 自反性(reflexivity)：$\boldsymbol{a}\geqslant\boldsymbol{a}$ 对任意 $\boldsymbol{a}\in\mathbb{R}^n$ 满足；

(2) 反对称性(antisymmetry)：若 $\boldsymbol{a}\geqslant\boldsymbol{b}$ 且 $\boldsymbol{b}\geqslant\boldsymbol{a}$ 则 $\boldsymbol{a}=\boldsymbol{b}$；

(3) 传递性(transitivity)：若 $\boldsymbol{a}\geqslant\boldsymbol{b}$ 且 $\boldsymbol{b}\geqslant\boldsymbol{c}$ 则 $\boldsymbol{a}\geqslant\boldsymbol{c}$。

由于本书考虑的集合$\mathbb{R}^n$ 为有限维线性(向量)空间，因此，有序向量空间(ordered vector space)还要求：

(4) 齐次性(homogeneity)：$\boldsymbol{a}\geqslant\boldsymbol{b}$ 且 $\lambda\in\mathbb{R}_+$ 则 $\lambda\boldsymbol{a}\geqslant\lambda\boldsymbol{b}$；

(5) 可加性(additivity)：$\boldsymbol{a}\geqslant\boldsymbol{b}$ 且 $\boldsymbol{c}\geqslant\boldsymbol{d}$ 则 $\boldsymbol{a}+\boldsymbol{c}\geqslant\boldsymbol{b}+\boldsymbol{d}$。

为什么要有真锥的条件要求？主要是与我们通常理解的不等号关系相吻合。如$\mathbb{R}^n$ 是一个锥，但不是真锥。定义半序关系"$\geqslant$"为"$\boldsymbol{a}\geqslant\boldsymbol{b}\Leftrightarrow\boldsymbol{a}-\boldsymbol{b}\in\mathbb{R}^n$"。这时可以发现，$\boldsymbol{a}-\boldsymbol{b}\in\mathbb{R}^n$ 和$\boldsymbol{b}-\boldsymbol{a}\in\mathbb{R}^n$ 无法得到 $\boldsymbol{a}=\boldsymbol{b}$，即破坏了第 2 条性质。因此，我们都是在真锥上讨论半序关系。

对一个真锥$\mathcal{K}\subseteq\mathbb{R}^n$，定义线性空间$\mathbb{R}^n$ 这样一个半序关系"$\geqslant_{\mathcal{K}}$"，满足：

$$\boldsymbol{a}\geqslant_{\mathcal{K}}\boldsymbol{b}\Leftrightarrow\boldsymbol{a}-\boldsymbol{b}\in\mathcal{K}。$$

同样

$$\boldsymbol{a}\leqslant_{\mathcal{K}}\boldsymbol{b}\Leftrightarrow\boldsymbol{b}\geqslant_{\mathcal{K}}\boldsymbol{a},$$

也定义一个半序关系"$\leqslant_{\mathcal{K}}$"。

我们不逐一验证以上定义的半序关系的合理性，仅以反对称性和齐次性的合理性验证为例。先验证反对称性的成立：由于 $\boldsymbol{a}\geqslant_{\mathcal{K}}\boldsymbol{b}$ 且 $\boldsymbol{b}\geqslant_{\mathcal{K}}\boldsymbol{a}$，则有 $\boldsymbol{a}-\boldsymbol{b}\in\mathcal{K}$且 $\boldsymbol{b}-\boldsymbol{a}=-(\boldsymbol{a}-\boldsymbol{b})\in\mathcal{K}$。因为$\mathcal{K}$是尖锥，得到 $\boldsymbol{a}-\boldsymbol{b}=-(\boldsymbol{a}-\boldsymbol{b})=\boldsymbol{0}\in\mathcal{K}\cap-\mathcal{K}$，得到结论。下面验证齐次性的成立。当 $\boldsymbol{a}\geqslant\boldsymbol{b}$ 且 $\lambda\in\mathbb{R}_+$ 时，得到 $\boldsymbol{a}-\boldsymbol{b}\in\mathcal{K}$，再由$\mathcal{K}$是锥，所以 $\lambda\boldsymbol{a}-\lambda\boldsymbol{b}=\lambda(\boldsymbol{a}-\boldsymbol{b})\in\mathcal{K}$。

在 Euclidean 空间中，真锥$\mathcal{K}\subseteq\mathbb{R}^n$ 的闭性又保证了半序关系的封闭性，即

$$\boldsymbol{a}^i\geqslant_{\mathcal{K}}\boldsymbol{b}^i,\quad \boldsymbol{a}^i\to\boldsymbol{a},\quad \boldsymbol{b}^i\to\boldsymbol{b}\quad 当\quad i\to+\infty\Rightarrow\boldsymbol{a}\geqslant_{\mathcal{K}}\boldsymbol{b}。$$

实锥使得我们可以定义严格不等关系 $\boldsymbol{a}>_{\mathcal{K}}\boldsymbol{b}\Leftrightarrow\boldsymbol{a}-\boldsymbol{b}\in\operatorname{int}(\mathcal{K})$，和 $\boldsymbol{a}<_{\mathcal{K}}\boldsymbol{b}\Leftrightarrow\boldsymbol{b}>_{\mathcal{K}}\boldsymbol{a}$。锥半序体系是线性锥优化的基础，也是推广内点算法的重要概念，我们会在后续章节中继续讨论。

第4节 对偶集合

Euclidean 空间$\mathbb{R}^n$ 中,集合$\mathcal{X}\subseteq\mathbb{R}^n$ 的对偶集(dual set)定义为

$$\mathcal{X}^*=\{\boldsymbol{y}\in\mathbb{R}^n \mid \boldsymbol{y}^{\mathrm{T}}\boldsymbol{x}\geqslant 0,\forall\,\boldsymbol{x}\in\mathcal{X}\}。$$

若$\mathcal{X}^*=\mathcal{X}$,则称$\mathcal{X}$为自对偶集合。对偶集合有下面简单性质。

定理 2.31 设$\mathcal{X}_1$和$\mathcal{X}_2$为$\mathbb{R}^n$ 中两个集合,(1)当$\mathcal{X}_1\subseteq\mathcal{X}_2$时,有$\mathcal{X}_1^*\supseteq\mathcal{X}_2^*$;(2)当两个集合都包含 **0** 点时,$(\mathcal{X}_1+\mathcal{X}_2)^*=\mathcal{X}_1^*\cap\mathcal{X}_2^*$。

证明 (1) 由定义易证,故省略。

(2) $\forall\,\boldsymbol{y}\in(\mathcal{X}_1+\mathcal{X}_2)^*$,有 $\boldsymbol{y}^{\mathrm{T}}\boldsymbol{x}\geqslant 0$ 对所有 $\boldsymbol{x}=\boldsymbol{x}^1+\boldsymbol{x}^2$,$\boldsymbol{x}^1\in\mathcal{X}_1$,$\boldsymbol{x}^2\in\mathcal{X}_2$成立。因为定理假设有 $\boldsymbol{0}\in\mathcal{X}_1\cap\mathcal{X}_2$,所以有 $\boldsymbol{y}^{\mathrm{T}}\boldsymbol{x}^1\geqslant 0$ 对所有 $\boldsymbol{x}^1\in\mathcal{X}_1$成立且 $\boldsymbol{y}^{\mathrm{T}}\boldsymbol{x}^2\geqslant 0$ 对所有 $\boldsymbol{x}^2\in\mathcal{X}_2$成立,即$(\mathcal{X}_1+\mathcal{X}_2)^*\subseteq\mathcal{X}_1^*\cap\mathcal{X}_2^*$。对任意 $\boldsymbol{y}\in\mathcal{X}_1^*\cap\mathcal{X}_2^*$,因为 $\boldsymbol{y}^{\mathrm{T}}\boldsymbol{x}^i\geqslant 0$ 对所有的 $\boldsymbol{x}^i\in\mathcal{X}_i$,$i=1,2$ 成立,故可推出 $\boldsymbol{y}^{\mathrm{T}}(\boldsymbol{x}^1+\boldsymbol{x}^2)\geqslant 0$。所以 $\boldsymbol{y}\in(\mathcal{X}_1+\mathcal{X}_2)^*$,即$(\mathcal{X}_1+\mathcal{X}_2)^*\supseteq\mathcal{X}_1^*\cap\mathcal{X}_2^*$。于是结论(2)成立。 □

需要特别注意上述结论(2)两个集合都包含 **0** 的条件。下面的例子表明,如果没有这个条件,则结论不正确。

例 2.13 设$\mathcal{X}_1=\{(1,1)^{\mathrm{T}}\}$,$\mathcal{X}_2=\{(-1,-1)^{\mathrm{T}}\}$,则有$(\mathcal{X}_1+\mathcal{X}_2)^*=\mathbb{R}^2$,而$\mathcal{X}_1^*\cap\mathcal{X}_2^*=\{\boldsymbol{x}\in\mathbb{R}^2\mid x_1+x_2=0\}$。

尖锥及其对偶锥具有下面性质。

定理 2.32 设$\mathcal{X}$是至少包含一个非 **0** 点的闭凸尖锥且其对偶锥的内点集 $\mathrm{int}(\mathcal{X}^*)\neq\varnothing$,则任一 $\boldsymbol{y}\in\mathrm{int}(\mathcal{X}^*)$的充分必要条件是:$\boldsymbol{y}^{\mathrm{T}}\boldsymbol{x}>0$ 对任意 $\boldsymbol{x}\subset\mathcal{X}$且 $\boldsymbol{x}\neq\boldsymbol{0}$ 成立。

证明 充分性。设$\mathcal{Y}=\{\boldsymbol{x}\in\mathcal{X}\mid 0<r\leqslant\|\boldsymbol{x}\|\leqslant R\}$,其中 $r<R$ 为给定的两个实数。由锥的性质得到$\mathcal{Y}$为一个非空有界闭集。由充分条件得知 $\varepsilon=\min\limits_{x\in\mathcal{Y}}\boldsymbol{y}^{\mathrm{T}}\boldsymbol{x}>0$,因此存在 $\delta=\dfrac{\varepsilon}{2R}$,使得对任意 $\bar{\boldsymbol{y}}\in N(\boldsymbol{y},\delta)$而言,对任意 $\boldsymbol{x}\in\mathcal{Y}$,有 $\bar{\boldsymbol{y}}^{\mathrm{T}}\boldsymbol{x}=\boldsymbol{y}^{\mathrm{T}}\boldsymbol{x}+(\bar{\boldsymbol{y}}-\boldsymbol{y})^{\mathrm{T}}\boldsymbol{x}\geqslant\varepsilon-|(\bar{\boldsymbol{y}}-\boldsymbol{y})^{\mathrm{T}}\boldsymbol{x}|\geqslant\varepsilon-\|\bar{\boldsymbol{y}}-\boldsymbol{y}\|\,\|\boldsymbol{x}\|>\dfrac{\varepsilon}{2}>0$。继续由锥的特性得到 $\bar{\boldsymbol{y}}^{\mathrm{T}}\boldsymbol{x}\geqslant 0$ 对任意 $\boldsymbol{x}\in\mathcal{X}$成立。所以,$\boldsymbol{y}\in\mathrm{int}(\mathcal{X}^*)$。

必要性。反证。若存在 $\bar{\boldsymbol{x}}\neq\boldsymbol{0}$ 且 $\bar{\boldsymbol{x}}\in\mathcal{X}$使得 $\boldsymbol{y}^{\mathrm{T}}\bar{\boldsymbol{x}}=0$。取 $\boldsymbol{d}=-\bar{\boldsymbol{x}}$则满足 $\boldsymbol{d}^{\mathrm{T}}\bar{\boldsymbol{x}}<0$,同时有$(\boldsymbol{y}+\alpha\boldsymbol{d})^{\mathrm{T}}\bar{\boldsymbol{x}}<0$ 对任意 $\alpha>0$ 成立。只要取 α 充分小,$\boldsymbol{y}$ 的任何一个邻域中都有一点 $\bar{\boldsymbol{y}}=\boldsymbol{y}+\alpha\boldsymbol{d}$ 使得 $\bar{\boldsymbol{y}}^{\mathrm{T}}\bar{\boldsymbol{x}}<0$,与 $\boldsymbol{y}\in\mathrm{int}(\mathcal{X}^*)$矛盾。因此必要性得证。 □

定理 2.33 设$\mathcal{X}$为 Euclidean 空间$\mathbb{R}^n$ 中的非空集合,则(1)$\mathcal{X}^*$是一个闭凸锥;(2)$\mathcal{X}\subseteq(\mathcal{X}^*)^*$;(3)若$\mathcal{X}$是闭凸锥,则$(\mathcal{X}^*)^*=\mathcal{X}$;(4)若 $\mathrm{int}(\mathcal{X})\neq\varnothing$,则$\mathcal{X}^*$是尖锥;(5)若$\mathcal{X}$是闭凸尖锥,则 $\mathrm{int}(\mathcal{X}^*)\neq\varnothing$。

证明 (1) 设 $\boldsymbol{y}\in\mathcal{X}^*$,则对所有 $\boldsymbol{x}\in\mathcal{X}$,有 $\boldsymbol{y}^{\mathrm{T}}\boldsymbol{x}\geqslant 0$。于是$(\lambda\boldsymbol{y})^{\mathrm{T}}\boldsymbol{x}=\lambda(\boldsymbol{y}^{\mathrm{T}}\boldsymbol{x})\geqslant 0$ 对任意 $\boldsymbol{x}\in\mathcal{X}$和 $\lambda\geqslant 0$ 成立,所以 $\mathcal{X}^*$是锥。凸性按对偶集合的定义易证。若点列$\{\boldsymbol{y}^k\in\mathcal{X}^*\mid k=1,2,\cdots\}$以 $\boldsymbol{y}^*$ 为极限点,则由$(\boldsymbol{y}^k)^{\mathrm{T}}\boldsymbol{x}\geqslant 0$ 对任意 $\boldsymbol{x}\in\mathcal{X}$成立,保证$(\boldsymbol{y}^*)^{\mathrm{T}}\boldsymbol{x}\geqslant 0$ 对任意 $\boldsymbol{x}\in\mathcal{X}$成立。故$\mathcal{X}^*$是闭锥。

(2) 取任意 $\boldsymbol{x}\in\mathcal{X}$,有 $\boldsymbol{x}^{\mathrm{T}}\boldsymbol{y}\geqslant 0$ 对任意 $\boldsymbol{y}\in\mathcal{X}^*$ 成立。按对偶集合的定义有 $\boldsymbol{x}\in(\mathcal{X}^*)^*$,

得到$\mathcal{X}\subseteq(\mathcal{X}^*)^*$。

(3) 由(2)知$\mathcal{X}\subseteq(\mathcal{X}^*)^*$。若$\mathcal{X}\neq(\mathcal{X}^*)^*$，因为$\mathcal{X}$是非空闭凸锥，则存在一点$\boldsymbol{z}\in(\mathcal{X}^*)^*\backslash\mathcal{X}$，再由引理2.20，有$\mathcal{X}$中与$\boldsymbol{z}$距离最小点$\tilde{\boldsymbol{x}}$满足

$$(\boldsymbol{z}-\tilde{\boldsymbol{x}})^{\mathrm{T}}(\boldsymbol{x}-\tilde{\boldsymbol{x}})\leqslant 0,\quad 对任意\ \boldsymbol{x}\in\mathcal{X}成立。$$

可推出

$$0<(\boldsymbol{z}-\tilde{\boldsymbol{x}})^{\mathrm{T}}(\boldsymbol{z}-\tilde{\boldsymbol{x}})=\boldsymbol{z}^{\mathrm{T}}(\boldsymbol{z}-\tilde{\boldsymbol{x}})-\tilde{\boldsymbol{x}}^{\mathrm{T}}(\boldsymbol{z}-\tilde{\boldsymbol{x}})\leqslant\boldsymbol{z}^{\mathrm{T}}(\boldsymbol{z}-\tilde{\boldsymbol{x}})-\boldsymbol{x}^{\mathrm{T}}(\boldsymbol{z}-\tilde{\boldsymbol{x}}),$$

对任意$\boldsymbol{x}\in\mathcal{X}$成立。这时有$\boldsymbol{x}^{\mathrm{T}}(\boldsymbol{z}-\tilde{\boldsymbol{x}})\leqslant 0$，否则由锥$\mathcal{X}$的特性知，$\alpha\boldsymbol{x}^{\mathrm{T}}(\boldsymbol{z}-\tilde{\boldsymbol{x}})$随$\alpha$趋于无穷大而趋于无穷大，可得到$0<-\infty$这样的矛盾。因此，由$\boldsymbol{x}^{\mathrm{T}}(\boldsymbol{z}-\tilde{\boldsymbol{x}})\leqslant 0$及$\alpha\boldsymbol{x}^{\mathrm{T}}(\boldsymbol{z}-\tilde{\boldsymbol{x}})$中的$\alpha$可以取任意小的正数，得到

$$\boldsymbol{z}^{\mathrm{T}}(\boldsymbol{z}-\tilde{\boldsymbol{x}})>0\geqslant\boldsymbol{x}^{\mathrm{T}}(\boldsymbol{z}-\tilde{\boldsymbol{x}})。$$

现令$\boldsymbol{y}=\tilde{\boldsymbol{x}}-\boldsymbol{z}$，得到$\boldsymbol{y}^{\mathrm{T}}\boldsymbol{x}\geqslant 0$对所有$\boldsymbol{x}\in\mathcal{X}$成立，其含义是$\boldsymbol{y}\in\mathcal{X}^*$。而由$\boldsymbol{z}^{\mathrm{T}}\boldsymbol{y}=\boldsymbol{z}^{\mathrm{T}}(\tilde{\boldsymbol{x}}-\boldsymbol{z})<0$推出$\boldsymbol{z}\notin(\mathcal{X}^*)^*$，此与$\boldsymbol{z}\in(\mathcal{X}^*)^*\backslash\mathcal{X}$矛盾。综合得$(\mathcal{X}^*)^*=\mathcal{X}$。

(4) 当$\boldsymbol{y}\in\mathcal{X}^*$且$-\boldsymbol{y}\in\mathcal{X}^*$时，若只有$\boldsymbol{y}=\boldsymbol{0}$则结论成立。否则当$\boldsymbol{y}\neq\boldsymbol{0}$时，由$\mathrm{int}(\mathcal{X})\neq\varnothing$，则存在一个$\boldsymbol{x}\in\mathrm{int}(\mathcal{X})$满足$\boldsymbol{y}^{\mathrm{T}}\boldsymbol{x}\neq 0$。由(1)中$\mathcal{X}^*$为锥的结论，推出$\boldsymbol{y}^{\mathrm{T}}\boldsymbol{x}\geqslant 0$，$-\boldsymbol{y}^{\mathrm{T}}\boldsymbol{x}\geqslant 0$，即$\boldsymbol{y}^{\mathrm{T}}\boldsymbol{x}=0$，据此矛盾得到$\boldsymbol{y}=\boldsymbol{0}$。

(5) 反证，假设$\mathrm{int}(\mathcal{X}^*)=\varnothing$。由(1)得到$\mathcal{X}^*$为闭凸锥，因此$\boldsymbol{0}\in\mathcal{X}^*$。因为包含$\boldsymbol{0}$点的仿射空间为线性空间。记包含$\mathcal{X}^*$的最小线性子空间(仿射空间)为$\mathcal{A}$，则有$\dim(\mathcal{A})\leqslant n-1$。否则$\mathcal{X}^*$中存在$n$个线性无关的点$\{\boldsymbol{x}^1,\boldsymbol{x}^2,\cdots,\boldsymbol{x}^n\}$使得$\mathrm{conv}(0,\boldsymbol{x}^1,\boldsymbol{x}^2,\cdots,\boldsymbol{x}^n)\subseteq\mathcal{X}^*$。由相对内点的表示结论引理2.12及$\dim(\mathrm{conv}(\boldsymbol{0},\boldsymbol{x}^1,\boldsymbol{x}^2,\cdots,\boldsymbol{x}^n))=n$，得到$\mathrm{int}(\mathrm{conv}(\boldsymbol{0},\boldsymbol{x}^1,\boldsymbol{x}^2,\cdots,\boldsymbol{x}^n))\neq\varnothing$。这与假设矛盾。所以假设$\dim(\mathcal{A})=k\leqslant n-1$。记$\mathcal{A}^{\perp}=\{\boldsymbol{x}\in\mathbb{R}^n\mid\boldsymbol{x}^{\mathrm{T}}\boldsymbol{y}=0,\forall\,\boldsymbol{y}\in\mathcal{A}\}$，则有$\mathcal{A}^{\perp}=-\mathcal{A}^{\perp}$，$\dim(\mathcal{A}^{\perp})\geqslant 1$且$\mathcal{A}^{\perp}\subseteq(\mathcal{X}^*)^*=\mathcal{X}$。所以$\mathcal{X}$不是尖锥，此与条件矛盾，故假设不成立。因此得到$\mathrm{int}(\mathcal{X}^*)\neq\varnothing$。 □

由定理2.33可以直接得到下面的推论：若$\mathcal{X}$是一个凸锥，则$(\mathcal{X}^*)^*=\mathrm{cl}(\mathcal{X})$；$\mathbb{R}^n$中锥$\mathcal{X}$的任何一个支撑超平面一定过$\boldsymbol{0}$点；若凸锥$\mathcal{X}$是实(尖)锥，则$\mathcal{X}^*$是尖(实)锥。

例2.14 证明：(1) $(\mathbb{R}^n_+)^*=\mathbb{R}^n_+$，(2) $(\mathcal{L}^n)^*=\mathcal{L}^n$，(3) $(\mathcal{S}^n_+)^*=\mathcal{S}^n_+$，并且它们都是自对偶锥。

证明 (1) 对任意$\boldsymbol{y}\in(\mathbb{R}^n_+)^*$，只需取$\mathbb{R}^n_+$中的向量

$$(1,0,\cdots,0)^{\mathrm{T}},(0,1,\cdots,0)^{\mathrm{T}},\cdots,(0,0,\cdots,1)^{\mathrm{T}},$$

按对偶的定义要求得到$\boldsymbol{y}\geqslant 0$，即$(\mathbb{R}^n_+)^*\subseteq\mathbb{R}^n_+$。反之很易验证，故(1)成立。

(2) 给定$\boldsymbol{y}\in\mathcal{L}^n$和$\forall\,\boldsymbol{x}\in\mathcal{L}^n$，由内积的Cauchy-Schwarz不等式得知

$$\begin{aligned}&|(x_1,x_2,\cdots,x_{n-1})(y_1,y_2,\cdots,y_{n-1})^{\mathrm{T}}|\\&\leqslant\sqrt{x_1^2+x_2^2+\cdots+x_{n-1}^2}\sqrt{y_1^2+y_2^2+\cdots+y_{n-1}^2}\\&\leqslant x_ny_n,\end{aligned}\tag{2.7}$$

所以$\boldsymbol{y}^{\mathrm{T}}\boldsymbol{x}\geqslant 0$，故得到$\boldsymbol{y}\in(\mathcal{L}^n)^*$。因此$\mathcal{L}^n\subseteq(\mathcal{L}^n)^*$。

任意选定$\boldsymbol{y}\in(\mathcal{L}^n)^*$，对所有的$(x_1,x_2,\cdots,x_{n-1},x_n)^{\mathrm{T}}\in\mathcal{L}^n$，有

$$(y_1,y_2,\cdots,y_{n-1},y_n)(x_1,x_2,\cdots,x_{n-1},x_n)^{\mathrm{T}}\geqslant 0。$$

记

$$\sqrt{y_1^2+y_2^2+\cdots+y_{n-1}^2}=t。$$

当 $t=0$ 时,有 $y_1=y_2=\cdots=y_{n-1}=0$。由 $\boldsymbol{x}\in\mathcal{L}^n$ 的任意性,可取 $x_n>0$,由(2.7)式得到 $y_n\geqslant 0$。所以 $\boldsymbol{y}\in\mathcal{L}^n$,也就有$\mathcal{L}^n\supseteq(\mathcal{L}^n)^*$。

当 $t>0$ 时,用反证法假设 $t>y_n$,特别取

$$(x_1,x_2,\cdots,x_{n-1},x_n)^{\mathrm{T}}=-\frac{1}{t}(y_1,y_2,\cdots,y_{n-1},-t)^{\mathrm{T}},$$

则

$$(x_1,x_2,\cdots,x_{n-1},x_n)^{\mathrm{T}}\in\mathcal{L}^n。$$

但

$$(y_1,y_2,\cdots,y_{n-1},y_n)(x_1,x_2,\cdots,x_{n-1},x_n)^{\mathrm{T}}=-t+y_n<0,$$

故得到矛盾。所以$\mathcal{L}^n\supseteq(\mathcal{L}^n)^*$。因此(2)结论得证。

(3) 根据定理 2.2,任给 $\boldsymbol{A}\in\mathcal{S}_+^n$ 可以分解成

$$\begin{aligned}&\boldsymbol{Q}^{\mathrm{T}}\operatorname{diag}(\lambda_1,\lambda_2,\cdots,\lambda_n)\boldsymbol{Q}\\=&\boldsymbol{Q}^{\mathrm{T}}\operatorname{diag}(\sqrt{\lambda_1},\sqrt{\lambda_2},\cdots,\sqrt{\lambda_n})\boldsymbol{Q}\boldsymbol{Q}^{\mathrm{T}}\operatorname{diag}(\sqrt{\lambda_1},\sqrt{\lambda_2},\cdots,\sqrt{\lambda_n})\boldsymbol{Q}\\=&\boldsymbol{C}^{\mathrm{T}}\boldsymbol{C},\end{aligned}$$

其中 $\boldsymbol{Q}$ 为正交矩阵,$\boldsymbol{C}=\boldsymbol{Q}^{\mathrm{T}}\operatorname{diag}(\sqrt{\lambda_1},\sqrt{\lambda_2},\cdots,\sqrt{\lambda_n})\boldsymbol{Q}$ 为方阵。同理对于给定的 $\boldsymbol{B}\in\mathcal{S}_+^n$ 有方阵 $\boldsymbol{D}$ 使得 $\boldsymbol{B}=\boldsymbol{D}^{\mathrm{T}}\boldsymbol{D}$,于是

$$\boldsymbol{B}\cdot\boldsymbol{A}=\operatorname{tr}(\boldsymbol{B}^{\mathrm{T}}\boldsymbol{A})=\operatorname{tr}(\boldsymbol{D}^{\mathrm{T}}\boldsymbol{D}\boldsymbol{C}^{\mathrm{T}}\boldsymbol{C})=\operatorname{tr}((\boldsymbol{D}\boldsymbol{C}^{\mathrm{T}})^{\mathrm{T}}(\boldsymbol{D}\boldsymbol{C}^{\mathrm{T}}))\geqslant 0,$$

故得到$\mathcal{S}_+^n\subseteq(\mathcal{S}_+^n)^*$。

给定 $\boldsymbol{B}\in(\mathcal{S}_+^n)^*$,任选 $\boldsymbol{x}\in\mathbb{R}^n$,则有 $\boldsymbol{A}=\boldsymbol{x}\boldsymbol{x}^{\mathrm{T}}\in\mathcal{S}_+^n$,

$$\boldsymbol{A}\cdot\boldsymbol{B}=\operatorname{tr}(\boldsymbol{B}\boldsymbol{x}\boldsymbol{x}^{\mathrm{T}})=\boldsymbol{x}^{\mathrm{T}}\boldsymbol{B}\boldsymbol{x}\geqslant 0,$$

因此,$\boldsymbol{B}\in\mathcal{S}_+^n$,故 $\mathcal{S}_+^n\supseteq(\mathcal{S}_+^n)^*$,于是(3)结论成立。

上面例子中的三个锥都是自对偶锥,下面给出一个不具有自对偶锥的例子。例 2.11 给出的二次函数锥在一些情况下就不具有自对偶锥的特性。

例 2.15 选取例 2.11 的非负二次函数锥定义域为$\mathcal{F}=[0,1]^n$,证明锥

$$\mathcal{D}_{\mathcal{F}}=\left\{\boldsymbol{U}\in\mathcal{S}^{n+1}\,\middle|\,\begin{pmatrix}1\\\boldsymbol{x}\end{pmatrix}^{\mathrm{T}}\boldsymbol{U}\begin{pmatrix}1\\\boldsymbol{x}\end{pmatrix}\geqslant 0\text{ 对任意 }\boldsymbol{x}\in[0,1]^n\text{ 成立}\right\}$$

不是自对偶锥。

证明 明显看出$\mathcal{S}_+^{n+1}\subseteq\mathcal{D}_{\mathcal{F}}$。由定理 2.31 的(1)得到$\mathcal{S}_+^{n+1}\supseteq\mathcal{D}_{\mathcal{F}}^*$。可以看出$\mathcal{D}_{\mathcal{F}}$包含元素全部为非负数的 $n+1$ 阶对称矩阵,但这样的矩阵不一定半正定。例如当 $n=1$ 时,$\begin{pmatrix}0&1\\1&0\end{pmatrix}\in\mathcal{D}_{\mathcal{F}}$,但$\begin{pmatrix}0&1\\1&0\end{pmatrix}\notin\mathcal{D}_{\mathcal{F}}^*$。因此,$\mathcal{D}_{\mathcal{F}}$不是一个自对偶锥。

小　　结

本章主要给出了有关集合和对偶集合的一些基本概念和结论,重点突出凸集和锥所具有的一些特性,这些是线性锥优化理论的基础,对本书后续的阅读和理解非常重要。在对凸集性质的研究中,我们特别关注凸集和超平面之间的关系,很多结论围绕这样的关系来讨论,在后续的共轭对偶优化模型中将体现这些结论的重要性。实际上,不少著作中也介绍这

些内容，如 R. T. Rockafellar 的《Convex $\mathcal{A}$nalysis》[42] 一书有关凸分析的理论介绍非常详尽。

习　题

（标有 * 题目的证明可能用到本书以外的结论。）

2.1　画出下列点集的凸组合集和仿射组合集，给出其维数。

(1) $\{(1,0)^{\mathrm{T}},(0,1)^{\mathrm{T}}\}$；

(2) $\{(0,0)^{\mathrm{T}},(1,1)^{\mathrm{T}}\}$；

(3) $\{(1,0)^{\mathrm{T}},(0,1)^{\mathrm{T}},(1,1)^{\mathrm{T}}\}$；

(4) $\{(0,0)^{\mathrm{T}},(0,1)^{\mathrm{T}},(1,1)^{\mathrm{T}}\}$；

(5) $\{(1,0,0)^{\mathrm{T}},(0,1,0)^{\mathrm{T}},(1,1,0)^{\mathrm{T}}\}$；

(6) $\{(0,0,0)^{\mathrm{T}},(0,1,0)^{\mathrm{T}},(1,1,0)^{\mathrm{T}}\}$。

2.2　证明：一个仿射空间为线性子空间的充分必要条件是其包含原点。

2.3　给定 $\boldsymbol{A},\boldsymbol{B}\in\mathcal{S}^n$，记集合 $\mathcal{X}=\{\sigma\in\mathbb{R}\mid\boldsymbol{A}+\sigma\boldsymbol{B}\in\mathcal{S}_+^n\}$，证明：(1)若存在 σ_1 使得 $\boldsymbol{A}+\sigma_1\boldsymbol{B}\in\mathcal{S}_{++}^n$，则存在可逆阵 $\boldsymbol{P}$，使得 $\boldsymbol{P}^{\mathrm{T}}\boldsymbol{A}\boldsymbol{P}$ 和 $\boldsymbol{P}^{\mathrm{T}}\boldsymbol{B}\boldsymbol{P}$ 同时为对角矩阵；(2)$\mathcal{X}$为凸集；(3)当存在 σ_1 使 $\boldsymbol{A}+\sigma_1\boldsymbol{B}\in\mathcal{S}_{++}^n$ 时，设 a,b 为$\mathcal{X}$的区间左右端点，证明：$a<b$ 且对任意 $\sigma\in(a,b)$，都有 $\boldsymbol{A}+\sigma\boldsymbol{B}\in\mathcal{S}_{++}^n$。

2.4　证明：$\mathrm{cl}(\mathcal{S}_+^n)=\mathrm{cl}(\mathcal{S}_{++}^n)=\mathcal{S}_+^n$。

2.5　证明下面两个闭集的定义等价。(1) 若$\mathbb{R}^n\backslash\mathcal{X}$为开集，则$\mathcal{X}$称为闭集；

(2) 若$\mathcal{X}$中的任何一个极限点还在该集合中，则该集合为闭集。

2.6　证明引理 2.10。

2.7　证明：$\dim(\mathcal{X})=r$ 的充分必要条件为$\mathcal{X}$中有 $r+1$ 个仿射无关的点且$\mathcal{X}$中任何仿射线性无关点的数目不超过 $r+1$。

2.8　设$\mathcal{X}\subseteq\mathbb{R}^n$，证明：$\mathcal{A}$为包含$\mathcal{X}$的最小仿射空间的充分必要条件为$\mathcal{A}$包含$\mathcal{X}$的仿射空间且 $\dim(\mathcal{A})=\dim(\mathcal{X})$。

2.9　证明 $\mathcal{A}\subseteq\mathbb{R}^n$ 为线性子空间的充分必要条件是存在 $\boldsymbol{A}\in\mathcal{M}(m,n)$ 满足 $\mathcal{A}=\{\boldsymbol{x}\in\mathbb{R}^n\mid\boldsymbol{A}\boldsymbol{x}=\boldsymbol{0}\}$。

2.10　证明$\mathcal{A}$为仿射空间的充分必要条件是存在一个 $m\times n$ 行满秩矩阵 $\boldsymbol{A}$ 和 $\boldsymbol{b}\in\mathbb{R}^m$，使得$\mathcal{A}=\{\boldsymbol{x}\in\mathbb{R}^n\mid\boldsymbol{A}\boldsymbol{x}=\boldsymbol{b}\}$，其中 $\dim(\mathcal{A})=n-m$。

2.11　设$\mathcal{X}\subseteq\mathbb{R}^n$，$\mathcal{A}=\{\boldsymbol{x}\in\mathbb{R}^n\mid\boldsymbol{A}\boldsymbol{x}=\boldsymbol{b}\}$为包含$\mathcal{X}$的最小仿射空间且 $\boldsymbol{A}$ 行满秩，超平面$\mathcal{H}=\{\boldsymbol{x}\in\mathbb{R}^n\mid\boldsymbol{a}^{\mathrm{T}}\boldsymbol{x}=c\}$，其中 $\boldsymbol{a}\in\mathbb{R}^n$，$c\in\mathbb{R}$。证明若$\mathcal{A}\cap\mathcal{H}\neq\varnothing$，则存在 $\boldsymbol{x}\in\mathcal{X}$使得 $\boldsymbol{a}^{\mathrm{T}}\boldsymbol{x}>c$ 或 $\boldsymbol{a}^{\mathrm{T}}\boldsymbol{x}<c$ 的充要条件为$\begin{pmatrix}\boldsymbol{A}\\\boldsymbol{a}^{\mathrm{T}}\end{pmatrix}$为行满秩。

2.12　设$\mathcal{X}\subseteq\mathbb{R}^n$ 为一个凸集，$\boldsymbol{x}^1,\boldsymbol{x}^2,\cdots,\boldsymbol{x}^{n+1}$ 为$\mathcal{X}$中仿射无关的点。对于给定的 $\lambda_i>0,i=1,2,\cdots,n+1$ 且 $\sum\limits_{i=1}^{n+1}\lambda_i=1$，证明：$\sum\limits_{i=1}^{n+1}\lambda_i\boldsymbol{x}^i\in\mathrm{int}(\mathcal{X})$。

2.13　设$\mathcal{X}\subseteq\mathbb{R}^n$ 为一个非空集合，$\dim(\mathcal{X})=r\geqslant1$，包含$\mathcal{X}$的最小仿射空间记为$\mathcal{A}$。任

取一点 $\boldsymbol{x}^0\in\mathcal{X}$，证明：

（1）$N(\boldsymbol{x}^0,\delta)$为$\mathbb{R}^n$中以$\boldsymbol{x}^0$为中心的一个开球形邻域，则$N(\boldsymbol{x}^0,\delta)\cap\mathcal{A}$为$\mathcal{A}$中以$\boldsymbol{x}^0$为中心的一个开球形邻域；反之，若$\mathcal{Y}\subseteq\mathcal{X}$是$\mathcal{A}$中以$\boldsymbol{x}^0$为中心的一个开球形邻域，则可扩展到$\mathbb{R}^n$中以$\boldsymbol{x}^0$为中心的一个开球形邻域$N(\boldsymbol{x}^0,\delta)$，使得$N(\boldsymbol{x}^0,\delta)\cap\mathcal{A}=\mathcal{Y}$，即$\boldsymbol{x}^0$是$\mathcal{X}$中一个相对内点的充分必要条件为$\boldsymbol{x}^0$是$\mathcal{X}\cap\mathcal{A}$中的内点；

（2）设$\mathcal{H}$为$\mathbb{R}^n$中的一个超平面且$\dim(\mathcal{H}\cap\mathcal{A})=r-1$，则$\mathcal{H}\cap\mathcal{A}$为$\mathcal{A}$中$\mathcal{X}$的一个超平面，写出$\mathcal{A}$中超平面的方程表达式；反之，$\mathcal{A}$中的任何一个超平面，则其可写成$\mathbb{R}^n$中的一个超平面。（提示：利用坐标系正交变换。）

2.14 设$\mathcal{X}\subseteq\mathbb{R}^n$为一个非空集合，$\dim(\mathcal{X})=r\geqslant 0$。证明：(1)分别包含$\mathcal{X}$和$\mathrm{cl}(\mathcal{X})$的最小仿射空间相同；(2)设$\mathcal{X}\subseteq\mathcal{Y}$且$\dim(\mathcal{X})=\dim(\mathcal{Y})$，则分别包含$\mathcal{X}$和$\mathcal{Y}$的最小仿射空间相同。

2.15 设$\mathcal{X}$为一个内点非空的凸集，$\boldsymbol{x}^0\in\mathcal{X}$，$\boldsymbol{x}^1\in\mathrm{int}(\mathcal{X})$且$\boldsymbol{x}^0\neq\boldsymbol{x}^1$，证明：对任意$0<\lambda_0\leqslant 1$，有$(1-\lambda)\boldsymbol{x}^0+\lambda\boldsymbol{x}^1\in\mathrm{int}(\mathcal{X})$。

2.16 设$\mathcal{X}$为一个内点非空的凸集，$\boldsymbol{x}^0\in\mathcal{X}$且$\boldsymbol{x}^1\in\mathrm{int}(\mathcal{X})$，证明：存在$\lambda_0>1$，对任意$0\leqslant\lambda\leqslant\lambda_0$有$(1-\lambda)\boldsymbol{x}^0+\lambda\boldsymbol{x}^1\in\mathcal{X}$成立。

***2.17** 证明$\mathcal{X}$为多面体的充分必要条件是其可以表示成有限点集的凸组合和有限个方向的非负线性组合(参考文献[42])。

***2.18** 单纯形(simplex)的定义如下：设$\boldsymbol{v}^0,\boldsymbol{v}^1,\cdots,\boldsymbol{v}^k\in\mathbb{R}^n$且仿射无关，则由这$k+1$个点给出的单纯形为$\mathcal{X}=\mathrm{conv}(\boldsymbol{v}^0,\boldsymbol{v}^1,\cdots,\boldsymbol{v}^k)$。证明单纯形是多面体(利用习题2.17)。

***2.19** 对$\mathcal{X}\subseteq\mathbb{R}^n$，记$K_{\mathcal{X}}=\{\boldsymbol{y}\mid\boldsymbol{x}+t\boldsymbol{y}\in\mathcal{X},\forall\,\boldsymbol{x}\in\mathcal{X},\forall\,t\geqslant 0\}$。称$K_{\mathcal{X}}$为$\mathcal{X}$的回收锥(recession cone)。证明当$\mathcal{X}$为多面体时，$K_{\mathcal{X}}$亦为多面体。

2.20 证明当$\mathcal{X}$为凸集时，其回收锥$K_{\mathcal{X}}$为凸锥。

2.21 (1) 证明$\left\{\boldsymbol{x}\in\mathbb{R}^n\,\middle|\,\sqrt{\sum_{i=1}^{n}x_i^2}\leqslant dx_n\right\}$为一个真锥，其中$d>1$。求其对偶集合。(2) 证明$\mathcal{X}=\{\boldsymbol{x}\in\mathbb{R}^n\mid\sqrt{\boldsymbol{x}^{\mathrm{T}}\boldsymbol{A}\boldsymbol{x}}\leqslant\boldsymbol{a}^{\mathrm{T}}\boldsymbol{x}\}$为一个真锥，其中$\boldsymbol{A}\in\mathcal{S}_{++}^n$，$\boldsymbol{a}\in\mathbb{R}^n$，$\boldsymbol{a}\neq\boldsymbol{0}$，$\mathrm{int}(\mathcal{X})\neq\varnothing$。求其对偶集合。(提示：利用(1)的结果。)

2.22 记

$$\mathcal{C}=\left\{\boldsymbol{U}\in\mathcal{S}^{n+1}\,\middle|\,\begin{pmatrix}1\\\boldsymbol{x}\end{pmatrix}^{\mathrm{T}}\boldsymbol{U}\begin{pmatrix}1\\\boldsymbol{x}\end{pmatrix}\geqslant 0,\forall\,\boldsymbol{x}\in\mathbb{R}_+^n\right\}。$$

证明：$\mathcal{C}$为真锥。求其对偶集合。

2.23 设$\boldsymbol{Q}\in\mathcal{S}_{++}^n$，$\boldsymbol{c}\in\mathbb{R}^n$，讨论$\boldsymbol{Q}$和$\boldsymbol{c}$的条件，使得$\{\boldsymbol{x}\in\mathbb{R}^n\mid\boldsymbol{x}^{\mathrm{T}}\boldsymbol{Q}\boldsymbol{x}\leqslant(\boldsymbol{c}^{\mathrm{T}}\boldsymbol{x})^2,\boldsymbol{c}^{\mathrm{T}}\boldsymbol{x}\geqslant 0\}$为真锥。

2.24 记$\mathcal{N}=\{\boldsymbol{X}=(x_{ij})\in\mathcal{M}(n,n)\mid x_{ij}\geqslant 0,1\leqslant i,j\leqslant n\}$。证明$\mathcal{S}_+^n\cap\mathcal{N}$的对偶集合为$\mathcal{S}_+^n+\mathcal{N}$。(提示：利用定理2.31并证明$\mathcal{S}_+^n+\mathcal{N}$为闭集。)

2.25 设线性变换$A:\boldsymbol{x}\in\mathbb{R}^m\to\boldsymbol{A}\boldsymbol{x}\in\mathbb{R}^n$和$A^{\mathrm{T}}:\boldsymbol{y}\in\mathbb{R}^n\to\boldsymbol{A}^{\mathrm{T}}\boldsymbol{y}\in\mathbb{R}^m$，$\mathcal{K}$为$\mathbb{R}^n$中的一个锥，记$A^{-1}(\mathcal{K})=\{\boldsymbol{x}\mid\boldsymbol{A}\boldsymbol{x}\in\mathcal{K}\}$。当$n\leqslant m$且$N(\boldsymbol{A})=\{\boldsymbol{x}\mid\boldsymbol{A}\boldsymbol{x}=\boldsymbol{0}\}=\{\boldsymbol{0}\}$时，证明：$(A^{-1}(\mathcal{K}))^*=A^{\mathrm{T}}\mathcal{K}^*$。

2.26 设线性变换$A:\boldsymbol{x}\in\mathbb{R}^m\to\boldsymbol{A}\boldsymbol{x}\in\mathbb{R}^n$，$\mathcal{K}$为$\mathbb{R}^m$中的一个锥，记$(A^{\mathrm{T}})^{-1}\mathcal{K}^*=\{\boldsymbol{x}\mid\boldsymbol{A}^{\mathrm{T}}\boldsymbol{x}\in\mathcal{K}^*\}$。证明：$(A\mathcal{K})^*=(A^{\mathrm{T}})^{-1}\mathcal{K}^*$。

2.27　证明$\mathcal{B}=\mathrm{cone}(\{\boldsymbol{\alpha}_i\in\mathbb{R}^n, i=1,2,\cdots,s\})$为闭凸锥。

2.28　证明 Farkas 引理：设矩阵 $\mathbf{A}\in\mathcal{M}(m,n)$，向量 $\boldsymbol{c}\in\mathbb{R}^n$，则一个线性系统 $\mathbf{A}\boldsymbol{x}\leqslant\mathbf{0}$，$\boldsymbol{c}^{\mathrm{T}}\boldsymbol{x}>0$ 有解当且仅当另一个线性系统 $\mathbf{A}^{\mathrm{T}}\boldsymbol{y}=\boldsymbol{c}, \boldsymbol{y}\geqslant\mathbf{0}$ 无解。

2.29　给定 $\boldsymbol{a}^j\in\mathbb{R}^n, j=1,2,\cdots,m$，设多面体

$$\mathcal{X}=\{\boldsymbol{x}\in\mathbb{R}^n \mid (\boldsymbol{a}^j)^{\mathrm{T}}\boldsymbol{x}\geqslant 0, j=1,2,\cdots,m\}$$

为一个锥，证明$\mathcal{X}$的对偶锥 $\mathcal{X}^*=\mathrm{cone}(\boldsymbol{a}^1,\boldsymbol{a}^2,\cdots,\boldsymbol{a}^m)$（提示：利用反证法和习题 2.28 的结论）。

2.30　证明：设 $\mathbf{A}\in\mathcal{M}(m,n)$，则 $\mathbf{A}\boldsymbol{x}<\mathbf{0}$ 有解当且仅当不存在非零向量 $\boldsymbol{y}\geqslant\mathbf{0}$，使得 $\mathbf{A}^{\mathrm{T}}\boldsymbol{y}=\mathbf{0}$。

2.31　证明：设 $\mathbf{A}\in\mathcal{M}(m,n)$，则不等式方程组

$$\begin{cases}\mathbf{A}\boldsymbol{x}\geqslant\mathbf{0},\\ \mathbf{A}^{\mathrm{T}}\boldsymbol{y}=\mathbf{0}, \quad \boldsymbol{y}\geqslant\mathbf{0},\end{cases}$$

对于任意给定的 $1\leqslant i\leqslant m$，总存在一个解 $(\bar{\boldsymbol{x}},\bar{\boldsymbol{y}})\in\mathbb{R}^n\times\mathbb{R}^m$，使得 $\mathbf{A}_i\bar{\boldsymbol{x}}+\bar{\boldsymbol{y}}_i>0$，其中 $\mathbf{A}_i$ 表示 $\mathbf{A}$ 的第 i 个行向量。

第3章

凸函数及可计算问题

本章第 1 节简介一些函数的微分性质，第 2 节主要研究凸函数的性质，第 3 节给出共轭函数的概念并研究其所具有的性质，第 4 节简单介绍计算复杂性的概念，最后给出小结和习题。

第1节　函　　数

设$\mathcal{X}$是空间$\mathbb{R}^n$ 中的一个非空集合，映射 $f: \boldsymbol{x}\in\mathcal{X}\to y=f(\boldsymbol{x})\in\mathbb{R}$，则 $f(\boldsymbol{x})$称为定义域$\mathcal{X}$上的一个实函数，也称为一个实映射，有时也称 f 为定义域$\mathcal{X}$上的一个实函数。由上面关于实函数的定义知，对任意 $\boldsymbol{x}\in\mathcal{X}$，都有$|f(\boldsymbol{x})|<\infty$，即对应每一个 $\boldsymbol{x}$ 的函数值为有限值。本书习惯上将$\mathcal{X}$上的实函数简记成 $f: \mathcal{X}$，在不发生混淆的情况下，实函数有时简称函数。在这样的函数假设下，对一个函数的定义域取闭包，可能会影响其上函数定义的完整性，如 $f(x)=\dfrac{1}{x}, 0<x\leqslant 1$，当对 $0<x\leqslant 1$ 取闭包得到 $0\leqslant x\leqslant 1$，但函数 $f(x)$在 $x=0$ 点没有定义。对此，后续的一些结论会特别处理这个问题。

符号"O"和"o"主要用于两个函数的控制关系。在 $\boldsymbol{x}\to\boldsymbol{x}^0$ 时，$p(\boldsymbol{x})=o(q(\boldsymbol{x}))$的含义为

$$\frac{|p(\boldsymbol{x})|}{|q(\boldsymbol{x})|}\to 0,\quad 当\ \boldsymbol{x}\to\boldsymbol{x}^0,$$

表示变量 $\boldsymbol{x}\to\boldsymbol{x}^0$ 时，函数 $p(\boldsymbol{x})$是 $q(\boldsymbol{x})$的高阶无穷小量，即 $p(\boldsymbol{x})$趋于 0 的速度较 $q(\boldsymbol{x})$为快。

在给定的一个集合$\mathcal{X}$中，$p(\boldsymbol{x})=O(q(\boldsymbol{x}))$表示两个函数 $p(\boldsymbol{x})$，$q(\boldsymbol{x})$的一种控制关系：存在一个与 $p(\boldsymbol{x})$，$q(\boldsymbol{x})$无关的常数 $c\geqslant 0$，使得

$$|p(\boldsymbol{x})|\leqslant c\,|q(\boldsymbol{x})|，对任意的\ \boldsymbol{x}\in\mathcal{X}。$$

线性函数定义为：$f(\boldsymbol{x})=\boldsymbol{a}^{\mathrm{T}}\boldsymbol{x}+b$，其中 $\boldsymbol{x}\in\mathbb{R}^n$ 为变量，$\boldsymbol{a}\in\mathbb{R}^n$ 和 $b\in\mathbb{R}$ 为给定的常量。

函数 $f: \mathcal{X}$在一点 $\boldsymbol{x}^0\in\mathcal{X}$连续的定义为：$f(\boldsymbol{x})$在 $\boldsymbol{x}^0$ 的一个邻域内有定义且

$$\lim_{\boldsymbol{x}\in\mathcal{X}\to\boldsymbol{x}^0} f(\boldsymbol{x})=f(\boldsymbol{x}^0)$$

成立。若函数 $f(\boldsymbol{x})$ 在集合 $\mathcal{X}$ 上的每一点连续，则称函数 $f(\boldsymbol{x})$ 是集合 $\mathcal{X}$ 上的连续函数(continuous function)。设 $f(\boldsymbol{x})$ 在 $\boldsymbol{x}^0$ 的一个邻域内定义，记 $\Delta x_i = x_i - x_i^0$，当

$$\lim_{\Delta x_i \to 0} \frac{f(x_1^0, \cdots, x_i^0 + \Delta x_i, \cdots, x_n^0) - f(\boldsymbol{x}^0)}{\Delta x_i}$$

存在，则称 $f(\boldsymbol{x})$ 在 $\boldsymbol{x}^0$ 关于分量 x_i 可偏导，这一函数值称为 $f(\boldsymbol{x})$ 在 $\boldsymbol{x}^0$ 关于分量 x_i 的偏导数，记成 $\dfrac{\partial f(\boldsymbol{x}^0)}{\partial x_i}$。

若 $f(\boldsymbol{x})$ 在 $\boldsymbol{x}$ 点的关于每个分量可偏导，这一点的梯度(gradient)定义为一个 $n \times 1$ 列向量：

$$\nabla f(\boldsymbol{x}) = \left(\frac{\partial f(\boldsymbol{x})}{\partial x_1}, \frac{\partial f(\boldsymbol{x})}{\partial x_2}, \cdots, \frac{\partial f(\boldsymbol{x})}{\partial x_n}\right)^{\mathrm{T}}。$$

若在 $\boldsymbol{x}$ 的一开邻域内的任何一点 $\boldsymbol{y} = (x_1 + \Delta x_1, x_2 + \Delta x_2, \cdots, x_n + \Delta x_n)^{\mathrm{T}}$，都有

$$f(\boldsymbol{y}) - f(\boldsymbol{x}) = v_1 \Delta x_1 + v_2 \Delta x_2 + \cdots + v_n \Delta x_n + o\left(\sqrt{\sum_{i=1}^{n} (\Delta x_i)^2}\right),$$

其中 $v_1, v_2, \cdots, v_n$ 只与 $\boldsymbol{x}$ 有关而与 $\Delta x_1, \Delta x_2, \cdots, \Delta x_n$ 无关，则称 $f(\boldsymbol{x})$ 在 $\boldsymbol{x}$ 点可微或一阶可微。

当 $f(\boldsymbol{x})$ 在 $\boldsymbol{x}$ 点一阶可微时，则有 $(v_1, v_2, \cdots, v_n)^{\mathrm{T}} = \nabla f(\boldsymbol{x})$。当一阶偏导数在 $\boldsymbol{x}$ 点连续时，则 $f(\boldsymbol{x})$ 在 $\boldsymbol{x}$ 点一定是可微的，此时称 $f(\boldsymbol{x})$ 在 $\boldsymbol{x}$ 点一阶连续可微。当 $f(\boldsymbol{x})$ 在集合 $\mathcal{X}$ 中每一点都一阶连续可微时，我们记成 $f(\boldsymbol{x}) \in C^1(\mathcal{X})$，有时也记成 $f \in C^1(\mathcal{X})$。对一阶偏导数的函数可以继续定义二阶偏导数，

$$\frac{\partial^2 f(\boldsymbol{x}^0)}{\partial x_i x_j} = \lim_{\Delta x_j \to 0} \frac{\dfrac{\partial f(x_1^0, \cdots, x_j^0 + \Delta x_j, \cdots, x_n^0)}{\partial x_i} - \dfrac{\partial f(\boldsymbol{x}^0)}{\partial x_i}}{\Delta x_j}。$$

依次可以定义 $p \geqslant 2$ 阶偏导数。给定 $p \geqslant 2$，上式中不同顺序 $x_1, x_2, \cdots, x_n$ 的组合得到的 p 阶偏导函数一共有 n^p 个。若这 n^p 个偏导函数都在 $\boldsymbol{x}^0$ 点连续，此时称 $f(\boldsymbol{x})$ 在 $\boldsymbol{x}^0$ 点 p 阶连续可微，我们可以类似一阶可微定义 p 阶可微。若 $f(\boldsymbol{x})$ 在集合 $\mathcal{X}$ 中每一点都是 p 阶连续可微(continuously differentiable)时，则记 $f(\boldsymbol{x}) \in C^p(\mathcal{X})$，有时也记成 $f \in C^p(\mathcal{X})$。

当 $f(\boldsymbol{x})$ 在 $\boldsymbol{x}$ 点二阶可微时，Hessian 阵定义为

$$\nabla^2 f(\boldsymbol{x}) = \left(\frac{\partial^2 f(\boldsymbol{x})}{\partial x_i \partial x_j}\right)_{n \times n}。$$

对于 $p \geqslant 3$，我们可以仿效一元函数微分的情形，逐一写出更高阶的微分张量矩阵，但限于 3 维以上矩阵的难以表达性，通常利用微分来研究多元函数的方法多限于二阶微分形式。

限于二阶微分形式的 Taylor 公式(Taylor Formula)及定理如下。

定理 3.1 (Taylor 公式)设 $\mathcal{X}$ 为一个非空开集，当 $\boldsymbol{x}^1, \boldsymbol{x}^2 \in \mathcal{X}$ 且 $\boldsymbol{x}^1 \neq \boldsymbol{x}^2$ 时，若 $f(\boldsymbol{x}) \in C(\mathcal{X})$，则有

$$f(\boldsymbol{x}^2) = f(\boldsymbol{x}^1) + \nabla f(\boldsymbol{x}^1)^{\mathrm{T}} (\boldsymbol{x}^2 - \boldsymbol{x}^1) + o(\|\boldsymbol{x}^2 - \boldsymbol{x}^1\|);$$

若 $f(\boldsymbol{x}) \in C^2(\mathcal{X})$，则有

$$f(\boldsymbol{x}^2) = f(\boldsymbol{x}^1) + \nabla f(\boldsymbol{x}^1)^{\mathrm{T}} (\boldsymbol{x}^2 - \boldsymbol{x}^1) + \frac{1}{2} (\boldsymbol{x}^2 - \boldsymbol{x}^1)^{\mathrm{T}} \nabla^2 f(\boldsymbol{x}^1) (\boldsymbol{x}^2 - \boldsymbol{x}^1) + o(\|\boldsymbol{x}^2 - \boldsymbol{x}^1\|^2)。$$

当 $\boldsymbol{x}^1$ 和 $\boldsymbol{x}^2$ 非常接近时，Taylor 公式提供了由 $f(\boldsymbol{x}^1)$及其微分给出的 $f(\boldsymbol{x}^2)$近似估计值。这是一个非常重要的方法，以后这样的近似估计会被重复使用。

第2节 凸 函 数

我们采用集合的概念给出一些特殊函数的定义。任给集合$\mathcal{X}\subseteq\mathbb{R}^n$，实函数 f：$\mathcal{X}$的上方图(epigraph)定义为

$$\text{epi}(f)=\left\{\begin{pmatrix}\boldsymbol{x}\\ \lambda\end{pmatrix}\in\mathbb{R}^{n+1}\mid f(\boldsymbol{x})\leqslant\lambda,\boldsymbol{x}\in\mathcal{X}\right\}。\tag{3.1}$$

若上方图是闭集，则称 $f(\boldsymbol{x})$是$\mathcal{X}$上的一个闭函数(closed function)；若上方图是凸集，则称 $f(\boldsymbol{x})$是$\mathcal{X}$上的一个凸函数(convex function)。$f(\boldsymbol{x})$是$\mathcal{X}$上的一个凹函数(concave function)当且仅当$-f(\boldsymbol{x})$是$\mathcal{X}$上的一个凸函数。$f(\boldsymbol{x})$在$\mathcal{X}$上的凸包函数(convex hull function)，记为 conv$(f)(\boldsymbol{x})$，定义为满足条件：epi(conv(f)) = conv(epi(f))的函数，即凸包函数以原函数的上方图之凸包集合为其上方图。同理可定义 $f(\boldsymbol{x})$的闭凸包函数(closed convex hull function)，记为 cl conv$(f)(\boldsymbol{x})$，为满足如下条件的函数

$$\text{epi}(\text{cl conv}(f))=\text{cl}(\text{conv}(\text{epi}(f)))。$$

有些书籍中给出了如下真凸函数(proper convex function)的定义：$f(\boldsymbol{x})$为凸函数且至少存在一个 $\boldsymbol{x}\in\mathcal{X}$使得 $f(\boldsymbol{x})<+\infty$且 $f(\boldsymbol{x})>-\infty$，$\forall\,\boldsymbol{x}\in\mathcal{X}$。按本书函数 f：$\mathcal{X}$表示 $f(\boldsymbol{x})$在非空集合$\mathcal{X}$都取有限值的定义，真凸函数满足 f：$\mathcal{X}$是凸函数且$\mathcal{X}\neq\varnothing$，因此，本书在非空集合$\mathcal{X}$上的凸函数都是真凸函数，故而不再特别强调真凸函数的概念。

可以给上方图是闭集对应函数一个几何直观。当一个函数在一个闭区域上是连续函数时，那么，它的上方图是一个闭函数。示意图 3.1 给出了上方图的几何直观，它是以$\mathcal{X}$的定义域及曲线 $f(\boldsymbol{x})$上半部分所围的区域。示意图 3.2 中最下侧虚线及与实线吻合的曲线为 conv$(f)(\boldsymbol{x})$。

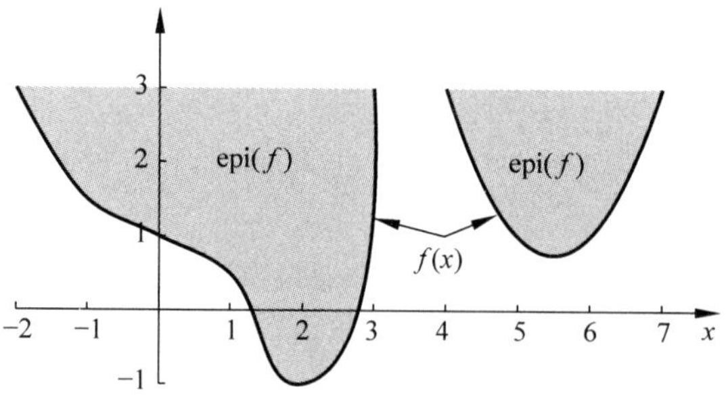

图 3.1 epi(f)的几何直观

定理 3.2 当$\mathcal{X}$非空时，函数 f：$\mathcal{X}$是凸函数的充分必要条件为：$\mathcal{X}$是一个凸集且 $f(\boldsymbol{x})$在$\mathcal{X}$上满足：任给 $\boldsymbol{x}^1,\boldsymbol{x}^2\in\mathcal{X}$且 $0\leqslant\alpha,\beta\leqslant1,\alpha+\beta=1$，有

$$f(\alpha\boldsymbol{x}^1+\beta\boldsymbol{x}^2)\leqslant\alpha f(\boldsymbol{x}^1)+\beta f(\boldsymbol{x}^2)。$$

证明 充分性。对任意$\begin{pmatrix}\boldsymbol{x}^1\\ \lambda_1\end{pmatrix},\begin{pmatrix}\boldsymbol{x}^2\\ \lambda_2\end{pmatrix}\in\text{epi}(f)$，$0\leqslant\alpha,\beta\leqslant1$ 且 $\alpha+\beta=1$，有 $f(x^1)\leqslant\lambda_1$，

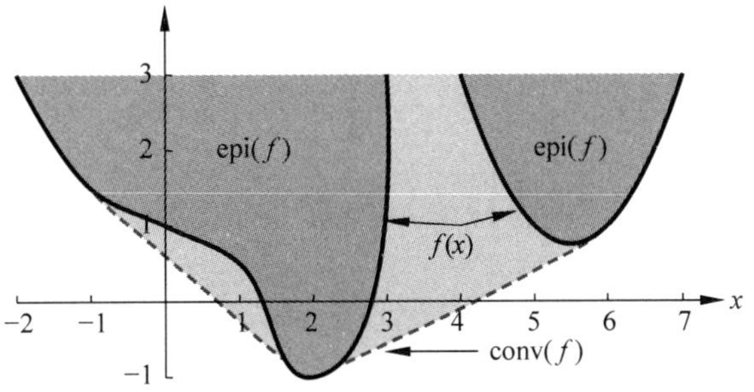

图 3.2 conv(f)的几何直观

$f(x^2)\leqslant\lambda_2$。由定理的条件，则有

$$f(\alpha\boldsymbol{x}^1+\beta\boldsymbol{x}^2)\leqslant\alpha f(\boldsymbol{x}^1)+\beta f(\boldsymbol{x}^2)\leqslant\alpha\lambda_1+\beta\lambda_2,$$

所以 $\alpha\begin{pmatrix}\boldsymbol{x}^1\\ \lambda_1\end{pmatrix}+\beta\begin{pmatrix}\boldsymbol{x}^2\\ \lambda_2\end{pmatrix}\in\text{epi}(f)$。因此，epi($f$)为凸集。

必要性。当 epi(f)为凸集时，对 $\boldsymbol{x}^1,\boldsymbol{x}^2\in\mathcal{X}$，有 $\begin{pmatrix}\boldsymbol{x}^1\\ f(\boldsymbol{x}^1)\end{pmatrix}\in\text{epi}(f)$，$\begin{pmatrix}\boldsymbol{x}^2\\ f(\boldsymbol{x}^2)\end{pmatrix}\in\text{epi}(f)$。由此得到 $\alpha\begin{pmatrix}\boldsymbol{x}^1\\ f(\boldsymbol{x}^1)\end{pmatrix}+\beta\begin{pmatrix}\boldsymbol{x}^2\\ f(\boldsymbol{x}^2)\end{pmatrix}\in\text{epi}(f)$。也就有 $f(\alpha\boldsymbol{x}^1+\beta\boldsymbol{x}^2)\leqslant\alpha f(\boldsymbol{x}^1)+\beta f(\boldsymbol{x}^2)$。 □

更细致地可以给出严格凸（strictly convex）函数的定义：对任给不同的 $\boldsymbol{x}^1,\boldsymbol{x}^2\in\mathcal{X}$且 $0<\alpha<1$，有

$$f(\alpha\boldsymbol{x}^1+(1-\alpha)\boldsymbol{x}^2)<\alpha f(\boldsymbol{x}^1)+(1-\alpha)f(\boldsymbol{x}^2),$$

称 $f(\boldsymbol{x})$是$\mathcal{X}$上的严格凸函数。

凸函数不一定具有可微分的性质，如 $f(x)=|x|,x\in\mathbb{R}$，在 0 点不可微。以后我们将引进替代的次梯度来研究非光滑凸函数。

定理 3.3 f_1: $\mathcal{X}$和 f_2: $\mathcal{X}$是两个凸函数，则 f_1+f_2: $\mathcal{X}$，$\max\{f_1,f_2\}$: $\mathcal{X}$是凸函数。

按定理 3.2 的等价形式可以简单证明。在此，给出一个与相对内点有关的结论。

定理 3.4 设$\mathcal{X}$非空且 $f(\boldsymbol{x})$: $\mathcal{X}$为凸函数，则

$$\text{ri}(\text{epi}(f))=\left\{\begin{pmatrix}\boldsymbol{x}\\ \lambda\end{pmatrix}\middle|\,\boldsymbol{x}\in\text{ri}(\mathcal{X})\text{ 且 }f(\boldsymbol{x})<\lambda\right\}。$$

证明 当 $\dim(\mathcal{X})=0$ 时，即$\mathcal{X}$中只有一点，epi(f)是一个以$\mathcal{X}$为起点的射线，所以结论成立。

当 $\dim(\mathcal{X})\geqslant1$ 时，通过仿射空间位移办法，在包含$\mathcal{X}$的最小仿射空间与$\mathbb{R}$ 的 Cartesian 积集合上，考虑内点的结论，只需证明

$$\text{int}(\text{epi}(f))=\left\{\begin{pmatrix}\boldsymbol{x}\\ \lambda\end{pmatrix}\middle|\,\boldsymbol{x}\in\text{int}(\mathcal{X})\text{ 且 }f(\boldsymbol{x})<\lambda\right\}$$

成立。

任给 $\begin{pmatrix}\bar{\boldsymbol{x}}\\ \bar{\lambda}\end{pmatrix}\in\text{int}(\text{epi}(f))$，存在 $\delta>0$，使得 $N\left(\begin{pmatrix}\bar{\boldsymbol{x}}\\ \bar{\lambda}\end{pmatrix},\delta\right)\subseteq\text{epi}(f)$。取 $\lambda_1=\bar{\lambda}-\dfrac{\delta}{2}$，则对任

意 $\boldsymbol{x}\in N\left(\bar{\boldsymbol{x}},\frac{\delta}{2}\right)$，有 $\begin{pmatrix}\boldsymbol{x}\\ \lambda_1\end{pmatrix}\in N\left(\begin{pmatrix}\bar{\boldsymbol{x}}\\ \bar{\lambda}\end{pmatrix},\delta\right)\subseteq \mathrm{epi}(f)$。由此得到 $f(\boldsymbol{x})\leqslant\lambda_1<\bar{\lambda}$，$\forall\, \boldsymbol{x}\in N\left(\bar{\boldsymbol{x}},\frac{\delta}{2}\right)$。所以

$$\begin{pmatrix}\bar{\boldsymbol{x}}\\ \bar{\lambda}\end{pmatrix}\in\left\{\begin{pmatrix}\boldsymbol{x}\\ \lambda\end{pmatrix}\middle|\,\boldsymbol{x}\in\mathrm{int}(\mathcal{X})\text{ 且 } f(\boldsymbol{x})<\lambda\right\},$$

也就有

$$\mathrm{int}(\mathrm{epi}(f))\subseteq\left\{\begin{pmatrix}\boldsymbol{x}\\ \lambda\end{pmatrix}\middle|\,\boldsymbol{x}\in\mathrm{int}(\mathcal{X})\text{ 且 } f(\boldsymbol{x})<\lambda\right\}。$$

对任意 $\begin{pmatrix}\bar{\boldsymbol{x}}\\ \bar{\lambda}\end{pmatrix}\in\left\{\begin{pmatrix}\boldsymbol{x}\\ \lambda\end{pmatrix}\middle|\,\boldsymbol{x}\in\mathrm{int}(\mathcal{X})\text{且 } f(\boldsymbol{x})<\lambda\right\}$，由引理 2.12 及 $\bar{\boldsymbol{x}}\in\mathrm{int}(\mathcal{X})$，知其可以表示为一些仿射线性无关点 $\{\boldsymbol{x}^1,\boldsymbol{x}^2,\cdots,\boldsymbol{x}^p\}\subset\mathcal{X}$（其中 $p=\dim(\mathcal{X})+1\geqslant 2$）的严格凸组合，即

$$\bar{\boldsymbol{x}}=\sum_{1\leqslant i\leqslant p}\alpha_i\boldsymbol{x}^i\in\mathrm{int}(\mathrm{conv}(\boldsymbol{x}^1,\boldsymbol{x}^2,\cdots,\boldsymbol{x}^p)),$$

其中 $\alpha_i>0, i=1,2,\cdots,p$ 且 $\sum_{i=1}^{p}\alpha_i=1$。记 $v=\max_{1\leqslant i\leqslant p}f(\boldsymbol{x}^i)$，有

$$f(\bar{\boldsymbol{x}})\leqslant\sum_{i=1}^{p}\alpha_i f(\boldsymbol{x}^i)\leqslant v。$$

考虑开集

$$\left\{\begin{pmatrix}\boldsymbol{x}\\ \lambda\end{pmatrix}\middle|\,x\in\mathrm{int}(\mathrm{conv}(\boldsymbol{x}^1,\boldsymbol{x}^2,\cdots,\boldsymbol{x}^p)),\lambda>v\right\}。$$

由上面的讨论可知，该开集在 $\mathrm{epi}(f)$ 中且还包含 $\left\{\begin{pmatrix}\bar{\boldsymbol{x}}\\ \lambda\end{pmatrix}\middle|\,\lambda>v\right\}$ 这一射线。

当 $\bar{\lambda}>v$ 时，由开集包含 $\left\{\begin{pmatrix}\bar{\boldsymbol{x}}\\ \lambda\end{pmatrix}\middle|\,\lambda>v\right\}$ 这一射线的结论，得到 $\begin{pmatrix}\bar{\boldsymbol{x}}\\ \bar{\lambda}\end{pmatrix}\in\mathrm{int}(\mathrm{epi}(f))$。由此推出

$$\mathrm{int}(\mathrm{epi}(f))\supseteq\left\{\begin{pmatrix}\boldsymbol{x}\\ \lambda\end{pmatrix}\middle|\,\boldsymbol{x}\in\mathrm{int}(\mathcal{X})\text{ 且 } f(\boldsymbol{x})<\lambda\right\}。$$

当 $\bar{\lambda}\leqslant v$ 时，则任取 $\left\{\begin{pmatrix}\bar{\boldsymbol{x}}\\ \lambda\end{pmatrix}\middle|\,\lambda>v\right\}$ 中一点 $\begin{pmatrix}\bar{\boldsymbol{x}}\\ \lambda^*\end{pmatrix}$ 具有 $\lambda^*>v$，此时存在 $0<\alpha<1$ 使得 $\bar{\lambda}=\alpha\lambda^*+(1-\alpha)f(\bar{\boldsymbol{x}})$，也就有

$$\begin{pmatrix}\bar{\boldsymbol{x}}\\ \bar{\lambda}\end{pmatrix}=\alpha\begin{pmatrix}\bar{\boldsymbol{x}}\\ \lambda^*\end{pmatrix}+(1-\alpha)\begin{pmatrix}\bar{\boldsymbol{x}}\\ f(\bar{\boldsymbol{x}})\end{pmatrix}。$$

根据引理 2.14，当 $\begin{pmatrix}\bar{\boldsymbol{x}}\\ \lambda^*\end{pmatrix}$ 为 $\mathrm{epi}(f)$ 的一个内点时，$\begin{pmatrix}\bar{\boldsymbol{x}}\\ f(\bar{\boldsymbol{x}})\end{pmatrix}$ 为 $\mathrm{epi}(f)$ 中任意一点，则有 $\begin{pmatrix}\bar{\boldsymbol{x}}\\ \bar{\lambda}\end{pmatrix}\in\mathrm{int}(\mathrm{epi}(f))$。由此推出

$$\mathrm{int}(\mathrm{epi}(f))\supseteq\left\{\begin{pmatrix}\boldsymbol{x}\\ \lambda\end{pmatrix}\middle|\,\boldsymbol{x}\in\mathrm{int}(\mathcal{X})\text{ 且 } f(\boldsymbol{x})<\lambda\right\}。$$

综合得到

$$\operatorname{int}(\operatorname{epi}(f))=\left\{\begin{pmatrix}\boldsymbol{x}\\\lambda\end{pmatrix}\middle|\,\boldsymbol{x}\in\operatorname{int}(\mathcal{X})\text{ 且 }f(\boldsymbol{x})<\lambda\right\}。$$

结论得证。 □

定理 3.5 对于非空凸集$\mathcal{X}\subseteq\mathbb{R}^n$，若 f：$\mathcal{X}$是凸函数，则对任一点 $\bar{\boldsymbol{x}}\in\operatorname{ri}(\mathcal{X})$，都存在 $\boldsymbol{d}\in\mathbb{R}^n$ 使得：$f(\boldsymbol{x})\geqslant f(\bar{\boldsymbol{x}})+\boldsymbol{d}^{\mathrm{T}}(\boldsymbol{x}-\bar{\boldsymbol{x}})$对任意 $\boldsymbol{x}\in\mathcal{X}$成立。

证明 因$\mathcal{X}$非空和 $f(\boldsymbol{x})$：$\mathcal{X}$为凸函数，所以 $\operatorname{epi}(f)$为非空凸集。由推论 2.13 可知 $\operatorname{ri}(\mathcal{X})\neq\varnothing$。对任意点 $\bar{\boldsymbol{x}}\in\operatorname{ri}(\mathcal{X})$，$f(\bar{\boldsymbol{x}})$为有限值，按上方图的定义可知$\left\{\begin{pmatrix}\bar{\boldsymbol{x}}\\\lambda\end{pmatrix}\middle|\,f(\bar{\boldsymbol{x}})\leqslant\lambda\right\}\subseteq\operatorname{epi}(f)$。对任意 $\lambda>f(\bar{\boldsymbol{x}})$，由定理 3.4 知$\begin{pmatrix}\bar{\boldsymbol{x}}\\\lambda\end{pmatrix}\in\operatorname{ri}(\operatorname{epi}(f))$，而$\begin{pmatrix}\bar{\boldsymbol{x}}\\f(\bar{\boldsymbol{x}})\end{pmatrix}\notin\operatorname{ri}(\operatorname{epi}(f))$。于是由定理 2.26 可知，存在一个法方向为$\begin{pmatrix}\boldsymbol{a}\\b\end{pmatrix}\in\mathbb{R}^{n+1}$且通过$\begin{pmatrix}\bar{\boldsymbol{x}}\\f(\bar{\boldsymbol{x}})\end{pmatrix}$的非平凡支撑超平面

$$\left\{\begin{pmatrix}\boldsymbol{x}\\\lambda\end{pmatrix}\middle|\,\boldsymbol{a}^{\mathrm{T}}\boldsymbol{x}+b\lambda=\boldsymbol{a}^{\mathrm{T}}\bar{\boldsymbol{x}}+bf(\bar{\boldsymbol{x}})\right\},$$

使得

$$\boldsymbol{a}^{\mathrm{T}}\boldsymbol{x}+b\lambda\geqslant\boldsymbol{a}^{\mathrm{T}}\bar{\boldsymbol{x}}+bf(\bar{\boldsymbol{x}}),\quad\forall\begin{pmatrix}\boldsymbol{x}\\\lambda\end{pmatrix}\in\operatorname{epi}(f),\tag{3.2}$$

$$\boldsymbol{a}^{\mathrm{T}}\boldsymbol{x}+b\lambda>\boldsymbol{a}^{\mathrm{T}}\bar{\boldsymbol{x}}+bf(\bar{\boldsymbol{x}}),\quad\forall\begin{pmatrix}\boldsymbol{x}\\\lambda\end{pmatrix}\in\operatorname{ri}(\operatorname{epi}(f))。\tag{3.3}$$

由$\begin{pmatrix}\bar{\boldsymbol{x}}\\\lambda\end{pmatrix}\in\operatorname{ri}(\operatorname{epi}(f))$和(3.3)式可推出 $b>0$。令 $\boldsymbol{d}=-\boldsymbol{a}/b$，得到 $\operatorname{epi}(f)$的支撑超平面

$$\left\{\begin{pmatrix}\boldsymbol{x}\\y\end{pmatrix}\in\mathbb{R}^{n+1}\middle|\,y-\boldsymbol{d}^{\mathrm{T}}\boldsymbol{x}=f(\bar{\boldsymbol{x}})-\boldsymbol{d}^{\mathrm{T}}\bar{\boldsymbol{x}}\right\}。$$

对于任何一点 $\boldsymbol{x}\in\mathcal{X}$，则$\begin{pmatrix}\boldsymbol{x}\\f(\boldsymbol{x})\end{pmatrix}\in\operatorname{epi}(f)$，由(3.2)式，取 $\lambda=f(\boldsymbol{x})$，有

$$-\boldsymbol{d}^{\mathrm{T}}\boldsymbol{x}+f(\boldsymbol{x})\geqslant-\boldsymbol{d}^{\mathrm{T}}\bar{\boldsymbol{x}}+f(\bar{\boldsymbol{x}}),\quad\forall\,\boldsymbol{x}\in\mathcal{X},$$

也就是说 $f(\boldsymbol{x})\geqslant f(\bar{\boldsymbol{x}})+\boldsymbol{d}^{\mathrm{T}}(\boldsymbol{x}-\bar{\boldsymbol{x}})$对任意 $\boldsymbol{x}\in\mathcal{X}$成立。 □

因此，对一般函数 $f(\boldsymbol{x})$：$\mathcal{X}\subseteq\mathbb{R}^n$ 在 $\bar{\boldsymbol{x}}$ 点的次梯度(subgradient)定义为满足下面条件的 $\boldsymbol{d}\in\mathbb{R}^n$：

$$f(\boldsymbol{x})\geqslant f(\bar{\boldsymbol{x}})+\boldsymbol{d}^{\mathrm{T}}(\boldsymbol{x}-\bar{\boldsymbol{x}})\text{ 对任意 }\boldsymbol{x}\in\mathcal{X}\text{成立。}\tag{3.4}$$

$f(\boldsymbol{x})$在 $\bar{\boldsymbol{x}}$ 点的所有次梯度的集合记成：

$$\partial f(\bar{\boldsymbol{x}})=\{\boldsymbol{d}\in\mathbb{R}^n\mid\boldsymbol{d}\text{ 是 }f(\boldsymbol{x})\text{ 在}\bar{\boldsymbol{x}}\text{ 点的次梯度}\}。$$

由上述定理可知，这样的次梯度定义对凸函数在相对内点是有意义的。

定理 3.6 若凸函数 f：$\mathcal{X}$在 $\bar{\boldsymbol{x}}$ 点的次梯度集合非空，则该次梯度集合$\partial f(\bar{\boldsymbol{x}})$为一个闭凸集。

证明 设 $\bar{\boldsymbol{x}}\in\mathcal{X}$且该点的次梯度集合非空。先证明凸性，即次梯度集合中任意两个方向的凸组合还是一个次梯度。设 $\boldsymbol{d}^1,\boldsymbol{d}^2\in\partial f(\bar{\boldsymbol{x}})$，$0\leqslant\alpha\leqslant1$，则有

$$f(\boldsymbol{x}) \geqslant f(\bar{\boldsymbol{x}}) + (\boldsymbol{d}^1)^{\mathrm{T}}(\boldsymbol{x} - \bar{\boldsymbol{x}}), f(\boldsymbol{x}) \geqslant f(\bar{\boldsymbol{x}}) + (\boldsymbol{d}^2)^{\mathrm{T}}(\boldsymbol{x} - \bar{\boldsymbol{x}})$$

对任意 $\boldsymbol{x} \in \mathcal{X}$成立。就推出

$$f(\boldsymbol{x}) \geqslant f(\bar{\boldsymbol{x}}) + [\alpha \boldsymbol{d}^1 + (1-\alpha)\boldsymbol{d}^2]^{\mathrm{T}}(\boldsymbol{x} - \bar{\boldsymbol{x}})$$

对任意 $\boldsymbol{x} \in \mathcal{X}$成立。所以,$\alpha \boldsymbol{d}^1 + (1-\alpha)\boldsymbol{d}^2 \in \partial f(\bar{\boldsymbol{x}})$。

若 $\boldsymbol{d}^k \in \partial f(\bar{\boldsymbol{x}}), k=1,2,\cdots, \boldsymbol{d}^k \to \boldsymbol{d}^*, k \to +\infty$,且对任意 $\boldsymbol{x} \in \mathcal{X}$有下列不等式成立

$$f(\boldsymbol{x}) \geqslant f(\bar{\boldsymbol{x}}) + (\boldsymbol{d}^k)^{\mathrm{T}}(\boldsymbol{x} - \bar{\boldsymbol{x}}), \quad k=1,2,\cdots。$$

取极限得到 $f(\boldsymbol{x}) \geqslant f(\bar{\boldsymbol{x}}) + (\boldsymbol{d}^*)^{\mathrm{T}}(\boldsymbol{x} - \bar{\boldsymbol{x}})$,对任意 $\boldsymbol{x} \in \mathcal{X}$成立,即 $\boldsymbol{d}^* \in \partial f(\bar{\boldsymbol{x}})$。因此,次梯度集合为一个闭凸集。 □

次梯度的几何直观可以解释为:当 $f(\boldsymbol{x})$为凸函数时,由次梯度 $\boldsymbol{d}$ 形成的一个超平面

$$\left\{ \begin{pmatrix} \boldsymbol{x} \\ y \end{pmatrix} \in \mathbb{R}^{n+1} \,\middle|\, y - \boldsymbol{d}^{\mathrm{T}}\boldsymbol{x} = f(\bar{\boldsymbol{x}}) - \boldsymbol{d}^{\mathrm{T}}\bar{\boldsymbol{x}} \right\} \tag{3.5}$$

是以$\begin{pmatrix} \bar{\boldsymbol{x}} \\ f(\bar{\boldsymbol{x}}) \end{pmatrix}$为支撑点的 epi$(f)$的一个支撑超平面。当 $f(\boldsymbol{x})$在 $\bar{\boldsymbol{x}}$处可微时,$\partial f(\bar{\boldsymbol{x}}) = \{\nabla f(\bar{\boldsymbol{x}})\}$,包含唯一的一个向量。从定理 3.5 可以看出,当 $f(\boldsymbol{x})$: $\mathcal{X} \subseteq \mathbb{R}^n$ 是凸函数时,$f(\boldsymbol{x})$在$\mathcal{X}$中每一相对内点对应的次梯度集非空。

类似可微函数的极小值点,还有如下结论。

定理 3.7 对任意非空集合$\mathcal{X}$上的函数 f: $\mathcal{X}$和 $\bar{\boldsymbol{x}} \in \mathcal{X}$, $f(\boldsymbol{x}) \geqslant f(\bar{\boldsymbol{x}})$对任意 $\boldsymbol{x} \in \mathcal{X}$成立的充要条件为 $\boldsymbol{0} \in \partial f(\bar{\boldsymbol{x}})$。

证明 必要性。已知 $f(\boldsymbol{x}) \geqslant f(\bar{\boldsymbol{x}}), \forall \boldsymbol{x} \in \mathcal{X}$成立,则取 $\boldsymbol{d} = \boldsymbol{0}$,明显有 $f(\boldsymbol{x}) \geqslant f(\bar{\boldsymbol{x}}) + \boldsymbol{d}^{\mathrm{T}}(\boldsymbol{x} - \bar{\boldsymbol{x}}), \forall \boldsymbol{x} \in \mathcal{X}$,故 $\boldsymbol{0} \in \partial f(\bar{\boldsymbol{x}})$。

充分性。由$\partial f(\bar{\boldsymbol{x}})$的定义和 $0 \in \partial f(\bar{\boldsymbol{x}})$的条件即得结论。 □

上述定理结论与可微函数在极小值点梯度的结论相似。对可微函数的情形,沿负梯度方向函数值下降最快,那么,对于凸函数是否可以沿负次梯 度方向而寻求函数的下降点呢?次梯度下降法因此成为非光滑优化问题研究的一个重要方向。当凸函数 $f(\boldsymbol{x})$在$\mathcal{X}$的边界点或 $f(\boldsymbol{x})$不是凸函数时,次梯度集合可能为空集。

例 3.1 证明

$$f(x) = \begin{cases} \mathrm{e}^x, & -1 \leqslant x < 0, \\ 2, & x = 0 \end{cases}$$

是一个$[-1,0]$上的凸函数,但在 $x=0$ 点的次梯度集合为空集。

证明 若次梯度存在,则对任意$-1 \leqslant x < 0$,存在 d 使得 $f(x) - f(0) = \mathrm{e}^x - 2 \geqslant dx$ 成立。但当 $x<0$ 且趋于 0 时,$-1 \geqslant 0$ 不可能成立,所以次梯度集合为空集。

为了更加直观地了解次梯度形成的超平面与原函数之间的关系,记 $b = f(\bar{\boldsymbol{x}}) - \boldsymbol{d}^{\mathrm{T}}\bar{\boldsymbol{x}}$,则(3.5)式表示的超平面方程重新写成 $y = \boldsymbol{d}^{\mathrm{T}}\boldsymbol{x} + b$,可以与原有的函数 $f(\boldsymbol{x})$画在一个坐标系中。请参考下面的示例。

例 3.2 $f(x) = \dfrac{x^2}{4}$及次梯度形成的支撑超平面图形见图 3.3。实线为 $f(x)$的图形,虚线为形成的超平面方程的图形。令 $g(x) = dx - f(x)$,称$\max\limits_{x \in \mathbf{R}} g(x)$为 dx 与函数 $f(x)$的最大差值。可以看出,切线与 y 轴的交点长度正好是 dx 与$\dfrac{x_2}{4}$的最大差值。如 $d=2$ 时,切

线与 y 轴交于(0,−4),即 dx 与 $\frac{x^2}{4}$ 之差的最大差值为 4。

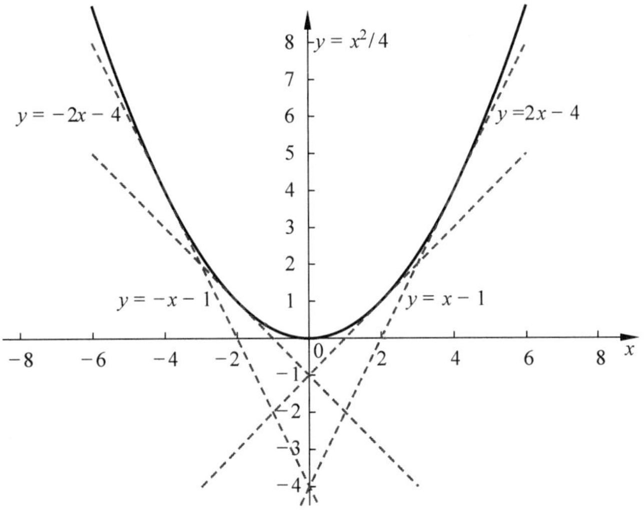

图 3.3 次梯度超平面与原函数的关系示意图

第 3 节 共 轭 函 数

在非空集 $\mathcal{X}\subseteq\mathbb{R}^n$ 上,对函数 $f:\mathcal{X}$ 及每一点 $\boldsymbol{y}\in\mathbb{R}^n$ 定义

$$f^*(\boldsymbol{y})=\sup_{\boldsymbol{x}\in\mathcal{X}}\{\boldsymbol{y}^{\mathrm{T}}\boldsymbol{x}-f(\boldsymbol{x})\}, \tag{3.6}$$

并记

$$\mathcal{Y}=\{\boldsymbol{y}\in\mathbb{R}^n \mid f^*(\boldsymbol{y})<+\infty\}。$$

特别当 $\mathcal{Y}\neq\varnothing$,我们称 $f^*:\mathcal{Y}$ 存在,此时 $f^*:\mathcal{Y}$ 称为 $f:\mathcal{X}$ 的共轭函数(conjugate function)。

如 $f(\boldsymbol{x})=x^3,\boldsymbol{x}\in\mathbb{R}$,则 $f^*(y)=\sup_{\boldsymbol{x}\in\mathbf{R}}\{yx-x^3\}=+\infty$ 对任意 $\boldsymbol{y}\in\mathbb{R}$ 成立,因此 $f^*:\mathcal{Y}\subseteq\mathbb{R}$ 不存在。

共轭函数的存在等价于其定义域 $\mathcal{Y}\neq\varnothing$。共轭函数定义域非空这样的要求与函数 $f:\mathcal{X}$ 的定义是兼容的。由于不包含函数值无界的情形,所以我们在讨论定义域的开闭性时,需要特别注意这一情形。

在以后的章节,我们常会用到共轭函数来建立对偶模型。对于凸函数,有如下结论。

引理 3.8 若 $\mathcal{X}$ 为非空凸集且 $f:\mathcal{X}$ 是凸函数,则 $f^*:\mathcal{Y}$ 存在。

证明 因 $\mathcal{X}$ 为非空凸集,可知 $\mathrm{ri}(\mathcal{X})\neq\varnothing$,且对任给 $\bar{\boldsymbol{x}}\in\mathrm{ri}(\mathcal{X})$,有 $f(\bar{\boldsymbol{x}})<+\infty$。于是由定理 3.5 得知 $f(\boldsymbol{x})$ 在 $\bar{\boldsymbol{x}}$ 点的次梯度存在,记成 $\bar{\boldsymbol{y}}$。因为

$$f(\boldsymbol{x})\geqslant f(\bar{\boldsymbol{x}})+\bar{\boldsymbol{y}}^{\mathrm{T}}(\boldsymbol{x}-\bar{\boldsymbol{x}}),\quad \forall\boldsymbol{x}\in\mathcal{X},$$

所以

$$\bar{\boldsymbol{y}}^{\mathrm{T}}\bar{\boldsymbol{x}}-f(\bar{\boldsymbol{x}})\geqslant\bar{\boldsymbol{y}}^{\mathrm{T}}\boldsymbol{x}-f(\boldsymbol{x}),\quad \forall\boldsymbol{x}\in\mathcal{X},$$

即 $f^*(\bar{\boldsymbol{y}})=\bar{\boldsymbol{y}}^{\mathrm{T}}\bar{\boldsymbol{x}}-f(\bar{\boldsymbol{x}})$存在。 □

特别当$\mathcal{X}$只有一个点 $\boldsymbol{x}$ 时，任取一个 $\boldsymbol{y}\in\mathbb{R}^n$，都有

$$f^*(\boldsymbol{y})=\sup_{x}\{\boldsymbol{y}^{\mathrm{T}}\boldsymbol{x}-f(\boldsymbol{x})\}=\boldsymbol{y}^{\mathrm{T}}\boldsymbol{x}-f(\boldsymbol{x}),$$

故$\mathcal{Y}=\mathbb{R}^n$，而 $f^*(\boldsymbol{y})$是一个线性函数。

我们将例 3.2 的几何直观进一步推广，$z=\boldsymbol{y}^{\mathrm{T}}\boldsymbol{x}$ 是一个过原点的平面，假设 $\boldsymbol{y}$ 是 $f(\boldsymbol{x})$在 $\boldsymbol{x}$ 点的梯度，即 $\boldsymbol{y}=\nabla f(\boldsymbol{x})$，则 $z=\boldsymbol{y}^{\mathrm{T}}\boldsymbol{x}$ 平行于过$\begin{pmatrix}\boldsymbol{x}\\f(\boldsymbol{x})\end{pmatrix}$点以$\begin{pmatrix}\boldsymbol{y}\\-1\end{pmatrix}$为法方向所决定epi($f$)的支撑超平面，而它们间的最大差距为$-f^*(\boldsymbol{y})$。再特别注意上一部分由次梯度形成的在$\begin{pmatrix}\boldsymbol{x}\\f(\boldsymbol{x})\end{pmatrix}$点的支撑超平面$\left\{\begin{pmatrix}\boldsymbol{z}\\\lambda\end{pmatrix}\in\mathbb{R}^{n+1}\,|\,\lambda-\boldsymbol{d}^{\mathrm{T}}\boldsymbol{z}=f(\boldsymbol{x})-\boldsymbol{d}^{\mathrm{T}}\boldsymbol{x}\right\}$，假设在 $\boldsymbol{x}$ 点$\nabla f(\boldsymbol{x})$存在，取 $\boldsymbol{y}=\boldsymbol{d}=\nabla f(\boldsymbol{x})$，这个支撑超平面在 $\boldsymbol{z}=\boldsymbol{0}$ 点的截距 $b=f(\boldsymbol{x})-\boldsymbol{d}^{\mathrm{T}}\boldsymbol{x}$ 正好就是$-f^*(\boldsymbol{y})$。

下面给出 Fenchel(或称共轭)不等式(Fenchel's inequality/conjugate inequality)。

引理 3.9 *在非空集$\mathcal{X}$上给定 f: $\mathcal{X}$及其共轭 f^*: $\mathcal{Y}$存在的条件下，有*

$$\boldsymbol{x}^{\mathrm{T}}\boldsymbol{y}\leqslant f(\boldsymbol{x})+f^*(\boldsymbol{y}),\quad\forall\,\boldsymbol{x}\in\mathcal{X}\text{及 }\boldsymbol{y}\in\mathcal{Y}。$$

并且存在 $\bar{\boldsymbol{x}}$ 和 $\bar{\boldsymbol{y}}$ 满足 $\bar{\boldsymbol{x}}^{\mathrm{T}}\bar{\boldsymbol{y}}=f(\bar{\boldsymbol{x}})+f^*(\bar{\boldsymbol{y}})$的充分必要条件是 $\bar{\boldsymbol{y}}\in\partial f(\bar{\boldsymbol{x}})$。

证明 由共轭函数的定义(3.6)式，对于任意给定的 $\boldsymbol{y}\in\mathcal{Y}$可知

$$f^*(\boldsymbol{y})\geqslant\boldsymbol{y}^{\mathrm{T}}\boldsymbol{x}-f(\boldsymbol{x}),\quad\forall\,\boldsymbol{x}\in\mathcal{X}。$$

也就得到

$$\boldsymbol{x}^{\mathrm{T}}\boldsymbol{y}\leqslant f(\boldsymbol{x})+f^*(\boldsymbol{y}),\quad\forall\,\boldsymbol{x}\in\mathcal{X}\quad\text{及 }\boldsymbol{y}\in\mathcal{Y}。$$

若存在 $\bar{\boldsymbol{x}}\in\mathcal{X}$，$\bar{\boldsymbol{y}}\in\mathcal{Y}$满足 $\bar{\boldsymbol{x}}^{\mathrm{T}}\bar{\boldsymbol{y}}=f(\bar{\boldsymbol{x}})+f^*(\bar{\boldsymbol{y}})$，则由共轭函数的定义，对任意 $\boldsymbol{x}\in\mathcal{X}$，都有

$$\bar{\boldsymbol{y}}^{\mathrm{T}}\boldsymbol{x}-f(\boldsymbol{x})\leqslant f^*(\bar{\boldsymbol{y}})=\bar{\boldsymbol{y}}^{\mathrm{T}}\bar{\boldsymbol{x}}-f(\bar{\boldsymbol{x}})。$$

变形为 $f(\boldsymbol{x})\geqslant\bar{\boldsymbol{y}}^{\mathrm{T}}(\boldsymbol{x}-\bar{\boldsymbol{x}})+f(\bar{\boldsymbol{x}})$。再根据次梯度的定义(3.4)式可得 $\bar{\boldsymbol{y}}\in\partial f(\bar{\boldsymbol{x}})$。

反之，对于给定的 $\bar{\boldsymbol{x}}\in\mathcal{X}$，$\bar{\boldsymbol{y}}\in\partial f(\boldsymbol{x})$表明 $f(\boldsymbol{x})\geqslant\bar{\boldsymbol{y}}^{\mathrm{T}}(\boldsymbol{x}-\bar{\boldsymbol{x}})+f(\bar{\boldsymbol{x}})$对任意 $\boldsymbol{x}\in\mathcal{X}$成立，变形得到

$$\bar{\boldsymbol{y}}^{\mathrm{T}}\boldsymbol{x}-f(\boldsymbol{x})\leqslant\bar{\boldsymbol{y}}^{\mathrm{T}}\bar{\boldsymbol{x}}-f(\bar{\boldsymbol{x}}),\quad\forall\,\boldsymbol{x}\in\mathcal{X}。$$

因此

$$f^*(\bar{\boldsymbol{y}})=\sup_{x\in\mathcal{X}}\{\bar{\boldsymbol{y}}^{\mathrm{T}}\boldsymbol{x}-f(\boldsymbol{x})\}\leqslant\bar{\boldsymbol{y}}^{\mathrm{T}}\bar{\boldsymbol{x}}-f(\bar{\boldsymbol{x}})。$$

由共轭函数的定义(3.6)式，得到 $f^*(\bar{\boldsymbol{y}})\geqslant\bar{\boldsymbol{y}}^{\mathrm{T}}\bar{\boldsymbol{x}}-f(\bar{\boldsymbol{x}})$。综合可得 $f^*(\bar{\boldsymbol{y}})=\bar{\boldsymbol{y}}^{\mathrm{T}}\bar{\boldsymbol{x}}-f(\bar{\boldsymbol{x}})$。充分性得证。 □

引理 3.10 *对于非空集$\mathcal{X}$上的 f: $\mathcal{X}$，若共轭函数 f^*: $\mathcal{Y}$存在，则$\mathcal{Y}$为凸集且 $f^*(\boldsymbol{y})$是$\mathcal{Y}$上的凸函数。*

证明 考虑集合

$$\mathrm{epi}(f^*)=\left\{\begin{pmatrix}\boldsymbol{y}\\\lambda\end{pmatrix}\in\mathbb{R}^{n+1}\,\middle|\,f^*(\boldsymbol{y})\leqslant\lambda\right\}。$$

任选 epi(f^*)中两点$\begin{pmatrix}\boldsymbol{y}^1\\\lambda_1\end{pmatrix}$，$\begin{pmatrix}\boldsymbol{y}^2\\\lambda_2\end{pmatrix}$及 $0\leqslant\alpha\leqslant1$，则有

$$
\begin{aligned}
& f^*(\alpha \boldsymbol{y}^1+(1-\alpha)\boldsymbol{y}^2) \\
=& \sup_{x\in\mathcal{X}}\{[\alpha \boldsymbol{y}^1+(1-\alpha)\boldsymbol{y}^2]^{\mathrm{T}}\boldsymbol{x}-f(\boldsymbol{x})\} \\
\leqslant & \alpha\sup_{x\in\mathcal{X}}\{(\boldsymbol{y}^1)^{\mathrm{T}}\boldsymbol{x}-f(\boldsymbol{x})\}+(1-\alpha)\sup_{x\in\mathcal{X}}\{(\boldsymbol{y}^2)^{\mathrm{T}}\boldsymbol{x}-f(\boldsymbol{x})\} \\
=& \alpha f^*(\boldsymbol{y}^1)+(1-\alpha)f^*(\boldsymbol{y}^2) \\
\leqslant & \alpha\lambda_1+(1-\alpha)\lambda_2。
\end{aligned}
$$

故 $\mathrm{epi}(f^*)$为凸集。由定理 3.2 得到$\mathcal{Y}$为凸集且 $f^*(\boldsymbol{y})$为$\mathcal{Y}$上的凸函数。 □

基于共轭函数 $f^*:\mathcal{Y}$在定义域$\mathcal{Y}$上满足 $f^*(\boldsymbol{y})<+\infty$的特殊要求,上述定理中无法保证$\mathcal{Y}$为闭凸集,即使 $f:\mathcal{X}$是闭凸函数时也不一定成立,详见下例。

例 3.3 对如下的闭凸函数

$$f(x)=-2\sqrt{-x},\quad \mathcal{X}=\{x\in\mathbb{R}\mid x\leqslant 0\},$$

其共轭函数在开集$\mathcal{Y}=\mathbb{R}_{++}$有定义,且

$$f^*(y)=\frac{1}{y},\quad y>0。$$

解 不难验证,共轭函数

$$f^*(y)=\sup_{x\leqslant 0}\{xy+2\sqrt{-x}\}=\begin{cases}\dfrac{1}{y}, & y>0\\ +\infty, & 其他。\end{cases}$$

于是 $f^*(y)$有定义的区域是$\mathcal{Y}=\mathbb{R}_{++}$,为开集。

在函数 $f:\mathcal{X}\subseteq\mathbb{R}^n\to\mathbb{R}$ 的共轭函数 $f^*:\mathcal{Y}$存在的条件下,一些简单结果罗列如下:

(1) 若 $\alpha\in\mathbb{R}$,则 $f+\alpha:\mathcal{X}$的共轭函数为 $f^*-\alpha:\mathcal{Y}$。

(2) 对 $\boldsymbol{a}\in\mathbb{R}^n$,在定义域上$\mathcal{X}$上的函数 $\tilde{f}(\boldsymbol{x})=f(\boldsymbol{x})+\boldsymbol{x}^{\mathrm{T}}\boldsymbol{a}$ 的共轭函数为 $\tilde{f}^*(\boldsymbol{y})=f^*(\boldsymbol{y}-\boldsymbol{a}),\forall\boldsymbol{y}\in\mathcal{Y}+\boldsymbol{a}$。

(3) 对 $\boldsymbol{a}\in\mathbb{R}^n$,在定义域$\mathcal{X}+\boldsymbol{a}$ 上函数 $\bar{f}(\boldsymbol{x})=f(\boldsymbol{x}-\boldsymbol{a})$的共轭函数为 $\bar{f}^*(\boldsymbol{y})=f^*(\boldsymbol{y})+\boldsymbol{y}^{\mathrm{T}}\boldsymbol{a},\forall\boldsymbol{y}\in\mathcal{Y}$。

(4) 对 $\lambda>0$,$\mathcal{X}$上函数 $f_1(\boldsymbol{x})=\lambda f(\boldsymbol{x})$的共轭函数为 $f_1^*(\boldsymbol{y})=\lambda f^*\left(\dfrac{\boldsymbol{y}}{\lambda}\right),\forall\boldsymbol{y}\in\lambda\mathcal{Y}$。

(5) 对 $\lambda>0$,$\lambda\mathcal{X}$上函数 $f_2(\boldsymbol{x})=f\left(\dfrac{\boldsymbol{x}}{\lambda}\right)$的共轭函数为 $f_2^*(\boldsymbol{y})=f^*(\lambda\boldsymbol{y}),\forall\boldsymbol{y}\in\mathcal{Y}/\lambda$。

定理 3.11 设$\mathcal{X}\neq\varnothing$,$f:\mathcal{X}$有下界且其共轭函数 $f^*:\mathcal{Y}$存在,则 $f^*:\mathcal{Y}$的共轭函数

$$f^{**}(\boldsymbol{x})=\sup_{\boldsymbol{y}\in\mathcal{Y}}\{\boldsymbol{x}^{\mathrm{T}}\boldsymbol{y}-f^*(\boldsymbol{y})\},$$

满足

$$f^{**}(\boldsymbol{x})=\mathrm{cl}(\mathrm{conv}(f))(\boldsymbol{x}),\forall\boldsymbol{x}\in\mathrm{ri}(\mathrm{conv}(\mathcal{X}))$$

和

$$f^{**}(\boldsymbol{x})=+\infty,\quad\forall\boldsymbol{x}\notin\mathrm{cl}(\mathrm{conv}(\mathcal{X})),$$

其中函数 $\mathrm{cl}(\mathrm{conv}(f))$由满足 $\mathrm{epi}(\mathrm{cl}(\mathrm{conv}(f)))=\mathrm{cl}(\mathrm{conv}(\mathrm{epi}(f)))$的上方图边界线定义.特别当 $f:\mathcal{X}$为凸连续函数且$\mathcal{X}$为闭集时,有 $f(\boldsymbol{x})=f^{**}(\boldsymbol{x}),\forall\boldsymbol{x}\in\mathcal{X}$。

证明 先描述 $\mathrm{cl}(\mathrm{conv}(f))(\boldsymbol{x}),\forall\boldsymbol{x}\in\mathrm{ri}(\mathrm{conv}(\mathcal{X}))$的特性。

对于给定的 $\boldsymbol{x}\in\mathrm{ri}(\mathrm{conv}(\mathcal{X}))$,令

$$\mathcal{Z}(\boldsymbol{x})=\left\{\{\boldsymbol{x}^1,\boldsymbol{x}^2,\cdots,\boldsymbol{x}^k\}\subseteq\mathcal{X}\,\middle|\,\boldsymbol{x}=\sum_{i=1}^k\alpha_i\boldsymbol{x}^i,\sum_{i=1}^k\alpha_i=1,\alpha_i\geqslant 0,1\leqslant i\leqslant k\right\}$$

和

$$g(\boldsymbol{x})=\inf_{\{\boldsymbol{x}^1,\boldsymbol{x}^2,\cdots,\boldsymbol{x}^k\}\in\mathcal{Z}(\boldsymbol{x})}\sum_{i=1}^k\alpha_i f(\boldsymbol{x}^i),\tag{3.7}$$

由 $\boldsymbol{x}\in\mathrm{ri}(\mathrm{conv}(\mathcal{X}))$推出 $\boldsymbol{x}\in\mathrm{conv}(\mathcal{X})$,故得$\mathcal{Z}(\boldsymbol{x})\neq\varnothing$。又因 $f:\mathcal{X}$有下界,所以上述的定义合理。

现证明 $g(\boldsymbol{x})=\mathrm{cl}(\mathrm{conv}(f))(\boldsymbol{x}),\forall\,\boldsymbol{x}\in\mathrm{ri}(\mathrm{conv}(\mathcal{X}))$。由

$$\begin{pmatrix}\boldsymbol{x}^i\\ f(\boldsymbol{x}^i)\end{pmatrix}\in\mathrm{epi}(f)\Rightarrow\sum_{i=1}^k\alpha_i\begin{pmatrix}\boldsymbol{x}^i\\ f(\boldsymbol{x}^i)\end{pmatrix}\in\mathrm{conv}(\mathrm{epi}(f))$$

推出

$$\begin{pmatrix}\boldsymbol{x}\\ g(\boldsymbol{x})\end{pmatrix}\in\mathrm{cl}(\mathrm{conv}(\mathrm{epi}(f)))。$$

按 $\mathrm{cl}(\mathrm{conv}(\mathrm{epi}(f)))$对应凸函数 $\mathrm{cl}(\mathrm{conv}(f))(\boldsymbol{x})$的定义,因此有

$$g(\boldsymbol{x})\geqslant\mathrm{cl}(\mathrm{conv}(f))(\boldsymbol{x}),\quad\forall\,\boldsymbol{x}\in\mathrm{ri}(\mathrm{conv}(\mathcal{X}))。$$

反证等号成立。若存在 $\bar{\boldsymbol{x}}\in\mathrm{ri}(\mathrm{conv}(\mathcal{X}))$使 $g(\bar{\boldsymbol{x}})>\mathrm{cl}(\mathrm{conv}(f))(\bar{\boldsymbol{x}})$。由定理 2.15 和定理 3.4 得到

$$\begin{aligned}\mathrm{ri}(\mathrm{cl}(\mathrm{conv}(\mathrm{epi}(f))))&=\mathrm{ri}(\mathrm{conv}(\mathrm{epi}(f)))\\&=\left\{\begin{pmatrix}\boldsymbol{x}\\ \lambda\end{pmatrix}\,\middle|\,\boldsymbol{x}\in\mathrm{ri}(\mathrm{conv}(\mathcal{X})),\lambda>\mathrm{cl}(\mathrm{conv}(f))(\boldsymbol{x})\right\}。\end{aligned}$$

进一步对任意 d 满足 $g(\bar{\boldsymbol{x}})>d>\mathrm{cl}(\mathrm{conv}(f))(\boldsymbol{x})$,有

$$\begin{pmatrix}\bar{\boldsymbol{x}}\\ d\end{pmatrix}\in\mathrm{ri}(\mathrm{conv}(\mathrm{epi}(f)))。$$

按 $\mathrm{conv}(\mathrm{epi}(f))$的定义,有 $\mathrm{conv}(f)(\bar{\boldsymbol{x}})\leqslant d$ 且存在 $\boldsymbol{x}^i\in\mathcal{X},\alpha_i\geqslant 0,i=1,2,\cdots,k$, $\sum_{i=1}^k\alpha_i=1$ 使得$\bar{\boldsymbol{x}}=\sum_{i=1}^k\alpha_i\boldsymbol{x}^i$,$\mathrm{conv}(f)(\bar{\boldsymbol{x}})=\sum_{i=1}^k\alpha_i f(\boldsymbol{x}^i)$,以此得到$g(\bar{\boldsymbol{x}})\leqslant d$ 与假设$g(\bar{\boldsymbol{x}})>d$ 矛盾。到此,我们得到等式成立。

由 $f^*(\boldsymbol{y})=\sup_{x\in\mathcal{X}}\{\boldsymbol{x}^{\mathrm{T}}\boldsymbol{y}-f(\boldsymbol{x})\}$的定义,有

$$f(\boldsymbol{x})\geqslant\boldsymbol{x}^{\mathrm{T}}\boldsymbol{y}-f^*(\boldsymbol{y}),\quad\forall\,\boldsymbol{y}\in\mathcal{Y},\quad\boldsymbol{x}\in\mathcal{X}。$$

对 $\boldsymbol{x}=\sum_{i=1}^k\alpha_i\boldsymbol{x}^i\in\mathrm{ri}(\mathrm{conv}(\mathcal{X}))$,其中 $\boldsymbol{x}^i\in\mathcal{X},\alpha_i\geqslant 0,i=1,2,\cdots,k,\sum_{i=1}^k\alpha_i=1$,就有

$$\sum_{i=1}^k\alpha_i f(\boldsymbol{x}^i)\geqslant\boldsymbol{x}^{\mathrm{T}}\boldsymbol{y}-f^*(\boldsymbol{y}),\quad\forall\,\boldsymbol{y}\in\mathcal{Y}。$$

由(3.7)式的定义及结论,得到

$$\mathrm{cl}(\mathrm{conv}(f))(\boldsymbol{x})\geqslant\boldsymbol{x}^{\mathrm{T}}\boldsymbol{y}-f^*(\boldsymbol{y}),\quad\forall\,\boldsymbol{y}\in\mathcal{Y}。$$

也就得到 $\mathrm{cl}(\mathrm{conv}(f))(\boldsymbol{x})\geqslant f^{**}(\boldsymbol{x}),\forall\,\boldsymbol{x}\in\mathrm{ri}(\mathrm{conv}(\mathcal{X}))$。

依据(3.7)式的定义和上个结论,$\forall\,\boldsymbol{x}\in\mathrm{ri}(\mathrm{conv}(\mathcal{X}))$有 $\mathrm{cl}(\mathrm{conv}(f))(\boldsymbol{x})$下有界且 $f^{**}(\boldsymbol{x})$上有界。

反证等号成立。若存在 $\bar{\boldsymbol{x}}\in \mathrm{ri}(\mathrm{conv}(\mathcal{X}))$ 满足 $\mathrm{cl}(\mathrm{conv}(f))(\bar{\boldsymbol{x}})>f^{**}(\bar{\boldsymbol{x}})$，则 $\begin{pmatrix}\bar{\boldsymbol{x}}\\ f^{**}(\bar{\boldsymbol{x}})\end{pmatrix}$ 不属于 $\mathrm{cl}(\mathrm{conv}(\mathrm{epi}(f)))$。加之 $\mathrm{cl}(\mathrm{conv}(\mathrm{epi}(f)))$ 为闭凸集，由引理 2.21 知，存在一个超平面 $\left\{\begin{pmatrix}\boldsymbol{z}\\ \lambda\end{pmatrix}\middle|\boldsymbol{a}^{\mathrm{T}}\boldsymbol{z}+b\lambda=c\right\}$ 分离 $\begin{pmatrix}\bar{\boldsymbol{x}}\\ f^{**}(\bar{\boldsymbol{x}})\end{pmatrix}$ 和 $\mathrm{cl}(\mathrm{conv}(\mathrm{epi}(f)))$，即

$$\boldsymbol{a}^{\mathrm{T}}\boldsymbol{z}+b\lambda\geqslant c>\boldsymbol{a}^{\mathrm{T}}\bar{\boldsymbol{x}}+bf^{**}(\bar{\boldsymbol{x}}),\quad \forall\begin{pmatrix}\boldsymbol{z}\\ \lambda\end{pmatrix}\in \mathrm{cl}(\mathrm{conv}(\mathrm{epi}(f)))。$$

由 $\begin{pmatrix}\bar{\boldsymbol{x}}\\ \mathrm{cl}(\mathrm{conv}(f))(\bar{\boldsymbol{x}})\end{pmatrix}\in \mathrm{cl}(\mathrm{conv}(\mathrm{epi}(f)))$ 及 $f^{**}(\bar{\boldsymbol{x}})<\mathrm{cl}(\mathrm{conv}(f))(\bar{\boldsymbol{x}})$，可得到 $b>0$ 和

$$\boldsymbol{y}^{\mathrm{T}}\boldsymbol{z}-f(\boldsymbol{z})\leqslant-\frac{c}{b}<\boldsymbol{y}^{\mathrm{T}}\bar{\boldsymbol{x}}-f^{**}(\bar{\boldsymbol{x}}),\quad \forall \boldsymbol{z}\in\mathcal{X}\subseteq \mathrm{cl}(\mathrm{conv}(\mathcal{X})),$$

其中 $\boldsymbol{y}=-\dfrac{\boldsymbol{a}}{b}$。因此得到 $f^{*}(\boldsymbol{y})\leqslant-\dfrac{c}{b}<\boldsymbol{y}^{\mathrm{T}}\bar{\boldsymbol{x}}-f^{**}(\bar{\boldsymbol{x}})$，即

$$f^{**}(\bar{\boldsymbol{x}})<\boldsymbol{y}^{\mathrm{T}}\bar{\boldsymbol{x}}-f^{*}(\boldsymbol{y})\leqslant f^{**}(\bar{\boldsymbol{x}})。$$

此矛盾说明反证假设错误。故 $f^{**}(\boldsymbol{x})=\mathrm{cl}(\mathrm{conv}(f))(\boldsymbol{x}),\forall \boldsymbol{x}\in \mathrm{ri}(\mathrm{conv}(\mathcal{X}))$。

下面证明 $\forall \boldsymbol{x}\notin \mathrm{cl}(\mathrm{conv}(\mathcal{X}))$ 有 $f^{**}(\boldsymbol{x})=+\infty$。继续采用反证法。假设存在 $\boldsymbol{x}^{*}\notin \mathrm{cl}(\mathrm{conv}(\mathcal{X}))$，使得 $f^{**}(\boldsymbol{x}^{*})=M_1<+\infty$。由引理 2.20 知，存在 $\bar{\boldsymbol{x}}\in \mathrm{cl}(\mathrm{conv}(\mathcal{X}))$ 满足

$$(\boldsymbol{x}^{*}-\bar{\boldsymbol{x}})^{\mathrm{T}}(\boldsymbol{x}^{*}-\bar{\boldsymbol{x}})>0;\quad (\boldsymbol{x}^{*}-\bar{\boldsymbol{x}})^{\mathrm{T}}(\boldsymbol{x}-\bar{\boldsymbol{x}})\leqslant 0,\quad \forall \boldsymbol{x}\in \mathrm{cl}(\mathrm{conv}(\mathcal{X}))。$$

由定理的假设 $f^{*}:\mathcal{Y}$ 存在，说明存在 $\bar{\boldsymbol{y}}$ 和 M_2 使得 $\sup\limits_{\boldsymbol{x}\in\mathcal{X}}\{\boldsymbol{x}^{\mathrm{T}}\bar{\boldsymbol{y}}-f(\boldsymbol{x})\}\leqslant M_2$，也就有 $f(\boldsymbol{x})\geqslant \boldsymbol{x}^{\mathrm{T}}\bar{\boldsymbol{y}}-M_2,\forall \boldsymbol{x}\in\mathcal{X}$。定义

$$\boldsymbol{y}^{*}=\bar{\boldsymbol{y}}+\delta(\boldsymbol{x}^{*}-\bar{\boldsymbol{x}}),\quad \delta=\frac{|(\boldsymbol{x}^{*})^{\mathrm{T}}\bar{\boldsymbol{y}}-M_1-M_2|}{(\boldsymbol{x}^{*}-\bar{\boldsymbol{x}})^{\mathrm{T}}(\boldsymbol{x}^{*}-\bar{\boldsymbol{x}})}+1,$$

有

$$\begin{aligned}f^{*}(\boldsymbol{y}^{*})&=\sup_{\mathcal{X}}\{\boldsymbol{x}^{\mathrm{T}}\boldsymbol{y}^{*}-f(\boldsymbol{x})\}\leqslant\sup_{\mathcal{X}}\{\boldsymbol{x}^{\mathrm{T}}\boldsymbol{y}^{*}-\boldsymbol{x}^{\mathrm{T}}\bar{\boldsymbol{y}}+M_2\}\\&=\sup_{\mathcal{X}}\{\delta\boldsymbol{x}^{\mathrm{T}}(\boldsymbol{x}^{*}-\bar{\boldsymbol{x}})+M_2\}=\delta\bar{\boldsymbol{x}}^{\mathrm{T}}(\boldsymbol{x}^{*}-\bar{\boldsymbol{x}})+M_2<+\infty。\end{aligned}$$

因此 $\boldsymbol{y}^{*}\in\mathcal{Y}$。

另一方面，由 $M_1=f^{**}(\boldsymbol{x}^{*})\geqslant(\boldsymbol{x}^{*})^{\mathrm{T}}\boldsymbol{y}^{*}-f^{*}(\boldsymbol{y}^{*})$，可得

$$\begin{aligned}f^{*}(\boldsymbol{y}^{*})&\geqslant(\boldsymbol{x}^{*})^{\mathrm{T}}\boldsymbol{y}^{*}-M_1=\delta(\boldsymbol{x}^{*})^{\mathrm{T}}(\boldsymbol{x}^{*}-\bar{\boldsymbol{x}})+(\boldsymbol{x}^{*})^{\mathrm{T}}\bar{\boldsymbol{y}}-M_1\\&=[\delta(\boldsymbol{x}^{*}-\bar{\boldsymbol{x}})^{\mathrm{T}}(\boldsymbol{x}^{*}-\bar{\boldsymbol{x}})+(\boldsymbol{x}^{*})^{\mathrm{T}}\bar{\boldsymbol{y}}-M_1-M_2]+\delta\bar{\boldsymbol{x}}^{\mathrm{T}}(\boldsymbol{x}^{*}-\bar{\boldsymbol{x}})+M_2\\&>\delta\bar{\boldsymbol{x}}^{\mathrm{T}}(\boldsymbol{x}^{*}-\bar{\boldsymbol{x}})+M_2\geqslant f^{*}(y^{*})。\end{aligned}$$

此矛盾说明假设错误，故知 $f^{**}(\boldsymbol{x})=+\infty,\forall \boldsymbol{x}\notin \mathrm{cl}(\mathrm{conv}(\mathcal{X}))$。

当 $\mathcal{X}$ 为闭凸集和 $f:\mathcal{X}$ 为凸连续函数时，$\mathrm{conv}(\mathcal{X})=\mathcal{X}$。因 $f:\mathcal{X}$ 为凸连续函数，依据定理 3.2，(3.7)式的定义及结论，$\forall \boldsymbol{x}\in \mathrm{ri}(\mathcal{X})$ 都有 $\mathrm{cl}(\mathrm{conv}(f))(\boldsymbol{x})=f(\boldsymbol{x})=f^{**}(\boldsymbol{x})$。因 $\mathcal{X}$ 为闭集，所以 $\mathcal{X}$ 边界上的任何一点都是一系列 $\mathcal{X}$ 相对内点的极限，综合得到 $f^{**}(\boldsymbol{x})=\mathrm{cl}(\mathrm{conv}(f))(\boldsymbol{x}),\forall \boldsymbol{x}\in\mathcal{X}$。 □

需要注意上述定理中没有对 $\mathrm{cl}(\mathrm{conv}(\mathcal{X}))$ 边界点的共轭函数特性进行精确描述，见

下例。

例 3.4 设

$$f(x)=\begin{cases}\dfrac{1}{x}, & 0<x<1,\\ 2, & x=1。\end{cases}$$

明显 f:(0,1]是一个区间(0,1]上的凸函数。其共轭函数

$$f^*(y)=\sup_{0<x\leqslant 1}\{xy-f(x)\}=\max\left\{\sup_{0<x<1}\left\{xy-\frac{1}{x}\right\},y-2\right\},$$

其中

$$\sup_{0<x<1}\left\{xy-\frac{1}{x}\right\}=\begin{cases}-2\sqrt{-y}, & y\leqslant -1,\\ y-1, & y>-1。\end{cases}$$

因此得到

$$f^*(y)=\begin{cases}-2\sqrt{-y}, & y\leqslant -1,\\ y-1, & y>-1。\end{cases}$$

继续对 $f^*(y)$ 求共轭函数,得到

$$f^{**}(x)=\sup_{y\in\mathbb{R}}\{xy-f^*(y)\}=\max\{\sup_{y\leqslant -1}\{xy+2\sqrt{-y}\},\sup_{-1<y}\{xy-y+1\}\},$$

其中

$$\sup_{y\leqslant -1}\{xy+2\sqrt{-y}\}=\begin{cases}\dfrac{1}{x}, & 0<x\leqslant 1,\\ +\infty, & x\leqslant 0,\\ 2-x, & x>1,\end{cases}$$

$$\sup_{-1<y}\{xy-y+1\}=\begin{cases}+\infty, & x>1,\\ 2-x, & x\leqslant 1,\end{cases}$$

则有

$$f^{**}(x)=\begin{cases}\dfrac{1}{x}, & 0<x\leqslant 1,\\ +\infty, & \text{其他}。\end{cases}$$

于是可归结如下 $f^{**}(x)=\mathrm{cl}(\mathrm{conv}(f))(x)=f(x),\forall x\in(0,1)$。在(0,1]的左端点 $f^{**}(0)$ 和 $\mathrm{cl}(\mathrm{conv}(f))(0)$ 都因为 $+\infty$ 而没有函数值定义,而右端点 $f^{**}(1)=\mathrm{cl}(\mathrm{conv}(f))(1)=1\neq f(1)=2$。

上述例子可以看出定理 3.11 对于边界点特殊处理的必要性。一些书中将 $\pm\infty$ 作为特殊值补充定义给函数值,这样完善了集合的封闭性,能够使 $f^{**}(\boldsymbol{x})=\mathrm{cl}(\mathrm{conv}(f))(\boldsymbol{x})$,但是否等于原函数 $f(\boldsymbol{x})$ 则依赖于 $f(\boldsymbol{x})$ 所具有的特性。

定理 3.12 假设 $f:\mathcal{X}\subseteq\mathbb{R}^n\to\mathbb{R}$ 是一个连续凸函数且 $\mathcal{X}$ 为非空闭凸集,则对应的共轭函数 $f^*:\mathcal{Y}$ 存在,且 $f^*:\mathcal{Y}$ 的共轭函数为 $f:\mathcal{X}$。若存在 $\bar{\boldsymbol{x}}\in\mathcal{X}$ 和 $\bar{\boldsymbol{y}}\in\mathcal{Y}$ 使得 $\bar{\boldsymbol{y}}\in\partial f(\bar{\boldsymbol{x}})$ 当且仅当 $\bar{\boldsymbol{x}}\in\partial f^*(\bar{\boldsymbol{y}})$,此时有

$$\bar{\boldsymbol{x}}^{\mathrm{T}}\bar{\boldsymbol{y}}=f(\bar{\boldsymbol{x}})+f^*(\bar{\boldsymbol{y}})\Leftrightarrow\bar{\boldsymbol{y}}\in\partial f(\bar{\boldsymbol{x}})\quad\text{或}\quad\bar{\boldsymbol{x}}\in\partial f^*(\bar{\boldsymbol{y}})。$$

证明 因为 $f:\mathcal{X}\subseteq\mathbb{R}^n\to\mathbb{R}$ 是一个凸函数且 $\mathcal{X}$ 非空,由引理 3.8 知,共轭函数 $f^*(\boldsymbol{y})$

存在。

定理 3.11 已经证明函数 $f^*:\mathcal{Y}$的共轭函数 $f^{**}(\boldsymbol{x})$在闭凸集$\mathcal{X}$上与 $f:\mathcal{X}$相同，而在$\mathcal{X}$外都是正无穷，所以 $f^*:\mathcal{Y}$的共轭函数就是 $f:\mathcal{X}$。

当存在 $\bar{\boldsymbol{y}}\in\partial f(\boldsymbol{x})$时，由次梯度定义中的(3.4)式得知

$$f(\boldsymbol{x})\geqslant\bar{\boldsymbol{y}}^{\mathrm{T}}(\boldsymbol{x}-\bar{\boldsymbol{x}})+f(\bar{\boldsymbol{x}}),\quad \forall\,\boldsymbol{x}\in\mathcal{X}。$$

进一步

$$\bar{\boldsymbol{y}}^{\mathrm{T}}\boldsymbol{x}-f(\boldsymbol{x})\leqslant\bar{\boldsymbol{y}}^{\mathrm{T}}\bar{\boldsymbol{x}}-f(\bar{\boldsymbol{x}}),\quad \forall\,\boldsymbol{x}\in\mathcal{X},$$

得到

$$f^*(\bar{\boldsymbol{y}})=\bar{\boldsymbol{y}}^{\mathrm{T}}\bar{\boldsymbol{x}}-f(\bar{\boldsymbol{x}})=\bar{\boldsymbol{y}}^{\mathrm{T}}\bar{\boldsymbol{x}}-f^{**}(\bar{\boldsymbol{x}})。$$

故可以推导出以下关系：

$$f^{**}(\bar{\boldsymbol{x}})=\bar{\boldsymbol{y}}^{\mathrm{T}}\bar{\boldsymbol{x}}-f^*(\bar{\boldsymbol{y}})\geqslant\boldsymbol{y}^{\mathrm{T}}\bar{\boldsymbol{x}}-f^*(\boldsymbol{y}),\quad \forall\,\boldsymbol{y}\in\mathcal{Y},$$

进一步由

$$f^*(\boldsymbol{y})\geqslant\bar{\boldsymbol{x}}^{\mathrm{T}}(\boldsymbol{y}-\bar{\boldsymbol{y}})+f^*(\bar{\boldsymbol{y}}),\quad \forall\,\boldsymbol{y}\in\mathcal{Y},$$

得到 $\bar{\boldsymbol{x}}\in\partial f^*(\bar{\boldsymbol{y}})$。

同理可证明另一个方向成立。总结上面的证明，则有

$$\bar{\boldsymbol{x}}^{\mathrm{T}}\bar{\boldsymbol{y}}=f(\bar{\boldsymbol{x}})+f^*(\bar{\boldsymbol{y}})\Leftrightarrow\bar{\boldsymbol{y}}\in\partial f(\bar{\boldsymbol{x}})\quad 或\quad \bar{\boldsymbol{x}}\in\partial f^*(\bar{\boldsymbol{y}})。$$

证明完毕。 □

定理 3.13 假设$\mathcal{X}$为非空闭凸集，$f_1:\mathcal{X}$和 $f_2:\mathcal{X}$的共轭函数 $f_1^*:\mathcal{Y}_1$和 $f_2^*:\mathcal{Y}_2$存在，$\mathcal{Y}_1$和$\mathcal{Y}_2$为闭集，$f_1^*:\mathcal{Y}_1$和 $f_2^*:\mathcal{Y}_2$为连续函数，而对 $f_1^*:\mathcal{Y}_1$和 $f_2^*:\mathcal{Y}_2$再取共轭得到 $f_1^{**}:\mathcal{X}=f_2^{**}:\mathcal{X}$且函数连续，则有$\mathcal{Y}_1=\mathcal{Y}_2=\mathcal{Y}$且 $f_1^*:\mathcal{Y}=f_2^*:\mathcal{Y}$。

证明 由定理条件 $f_1^*:\mathcal{Y}_1$和 $f_2^*:\mathcal{Y}_2$的共轭函数完全相同 $f_1^{**}:\mathcal{X}=f_2^{**}:\mathcal{X}$，记 $g:\mathcal{X}=f_1^{**}:\mathcal{X}=f_2^{**}:\mathcal{X}$。由引理 3.10 知，$f_1^*:\mathcal{Y}_1$为凸函数且$\mathcal{Y}_1$为凸集。再依据本定理的假设条件 $f_1^*:\mathcal{Y}_1$为连续函数且$\mathcal{Y}_1$为闭集，根据定理 3.11，$g^*(\boldsymbol{y})=(f_1^*)^{**}(\boldsymbol{y})=f_1^*(\boldsymbol{y})$，$\forall\,\boldsymbol{y}\in\mathcal{Y}_1$。再由 $g:\mathcal{X}$的来源知，$g:\mathcal{X}$共轭的函数 $g^*:\mathcal{Y}$唯一确定。所以推出$\mathcal{Y}=\mathcal{Y}_1$，同理推出 $g^*(\boldsymbol{y})=(f_2^*)^{**}(\boldsymbol{y})=f_2^*(\boldsymbol{y})$，$\forall\,\boldsymbol{y}\in\mathcal{Y}_2$和$\mathcal{Y}=\mathcal{Y}_2$。综合得到结论。 □

上述定理的使用中遵循这样一个计算过程：通过 $f_1:\mathcal{X}$和 $f_2:\mathcal{X}$先计算它们的共轭函数 $f_1^*:\mathcal{Y}_1$和 $f_2^*:\mathcal{Y}_2$，验证它们是否满足定理中相应的条件；满足时则再计算 $f_1^*:\mathcal{Y}_1$和 $f_2^*:\mathcal{Y}_2$的共轭函数，一旦它们的共轭有 $f_1^{**}:\mathcal{X}=f_2^{**}:\mathcal{X}$且满足定理中相应的条件，则说明 $f_1^*=f_2^*:\mathcal{Y}_1=\mathcal{Y}_2$，即两个函数无论初始形状如何，一旦它们的两次共轭是一个相同的函数，则它们的一次共轭函数也相同。

上述定理看似是一个无用的结论，因为已经计算出它们的一次共轭函数，直接比对两个一次共轭函数就知道是否相同。实际上，结合定理 3.11 中

$$f^{**}(\boldsymbol{x})=\mathrm{cl}(\mathrm{conv}(f))(\boldsymbol{x}),\quad \forall\,\boldsymbol{x}\in\mathrm{ri}(\mathrm{conv}(\mathcal{X}))$$

的结论，我们有下面的推论。

推论 3.14 假设$\mathcal{X}$为非空闭凸集，$f_1:\mathcal{X}$和 $f_2:\mathcal{X}$有相同的连续闭凸包函数，当共轭函数 $f_1^*:\mathcal{Y}_1$存在，$\mathcal{Y}_1$为闭集且 $f_1^*:\mathcal{Y}_1$为连续函数，则有$\mathcal{Y}_1=\mathcal{Y}_2=\mathcal{Y}$且 $f_1^*:\mathcal{Y}=f_2^*:\mathcal{Y}$。

由此可以看出，无论函数 $f_1(\boldsymbol{x})$和 $f_2(\boldsymbol{x})$是否相同，在一定的条件下且它们的闭凸包函数相同，则它们的共轭函数就是相同的。

第 4 节 可计算性问题

可计算性问题(computable problem)涉及离散优化和连续优化两个领 域,其概念不尽相同,有些地方可能还有一定的不兼容性[52]。本节意在从 两个不同领域介绍各自的理解,以便在后续章节针对不同领域的问题能够理解"可计算"这个概念。

算法设计总离不开复杂性的概念。对于离散的组合优化问题,自 20 世纪 70 年代图灵机(Turng machine)理论的出现,已形成了非常系统化的计算复杂性理论,详细的内容可以参考文献[18]。人们已经熟悉了 NP 完全(NP complete)和 NP 难(NP hard)这些概念,并对 NP 完全和 NP 难问题的难 解性予以广泛接受。内点算法首先成功地解决了线性规划的复杂性分类,将线性规划问题归为多项式时间可解问题,是基于图灵机的理论体系的归类。随内点算法在更为广泛问题中使用,它对解决连续优化问题的优势就越发显得突出,但针对离散问题的图灵机复杂性理论就无法完全适应连续优化问题,于是产生了针对连续问题的复杂性概念[6,36,47]。

连续问题的复杂性概念或多或少地模仿了离散问题的复杂性定义方法,由此引发了组合优化问题研究学者和连续优化问题研究学者各自的理解和描述。本节从离散和连续两个系统分别介绍本书所要涉及的一些复杂性的概念,最后给出一些评论。

3.4.1 离散模型

一般优化问题可写为

$$\begin{aligned} \min \quad & f(\boldsymbol{x}) \\ \text{s.t.} \quad & \boldsymbol{g}(\boldsymbol{x}) \leqslant \boldsymbol{0}, \\ & \boldsymbol{x} \in \mathcal{D} \subseteq \mathbb{R}^n, \end{aligned} \tag{3.8}$$

其中$\mathcal{D}$称为定义域,$f: \mathcal{D} \to \mathbb{R}$ 为目标函数,$\boldsymbol{g}: \mathcal{D} \to \mathbb{R}^m$ 为约束函数。当$\mathcal{D}$为离散点集时,优化问题(3.8)称为离散优化问题或组合优化问题,当$\mathcal{D}$为连续点集时,该问题称为连续优化问题。$\mathcal{F} = \{\boldsymbol{x} \in \mathcal{D} \mid \boldsymbol{g}(\boldsymbol{x}) \leqslant \boldsymbol{0}\}$称为问题的可行解集合。

针对离散问题,计算复杂性的理论都基于图灵机模型,或称为 2 进制模型(bit model)。对于给定的问题,当问题中的变量个数,系数等给定后,称为问题的一个实例(instance)。问题是实例的统称,实例是问题的一个具体表现。图灵机模型要求实例中的所有系数是整数或有理数,目前的计算机就是这样限定和设置的。给定一个实例后,计算机以 2 进制的方式存贮实例的系数,它们在计算机中占据的空间大小称为实例的字长(size)。算法针对问题而设计,但以每一个实例为实现对象。算法对计算机中存储的系数进行加、减、乘、除、比较、读、写等基本运算,最后得到问题实例的解答。这些基本运算的总和称为算法对实例的计算量。

记问题为 Q,实例为 I,字长为 $s(I)$,一个算法 A 的计算量为 $C_A(I)$。若存在一个多项式函数 $p(\cdot)$满足:

$$C_A(I) = O(p(s(I))), \quad \forall I \in Q,$$

则称 A 是求解问题 Q 的一个多项式时间算法(polynomial time algorithm),其中"O"在本章第1节有过介绍,表示控制的含义。这是复杂性分析的第一功能,对算法的计算复杂性进行分类。目前普遍接受的一个结论是:多项式时间的算法是一类好的算法。复杂性分析的第二个功能是对问题的分类。若 Q 存在多项式时间算法,则称为多项式时间问题。NP完全和NP难问题的定义还需要更多的概念,我们不在此赘述,但它们所具有的一个共同点是:到目前为止,还没有找到多项式时间的算法求解这类问题。

对于那些困难的NP完全和NP难问题,实际应用或计算需求是希望在短时间内算出实例的一个可行解或给出优化问题(3.8)的下界。于是,人们在设计算法时需要顾及两个因素:计算时间和解的效果。由此出现了启发式算法(heuristic algorithm),它们在限定的计算时间内,给出问题实例的一个解,这个解不一定是问题的最优解,甚至连可行解也不是。

就优化问题(3.8),记其每一个实例 I 的最优目标值为 $v_{\text{opt}}(I)$;对于给定的一个算法 A,记该算法得到的目标值为 $v_A(I)$。近似算法分析中采用的近似比(approximation ratio)(也称性能比)指标为

$$r(A)=\sup_{I\in Q}\frac{v_A(I)}{v_{\text{opt}}(I)}。\tag{3.9}$$

若 $r(A)$ 有限,则称 A 为问题 Q 的 $r(A)$ 近似算法。从(3.9)式可以看出,$r(A)$ 取自 $\left\{\frac{v_A(I)}{v_{\text{opt}}(I)}\middle| I\in Q\right\}$ 中最大的比值,因此,$r(A)$ 也被称为最坏近似比。当算法 A 可以得到问题 Q 每一个实例的可行解时,明显有 $r(A)\geqslant 1$。

无论对算法的设计和使用人员,都期望启发式算法得到优化问题的一个可行解,并且存在一个 $\varepsilon>0$,使得与优化问题(3.8)的理论最优值 $v_{\text{opt}}(I)$ 与启发式算法的目标值为 $v_A(I)$ 的近似比 $r(A)=1+\varepsilon$。

如果上述要求满足,我们得知算法 A 计算出的可行解在最坏的情况下也可以保证

$$\frac{v_A(I)-v_{\text{opt}}(I)}{v_{\text{opt}}(I)}\leqslant\varepsilon。$$

当 ε 越小,算法的计算效果越好。

在组合优化问题 Q 中,对于任意给定的 $\varepsilon>0$,如果有一个 $1+\varepsilon$ 近似算法 A 和一个二元多项式函数 $g(\cdot,\cdot)$,使得算法 A 的计算复杂性

$$C_A(I)=O(g(s(I),y)),\quad \forall I\in Q,$$

其中 $s(I)$ 是实例 I 的输入字长,$y=r\left(\frac{1}{\varepsilon}\right)$,$r(\cdot)$ 为一个实函数,则称 A 是一个多项式时间近似方案(polynomial time approximation scheme,PTAS)。特别当 $r(x)=x$ 时,称 A 是一个完全多项式时间近似方案(fully polynomial time approximation scheme,FPTAS)。

从问题分类的角度来看,多项式时间问题最简单,可以设计出多项式时间的算法求出问题每一个实例的最优解。相对难度高一点的问题就是存在FPTAS或PTAS的问题。首先它们是NP完全或NP难问题,到目前为止还没有找到多项式时间的算法得到最优解,但只要给出一个计算精度 $\varepsilon>0$,都可以计算出与最优值之差在精度范围内的解,其计算量对于给定的 $\varepsilon>0$ 是多项式时间的。

离散的复杂性理论来源于对离散优化问题的研究,但不仅限于此,同样可以应用在连续优化模型中。如线性规划是一个连续的优化模型,它的定义域为连续空间,它的系数在假定为有理数的前提下,可以通过2进制字符表示,线性规划的问题分类及内点算法的复杂性分析就是基于离散的复杂性理论。同样的原理,二次规划、多项式优化问题等也适用离散模型进行复杂性分析。

3.4.2 连续模型

连续优化问题的模型可以写成

$$\begin{aligned} \min \quad & f(\boldsymbol{x}) \\ \text{s.t.} \quad & \boldsymbol{g}(\boldsymbol{x}) \leqslant \boldsymbol{0} \\ & \boldsymbol{x} \in \mathbb{R}^n, \end{aligned} \tag{3.10}$$

其中 $f(\boldsymbol{x})$和 $g(\boldsymbol{x})=(g_1(\boldsymbol{x}),g_2(\boldsymbol{x}),\cdots,g_m(\boldsymbol{x}))^{\mathrm{T}}$ 为给定的实函数。

连续优化问题有其特殊性,其定义域为$\mathbb{R}^n$,可行解可以为定义域中任何一个实数,故不再限定模型(3.10)中的系数一定为有理数或整数。无理数在目前的有限位计算机中只能近似存储,而还有一大类的计算问题无法通过离散系统的基本运算计量计算复杂性,如$\mathbb{R}$上的$\cos(x)$,$\sqrt{x}$和$\frac{\mathrm{d}f(x)}{\mathrm{d}x}$等。连续系统的复杂性理论应运而生。

在连续模型中,我们将一些运算看成一个黑箱,不关心其核心的具体算法,如计算$\mathbb{R}$上的$\cos(x)$,$\sqrt{x}$和$\frac{\mathrm{d}f(x)}{\mathrm{d}x}$等看成一次运算,两个实数的加法看成一次运算,不再像离散的2进制模型中还要计算储存的位数与对应位数之间的加法运算。因此实例的输入需要考虑:变量的个数,系数的个数和给定的计算精度ε。如对二次约束二次规划问题(quadratically constrained quadratic programming,QCQP)

$$\begin{aligned} \min \quad & \frac{1}{2}\boldsymbol{x}^{\mathrm{T}}\boldsymbol{Q}_0\boldsymbol{x}+(\boldsymbol{q}^0)^{\mathrm{T}}\boldsymbol{x}+c_0 \\ \text{s.t.} \quad & \frac{1}{2}\boldsymbol{x}^{\mathrm{T}}\boldsymbol{Q}_i\boldsymbol{x}+(\boldsymbol{q}^i)^{\mathrm{T}}\boldsymbol{x}+c_i \leqslant 0, \quad i=1,2,\cdots,m \\ & \boldsymbol{x} \in \mathbb{R}^n, \end{aligned}$$

其中$\boldsymbol{Q}_i \in \mathcal{S}^n$,$\boldsymbol{q}^i \in \mathbb{R}^n$,$c_i \in \mathbb{R}$,$i=0,1,\cdots,m$。它的输入为:$n$个变量,$(n^2+n+1)(m+1)$个系数和一个给定的计算精度$\varepsilon$。它的实例的规模为:$O(n^2m)$。同样的问题,当以离散模型讨论时,输入的字长需要考虑系数$\boldsymbol{Q}_i$,$\boldsymbol{q}^i$,c_i,$i=0,1,\cdots,m$的二进制字符所占长度,变量个数。

在连续模型复杂性理论中,实例的输入包含两部分:一是输入计算精度$\varepsilon>0$;一个是输入问题实例的维数,包括变量的个数和系数的个数。

连续模型的基本运算的计量方法为:两个实数间的加、减、乘、除、比较、读或写分别看成一次运算;一些特殊函数的运算以黑箱的形式看成一次运算,如$\cos(x)$,$\sqrt{x}$和$\frac{\mathrm{d}f(x)}{\mathrm{d}x}$等看成一次运算。

对问题解的理解也发生变化。不能按离散模型区分于一个精确的离散问题的解，而只能按给定的精度求出精度范围内的一个解。同离散优化问题的想法一样，我们可以按(3.9)式给出算法性能的评价。连续优化问题算法设计中，我们首先关心多项式时间可计算(polynomially-time computable)问题，简称可计算(computable)问题。所谓连续优化问题 Q 可计算是指：对模型(3.10)的每一个实例 I，记其最优目标值为 $v_{\text{opt}}(I)$，存在一个算法 A 和一个二元多项式函数 $g(\cdot,\cdot)$，使得对于任意给定的 $\varepsilon>0$，算法 A 计算求解到 $x_A(I)$ 并记目标值为 $v_A(I)$，满足

$$|v_A(I)-v_{\text{opt}}(I)|\leqslant\varepsilon,\quad \forall I\in Q, \tag{3.11}$$

且计算求解 $x_A(I)$ 和验证 $x_A(I)$ 落在可行解区域或距可行解区域边沿距离不超过 ε 的区域内的计算量为

$$C_A(I)=O(g(d(I),y)),\quad \forall I\in Q,$$

其中 $d(I)$ 是实例 I 的维数，$y=\log_2\left(\frac{1}{\varepsilon}\right)$。

需要特别说明多项式时间可计算定义中 $y=\log_2\left(\frac{1}{\varepsilon}\right)$ 的形式。在离散优化的复杂性理念中，当 ε 作为输入是一个较小的精度值，而 $\frac{1}{\varepsilon}$ 则是一个比较大的数，$\frac{1}{\varepsilon}$ 在二进制计算机的存储量为 $\log_2\left(\frac{1}{\varepsilon}\right)$。当分析内点算法的复杂性时，其计算复杂性结论就是与 $\log_2\left(\frac{1}{\varepsilon}\right)$ 有一个多项式时间的关系[25,26]。因此，为了对离散与连续优化问题整个系统的一致性，连续优化问题的多项式时间可计算要求一定与 $\log_2\left(\frac{1}{\varepsilon}\right)$ 是一个多项式关系。

3.4.3　离散优化的多项式时间近似方案和连续优化可计算

表面上看，有关离散模型的存在 PTAS 的问题和连续模型的可计算性问题都相对比较简单，都可以在给定的精度下求解到与最优值之差满足精度的解，但在理论上有较大区别。

需要注意性能评价指标的区别。对于任意给定的 $\varepsilon>0$，离散优化问题的 $1+\varepsilon$ 近似比(3.9)式为对 $v_{\text{opt}}(I)$ 的相对比，而可计算连续优化问题的评价公式(3.11)式的误差是绝对的。因此，PTAS 算法的概念不能与可计算的概念混淆。

随之而来的一个问题是：当在连续优化问题中给予那些假设后，可计算问题就是离散优化模型中的多项式时间问题？一个典型问题是线性规划问题。在连续模型中，它因存在内点算法[25,26]而成为一个可计算问题，但从离散模型的角度来研究，大家承认它是一个多项式时间问题。仔细研究会发现，在离散模型假设所有系数为有理数时，目标线性函数和约束线性函数的乘积、加法和不等式(或等式)判别等运算量是决策变量个数的一个多项式函数关系。在给定的精度 ε 充分小时，保证了近似求解的区域内只有最优解。对于一般的连续优化问题，由于有黑箱计算的假设，无法给出黑箱的计算量与实例输入规模的关系，因此，不能简单地将连续优化问题的可计算问题与离散的多项式时间问题等同。本书后续章节所

提及连续优化问题的可计算性是基于连续模型定义的理解。

小 结

本章中没有将$\pm\infty$作为函数值补充定义，这样在讨论闭包函数时需特别讨论函数上方图闭包的边界点的问题。这些结论与 R. T. Rockafellar《Convex Analysis》[42]一书有关凸分析的结论有差异，特别提醒读者注意。

离散的组合最优化问题的复杂性理论较为完备（参考文献[18]），连续优化问题中借用了离散优化问题的诸如 NP 难等复杂性概念，也同样采用(3.9)式的近似比，但诸如离散优化问题的 PTAS 等复杂性概念是否在连续优化问题中有推广的价值还值得探讨。

习 题

3.1 证明：(1)线性函数 $\boldsymbol{a}^{\mathrm{T}}\boldsymbol{x},\boldsymbol{x}\in\mathbb{R}^n$ 为凸函数；(2)多面体

$$\mathcal{X}=\{x\in\mathbb{R}^n \mid (\boldsymbol{a}^i)^{\mathrm{T}}\boldsymbol{x}\leqslant b_i, i=1,2,\cdots,m\}$$

为闭凸集；(3)若多面体$\mathcal{X}$不为空集，则 $\mathrm{ri}(\mathcal{X})\neq\varnothing$。

3.2 设$\mathcal{X}$为非空闭凸集，若 $\boldsymbol{x}\in\mathcal{X}$不能表成$\mathcal{X}$中两个不同点的凸组合，则称 $\boldsymbol{x}$ 为$\mathcal{X}$的一个极点(extreme point)。设下有界凹函数 $f(\boldsymbol{x})$在闭凸集$\mathcal{X}$上达到最小值且$\mathcal{X}$至少有一个极点，证明：$f(\boldsymbol{x})$至少在$\mathcal{X}$的某个极点达到最小值。

3.3 设多面体$\mathcal{X}$至少有一个极点，证明：若一个线性函数在$\mathcal{X}$下有界，则(1)该函数的最小值在多面体$\mathcal{X}$达到，(2)且在$\mathcal{X}$的一个极点达到。

3.4 设$\mathcal{X}=\{\boldsymbol{x}\in\mathbb{R}^n \mid \boldsymbol{A}\boldsymbol{x}=\boldsymbol{b},\boldsymbol{x}\geqslant\boldsymbol{0}\}$，其中 $\boldsymbol{A}=(\boldsymbol{\alpha}_1,\boldsymbol{\alpha}_2,\cdots,\boldsymbol{\alpha}_n)\in\mathcal{M}(m,n),\boldsymbol{b}\in\mathbb{R}^m$，$\boldsymbol{x}\in\mathcal{X}$为其一个极点，$\mathcal{I}(\boldsymbol{x})=\{i \mid x_i>0\}$。证明：$\{\boldsymbol{\alpha}_i \mid i\in\mathcal{I}(\boldsymbol{x})\}$线性无关。

3.5 设$\mathcal{X}=\{\boldsymbol{x}\in\mathbb{R}^n \mid \boldsymbol{A}\boldsymbol{x}=\boldsymbol{b},\boldsymbol{x}\geqslant\boldsymbol{0}\}$，其中 $\boldsymbol{A}=(\boldsymbol{\alpha}_1,\boldsymbol{\alpha}_2,\cdots,\boldsymbol{\alpha}_n)\in\mathcal{M}(m,n),\boldsymbol{b}\in\mathbb{R}^m$。当 $\boldsymbol{\alpha}_{j1},\boldsymbol{\alpha}_{j2},\cdots,\boldsymbol{\alpha}_{jm}$ 线性无关，记 $\boldsymbol{B}=(\boldsymbol{\alpha}_{j1},\boldsymbol{\alpha}_{j2},\cdots,\boldsymbol{\alpha}_{jm})$ 和 $\boldsymbol{x}_B=(x_{j1},x_{j2},\cdots,x_{jm})^{\mathrm{T}}$，若 $\boldsymbol{x}_B=\boldsymbol{B}^{-1}\boldsymbol{b}\geqslant 0$，证明：由 $\boldsymbol{x}_B$ 对应分量及余下 0 分量组成的 $\boldsymbol{x}$ 是$\mathcal{X}$的一个极点解。

3.6 设 $f(x)=\sin(x),-\frac{\pi}{2}<x\leqslant 2\pi$，写出 $\mathrm{cl}(\mathrm{conv}(f))(x)$及函数值有界的定义域。

3.7 设 $f:\mathcal{X}$是一个凸函数且在 $\bar{\boldsymbol{x}}\in\mathrm{int}(\mathcal{X})$一阶连续可微，证明：$\partial f(\bar{\boldsymbol{x}})=\nabla f(\bar{\boldsymbol{x}})$。

3.8 设$\mathcal{X}$为$\mathbb{R}^n$ 上的非空开凸集，$f(\boldsymbol{x}):\mathcal{X}$为凸函数，证明：$f(\boldsymbol{x})$在$\mathcal{X}$中任何一点连续。

3.9 设$\mathcal{X}$为$\mathbb{R}^n$ 上的非空凸集，$f(\boldsymbol{x}):\mathcal{X}$为凸函数，举例说明 $f(\boldsymbol{x})$在$\mathcal{X}$不一定连续。

3.10 设$\mathcal{X}$为$\mathbb{R}^n$ 上的非空凸集，$f(\boldsymbol{x}):\mathcal{X}$为凸函数，$\boldsymbol{x}^0\in\mathrm{ri}(\mathcal{X})$。证明：当 $\boldsymbol{x}\in\mathcal{X}$且 $\boldsymbol{x}\to\boldsymbol{x}^0$ 时，有 $f(\boldsymbol{x})\to f(\boldsymbol{x}^0)$，即 $f(\boldsymbol{x})$在$\mathcal{X}$中任何一个相对内点连续。

3.11 设 $f(x)=\begin{cases}x^2, & x\leqslant 0,\\ x, & x>0,\end{cases}$ 求$\partial f(0)$。

3.12 设 $f(x)=x^3,x\geqslant 0$，分别求其及 $f(x)+b,f(x+a),cf(x+a)$在定义域 $x\geqslant 0$ 的共轭函数 $f^*:\mathcal{Y}$，其中 $a\geqslant 0,b\in\mathbb{R},c>0$。

3.13 设 $f(\boldsymbol{x})=\boldsymbol{x}^{\mathrm{T}}\boldsymbol{A}\boldsymbol{x}$，其中 $\boldsymbol{A}\in\mathcal{S}_{++}^n,\boldsymbol{x}\in\mathbb{R}^n$，分别求 $f(\boldsymbol{x})$及 $f(\boldsymbol{x})+b,f(\boldsymbol{x}+\boldsymbol{a})$，

$cf(\boldsymbol{x}+\boldsymbol{a})$，其中 $\boldsymbol{a}\in\mathbb{R}^n$，$b\in\mathbb{R}$，$c>0$ 的共轭函数 $f^*:\mathcal{Y}$。

3.14 证明不等式 $\frac{1}{2}\boldsymbol{x}^{\mathrm{T}}\boldsymbol{P}\boldsymbol{x}+\frac{1}{2}\boldsymbol{y}^{\mathrm{T}}\boldsymbol{P}^{-1}\boldsymbol{y}\geqslant\boldsymbol{x}^{\mathrm{T}}\boldsymbol{y}$ 对 $\boldsymbol{P}\in\mathcal{S}^n_{++}$，$\boldsymbol{x},\boldsymbol{y}\in\mathbb{R}^n$ 恒成立。

3.15 记

$$\mathcal{F}_m=\{\boldsymbol{x}\in\mathcal{K}\subseteq\mathbb{R}^n\mid g_i(\boldsymbol{x})\leqslant b_i,i=1,2,\cdots,m\},$$

其中对每一个 i，$g_i(\boldsymbol{x})$ 为连续凸函数，$\mathcal{K}$ 为有界闭凸集且 $\mathcal{F}_m\neq\varnothing$。当减少一个约束 $g_m(\boldsymbol{x})\leqslant b_m$ 时，假设 $\mathcal{F}_{m-1}$ 与 $\mathcal{F}_m$ 不相等。证明：存在 $\boldsymbol{c}\in\mathbb{R}^n$，使得优化问题 $\min\limits_{\boldsymbol{x}\in\mathcal{F}_m}\boldsymbol{c}^{\mathrm{T}}\boldsymbol{x}>\min\limits_{\boldsymbol{x}\in\mathcal{F}_{m-1}}\boldsymbol{c}^{\mathrm{T}}x$。

3.16 设 $f:\mathbb{R}^n\to\mathbb{R}^m$ 为连续函数，$\mathcal{X}\subseteq\mathbb{R}^m$。证明或否定命题

$$f^{-1}(\mathrm{ri}(\mathcal{X}))=\mathrm{ri}(f^{-1}(\mathcal{X})),$$

其中 $f^{-1}(\mathcal{X})=\{\boldsymbol{x}\mid\boldsymbol{f}(\boldsymbol{x})\in\mathcal{X}\}$。

3.17 二次约束二次规划问题

$$\begin{aligned}
\min\quad & \frac{1}{2}\boldsymbol{x}^{\mathrm{T}}\boldsymbol{Q}_0\boldsymbol{x}+(\boldsymbol{q}^0)^{\mathrm{T}}\boldsymbol{x}+\boldsymbol{c}_0\\
\text{s.t.}\quad & g_i(\boldsymbol{x})=\frac{1}{2}\boldsymbol{x}^{\mathrm{T}}\boldsymbol{Q}_i\boldsymbol{x}+(\boldsymbol{q}^i)^{\mathrm{T}}\boldsymbol{x}+c_i\leqslant 0,\quad i=1,2,\cdots,m\\
& \boldsymbol{x}\in\mathbb{R}^n,
\end{aligned}$$

其中给定 $\boldsymbol{Q}_i\in\mathcal{S}^n$，$\boldsymbol{q}^i\in\mathbb{R}^n$ 和 $c_i\in\mathbb{R}$，$i=0,1,2,\cdots,m$。记

$$\mathcal{F}=\{\boldsymbol{x}\in\mathbb{R}^n\mid g_i(\boldsymbol{x})\leqslant 0,i=1,2,\cdots,m\},$$

$$\boldsymbol{M}_i=\begin{pmatrix}2c_i & (\boldsymbol{q}^i)^{\mathrm{T}}\\ \boldsymbol{q}^i & \boldsymbol{Q}_i\end{pmatrix}。$$

证明：上述二次约束二次规划问题与下列优化问题

$$\begin{aligned}
\min\quad & \frac{1}{2}\boldsymbol{M}_0\cdot\boldsymbol{X}\\
\text{s.t.}\quad & \frac{1}{2}\boldsymbol{M}_i\cdot\boldsymbol{X}\leqslant 0,\quad i=1,2,\cdots,m\\
& X\in\mathrm{cl}\left(\mathrm{conv}\left(\begin{pmatrix}1\\ \boldsymbol{x}\end{pmatrix}\begin{pmatrix}1\\ \boldsymbol{x}\end{pmatrix}^{\mathrm{T}}\,\middle|\,\boldsymbol{x}\in\mathcal{F}\right)\right),
\end{aligned}$$

有相同的目标值。

第4章

最优性条件与对偶问题

最优化的一个核心就是给出最优解的充分或必要条件，统称最优性条件，以便于最优解的判别或求解。本章基于导函数和对偶模型分别给出优化问题最优解的最优性条件。第 1 节介绍最优性条件，主要以一阶导数条件为主，简单给出了二阶导数最优性条件，辅以几何直观循序给出这些条件。基于这些最优性条件，第 2 节讨论了典型的约束规范并给出相互间的关系。第 3 节以传统的 Lagrange 对偶(Lagrangian dual)方法开始，拓展到广义的 Lagrange 对偶。基于读者对 Lagrange 对偶方法的熟知，第 4 节引出本书理论基础的重点：共轭对偶(conjugate dual)模型及其理论。第 5 节将共轭对偶应用到线性锥优化问题，得到线性锥优化问题的对偶模型、强对偶条件和最优性条件。

第 1 节　基于导数的最优性条件

非线性规划问题的一般模型为

$$\begin{aligned} \min \quad & f(\boldsymbol{x}) \\ \text{s.t.} \quad & \boldsymbol{g}(\boldsymbol{x}) \leqslant \boldsymbol{0} \\ & \boldsymbol{x} \in \mathbb{R}^n, \end{aligned} \tag{4.1}$$

其中，$f(\boldsymbol{x})$为定义在$\mathbb{R}^n$ 上的实函数，$\boldsymbol{g}(\boldsymbol{x})=(g_1(\boldsymbol{x}),g_2(\boldsymbol{x}),\cdots,g_m(\boldsymbol{x}))^{\mathrm{T}}$ 为$\mathbb{R}^n$ 定义域上的 m 维实函数向量，$g_i(\boldsymbol{x})\leqslant 0$ 称为第 i 个约束条件，其可行解区域记成

$$\mathcal{F}=\{\boldsymbol{x} \in \mathbb{R}^n \mid g_i(\boldsymbol{x}) \leqslant 0, i=1,2,\cdots,m\}。$$

对于等式约束 $g_i(\boldsymbol{x})=0$，我们可以通过两个不等式约束 $g_i(\boldsymbol{x})\leqslant 0$ 和 $-g_i(\boldsymbol{x})\leqslant 0$ 等价地表示。

对于优化问题(4.1)，当 $\mathcal{F}=\mathbb{R}^n$ 时，称该问题为无约束优化问题(unconstrained optimization problem)；当$\mathcal{F}\neq\varnothing$时，称该问题可行或可行问题(feasible problem)，任意 $\boldsymbol{x}\in\mathcal{F}$ 称为该优化问题的一个可行解；当$\mathcal{F}=\varnothing$时，称问题不可行且其最优目标值记成$+\infty$；当问题可行且目标值有下界时，称该问题下有界(bounded below)；当存在 $\boldsymbol{x}^*\in\mathcal{F}$使得 $f(\boldsymbol{x}^*)$达到最优值时，称该问题最优解可达(attainable)或简称可达；当同时满足可行、下有界和可达，则称该问题为可解问题(solvable problem)。

给定 $\boldsymbol{x}^* \in \mathcal{F}$，若存在 $\delta>0$ 使得

$$f(\boldsymbol{x}^*) \leqslant f(\boldsymbol{x}), \quad \forall \boldsymbol{x} \in N(\boldsymbol{x}^*, \delta) \cap \mathcal{F},$$

则称 $\boldsymbol{x}^*$ 为优化问题(4.1)的局部极小解(local minimizer)或在不引起混淆时称为局部最优解(local optimizer)。当

$$f(\boldsymbol{x}^*) \leqslant f(\boldsymbol{x}), \quad \forall \boldsymbol{x} \in \mathcal{F},$$

则称 $\boldsymbol{x}^*$ 为优化问题(4.1)的全局最小解(global minimizer)或在不引起混淆时称为全局最优解(global optimizer)。如果最优解使上面公式中不等号对 $\boldsymbol{x} \neq \boldsymbol{x}^*$ 严格成立，则称为严格局部(全局)最优解(strictly local/global optimizer)。

例 4.1 两个变量的优化问题

$$\begin{aligned} \min \quad & x_1^2 \\ \text{s.t.} \quad & x_1 x_2 = 1 \\ & x_1, x_2 \in \mathbb{R}, \end{aligned} \tag{4.2}$$

它的最优值明显非负。可取其可行解 $x_1=\dfrac{1}{k}, x_2=k$，其中 k 为任意正整数，则得到其最优目标值为 0，但 $x_1=0$ 时 $x_1x_2=1$ 不成立，故最优解不可达。

上面例子表明目标函数中使用 min 的含义较通常数学的定义更为广泛。min 是 minimum 或 minimize 的缩写，一般情况下表示在可行解区域内求使目标函数达到最小的点。在不可达的情况下，应使用 inf 数学符号，为 infimum 的缩写，表示求目标函数在可行解区域的下确界。为了简洁和不过多引入数学符号，除非特别说明，本书后续部分不加区别地一律使用 min(或 max)符号。

依据数学分析的理论，连续函数在有界闭集上一定可以取到最大和最小值，则优化问题(4.1)的一类特殊情形是$\mathcal{F}$为非空有界闭集，当 $f(\boldsymbol{x})$ 在其上连续时，该问题可解。

另外，鉴于本书所研究问题及涉及的数学基础，在不特别声明的情况下，我们假设目标函数和约束函数是光滑函数，即可任意次微分且微分后的函数是连续的。

定理 4.1 若优化问题(4.1)中，$\mathcal{F}$为非空凸集且 $f(\boldsymbol{x})$ 为$\mathcal{F}$上的凸函数，则此优化问题的任何一个局部极小解均为全局最小解。

证明 设 $\bar{\boldsymbol{x}} \in \mathcal{F}$为一个局部极小解，但不是全局最小解，则存在 $\hat{\boldsymbol{x}} \in \mathcal{F}$满足：$f(\hat{\boldsymbol{x}})<f(\bar{\boldsymbol{x}})$。凸集的特性保证对任意 $0 \leqslant \alpha \leqslant 1$，有 $\boldsymbol{x}=\alpha\bar{\boldsymbol{x}}+(1-\alpha)\hat{\boldsymbol{x}} \in \mathcal{F}$。凸函数的特性保证

$$f(\alpha\bar{\boldsymbol{x}}+(1-\alpha)\hat{\boldsymbol{x}}) \leqslant \alpha f(\bar{\boldsymbol{x}})+(1-\alpha)f(\hat{\boldsymbol{x}}) < f(\bar{\boldsymbol{x}})$$

对任意 $0 \leqslant \alpha < 1$ 成立。当 α 接近 1 时，$\boldsymbol{x}$ 接近 $\bar{\boldsymbol{x}}$，但目标值却小于 $f(\bar{\boldsymbol{x}})$，与局部最优解矛盾。故结论成立。 □

当目标函数非凸或$\mathcal{F}$非凸集时，局部极小解不一定为全局最小解，更为甚之，判断一个可行解是否为局部极小解都不容易。以下将给出一些是局部极小解的必要条件或充分条件。

对于无约束优化问题，当 $f(\boldsymbol{x})$ 在 $\bar{\boldsymbol{x}}$ 点一阶连续可微的情况下，由定理 3.1，$f(\boldsymbol{x})$可以展开为

$$f(\boldsymbol{x})=f(\bar{\boldsymbol{x}})+\nabla f(\bar{\boldsymbol{x}})^{\mathrm{T}}(\boldsymbol{x}-\bar{\boldsymbol{x}})+o(\|\boldsymbol{x}-\bar{\boldsymbol{x}}\|)。$$

直观看出，当 $\bar{\boldsymbol{x}}$ 为局部极小解时，其必要条件为存在 $\delta>0$，使得

$$\nabla f(\bar{\boldsymbol{x}})^{\mathrm{T}}(\boldsymbol{x}-\bar{\boldsymbol{x}}) \geqslant 0, \quad \forall \boldsymbol{x} \in N(\bar{\boldsymbol{x}}, \delta)。$$

为什么该条件不是充分条件呢？仔细观察可以发现，当存在 $\bar{\boldsymbol{x}}$ 使得$\nabla f(\bar{\boldsymbol{x}})^{\mathrm{T}}(\boldsymbol{x}-\bar{\boldsymbol{x}})=0$ 时，我们就无法推断 $\bar{\boldsymbol{x}}$ 是否为局部极小解，一个简单的例子为$\mathbb{R}$上的 $f(x)=x^3$ 在 $\bar{x}=0$ 的情况，当 $x>0$ 时 $f(x)>f(0)$，而当 $x<0$ 时 $f(x)<f(0)$。因此充分性无法简单给出。

上面的讨论给出一个非常直观的几何解释：对于给定的可行解 $\bar{\boldsymbol{x}}$，考虑周边可行的延伸路径，包括直线或曲线，若所有的可行延伸路径都无法使目标函数下降，则这一点就是局部极小解。我们将这个直观移植到约束优化问题中，如果只考虑函数的一阶导数，按 Taylor 公式，这时两点函数值的差与这点的梯度和变化方向有关，其最优性条件的结论称之为一阶最优性条件(first order optimality condition)；如果考虑二阶导数，再按 Taylor 公式展开到二阶项，函数值的差异就与二次函数有关了。因此我们不但考虑方向，还需要考虑点的二次函数变化了，相关的最优性条件称为二阶最优性条件(second order optimality condition)。

4.1.1 一阶最优性条件

首先考虑直线路径，对于给定的 $\bar{\boldsymbol{x}}\in\mathcal{F}$及 $\delta>0$，展开

$$f(\boldsymbol{x})=f(\bar{\boldsymbol{x}})+\nabla f(\bar{\boldsymbol{x}})^{\mathrm{T}}(\boldsymbol{x}-\bar{\boldsymbol{x}})+o(\|\boldsymbol{x}-\bar{\boldsymbol{x}}\|),\quad \forall\,\boldsymbol{x}\in N(\bar{\boldsymbol{x}},\delta)\cap\mathcal{F}。$$

直观看出，当存在 $\delta_0>0$ 和方向 $\boldsymbol{d}$，使对$\forall\,0<\delta\leqslant\delta_0$ 和 $\boldsymbol{x}=\bar{\boldsymbol{x}}+\delta\boldsymbol{d}\in\mathcal{F}$，若有

$$\nabla f(\bar{\boldsymbol{x}})^{\mathrm{T}}\boldsymbol{d}<0$$

时，则知 $\bar{\boldsymbol{x}}$ 不是局部极小解，以及 $\boldsymbol{d}$ 是一个可行的下降方向。

因此在点 $\boldsymbol{x}\in\mathcal{F}$定义其可行方向(feasible direction)集为

$$\mathcal{D}(\boldsymbol{x})-\{\boldsymbol{d}\in\mathbb{R}^n\mid 存在\ \delta_0>0,使得\ \boldsymbol{x}+\delta\boldsymbol{d}\in\mathcal{F}\ 对所有\ 0<\delta\leqslant\delta_0\ 成立\}。$$

定理 4.2 设 $f(\boldsymbol{x})$在 $\bar{\boldsymbol{x}}$ 点可微，$\bar{\boldsymbol{x}}\in\mathcal{F}$是优化问题(4.1)局部极小解的必要条件是

$$\nabla f(\bar{\boldsymbol{x}})^{\mathrm{T}}\boldsymbol{d}\geqslant 0,\quad \forall\,\boldsymbol{d}\in\mathcal{D}(\bar{\boldsymbol{x}})。$$

反证法即得到。注意上面定理的充分性结论不正确，用下例予以说明。

例 4.2 对优化问题

$$\begin{aligned}\min\quad & -x^4\\ \text{s.t.}\quad & -1\leqslant x\leqslant 1,\end{aligned}$$

当 $\bar{x}=0$ 时，$\dfrac{\mathrm{d}f(\bar{x})}{\mathrm{d}x}=-4\bar{x}^3=0$，故满足定理 4.2 的条件，但 $\bar{x}=0$ 不是局部极小解。

需要注意，$\mathcal{D}(\boldsymbol{x})$是一个锥，但不一定为闭锥，也不一定为凸锥，参考下例。

例 4.3 设定义域

$$\mathcal{F}_1=\{(x_1,x_2)^{\mathrm{T}}\in\mathbb{R}^2\mid(x_1-1)^2+x_2^2\leqslant 1\},$$

$\bar{x}-(0,0)^{\mathrm{T}}$。$\mathcal{D}(\bar{x})$包含語以原点为起点角度从 $\frac{\pi}{2}$ 逆时针变化到 $\frac{\pi}{2}$，但不包含纵轴的所有方向.

$$\mathcal{D}(\bar{\boldsymbol{x}})=\{(d_1,d_2)^{\mathrm{T}}\in\mathbb{R}^2\mid d_1>0\}。$$

明显这不是一个闭集。

另设定义域

$$\begin{aligned}\mathcal{F}_2=&\{(x_1,x_2)^{\mathrm{T}}\in\mathbb{R}^2\mid 2x_1-x_2\leqslant 0,x_1\geqslant 0,x_2\geqslant 0\}\\ &\cup\{(x_1,x_2)^{\mathrm{T}}\in\mathbb{R}^2\mid x_1-2x_2\geqslant 0,x_1\geqslant 0,x_2\geqslant 0\}。\end{aligned}$$

在 $\bar{x}=(0,0)^{\mathrm{T}}$ 点，可行方向集还是$\mathcal{F}_2$的区域，

$$\mathcal{D}(\bar{x})=\{(d_1,d_2)^{\mathrm{T}}\in\mathbb{R}^2 \mid 2d_1-d_2\leqslant 0,d_1\geqslant 0,d_2\geqslant 0\}$$
$$\cup\{(d_1,d_2)^{\mathrm{T}}\in\mathbb{R}^2 \mid d_1-2d_2\geqslant 0,d_1\geqslant 0,d_2\geqslant 0\},$$

但不是凸锥。

定理 4.3 设$\mathcal{F}$为非空凸集，$f(\boldsymbol{x})$：$\mathbb{R}^n$ 是凸函数且在 $\bar{\boldsymbol{x}}$ 点可微，则 $\bar{\boldsymbol{x}}\in\mathcal{F}$是优化问题(4.1)全局最小解的充分必要条件是

$$\nabla f(\bar{\boldsymbol{x}})^{\mathrm{T}}\boldsymbol{d}\geqslant 0,\quad \forall\boldsymbol{d}\in\mathcal{D}(\bar{\boldsymbol{x}})。$$

证明 必要性已由定理 4.2 证明。对任给 $\boldsymbol{x}\in\mathcal{F}$，$\mathcal{F}$的凸集性表明 $\boldsymbol{d}=\boldsymbol{x}-\bar{\boldsymbol{x}}\in\mathcal{D}(\bar{\boldsymbol{x}})$。明显 $\bar{\boldsymbol{x}}$ 是$\mathbb{R}^n$ 的内点，由 $f(\boldsymbol{x})$是$\mathbb{R}^n$ 上的凸函数的假设，再根据凸函数与次梯度关系的定理 3.5，得到

$$f(\boldsymbol{x})\geqslant f(\bar{\boldsymbol{x}})+\nabla f(\bar{\boldsymbol{x}})^{\mathrm{T}}(\boldsymbol{x}-\bar{\boldsymbol{x}})=f(\bar{\boldsymbol{x}})+\nabla f(\bar{\boldsymbol{x}})^{\mathrm{T}}\boldsymbol{d}\geqslant f(\bar{\boldsymbol{x}})。$$

$\bar{\boldsymbol{x}}$ 为局部极小解。由定理 4.1 知此情况下局部最优解为全局最小解，故结论得证。 □

注意上述定理中 $f(\boldsymbol{x})$：$\mathbb{R}^n$ 是凸函数的条件要求。这主要是证明中可以很简单地应用凸函数与次梯度关系的定理 3.5，可以将条件减弱到 $f(\boldsymbol{x})$是在包含$\mathcal{F}$的一个开集上或包含 $\bar{\boldsymbol{x}}$ 的一个开邻域的凸函数。

聚焦到优化问题(4.1)可行解集合$\mathcal{F}$中的 $g_i(\boldsymbol{x})$，对 $\bar{\boldsymbol{x}}\in\mathcal{F}$，若 $g_i(\bar{\boldsymbol{x}})$为一阶连续可微，由定理 3.1 知，存在 $\delta>0$ 并可以展开

$$g_i(\boldsymbol{x})=g_i(\bar{\boldsymbol{x}})+\nabla g_i(\bar{\boldsymbol{x}})^{\mathrm{T}}(\boldsymbol{x}-\bar{\boldsymbol{x}})+o(\|\boldsymbol{x}-\bar{\boldsymbol{x}}\|),\quad \forall\boldsymbol{x}\in N(\bar{\boldsymbol{x}},\delta)\cap\mathcal{F}。$$

当 $g_i(\bar{\boldsymbol{x}})<0$ 时，我们可以选择充分小的 $\delta>0$，使得$\nabla g_i(\bar{\boldsymbol{x}})^{\mathrm{T}}(\boldsymbol{x}-\bar{\boldsymbol{x}})$充分小而保证 $g_i(\boldsymbol{x})<0$ 对所有 $\boldsymbol{x}\in N(\bar{\boldsymbol{x}},\delta)\cap\mathcal{F}$成立，也就是在 $\bar{\boldsymbol{x}}$ 点沿任何方向变化，继续保证可行约束。

因此，制约可行性方向选择的关键是需要研究 $g_i(\bar{\boldsymbol{x}})=0$ 的约束。定义 $\boldsymbol{x}\in\mathcal{F}$的积极约束集(active constraint set)为

$$\mathcal{I}(\boldsymbol{x})=\{i \mid g_i(\boldsymbol{x})=0\}。\tag{4.3}$$

设问题(4.1)可行且所有约束函数在$\mathbb{R}^n$ 上连续可微，定义 $\boldsymbol{x}\in\mathcal{F}$点积极约束的局部约束方向集(set of locally constrained directions)为

$$\mathcal{L}(\boldsymbol{x})=\{\boldsymbol{d}\in\mathbb{R}^n \mid \nabla g_i(\boldsymbol{x})^{\mathrm{T}}\boldsymbol{d}\leqslant 0,\forall i\in\mathcal{I}(\boldsymbol{x})\}。$$

需要注意的是：$\mathcal{L}(\boldsymbol{x})$中的方向 $\boldsymbol{d}$ 不都是约束集合的可行变化方向。如约束函数 $g(x)=x^2\leqslant 0$ 在 $x=0$ 点为积极约束，$\mathcal{L}(0)=\mathbb{R}$，但任何一个非 0 方向都不是可行方向。

引理 4.4 若问题(4.1)可行且所有约束函数在$\mathbb{R}^n$ 上可微，则对任意 $x\in\mathcal{F}$，$\mathcal{L}(x)$为非空闭凸锥且

$$\mathcal{D}(\boldsymbol{x})\subseteq\mathcal{L}(\boldsymbol{x})。$$

证明 $0\in\mathcal{L}(\boldsymbol{x})$且$\mathcal{L}(\boldsymbol{x})$明显具有锥的性质。对向量点列 $\boldsymbol{d}^k\to\boldsymbol{d}^*$ 满足$\nabla g_i(\boldsymbol{x})^{\mathrm{T}}\boldsymbol{d}^k\leqslant 0$，$i\in\mathcal{I}(\boldsymbol{x})$，由极限的性质，有$\nabla g_i(\boldsymbol{x})^{\mathrm{T}}\boldsymbol{d}^*\leqslant 0,i\in\mathcal{I}(\boldsymbol{x})$，所以闭性满足。

任给 $\boldsymbol{d}^1,\boldsymbol{d}^2\in\mathcal{L}(\boldsymbol{x})$，有 $\nabla g_i(\boldsymbol{x})^{\mathrm{T}}\boldsymbol{d}^1\leqslant 0,i\in\mathcal{I}(\boldsymbol{x})$ 和 $\nabla g_i(\boldsymbol{x})^{\mathrm{T}}\boldsymbol{d}^2\leqslant 0,i\in\mathcal{I}(\boldsymbol{x})$，得到 $\nabla g_i(\boldsymbol{x})^{\mathrm{T}}[\alpha\boldsymbol{d}^1+(1-\alpha)\boldsymbol{d}^2]\leqslant 0,i\in\mathcal{I}(\boldsymbol{x})$，其中 $0\leqslant\alpha\leqslant 1$。凸性得证。

对任意 $\boldsymbol{d}\in\mathcal{D}(\boldsymbol{x})$，存在 $\delta_0>0$，使得 $g_i(\hat{\boldsymbol{x}})\leqslant 0,i=1,2,\cdots,m$，对 $\hat{\boldsymbol{x}}=\boldsymbol{x}+\delta\boldsymbol{d},0<\delta\leqslant\delta_0$ 恒成立。于是

$$\begin{aligned}g_i(\hat{\boldsymbol{x}})&=g_i(\boldsymbol{x})+\delta\,\nabla g_i(\boldsymbol{x})^{\mathrm{T}}\boldsymbol{d}+o(\delta\|\boldsymbol{d}\|)\\&=\delta\,\nabla g_i(\boldsymbol{x})^{\mathrm{T}}\boldsymbol{d}+o(\delta\|\boldsymbol{d}\|)\leqslant 0,\quad\forall i\in\mathcal{I}(\boldsymbol{x}),\end{aligned}$$

进而得到

$$\lim_{\delta\to 0^+}\frac{g_i(\hat{\boldsymbol{x}})-g_i(\boldsymbol{x})}{\delta}=\nabla g_i(\boldsymbol{x})^{\mathrm{T}}\boldsymbol{d}\leqslant 0,\quad \forall i\in\mathcal{I}(\boldsymbol{x})。$$

得到 $\boldsymbol{d}\in\mathcal{L}(\boldsymbol{x})$，所以 $\mathcal{D}(\boldsymbol{x})\subseteq\mathcal{L}(\boldsymbol{x})$。 □

定理 4.5 设问题(4.1)的目标及所有约束函数在 $\bar{\boldsymbol{x}}$ 点可微和 $\bar{\boldsymbol{x}}\in\mathcal{F}$ 为局部极小解，若 $\mathcal{L}(\bar{\boldsymbol{x}})\subseteq\mathrm{cl}(\mathrm{conv}(\mathcal{D}(\bar{\boldsymbol{x}})))$，则存在 $\bar{\boldsymbol{\lambda}}\in\mathbb{R}_+^m$ 使得

$$\nabla f(\bar{\boldsymbol{x}})+\sum_{i=1}^m\bar{\lambda}_i\nabla g_i(\bar{\boldsymbol{x}})=\boldsymbol{0},$$

$$\bar{\lambda}_i g_i(\bar{\boldsymbol{x}})=0,\quad i=1,2,\cdots,m。$$

证明 定义 $\mathcal{L}^*(\bar{\boldsymbol{x}})$ 为点 $\bar{\boldsymbol{x}}$ 积极约束可行方向集 $\mathcal{L}(\bar{\boldsymbol{x}})$ 的对偶锥，记

$$\mathcal{C}_g(\bar{\boldsymbol{x}})=\mathrm{cone}\{-\nabla g_i(\bar{\boldsymbol{x}}),i\in\mathcal{I}(\bar{\boldsymbol{x}})\}。$$

下面证明 $\mathcal{C}_g(\bar{\boldsymbol{x}})$ 为闭凸锥。当 $\mathcal{C}_g(\bar{\boldsymbol{x}})$ 中仅有一个 $\boldsymbol{0}$ 向量，则结论明显成立。不妨假设其中至少包含一个非零向量。凸锥的结论易证，仅证闭性。证明的思路采用 $\mathcal{C}_g(\bar{\boldsymbol{x}})$ 中的任何一个收敛点列的极限点还在其中。

记

$$\mathcal{A}=\mathrm{conv}\{-\nabla g_i(\bar{\boldsymbol{x}}),i\in\mathcal{I}(\bar{\boldsymbol{x}})\}。$$

由于 $\{-\nabla g_i(\bar{\boldsymbol{x}}),i\in\mathcal{I}(\bar{\boldsymbol{x}})\}$ 中向量个数有限且凸包的系数非负不超过 1，因此 $\mathcal{A}$ 中任何一个收敛点列存在对应每个 $-\nabla g_i(\bar{\boldsymbol{x}})$ 凸组合系数都收敛的子列，得到 $\mathcal{A}$ 为闭凸集。记 $r=\inf\limits_{y\in\mathcal{A}}\|\boldsymbol{y}\|_2$，$s$ 为 $\{-\nabla g_i(\bar{\boldsymbol{x}}),i\in\mathcal{I}(\bar{\boldsymbol{x}})\}$ 中向量个数，

$$y^k=\sum_{i=1}^s\lambda_i^k(-\nabla g_i(\bar{\boldsymbol{x}}))\in\mathcal{C}_g(\bar{\boldsymbol{x}}),$$

且 $\{\boldsymbol{y}^k\}$ 的极限点为 $\bar{\boldsymbol{y}}$。当 $\bar{\boldsymbol{y}}=\boldsymbol{0}$ 时，则明显 $\bar{\boldsymbol{y}}\in\mathcal{C}_g(\bar{\boldsymbol{x}})$，因此不妨设 $\bar{\boldsymbol{y}}\neq\boldsymbol{0}$。

当 $r>0$ 时，由

$$\boldsymbol{y}^k=\sum_{i=1}^s\lambda_i^k(-\nabla g_i(\bar{\boldsymbol{x}}))=\left(\sum_{j=1}^s\lambda_j^k\right)\left(\sum_{i=1}^s\frac{\lambda_i^k}{\sum_{j=1}^s\lambda_j^k}(-\nabla g_i(\bar{\boldsymbol{x}}))\right)$$

和 $\bar{\boldsymbol{y}}$ 为其极限点可推出：存在常数 M，使得

$$\|\bar{\boldsymbol{y}}\|+M\geqslant r\sum_{j=1}^s\lambda_j^k,$$

也就有

$$\sum_{j=1}^s\lambda_j^k\leqslant\frac{\|\bar{\boldsymbol{y}}\|+M}{r}。$$

再由 $\lambda_i^k\geqslant 0$ 得到 λ_i^k 有界。由此 $\{(\lambda_1^k,\lambda_2^k,\cdots,\lambda_s^k)\mid k=1,2,\cdots\}$ 中存在一个收敛子列收敛到 $(\bar{\lambda}_1,\bar{\lambda}_2,\cdots,\bar{\lambda}_s)$ 且 $\bar{\boldsymbol{y}}=\sum_{i=1}^s\bar{\lambda}_i(-\nabla g_i(\bar{\boldsymbol{x}}))$。此时有 $\bar{\lambda}_i\geqslant 0,i=1,2,\cdots,s$，故 $\bar{\boldsymbol{y}}\in\mathcal{C}_g(\bar{\boldsymbol{x}})$，得到 $\mathcal{C}_g(\bar{\boldsymbol{x}})$ 为闭集。

当 $r=0$ 时，由于 $\mathcal{A}$ 为闭集，则存在 $\boldsymbol{\lambda}^0\in\mathbb{R}_+^s$，$\sum_{i=1}^s\lambda_i^0=1$ 使得

$$\sum_{i=1}^{s}\lambda_i^0(-\nabla g_i(\bar{\boldsymbol{x}}))=\boldsymbol{0}。$$

对 $\boldsymbol{y}^k\in\mathcal{C}_g(\bar{\boldsymbol{x}})$，有

$$\boldsymbol{y}^k=\sum_{i=1}^{s}(\lambda_i^k-t\lambda_i^0)(-\nabla g_i(\bar{\boldsymbol{x}}))。$$

若存在某个 $\lambda_i^k=0$，取 $t_k=0$，否则取 $t_k=\min\left\{\frac{\lambda_i^k}{\lambda_i^0}\middle|\lambda_i^0>0\right\}$ 并记 $\bar{\boldsymbol{\lambda}}^k=\boldsymbol{\lambda}^k-t_k\boldsymbol{\lambda}^0\in\mathbb{R}^s$。每个 $\bar{\boldsymbol{\lambda}}^k\in\mathbb{R}^s$ 向量中至少有一个分量为 0。选一个分量 p，$1\leqslant p\leqslant s$，具有 $\{\bar{\lambda}_p^k\}_{k=1}^{\infty}$ 中有无穷多个 0，从 $\{\boldsymbol{y}^k\}_{k=1}^{\infty}$ 选出满足 $\bar{\lambda}_p^{k_l}=0$ 的指标 k_l 对应的子列 $\{\boldsymbol{y}^{k_l}\}_{l=1}^{\infty}$，该子列仍然收敛 $\bar{\boldsymbol{y}}$ 且它的锥线性组合与 $-\nabla g_p(\bar{\boldsymbol{x}})$ 无关，如此等价在 $\mathcal{C}_g(\bar{\boldsymbol{x}})$ 中删除 $-\nabla g_p(\bar{\boldsymbol{x}})$ 后，继续证明 $\bar{\boldsymbol{y}}\in\mathcal{C}_g(\bar{\boldsymbol{x}})$。在 $\bar{\boldsymbol{y}}\neq\boldsymbol{0}$ 的前提下，以此归纳最后可得 $\mathcal{C}_g(\bar{\boldsymbol{x}})$ 中至少包含 $\{-\nabla g_i(\bar{\boldsymbol{x}}),i\in\mathcal{I}(\bar{\boldsymbol{x}})\}$ 中一个非零向量且 $r>0$ 的情形，由前述的结论得到 $\mathcal{C}_g(\bar{\boldsymbol{x}})$ 为闭集。

为了便于理解，举例说明上述子列的选取方式。在得到

$$\left\{\boldsymbol{y}^k=\sum_{i=1}^{+\infty}\bar{\lambda}_i^k(-\nabla g_i(\bar{\boldsymbol{x}}))\mid k=1,2,\cdots\right\}$$

后，发现 $-\nabla g_1(\bar{\boldsymbol{x}})$ 对应的系数 $\{\bar{\lambda}_1^k|k=1,2,\cdots,\}$ 有无穷多个为 0，特点是 k 为偶数对应的项 $\bar{\lambda}_1^{2j}=0,j=1,2,\cdots$。此时选出子列 $\{\boldsymbol{y}^{2j}|j=1,2,\cdots\}$。这个子列中 $-\nabla g_1(\bar{\boldsymbol{x}})$ 的对应系数为 0，$\mathcal{C}_g(\bar{\boldsymbol{x}})$ 的锥组合中没有 $-\nabla g_1(\bar{\boldsymbol{x}})$ 的项，由此归纳删了一个向量。

下面证明 $\mathcal{L}^*(\bar{\boldsymbol{x}})=\mathcal{C}_g(\bar{\boldsymbol{x}})$。先证明 $\mathcal{L}(\bar{\boldsymbol{x}})=\mathcal{C}_g^*(\bar{\boldsymbol{x}})$，其中 $\mathcal{C}_g^*(\bar{\boldsymbol{x}})$ 为 $\mathcal{C}_g(\bar{\boldsymbol{x}})$ 的对偶集合。对于任意给定的 $\boldsymbol{d}\in\mathcal{L}(\bar{\boldsymbol{x}})$，有

$$\nabla g_i(\bar{\boldsymbol{x}})^{\mathrm{T}}\boldsymbol{d}\leqslant 0,\quad\forall i\in\mathcal{I}(\bar{\boldsymbol{x}})。$$

进一步得到

$$-\sum_{i\in\mathcal{I}(\bar{\boldsymbol{x}})}\lambda_i\nabla g_i(\bar{\boldsymbol{x}})^{\mathrm{T}}\boldsymbol{d}\geqslant 0,\quad\forall\lambda_i\geqslant 0。$$

所以，$\boldsymbol{d}\in\mathcal{C}_g^*(\bar{\boldsymbol{x}})$，进而 $\mathcal{L}(\bar{\boldsymbol{x}})\subseteq\mathcal{C}_g^*(\bar{\boldsymbol{x}})$。

反之，对于任意给定的 $\boldsymbol{d}\in C_g^*(\bar{\boldsymbol{x}})$，首先得到 $-\sum\limits_{i\in\mathcal{I}(\bar{\boldsymbol{x}})}\lambda_i\nabla g_i(\bar{\boldsymbol{x}})^{\mathrm{T}}\boldsymbol{d}\geqslant 0$ 对任意 $\lambda_i\geqslant 0$ 成立。取 $\lambda_1=1,\lambda_i=0,i\neq 1$，得到 $\nabla g_1(\bar{\boldsymbol{x}})^{\mathrm{T}}\boldsymbol{d}\leqslant 0$。同理可得到 $\nabla g_i(\bar{\boldsymbol{x}})^{\mathrm{T}}\boldsymbol{d}\leqslant 0,\forall i\in\mathcal{I}(\bar{\boldsymbol{x}})$，即 $\boldsymbol{d}\in\mathcal{L}(\bar{\boldsymbol{x}})$。所以 $\mathcal{C}_g^*(\bar{\boldsymbol{x}})\subseteq\mathcal{L}(\bar{\boldsymbol{x}})$。

综合得知 $\mathcal{L}(\bar{\boldsymbol{x}})=\mathcal{C}_g^*(\bar{\boldsymbol{x}})$。由引理 4.4 知 $\mathcal{L}(\bar{\boldsymbol{x}})$ 为非空闭凸集和上面已证明 $\mathcal{C}_g(\bar{\boldsymbol{x}})$ 为闭凸锥的结论，由定理 2.33(3) 得到

$$\mathcal{L}^*(\bar{\boldsymbol{x}})=\mathrm{cone}\{-\nabla g_i(\bar{\boldsymbol{x}}),i\in\mathcal{I}(\bar{\boldsymbol{x}})\}=\mathcal{C}_g(\bar{\boldsymbol{x}})。$$

最后证明 $\nabla f(\bar{\boldsymbol{x}})\in(\mathrm{cl}(\mathrm{conv}(\mathcal{D}(\bar{\boldsymbol{x}}))))^*$。因 $\bar{\boldsymbol{x}}\in\mathcal{F}$ 为局部最优解及定理 4.2，有

$$\nabla f(\bar{\boldsymbol{x}})^{\mathrm{T}}\boldsymbol{d}\geqslant 0,\quad\forall\boldsymbol{d}\in\mathcal{D}(\bar{\boldsymbol{x}})。$$

进一步有

$$\nabla f(\bar{\boldsymbol{x}})^{\mathrm{T}}\boldsymbol{d}\geqslant 0,\quad\forall\boldsymbol{d}\in\mathrm{conv}(\mathcal{D}(\bar{\boldsymbol{x}}))。$$

由点列的收敛性及不等式的保持性，有

$$\nabla f(\bar{\boldsymbol{x}})^{\mathrm{T}}\boldsymbol{d}\geqslant 0,\quad\forall\boldsymbol{d}\in\mathrm{cl}(\mathrm{conv}(\mathcal{D}(\bar{\boldsymbol{x}})))。$$

由此得到$\nabla f(\bar{\boldsymbol{x}})\in(\mathrm{cl}(\mathrm{conv}(\mathcal{D}(\bar{\boldsymbol{x}}))))^*$。

依据定理 2.31 的第(1)条及本定理的假设条件，得到

$$\nabla f(\bar{\boldsymbol{x}})\in(\mathrm{cl}(\mathrm{conv}(\mathcal{D}(\bar{\boldsymbol{x}}))))^*\subseteq\mathcal{L}^*(\bar{\boldsymbol{x}})。$$

因此存在$\bar{\lambda}_i\geqslant 0, i\in\mathcal{I}(\bar{\boldsymbol{x}})$，使得

$$\nabla f(\bar{\boldsymbol{x}})+\sum_{i\in\mathcal{I}(\bar{\boldsymbol{x}})}\bar{\lambda}_i\nabla g_i(\bar{\boldsymbol{x}})=\mathbf{0}。$$

对$i\notin\mathcal{I}(\bar{\boldsymbol{x}})$，取$\bar{\lambda}_i=0$，因此定理结论成立。 □

引理 4.4 的结论和定理 4.5 中的$\mathcal{L}(\boldsymbol{x})\subseteq\mathrm{cl}(\mathrm{conv}(\mathcal{D}(\boldsymbol{x})))$条件，合起来等价于$\mathcal{L}(\boldsymbol{x})=\mathrm{cl}(\mathrm{conv}(\mathcal{D}(\boldsymbol{x})))$。再将定理 4.5 的必要条件方程写成

$$\begin{aligned}&\nabla f(\boldsymbol{x})+\sum_{i=1}^{m}\lambda_i\nabla g_i(\boldsymbol{x})=\mathbf{0},\\&\lambda_i\geqslant 0,\quad g_i(\boldsymbol{x})\leqslant 0,\quad \lambda_i g_i(\boldsymbol{x})=0,\quad i=1,2,\cdots,m。\end{aligned}\tag{4.4}$$

这就是著名的 Karush-Kuhn-Tucker 条件(Karush-Kuhn-Tucker condition)，简称 KKT 条件。满足 KKT 条件的点对$(\boldsymbol{x},\lambda)$称为 KKT 点。$\lambda_i g_i(\boldsymbol{x})=0$称为互补条件(complementary condition)，表明λ_i或$g_i(\boldsymbol{x})$至少有一个为 0。

需要特别注意：一个点是局部最优解并不能保证 KKT 条件一定成立，一定还有类似定理 4.5 中$\mathcal{L}(\bar{\boldsymbol{x}})\subseteq\mathrm{cl}(\mathrm{conv}(\mathcal{D}(\bar{\boldsymbol{x}})))$这样的条件，这个条件被称为约束规范(constraint qualification)，在下面一节将专门讨论。下面的例子说明 KKT 条件不是永远成立。

例 4.4 对

$$\begin{aligned}\min\quad & f(\boldsymbol{x})=x_1\\ \text{s.t.}\quad & g_1(\boldsymbol{x})=x_2\quad x_1^3\leqslant 0\\ & g_2(\boldsymbol{x})=-x_2\leqslant 0\\ & \boldsymbol{x}=(x_1,x_2)^{\mathrm{T}}\in\mathbb{R}^2,\end{aligned}$$

有$x_2\geqslant 0, x_1^3\geqslant x_2\geqslant 0$，所以$\bar{\boldsymbol{x}}=(0,0)^{\mathrm{T}}$是该问题的全局最小解。计算$\nabla f(\bar{\boldsymbol{x}})=(1,0)^{\mathrm{T}}$，$\nabla g_1(\bar{\boldsymbol{x}})=(0,1)^{\mathrm{T}}$，$\nabla g_2(\bar{\boldsymbol{x}})=(0,-1)^{\mathrm{T}}$，则对任意$\lambda_1,\lambda_2$，$\nabla f(\bar{\boldsymbol{x}})+\lambda_1\nabla g_1(\bar{\boldsymbol{x}})+\lambda_2\nabla g_2(\bar{\boldsymbol{x}})=0$永远不可能成立。

KKT 条件是一个可行点为局部最优解的必要条件，为我们寻求局部最优解提供了搜索范围，也提供了一种求解局部最优解的手段。实际操作时，第一个遇到的问题就是如何判断$\mathcal{L}(\boldsymbol{x})\subseteq\mathrm{cl}(\mathrm{conv}(\mathcal{D}(\boldsymbol{x})))$约束规范条件满足。如果不满足，就无法进行后续的 KKT 条件的求解和判断。有时由于判断$\mathcal{L}(\boldsymbol{x})\subseteq\mathrm{cl}(\mathrm{conv}(\mathcal{D}(\boldsymbol{x})))$不是非常直观，因此，一些简单实用的约束规范得以提出，这些内容我们将在下节专门介绍。

几何的直观便于对 KKT 条件的理解。对于给定优化问题的一个可行解$\boldsymbol{x}$，满足$g(\boldsymbol{x})\leqslant 0$且$g_i(\boldsymbol{x})=0, i\in\mathcal{I}(\boldsymbol{x})$，因为$\nabla g_i(\boldsymbol{x})$表示在$\boldsymbol{x}$点$g_i(\cdot)$的切平面的法向方向，除非$\nabla g_i(\boldsymbol{x})=\mathbf{0}$，决策变量沿这个方向变化使得约束函数$g_i(\cdot)$的值会增加而变成不可行方向。$\nabla f(\boldsymbol{x})$是目标函数$f(\cdot)$的非降方向，$-\nabla f(\boldsymbol{x})$就是可能使目标函数值降低的方向。KKT 条件中的

$$-\nabla f(\boldsymbol{x})=\sum_{i=1}^{m}\lambda_i\nabla g_i(\boldsymbol{x});\quad \lambda_i\geqslant 0, \forall 1\leqslant i\leqslant m,$$

表明可使目标值下降的方向是由那些破坏可行的方向组成。上式中的λ_i为$-\nabla f(\boldsymbol{x})$在$\nabla g_i(\boldsymbol{x})$的投影系数，被称作为 Lagrange 乘子(Lagrangian multiplier)。

4.1.2 二阶最优性条件

观察 KKT 条件可以发现，主要是用一阶微分结果判断一点是否为局部 最优，所得到的最优性结果习惯被称为一阶最优性条件。可以进一步利用二阶微分的结果来研究局部最优性。我们通过下面两个结果来理解这个概念。

在有些情况下，KKT 条件是局部最优解的充分条件。下面讨论无约束优化问题的充分条件。对于无约束优化问题，KKT 条件中简化为一个方程$\nabla f(\boldsymbol{x})=\mathbf{0}$。

定理 4.6 对于无约束优化问题，设 $\bar{\boldsymbol{x}}\in\mathbb{R}^n$ 为 KKT 点且 $f(\boldsymbol{x})$在该点二阶可微，则其为局部极小解的必要条件为$\nabla^2 f(\bar{\boldsymbol{x}})\in\mathcal{S}_+^n$；进一步$\nabla^2 f(\bar{\boldsymbol{x}})\in\mathcal{S}_{++}^n$是 $\bar{\boldsymbol{x}}$ 为严格局部极小解的充分条件。

证明 依据定理 3.1，$f(\boldsymbol{x})$在 $\bar{\boldsymbol{x}}$ 的二阶 Taylor 展开式为

$$\begin{aligned}f(\boldsymbol{x})&=f(\bar{\boldsymbol{x}})+\nabla f(\bar{\boldsymbol{x}})^{\mathrm{T}}(\boldsymbol{x}-\bar{\boldsymbol{x}})+\frac{1}{2}(\boldsymbol{x}-\bar{\boldsymbol{x}})^{\mathrm{T}}\nabla^2 f(\bar{\boldsymbol{x}})(\boldsymbol{x}-\bar{\boldsymbol{x}})+o(\|\boldsymbol{x}-\bar{\boldsymbol{x}}\|^2)\\&=f(\bar{\boldsymbol{x}})+\frac{1}{2}(\boldsymbol{x}-\bar{\boldsymbol{x}})^{\mathrm{T}}\nabla^2 f(\bar{\boldsymbol{x}})(\boldsymbol{x}-\bar{\boldsymbol{x}})+o(\|\boldsymbol{x}-\bar{\boldsymbol{x}}\|^2)。\end{aligned}$$

若$\nabla^2 f(\bar{\boldsymbol{x}})\notin\mathcal{S}_+^n$，则存在一个方向 $\boldsymbol{d}$ 使得 $\boldsymbol{d}^{\mathrm{T}}\nabla^2 f(\bar{\boldsymbol{x}})\boldsymbol{d}<0$。考虑 $\boldsymbol{x}=\bar{\boldsymbol{x}}+\delta\boldsymbol{d}$，$\delta\in\mathbb{R}$，有 $\lim\limits_{\delta\to 0}\dfrac{f(\boldsymbol{x})-f(\bar{\boldsymbol{x}})}{\delta^2}=\dfrac{1}{2}\boldsymbol{d}^{\mathrm{T}}\nabla^2 f(\bar{\boldsymbol{x}})\boldsymbol{d}<0$。于是存在 $\delta_0>0$，使得对任意 $0<\delta\leqslant\delta_0$ 形成的点 $\hat{\boldsymbol{x}}=\bar{\boldsymbol{x}}+\delta\boldsymbol{d}$，满足 $f(\hat{\boldsymbol{x}})<f(\bar{\boldsymbol{x}})$，这与 $f(\bar{\boldsymbol{x}})$局部极小解矛盾，故必要性得证。

对$\nabla^2 f(\bar{\boldsymbol{x}})\in\mathcal{S}_{++}^n$，由定理 2.2 有

$$\begin{aligned}f(\boldsymbol{x})&=f(\bar{\boldsymbol{x}})+\frac{1}{2}(\boldsymbol{x}-\bar{\boldsymbol{x}})^{\mathrm{T}}\nabla^2 f(\bar{\boldsymbol{x}})(\boldsymbol{x}-\bar{\boldsymbol{x}})+o(\|\boldsymbol{x}-\bar{\boldsymbol{x}}\|^2)\\&\geqslant f(\bar{\boldsymbol{x}})+\frac{1}{2}\lambda_{\min}(\boldsymbol{x}-\bar{\boldsymbol{x}})^{\mathrm{T}}(\boldsymbol{x}-\bar{\boldsymbol{x}})+o(\|\boldsymbol{x}-\bar{\boldsymbol{x}}\|^2),\end{aligned}$$

其中 $\lambda_{\min}$ 为$\nabla^2 f(\bar{\boldsymbol{x}})$的最小特征值。因

$$\lim_{\|\boldsymbol{x}-\bar{\boldsymbol{x}}\|^2\to 0}\frac{\frac{1}{2}\lambda_{\min}(\boldsymbol{x}-\bar{\boldsymbol{x}})^{\mathrm{T}}(\boldsymbol{x}-\bar{\boldsymbol{x}})+o(\|\boldsymbol{x}-\bar{\boldsymbol{x}}\|^2)}{\|\boldsymbol{x}-\bar{\boldsymbol{x}}\|^2}=\frac{1}{2}\lambda_{\min}>0,$$

则存在 $\delta>0$，使得对任意 $\boldsymbol{x}\in N(\bar{\boldsymbol{x}},\delta)\backslash\{\bar{\boldsymbol{x}}\}$，有$\dfrac{1}{2}\lambda_{\min}(\boldsymbol{x}-\bar{\boldsymbol{x}})^{\mathrm{T}}(\boldsymbol{x}-\bar{\boldsymbol{x}})+o(\|\boldsymbol{x}-\bar{\boldsymbol{x}}\|^2)>0$。所以 $\bar{\boldsymbol{x}}$ 为严格局部极小解，充分性得证。 □

将无约束优化问题的结果推广到约束优化问题时，需要考虑可行解集合 $\mathcal{F}=\{\boldsymbol{x}\in\mathbb{R}^n\mid\boldsymbol{g}(\boldsymbol{x})\leqslant\mathbf{0}\}$，积极集$\mathcal{I}(\boldsymbol{x})$及局部约束方向集$\mathcal{L}(\boldsymbol{x})$，再将 KKT 条件也考虑在内时，局部约束方向集变得复杂。下面分析在 KKT 条件满足的情况下的局部约束方向集的构造过程。

设$(\bar{\boldsymbol{x}},\bar{\boldsymbol{\lambda}})$为一个满足 KKT 条件的点对，由(4.4)式给出的互补松弛条件 $\bar{\lambda}_i g_i(\bar{\boldsymbol{x}})=0$，当 $\bar{\lambda}_i>0$ 时，$g_i(\bar{\boldsymbol{x}})=0$。固定$\bar{\boldsymbol{\lambda}}$，考虑 $\boldsymbol{x}$ 在 $\bar{\boldsymbol{x}}$ 邻域变化的可行方向时，因 $\bar{\lambda}_i>0$ 而迫使 $g_i(\boldsymbol{x})=0$。此时定义

$$\bar{\mathcal{I}}(\bar{\boldsymbol{x}})=\{i\mid i\in\mathcal{I}(\bar{\boldsymbol{x}}),\bar{\lambda}_i>0\},$$

则 $\boldsymbol{x}$ 在 $\bar{\boldsymbol{x}}$ 邻域变化的可行解集为

$$\mathcal{F}\cap\{\boldsymbol{x}\in\mathbb{R}^n \mid g_i(\boldsymbol{x})=0,\forall i\in\bar{\mathcal{I}}(\bar{\boldsymbol{x}})\}。$$

与一阶最优性条件研究相同的思路，将局部约束方向集定义为

$$\bar{\mathcal{L}}(\bar{\boldsymbol{x}})=\{\boldsymbol{d}\in\mathbb{R}^n \mid \nabla g_i(\bar{\boldsymbol{x}})^{\mathrm{T}}\boldsymbol{d}=0,i\in\bar{\mathcal{I}}(\bar{\boldsymbol{x}});\nabla g_i(\bar{\boldsymbol{x}})^{\mathrm{T}}\boldsymbol{d}\leqslant 0,i\in\mathcal{I}(\bar{\boldsymbol{x}})\backslash\bar{\mathcal{I}}(\bar{\boldsymbol{x}})\}。$$

定理 4.7 设 $f(\boldsymbol{x})$ 和 $\boldsymbol{g}(\boldsymbol{x})$ 在 $\bar{\boldsymbol{x}}$ 点二阶可微，$(\bar{\boldsymbol{x}},\bar{\boldsymbol{\lambda}})$ 满足 KKT 条件(4.4)且令

$$\mathcal{L}(\boldsymbol{x},\boldsymbol{\lambda})=f(\boldsymbol{x})+\sum_{i=1}^{m}\lambda_i g_i(\boldsymbol{x})。\tag{4.5}$$

若关于 $\boldsymbol{x}$ 变量的 Hessian 矩阵满足

$$\boldsymbol{d}^{\mathrm{T}}\nabla_x^2 L(\bar{\boldsymbol{x}},\bar{\boldsymbol{\lambda}})\boldsymbol{d}>0,\quad \forall\boldsymbol{d}\in\bar{\mathcal{L}}(\bar{\boldsymbol{x}}),\quad \boldsymbol{d}\neq\boldsymbol{0},$$

则 $\bar{\boldsymbol{x}}$ 为优化问题(4.1)的严格局部极小解。

证明 反证法。假设 $\bar{\boldsymbol{x}}$ 不是严格局部极小解，则存在一个序列 $\{\boldsymbol{x}^k\}_{k=1}^{+\infty}\subseteq\mathcal{F}$ 满足：$\boldsymbol{x}^k\neq\bar{\boldsymbol{x}}$，$\boldsymbol{x}^k\to\bar{\boldsymbol{x}}$ 且 $f(\boldsymbol{x}^k)\leqslant f(\bar{\boldsymbol{x}})$。记

$$\boldsymbol{d}^k=\frac{\boldsymbol{x}^k-\bar{\boldsymbol{x}}}{\|\boldsymbol{x}^k-\bar{\boldsymbol{x}}\|},\quad \delta_k=\|\boldsymbol{x}^k-\bar{\boldsymbol{x}}\|,$$

则由有界点列必有一个收敛子列的结论知，存在 $\{\boldsymbol{d}^k\}$ 的一个子列收敛，不妨设为 $\{\boldsymbol{d}^k\}$ 自身收敛到 $\boldsymbol{d}$。由 $\{\boldsymbol{d}^k\}$ 的定义得知 $\boldsymbol{d}\neq\boldsymbol{0}$。对任给 $i\in\mathcal{I}(\bar{\boldsymbol{x}})$，$\boldsymbol{x}^k\in\mathcal{F}$ 推导出

$$g_i(\boldsymbol{x}^k)=g_i(\bar{\boldsymbol{x}}+\delta_k\boldsymbol{d}^k)=g_i(\bar{\boldsymbol{x}})+\delta_k(\boldsymbol{d}^k)^{\mathrm{T}}\nabla g_i(\bar{\boldsymbol{x}})+o(\delta_k)\leqslant 0。$$

由此得到 $\nabla g_i(\bar{\boldsymbol{x}})^{\mathrm{T}}\boldsymbol{d}\leqslant 0,i\in\mathcal{I}(\bar{\boldsymbol{x}})$。同理得到 $\nabla f(\bar{\boldsymbol{x}})^{\mathrm{T}}d\leqslant 0$。

进一步证明 $\nabla g_i(\bar{\boldsymbol{x}})^{\mathrm{T}}\boldsymbol{d}=0,i\in\bar{\mathcal{I}}(\bar{\boldsymbol{x}})$。不然，存在 $i\in\bar{\mathcal{I}}(\bar{\boldsymbol{x}})$ 使得 $\nabla g_i(\bar{\boldsymbol{x}})^{\mathrm{T}}\boldsymbol{d}<0$，于是 KKT 条件迫使

$$\nabla f(\bar{\boldsymbol{x}})^{\mathrm{T}}\boldsymbol{d}=-\sum_{i=1}^{m}\bar{\lambda}_i\nabla g_i(\bar{\boldsymbol{x}})^{\mathrm{T}}\boldsymbol{d}>0。$$

此与条件 $\nabla f(\bar{\boldsymbol{x}})^{\mathrm{T}}\boldsymbol{d}\leqslant 0$ 矛盾，故有 $\nabla g_i(\bar{\boldsymbol{x}})^{\mathrm{T}}\boldsymbol{d}=0,i\in\bar{\mathcal{I}}(\bar{\boldsymbol{x}})$，即 $\boldsymbol{d}\in\mathcal{L}(\bar{\boldsymbol{x}})$。

其次，对点列中任何一点 $\boldsymbol{x}^k$，有

$$\begin{aligned}L(\bar{\boldsymbol{x}},\bar{\lambda})&=f(\bar{\boldsymbol{x}})\geqslant f(\boldsymbol{x}^k)\geqslant L(\boldsymbol{x}^k,\bar{\boldsymbol{\lambda}})\\&=L(\bar{\boldsymbol{x}},\bar{\boldsymbol{\lambda}})+\frac{1}{2}\delta_k^2(\boldsymbol{d}^k)^{\mathrm{T}}\nabla_x^2 L(\bar{\boldsymbol{x}},\lambda)\boldsymbol{d}^k+o(\delta_k^2)。\end{aligned}$$

由此得到

$$\frac{1}{2}\delta_k^2(\boldsymbol{d}^k)^{\mathrm{T}}\nabla_x^2 L(\bar{\boldsymbol{x}},\bar{\boldsymbol{\lambda}})\boldsymbol{d}^k+o(\delta_k^2)\leqslant 0,\quad \forall k=1,2,\cdots,$$

可见

$$\lim_{\delta_k\to 0}\frac{\frac{1}{2}\delta_k^2(\boldsymbol{d}^k)^{\mathrm{T}}\nabla_x^2 L(\bar{\boldsymbol{x}},\bar{\boldsymbol{\lambda}})\boldsymbol{d}^k+o(\delta_k^2)}{\delta_k^2}=\frac{1}{2}\boldsymbol{d}^{\mathrm{T}}\nabla_x^2 L(\bar{\boldsymbol{x}},\bar{\lambda})\boldsymbol{d}\leqslant 0。$$

与定理假设矛盾，因此得到结论。 □

需要注意在上述定理的证明过程中，当反证假设 $\bar{\boldsymbol{x}}$ 不是严格局部极小解时，我们选取的是一个序列 $\{\boldsymbol{x}^k\}_{k=1}^{+\infty}\subseteq\mathcal{F}$ 生成的极限方向 $\boldsymbol{d}$，这个极限方向 $\boldsymbol{d}$ 可能不是可行方向集 $\mathcal{D}(\bar{\boldsymbol{x}})$ 中的一个元素。因此证明中不能直接选取 $\boldsymbol{d}\in\mathcal{D}(\bar{\boldsymbol{x}})$ 满足 $f(\bar{\boldsymbol{x}}+\delta\boldsymbol{d})\leqslant f(\bar{\boldsymbol{x}})$ 对任意 $0<\delta\leqslant\delta_0$ 成立。我们通过下面的例子给予解释。

例 4.5 $\mathbb{R}^2$ 上的二元函数

$$f(x_1,x_2)=(x_1-x_2^2)(x_1-3x_2^2)$$

在 $\boldsymbol{x}=\mathbf{0}$ 点不是严格局部极小。但不存在 $\boldsymbol{d}\neq\mathbf{0}$ 和 $\delta_0>0$ 使得 $f(\delta\boldsymbol{d})<f(\mathbf{0})$ 对任意 $0<\delta\leqslant\delta_0$ 成立。

解 明显 $f(\mathbf{0})=0$。若沿方向 $\boldsymbol{d}=(0,1)^{\mathrm{T}}$，则 $f(\delta\boldsymbol{d})=3\delta^4>0$。若沿方向 $\boldsymbol{d}=(1,k)^{\mathrm{T}}$，$k\in\mathbb{R}$，则当 $0<\delta<\dfrac{1}{3k^2}$ 时，有 $f(\delta\boldsymbol{d})=(\delta-k^2\delta^2)(\delta-3k^2\delta^2)>0$。因此，不存在 $\boldsymbol{d}\neq\mathbf{0}$ 和 $\delta_0>0$ 使得 $f(\delta\boldsymbol{d})\leqslant f(\mathbf{0})$ 对任意 $0<\delta\leqslant\delta_0$ 成立。

当沿 $x_1=2x_2^2$ 这条抛物线取任意一个非零点，则有 $f(x_1,x_2)=-x_2^4<0$，也就说明存在点 $\boldsymbol{x}\in\mathbb{R}^2$，使得 $f(\boldsymbol{x})\leqslant f(\mathbf{0})$。

上述例子说明，仅用可行方向集 $\mathcal{D}(\boldsymbol{x})$ 还无法对局部最优解全面描述，因此可扩大定义切方向集。设 $\boldsymbol{x}\in\mathcal{F}$，若存在一个向量序列 $\{\boldsymbol{d}^k\}_{k=1}^{+\infty}\subseteq\mathbb{R}^n$ 和正数序列 $\{\theta_k\}_{k=1}^{+\infty}\subseteq\mathbb{R}_+$ 满足：$\boldsymbol{x}^k=x+\theta_k\boldsymbol{d}^k\in\mathcal{F}$，当 $k\to+\infty$ 时，$\boldsymbol{d}^k\to\boldsymbol{d}$ 和 $\theta_k\to0$，则称 $\boldsymbol{d}$ 为 $\boldsymbol{x}$ 点的一个切方向。$\boldsymbol{x}$ 点的切方向集(set of tangent directions)定义为

$$\mathcal{T}(\boldsymbol{x})=\{\boldsymbol{d}\in\mathbb{R}^n\mid \boldsymbol{d}\text{ 是 }\boldsymbol{x}\text{ 点的一个切方向}\}。$$

切方向集有下列性质。

引理 4.8 $\mathcal{T}(\boldsymbol{x})$ 是一个闭锥。

证明 不难看出，$\mathcal{T}(\boldsymbol{x})$ 为一个锥。下仅证闭性。对任何一个非零 $\boldsymbol{d}\in\mathbb{R}^n$，若 $\{d^j\}_{j=1}^{+\infty}\subseteq\mathcal{T}(\boldsymbol{x})$ 以 $\boldsymbol{d}$ 为极限点，下面证明 $\boldsymbol{d}\in\mathcal{T}(\boldsymbol{x})$。

对每一个 $\boldsymbol{d}^j$，由切方向的定义知，存在 $\{\boldsymbol{d}^{jk}\}_{k=1}^{+\infty}\subseteq\mathbb{R}^n$ 和正数序列 $\{\theta_{jk}\}_{k=1}^{+\infty}\subseteq\mathbb{R}_+$ 满足：$\boldsymbol{x}^{jk}=\boldsymbol{x}+\theta_{jk}\boldsymbol{d}^{jk}\in\mathcal{F}$，且当 $k\to+\infty$ 时，有 $\boldsymbol{d}^{jk}\to\boldsymbol{d}^j$ 和 $\theta_{jk}\to0$。由此选取 $k(j)$ 满足 $\|\boldsymbol{d}^{jk(j)}-\boldsymbol{d}^j\|<\dfrac{1}{j}$ 和 $\theta_{jk(j)}<\dfrac{1}{j}$。

于是，得到 $\{\boldsymbol{d}^{jk(j)}\}_{j=1}^{+\infty}\subseteq\mathbb{R}^n$ 和正数序列 $\{\theta_{jk(j)}\}_{j=1}^{+\infty}\subseteq\mathbb{R}_+$ 满足

$$\|\boldsymbol{d}^{jk(j)}-\boldsymbol{d}\|\leqslant\|\boldsymbol{d}^{jk(j)}-\boldsymbol{d}^j\|+\|\boldsymbol{d}^j-\boldsymbol{d}\|<\|\boldsymbol{d}^j-\boldsymbol{d}\|+\frac{1}{j}\to0,\quad j\to+\infty,$$

$$\theta_{jk(j)}<\frac{1}{j}\to0,\quad j\to+\infty$$

和

$$\boldsymbol{x}^{jk(j)}=\boldsymbol{x}+\theta_{jk(j)}\boldsymbol{d}^{jk(j)}\in\mathcal{F}。$$

因此由切方向的定义得到 $\boldsymbol{d}\in\mathcal{T}(\boldsymbol{x})$，闭性因此而得证。 □

进一步将定理 4.2 有关可行方向集的结论扩展到切方向集上。

定理 4.9 设 $\bar{\boldsymbol{x}}\in\mathcal{F}$ 是优化问题(4.1)局部极小解，$f(\boldsymbol{x})$，$g_i(\boldsymbol{x})$，$i=1,2,\cdots,m$ 在 $\bar{\boldsymbol{x}}$ 点一阶可微，则有

$$\nabla f(\bar{\boldsymbol{x}})^{\mathrm{T}}\boldsymbol{d}\geqslant0,\quad\forall\boldsymbol{d}\in\mathcal{T}(\bar{\boldsymbol{x}}),$$

即 $\nabla f(\bar{\boldsymbol{x}})\in\mathcal{T}^*(\bar{\boldsymbol{x}})$，此处 $\mathcal{T}^*(\bar{\boldsymbol{x}})$ 表示 $\mathcal{T}(\bar{\boldsymbol{x}})$ 的对偶集合。

证明 对于任意给定的一个 $\boldsymbol{d}\in\mathcal{T}(\bar{\boldsymbol{x}})$，不妨设 $\boldsymbol{d}\neq\mathbf{0}$，根据切方向的定义有向量序列 $\{\boldsymbol{d}^k\}_{k=1}^{+\infty}\subseteq\mathbb{R}^n$ 和正数序列 $\{\theta_k\}_{k=1}^{+\infty}\subseteq\mathbb{R}_+$ 满足：$\boldsymbol{x}^k=\bar{\boldsymbol{x}}+\theta_k\boldsymbol{d}^k\in\mathcal{F}$，当 $k\to+\infty$ 时，$\boldsymbol{d}^k\to d$ 和 $\theta_k\to0$。

当 $\bar{\boldsymbol{x}}\in\mathcal{F}$ 为优化问题(4.1)的局部极小解和 k 充分大时，有

$$f(\bar{x}+\theta_k \boldsymbol{d}^k)-f(\bar{x})=\theta_k \nabla f(\bar{x})^{\mathrm{T}} \boldsymbol{d}^k+o(\|\theta_k \boldsymbol{d}^k\|)\geqslant 0,$$

因此

$$\lim_{k\to+\infty}\frac{f(\bar{x}+\theta_k \boldsymbol{d}^k)-f(\bar{x})}{\theta_k}=\nabla f(\bar{x})^{\mathrm{T}} d\geqslant 0。$$

根据对偶集合的定义，对优化问题(4.1)的局部极小解 $\bar{x}$，有$\nabla f(\bar{x})\in\mathcal{T}^*(\bar{x})$。结论得证。

□

第2节 约束规范

在得到 KKT 形式的定理 4.5 中，需要判定满足约束规范条件

$$\mathcal{L}(\boldsymbol{x})\subseteq \mathrm{cl}(\mathrm{conv}(\mathcal{D}(\boldsymbol{x})))。$$

对目前不同类型约束规范，非本领域的读者和工程人员难以了解它们 产生的背景及之间的关系。有些约束规范简单而实用，而有些则不易应用。在此，我们对不等式约束优化问题(4.1)一些代表性的约束规范进行系统的梳理[49]。

建立约束规范的目的是保证问题(4.1)的局部最优解 $\boldsymbol{x}$ 满足 KKT 条件(4.4)。核心就是保证

$$-\nabla f(\boldsymbol{x})=\sum_{i=1}^{m}\lambda_i \nabla g_i(\boldsymbol{x}),\quad \lambda_i\geqslant 0,\forall i\in\mathcal{I}(\boldsymbol{x}),$$

即

$$\nabla f(\boldsymbol{x})\in\mathcal{C}_{\boldsymbol{g}}(\boldsymbol{x})=\mathrm{cone}\{-\nabla g_i(\boldsymbol{x}),i\in\mathcal{I}(\boldsymbol{x})\}。$$

在定理 4.5 的证明中已经得到结论 $C_{\boldsymbol{g}}(\boldsymbol{x})=\mathcal{L}^*(\boldsymbol{x})$，因此，我们建立约束规范的目标就是保证$\nabla f(\boldsymbol{x})\in\mathcal{L}^*(\boldsymbol{x})$。定理 4.9 又得到$\nabla f(\boldsymbol{x})\in\mathcal{T}^*(\boldsymbol{x})$。但$\mathcal{L}^*(\boldsymbol{x})$与$\mathcal{T}^*(\boldsymbol{x})$究竟有怎样的关系？我们以此关系整理出约束规范的分类。

为了便于约束规范的讨论，增加定义以下方向集合。优化问题(4.1)在可行解 $\boldsymbol{x}$ 点的内点方向集(set of interior directions)定义为

$$\mathcal{L}^0(\boldsymbol{x})=\{\boldsymbol{d}\in\mathbb{R}^n \mid \nabla g_i(\boldsymbol{x})^{\mathrm{T}}\boldsymbol{d}<0,\forall i\in\mathcal{I}(\boldsymbol{x})\}。$$

在可行解 $\boldsymbol{x}$ 点的可达方向$\boldsymbol{d}\in\mathbb{R}^n$ 定义为：存在$0<\delta_0$ 和一条$\mathbb{R}^n$ 中连续的参数曲线$\boldsymbol{r}(\delta)$，满足 $\boldsymbol{r}(0)=\boldsymbol{x}$ 和$\boldsymbol{r}(\delta)\in\mathcal{F},\forall 0\leqslant\delta\leqslant\delta_0$，并使得 $\boldsymbol{d}=\boldsymbol{r}'_+(0)$(在 0 处的右导数)。在 $\boldsymbol{x}$ 点的可达方向集(set of attainable directions)则定义为

$$\mathcal{A}(\boldsymbol{x})=\{\boldsymbol{d}\in\mathbb{R}^n \mid \boldsymbol{d}\text{ 为 }\boldsymbol{x}\text{ 点的可达方向}\}。$$

方向集合满足以下关系。

定理 4.10 对优化问题(4.1)的任何一个可行解 $\boldsymbol{x}$，下列关系满足：

$$\mathcal{L}^0(\boldsymbol{x})\subseteq\mathcal{D}(\boldsymbol{x})\subseteq\mathcal{A}(\boldsymbol{x})\subseteq\mathcal{T}(\boldsymbol{x})\subseteq\mathcal{L}(\boldsymbol{x})。$$

证明 对任意 $\boldsymbol{d}\in\mathcal{L}^0(\boldsymbol{x})$和 $\delta>0$，由 Taylor 展开式有

$$g_i(\boldsymbol{x}+\delta\boldsymbol{d})=g_i(\boldsymbol{x})+\delta\nabla g_i(\boldsymbol{x})^{\mathrm{T}}\boldsymbol{d}+o(\delta)\|\boldsymbol{d}\|。$$

再由$\mathcal{L}^0(\boldsymbol{x})$的定义，存在 $\delta_1>0$，对任意 $0<\delta\leqslant\delta_1$ 有

$$g_i(\boldsymbol{x}+\delta\boldsymbol{d})\leqslant 0,\quad \forall i\in\mathcal{I}(\boldsymbol{x})。$$

由连续函数的特性，可选取 $\delta_2>0$ 使得

$$g_i(\boldsymbol{x}+\delta\boldsymbol{d})\leqslant 0,\quad \forall\ 0<\delta\leqslant\delta_2 \text{ 和 } \forall i\notin\mathcal{I}(\boldsymbol{x})。$$

取 $\delta_0=\min\{\delta_1,\delta_2\}$，推出 $\boldsymbol{d}\in\mathcal{D}(\boldsymbol{x})$，即$\mathcal{L}^0(\boldsymbol{x})\subseteq\mathcal{D}(\boldsymbol{x})$。

按定义不难得到$\mathcal{D}(\boldsymbol{x})\subseteq\mathcal{A}(\boldsymbol{x})\subseteq\mathcal{T}(\boldsymbol{x})$。

反证$\mathcal{T}(\boldsymbol{x})\subseteq\mathcal{L}(\boldsymbol{x})$。假设 $\boldsymbol{d}\in\mathcal{T}(\boldsymbol{x})$且存在某个 $i\in\mathcal{I}(\boldsymbol{x})$使得$\nabla g_i(\boldsymbol{x})^{\mathrm{T}}\boldsymbol{d}>0$，则有 $\boldsymbol{d}\neq\boldsymbol{0}$。不妨假设 $\|\boldsymbol{d}\|=1$，由切方向的定义知，存在 $\boldsymbol{x}^k\in\mathcal{F}$满足 $\boldsymbol{d}=\lim\limits_{k\to+\infty}\dfrac{\boldsymbol{x}^k-\boldsymbol{x}}{\|\boldsymbol{x}^k-\boldsymbol{x}\|}$。于是存在 k_0，当 $k>k_0$ 时，有$\nabla g_i(\boldsymbol{x})^{\mathrm{T}}\dfrac{\boldsymbol{x}^k-\boldsymbol{x}}{\|\boldsymbol{x}^k-\boldsymbol{x}\|}+o(1)>0$。此时，

$$g_i(\boldsymbol{x}^k)=g_i(\boldsymbol{x})+\|\boldsymbol{x}^k-\boldsymbol{x}\|\ \nabla g_i(\boldsymbol{x})^{\mathrm{T}}\frac{\boldsymbol{x}^k-\boldsymbol{x}}{\|\boldsymbol{x}^k-\boldsymbol{x}\|}+o(\|\boldsymbol{x}^k-\boldsymbol{x}\|)>0,$$

与 $\boldsymbol{x}^k\in\mathcal{F}$时 $g_i(\boldsymbol{x}^k)\leqslant 0$ 矛盾，所以$\nabla g_i(\boldsymbol{x})^{\mathrm{T}}\boldsymbol{d}\leqslant 0,\forall i\in\mathcal{I}(\boldsymbol{x})$，即 $\boldsymbol{d}\in\mathcal{L}(\boldsymbol{x})$。因此得到$\mathcal{T}(\boldsymbol{x})\subseteq\mathcal{L}(\boldsymbol{x})$。 □

$\mathcal{A}(\boldsymbol{x})$与$\mathcal{T}(\boldsymbol{x})$非常接近，对比定义可以发现，$\mathcal{T}(\boldsymbol{x})$中的点由$\mathcal{F}$中一些离散点的极限定义，$\mathcal{F}$就可以减弱到是一个离散点集；而$\mathcal{A}(\boldsymbol{x})$中的点由$\mathcal{F}$的连续曲线定义，可行解集$\mathcal{F}$至少由一些连续线段组成。因此，$\mathcal{T}(\boldsymbol{x})$的定义更一般化。

由$\mathcal{L}(\boldsymbol{x})$为一个多面体和引理 4.4 的结果，不难验证其与$\mathcal{L}^0(\boldsymbol{x})$有如下关系。

引理 4.11 (1) 当$\mathcal{L}^0(\boldsymbol{x})\neq\varnothing$时，其为一个开凸锥；

(2) 当$\mathcal{L}^0(\boldsymbol{x})\neq\varnothing$时，$\mathcal{L}^0(\boldsymbol{x})=\mathrm{int}(\mathcal{L}(\boldsymbol{x}))$；

(3) $\mathrm{cl}(\mathcal{L}^0(\boldsymbol{x}))=\mathcal{L}(\boldsymbol{x})$当且仅当$\mathcal{L}^0(\boldsymbol{x})\neq\varnothing$；

(4) $\mathcal{L}(\boldsymbol{x})$是一个闭凸锥。

分别记$\mathcal{L}^{0*}(\boldsymbol{x}),\mathcal{D}^*(\boldsymbol{x}),\mathcal{A}^*(\boldsymbol{x}),\mathcal{T}^*(\boldsymbol{x}),\mathcal{L}^*(\boldsymbol{x})$为$\mathcal{L}^0(\boldsymbol{x}),\mathcal{D}(\boldsymbol{x}),\mathcal{A}(\boldsymbol{x}),\mathcal{T}(\boldsymbol{x}),\mathcal{L}(\boldsymbol{x})$的对偶集合。建立约束规范的目标就是保证$\nabla f(\boldsymbol{x})\in\mathcal{L}^*(\boldsymbol{x})$，结合定理 4.9 的$\nabla f(\boldsymbol{x})\in\mathcal{T}^*(\boldsymbol{x})$和定理 4.10 的$\mathcal{L}^0(\boldsymbol{x})\subseteq\mathcal{D}(\boldsymbol{x})\subseteq\mathcal{A}(\boldsymbol{x})\subseteq\mathcal{T}(\boldsymbol{x})\subseteq\mathcal{L}(\boldsymbol{x})$，可将约束规范分下面四种情况来讨论：

第一类：$\mathcal{L}^*(\boldsymbol{x})\supseteq\mathcal{T}^*(\boldsymbol{x})$，

第二类：$\mathcal{L}^*(\boldsymbol{x})\supseteq\mathcal{A}^*(\boldsymbol{x})$，

第三类：$\mathcal{L}^*(\boldsymbol{x})\supseteq\mathcal{D}^*(\boldsymbol{x})$，

第四类：$\mathcal{L}^*(\boldsymbol{x})\supseteq\mathcal{L}^{0*}(\boldsymbol{x})$。

由定理 4.10 的集合关系式可知上述四类关系式中的“$\supseteq$”全部可用“$=$”替代。目前常见如下的约束规范。

- 线性独立约束规范(简记为 LICQ)：$\{\nabla g_i(\boldsymbol{x}),i\in\mathcal{I}(\boldsymbol{x})\}$线性无关。
- Slater 约束规范[44]：$g_i(\boldsymbol{x}),i\in\mathcal{I}(\boldsymbol{x})$都是$\mathbb{R}^n$ 上的凸函数且存在一点 $\boldsymbol{x}^0$ 为严格内点，即 $\boldsymbol{x}^0$ 满足 $g_i(\boldsymbol{x}^0)<0,i=1,2,\cdots,m$。
- Cottle 约束规范[8]：存在一个方向 $\boldsymbol{d}$ 使得$\nabla g_i(\boldsymbol{x})^{\mathrm{T}}\boldsymbol{d}<0,\forall i\in\mathcal{I}(\boldsymbol{x})$。
- Zangwill 约束规范[58]：$\mathcal{L}(\boldsymbol{x})\subseteq\mathrm{cl}(\mathcal{D}(\boldsymbol{x}))$。
- 可行方向约束规范：$\mathcal{L}(\boldsymbol{x})\subseteq\mathrm{cl}(\mathrm{conv}(\mathcal{D}(\boldsymbol{x})))$。
- Kuhn-Tucker 约束规范[28]：$\mathcal{L}(\boldsymbol{x})\subseteq\mathrm{cl}(\mathcal{A}(\boldsymbol{x}))$。
- 可达方向约束规范：$\mathcal{L}(\boldsymbol{x})\subseteq\mathrm{cl}(\mathrm{conv}(\mathcal{A}(\boldsymbol{x})))$。
- Abadie 约束规范[1]：$\mathcal{L}(\boldsymbol{x})\subseteq\mathcal{T}(\boldsymbol{x})$。

- Guignard 约束规范[21]：$\mathcal{L}(\boldsymbol{x})\subseteq \mathrm{cl}(\mathrm{conv}(\mathcal{T}(\boldsymbol{x})))$。

对约束规范进行分类将用到以下引理。

引理 4.12 若集合$\mathcal{X}\neq\varnothing$，则$(\mathrm{cl}(\mathcal{X}))^*=(\mathrm{conv}(\mathcal{X}))^*=\mathcal{X}^*$。

证明 对$\mathcal{X}\neq\varnothing$，由定理 2.33(1)知$(\mathcal{X}^*)^*$为闭凸集。由定理 2.33(2)得到$\mathcal{X}\subseteq(\mathcal{X}^*)^*$。由此得到$\mathrm{cl}(\mathcal{X})\subseteq(\mathcal{X}^*)^*$和$\mathrm{conv}(\mathcal{X})\subseteq(\mathcal{X}^*)^*$。继而得到$(\mathrm{cl}(\mathcal{X}))^*\supseteq\mathcal{X}^*$和$(\mathrm{conv}(\mathcal{X}))^*\supseteq\mathcal{X}^*$。

又有$\mathrm{cl}(\mathcal{X})\supseteq\mathcal{X}$和$\mathrm{conv}(\mathcal{X})\supseteq\mathcal{X}$，由定理 2.31(1)得到$(\mathrm{cl}(\mathcal{X}))^*\subseteq\mathcal{X}^*$和$(\mathrm{conv}(\mathcal{X}))^*\subseteq\mathcal{X}^*$。

综合得到$(\mathrm{cl}(\mathcal{X}))^*=\mathcal{X}^*$和$(\mathrm{conv}(\mathcal{X}))^*=\mathcal{X}^*$。 □

当$\mathcal{L}^0(\boldsymbol{x})=\varnothing$时，有$\mathrm{cl}(\mathrm{conv}(\mathcal{L}^0(\boldsymbol{x})))=\varnothing$。对$\mathcal{L}^0(\boldsymbol{x})\neq\varnothing$，由引理 4.12 和引理 4.11(3)，得到$\mathcal{L}^{0*}(\boldsymbol{x})=(\mathrm{cl}(\mathcal{L}^0(\boldsymbol{x})))^*=\mathcal{L}^*(\boldsymbol{x})$。因此，当且仅当$\mathcal{L}^0(\boldsymbol{x})\neq\varnothing$时，$\mathcal{L}^*(\boldsymbol{x})=\mathcal{L}^{0*}(\boldsymbol{x})$，正是第四类约束规范的条件。

于是，$\mathcal{L}^0(\boldsymbol{x})\neq\varnothing$可作为第四类约束规范的判定条件。不难验证，线性独立约束规范，Slater 约束规范和 Cottle 约束规范都保证$\mathcal{L}^0(\boldsymbol{x})\neq\varnothing$，因此都为第四类约束规范。

对于 Zangwill 约束规范$\mathcal{L}(\boldsymbol{x})\subseteq\mathrm{cl}(\mathcal{D}(\boldsymbol{x}))$和可行方向约束规范$\mathcal{L}(\boldsymbol{x})\subseteq\mathrm{cl}(\mathrm{conv}(\mathcal{D}(\boldsymbol{x})))$，由引理 4.12，得到$(\mathrm{cl}(\mathcal{D}(\boldsymbol{x})))^*=(\mathrm{cl}(\mathrm{conv}(\mathcal{D}(\boldsymbol{x}))))^*=\mathcal{D}^*(\boldsymbol{x})$，保证了$\mathcal{L}^*(\boldsymbol{x})\supseteq\mathcal{D}^*(\boldsymbol{x})$，因而这两类约束规范归为第三类。

对于 Kuhn-Tucker 约束规范$\mathcal{L}(\boldsymbol{x})\subseteq\mathrm{cl}(\mathcal{A}(\boldsymbol{x}))$和可达方向约束规范$\mathcal{L}(\boldsymbol{x})\subseteq\mathrm{cl}(\mathrm{conv}(\mathcal{A}(\boldsymbol{x})))$，由引理 4.12，得到$(\mathrm{cl}(\mathcal{A}(\boldsymbol{x})))^*=(\mathrm{cl}(\mathrm{conv}(\mathcal{A}(\boldsymbol{x}))))^*=\mathcal{A}^*(\boldsymbol{x})$，保证了$\mathcal{L}^*(\boldsymbol{x})\supseteq\mathcal{A}^*(\boldsymbol{x})$，故属于第二类约束规范。

对 Abadie 约束规范$\mathcal{L}(\boldsymbol{x})\subseteq\mathcal{T}(\boldsymbol{x})$和 Guignard 约束规范$\mathcal{L}(\boldsymbol{x})\subseteq\mathrm{cl}(\mathrm{conv}(\mathcal{T}(\boldsymbol{x})))$，由引理 4.12，得到$(\mathcal{T}(\boldsymbol{x}))^*=(\mathrm{cl}(\mathrm{conv}(\mathcal{T}(\boldsymbol{x}))))^*$，由此保证$\mathcal{L}^*(\boldsymbol{x})\supseteq\mathcal{T}^*(\boldsymbol{x})$，因此属于第一类约束规范。

线性独立约束规范的判断比较简单，解线性方程组

$$\sum_{i\in\mathcal{I}(\boldsymbol{x})}\lambda_i\nabla g_i(\boldsymbol{x})=\boldsymbol{0}。\tag{4.6}$$

当解变量$\{\lambda_i,i\in\mathcal{I}(\boldsymbol{x})\}$只有零解时，则有$\{\nabla g_i(\boldsymbol{x}),i\in\mathcal{I}(\boldsymbol{x})\}$线性无关。Slater 约束规范是线性锥优化理论的一个基础假设，在后续的章节中还会被提及。Cottle 约束规范与 Slater 约束规范具有类似之处，要求约束的梯度在积极集上存在一个严格的内点方向。

以上三类约束规范在实际应用中较容易实现，实际计算中采用较多，其余的约束规范多用于理论，实际应用中较难操作。对于它们之间的难易关系，我们采用定理的形式在下面给出。

引理 4.13 *Cottle 约束规范成立的充分必要条件是在线性独立约束规范(4.6)中限定$\lambda_i\geqslant 0,\forall i\in\mathcal{I}(\boldsymbol{x})$时只有$\lambda_i=0,\forall i\in\mathcal{I}(\boldsymbol{x})$成立。*

证明 必要性。设$\boldsymbol{x}\in\mathcal{F}$且 Cottle 约束规范成立，若存在$\lambda_i\geqslant 0,\forall i\in\mathcal{I}(\boldsymbol{x})$使得(4.6)式成立，由 Cottle 约束规范的条件，(4.6)式两端同时与$\boldsymbol{d}$作内积，得到$\lambda_i=0,\forall i\in\mathcal{I}(\boldsymbol{x})$。

充分性。考虑$\{\nabla g_i(\boldsymbol{x}),i\in\mathcal{I}(\boldsymbol{x})\}$的锥包，记

$$\mathcal{K}=\left\{\boldsymbol{\alpha}\mid\boldsymbol{\alpha}=\sum_{i\in\mathcal{I}(\boldsymbol{x})}\lambda_i\nabla g_i(\boldsymbol{x}),\lambda_i\geqslant 0,\forall i\in\mathcal{I}(\boldsymbol{x})\right\}。$$

对任意$\boldsymbol{\alpha}\in\mathcal{K}\cap-\mathcal{K}$的元素，当$\boldsymbol{\alpha}\in\mathcal{K}$有

$$\boldsymbol{\alpha}=\sum_{i\in\mathcal{I}(\boldsymbol{x})}\lambda_i\nabla g_i(\boldsymbol{x})\in\mathcal{K},\quad \lambda_i\geqslant 0, i\in\mathcal{I}(\boldsymbol{x})$$

和当$\boldsymbol{\alpha}\in-\mathcal{K}$有

$$-\boldsymbol{\alpha}=\sum_{i\in\mathcal{I}(\boldsymbol{x})}\gamma_i\nabla g_i(\boldsymbol{x})\in\mathcal{K},\quad \gamma_i\geqslant 0, i\in\mathcal{I}(\boldsymbol{x})$$

因此得到

$$\mathbf{0}=\sum_{i\in\mathcal{I}(\boldsymbol{x})}(\lambda_i+\gamma_i)\nabla g_i(\boldsymbol{x})。$$

根据充分条件假设，就有 $\lambda_i+\gamma_i=0, i\in\mathcal{I}(\boldsymbol{x})$，即 $\lambda_i=\gamma_i=0, i\in\mathcal{I}(\boldsymbol{x})$，所以$\boldsymbol{\alpha}=\sum_{i\in\mathcal{I}(\boldsymbol{x})}\lambda_i\nabla g_i(\boldsymbol{x})=\mathbf{0}$，故知$\mathcal{K}$是尖锥。

由于$\mathcal{K}$是$\{\nabla g_i(\boldsymbol{x}), i\in\mathcal{I}(\boldsymbol{x})\}$的锥包，它的凸性和闭性由定理 4.5 证明中$\{-\nabla g_i(\boldsymbol{x}), i\in\mathcal{I}(\boldsymbol{x})\}$锥包的凸性和闭性得到。依据闭尖凸锥的定理 2.33 得到 $\mathrm{int}(\mathcal{K}^*)\neq\varnothing$。再根据定理 2.32，任取 $\boldsymbol{d}\in\mathrm{int}(\mathcal{K}^*)$，则$-\boldsymbol{d}$ 满足 Cottle 约束规范。 □

需要注意上述引理的叙述，线性独立约束规范是 Cottle 约束规范的充分条件，而非必要条件。

定理 4.14 若 Slater 约束规范成立，则 Cottle 约束规范成立。若 Cottle 约束规范成立，则 Zangwill 约束规范成立。

证明 当 Slater 约束规范的 $g_i(\boldsymbol{x}), i\in\mathcal{I}(\boldsymbol{x})$都为$\mathbb{R}^n$ 中凸函数时，设 $\boldsymbol{x}^0$ 为满足约束规范的严格内点，由定理 3.5 得到

$$0>g_i(\boldsymbol{x}^0)-g_i(\boldsymbol{x})\geqslant\nabla g_i(\boldsymbol{x})^{\mathrm{T}}(\boldsymbol{x}^0-\boldsymbol{x}),\quad \forall i\in\mathcal{I}(\boldsymbol{x}),$$

故知 Cottle 约束规范成立。

当 Cottle 约束规范成立时，则存在一个方向 $\boldsymbol{d}$ 使得$\nabla g_i(\boldsymbol{x})^{\mathrm{T}}\boldsymbol{d}<0, \forall i\in\mathcal{I}(\boldsymbol{x})$。故$\mathcal{L}(\boldsymbol{x})$的内点集合

$$\mathrm{int}(\mathcal{L}(\boldsymbol{x}))=\{\boldsymbol{d}\in\mathbb{R}^n \mid \nabla g_i(\boldsymbol{x})^{\mathrm{T}}\boldsymbol{d}<0, i\in\mathcal{I}(\boldsymbol{x})\}$$

非空。对任意 $\boldsymbol{d}\in\mathrm{int}(\mathcal{L}(\boldsymbol{x}))$和 $\delta>0$，由定理 3.1，可知

$$g_i(\boldsymbol{x}+\delta\boldsymbol{d})=g_i(\boldsymbol{x})+\delta\nabla g_i(\boldsymbol{x})^{\mathrm{T}}\boldsymbol{d}+o(\delta\|\boldsymbol{d}\|),\quad i=1,2,\cdots,m。$$

由函数的连续性，$\nabla g_i(\boldsymbol{x})^{\mathrm{T}}\boldsymbol{d}<0, i\in\mathcal{I}(\boldsymbol{x})$和 $g_i(\boldsymbol{x})<0, i\notin\mathcal{I}(\boldsymbol{x})$，故存在充分小的 $\delta_0>0$ 使得对任意 $0<\delta\leqslant\delta_0$，

$$g_i(\boldsymbol{x}+\delta\boldsymbol{d})\leqslant 0,\quad \forall i=1,2,\cdots,m$$

成立。所以，$\boldsymbol{d}\in\mathcal{D}(\boldsymbol{x})$。由此得到 $\mathrm{int}(\mathcal{L}(\boldsymbol{x}))\subseteq\mathcal{D}(\boldsymbol{x})\subseteq\mathrm{cl}(\mathcal{D}(\boldsymbol{x}))$。

进一步，因为 $\mathrm{cl}(\mathcal{D}(\boldsymbol{x}))$为闭集，得到$\mathcal{L}(\boldsymbol{x})\subseteq\mathrm{cl}(\mathcal{D}(\boldsymbol{x}))$，所以 Zangwill 约束规范成立。 □

总结定理 4.10、引理 4.13 和定理 4.14 的结论，以图示(参考图 4.1)的形式给出这些约束规范之间的关系。

对于给定的一个判定点 $\boldsymbol{x}$，上面列举的约束规范之一满足时，我们可以尝试求解(4.4)式。如果存在$\boldsymbol{\lambda}$ 满足(4.4)式，则$(\boldsymbol{x},\boldsymbol{\lambda})$满足一阶必要条件，$\boldsymbol{x}$ 有可能是一个局部最优解。特别当线性独立约束规范成立时，如果存在$\boldsymbol{\lambda}$ 使(4.4)式成立，则$\boldsymbol{\lambda}$ 唯一确定。

有时，我们会遇到优化问题(4.1)的变形，具有等式约束的优化问题

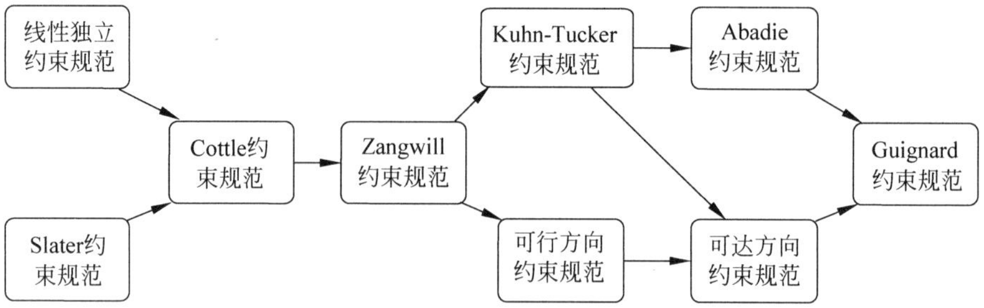

图 4.1 约束规范关系图

$$\begin{aligned} \min \quad & f(\boldsymbol{x}) \\ \text{s.t.} \quad & g_i(\boldsymbol{x}) \leqslant 0, \quad i=1,2,\cdots,m \\ & h_j(\boldsymbol{x})=0, \quad j=1,2,\cdots,p, \end{aligned} \tag{4.7}$$

其中，$p \geqslant 0$ 为整数，$h_j(x), j=1,2,\cdots,p$ 为$\mathbb{R}^n$ 上的实函数。

可以认为，变形问题(4.7)是优化问题(4.1)的推广，此时可将任何一个 $h_j(x)=0$ 写成两个不等式方程

$$h_j(\boldsymbol{x}) \leqslant 0, \quad -h_j(\boldsymbol{x}) \leqslant 0,$$

采用上面讨论的方法，可以得到类似的结果，但对等式约束有关梯度相关性的要求就需要特殊处理，特别在此处定义：

$$\hat{\mathcal{L}}(\boldsymbol{x}) = \{\boldsymbol{d} \in \mathbb{R}^n \mid \nabla h_j(\boldsymbol{x})^{\mathrm{T}}\boldsymbol{d}=0, j=1,2,\cdots,p;\ \nabla g_i(\boldsymbol{x})^{\mathrm{T}}\boldsymbol{d} \leqslant 0, \forall i \in \mathcal{I}(\boldsymbol{x})\},$$

其中$\mathcal{I}(\boldsymbol{x})$同以前一样，表示 $g_i(\boldsymbol{x}) \leqslant 0$ 的积极约束指标集。由于本书后续章节的模型中有变形形式(4.7)，在此，我们不加证明地给出优化问题(4.7)的约束规范。

- 线性独立约束规范：$\{\nabla g_i(\boldsymbol{x}), i \in \mathcal{I}(\boldsymbol{x});\ \nabla h_j(\boldsymbol{x}), j=1,2,\cdots,p\}$线性无关。
- Slater 约束规范：$\{g_i(\boldsymbol{x}), i \in \mathcal{I}(\boldsymbol{x})\}$都是$\mathbb{R}^n$ 上的凸函数，$\{h_j(\boldsymbol{x}), j=1,2,\cdots,p\}$为线性函数且存在一点 $\boldsymbol{x}^0$ 为相对内点，即 $g_i(\boldsymbol{x}^0)<0, i=1,2,\cdots,m$；$h_j(\boldsymbol{x}^0)=0, j=1,2,\cdots,p$。
- Mangasarian-Fromovitz 约束规范[30]：$\{\nabla h_j(\boldsymbol{x}), j=1,2,\cdots,p\}$线性无关且存在一个方向 $\boldsymbol{d}$ 使得$\nabla g_i(\boldsymbol{x})^{\mathrm{T}}\boldsymbol{d}<0, \forall i \in \mathcal{I}(\boldsymbol{x})$；$\nabla h_j(\boldsymbol{x})^{\mathrm{T}}\boldsymbol{d}=0, j=1,2,\cdots,p$。
- Abadie 约束规范：$\hat{\mathcal{L}}(\boldsymbol{x}) \subseteq \mathcal{T}(\boldsymbol{x})$。
- Guignard 约束规范：$\hat{\mathcal{L}}(\boldsymbol{x}) \subseteq \mathrm{cl}(\mathrm{conv}(\mathcal{T}(\boldsymbol{x})))$。

模型(4.7)的约束规范相互之间的关系也有类似定理 4.14 的结论，可由同法推出，故不在此赘述。

第 3 节 Lagrange 对偶

上节的 KKT 条件(4.4)给出了判断一点是否为局部最优解的必要条件。实际上，在定理 4.7 中已用到一个形如(4.5)式的函数，本节称为 Lagrange 函数(Lagrangian function)，它还深层次地提供了一种研究优化问题的 Lagrange 对偶方法。在此系统地介绍这个方法。

4.3.1 Lagrange 对偶问题

设优化问题(4.1)的目标函数和约束函数在$\mathbb{R}^n$上定义，对$\boldsymbol{\lambda} \in \mathbb{R}_+^m$，Lagrange 函数定义为

$$L(\boldsymbol{x},\boldsymbol{\lambda})=f(\boldsymbol{x})+\sum_{i=1}^{m}\lambda_i g_i(\boldsymbol{x}), \tag{4.8}$$

其中，λ_i 称为约束 $g_i(\boldsymbol{x})$对应的 Lagrange 乘子。

当优化问题(4.1)的可行解集$\mathcal{F}=\{\boldsymbol{x}\in\mathbb{R}^n \mid g_i(\boldsymbol{x})\leqslant 0, i=1,2,\cdots,m\}$不为空集时，明显有

$$\max_{\boldsymbol{\lambda}\in\mathbf{R}_+^m} L(\boldsymbol{x},\boldsymbol{\lambda})=\begin{cases} f(\boldsymbol{x}), & \boldsymbol{x}\in\mathcal{F}, \\ +\infty, & \boldsymbol{x}\notin\mathcal{F}。\end{cases}$$

于是

$$\min_{x\in\mathcal{F}} f(\boldsymbol{x})=\min_{x\in\mathcal{F}}\max_{\boldsymbol{\lambda}\in\mathbf{R}_+^m} L(\boldsymbol{x},\boldsymbol{\lambda})。$$

就优化问题(4.1)而言，提供其下界的任何一个优化问题都可称为其对偶问题。对偶问题的一个直接应用就是提供原优化问题的一个下界，可将得到的下界应用在分支定界算法中，也可将下界同近似解目标函数值的差用来评价近似算法的优劣等。另一方面，在有些情况下，对偶问题的求解或中间过程的求解比较简单，这样可以为原问题的求解提供帮助。

Lagrange 对偶问题的建立就是基于在原优化问题遇到求解困难时，试图从对偶问题得到一些关于原问题求解的帮助信息。记

$$\min_{x\in\mathbf{R}^n} L(\boldsymbol{x},\boldsymbol{\lambda}) \tag{4.9}$$

的最优解 $v(\boldsymbol{\lambda})$。直观可以看出，这是一个无约束优化问题，在 $f(\boldsymbol{x})$可微的条件下，所有局部极小点都在 $L(\boldsymbol{x},\boldsymbol{\lambda})$关于 $\boldsymbol{x}$ 的

$$\nabla_x L(\boldsymbol{x},\boldsymbol{\lambda})=\nabla f(\boldsymbol{x})+\sum_{i=1}^{m}\lambda_i \nabla g_i(\boldsymbol{x})=\mathbf{0}$$

驻点达到，这正是 KKT 条件(4.4)中的第一个方程。

注意到对任意$\boldsymbol{\lambda}\in\mathbb{R}_+^m$，有

$$\min_{x\in\mathbf{R}^n} L(\boldsymbol{x},\boldsymbol{\lambda})\leqslant\min_{x\in\mathcal{F}} L(\boldsymbol{x},\boldsymbol{\lambda})\leqslant\min_{x\in\mathcal{F}} f(\boldsymbol{x})。$$

一个非常直接的方法是试图求解

$$\max_{\boldsymbol{\lambda}\in\mathbf{R}_+^m}\min_{x\in\mathbf{R}^n} L(\boldsymbol{x},\boldsymbol{\lambda})=\max_{\boldsymbol{\lambda}\in\mathbf{R}_+^m} v(\boldsymbol{\lambda})。 \tag{4.10}$$

记上述优化问题的最优目标值为 v_d。该优化问题称为优化问题(4.1)的 Lagrange 对偶问题(Lagrangian dual problem)。为了叙述方便，称优化问题(4.1)为原优化问题或原问题。

Lagrange 对偶问题求解分为两个阶段。第一阶段计算优化子问题(4.9)，求解一个 Lagrange 函数的无约束优化问题，而 Lagrange 对偶由此得名。第二个阶段是计算公式(4.10)右端的优化问题。

定理 4.15 记优化问题(4.1)最优目标值 v_p，则原问题与 Lagrange 对偶问题最优目标值满足 $v_p\geqslant v_d$。

证明 当优化问题(4.1)的可行解集为空集时，v_p 定义为无穷大，结论成立。当 $\mathcal{F}\neq\varnothing$时，

$$L(\boldsymbol{x},\boldsymbol{\lambda})=f(\boldsymbol{x})+\sum_{i=1}^{m}\lambda_i g_i(\boldsymbol{x})\leqslant f(\boldsymbol{x}),\quad \forall\,\boldsymbol{x}\in\mathcal{F},\boldsymbol{\lambda}\geqslant\boldsymbol{0},$$

得到

$$\min_{\boldsymbol{x}\in\mathbf{R}^n}L(\boldsymbol{x},\boldsymbol{\lambda})\leqslant f(\boldsymbol{x}),\quad \forall\,\boldsymbol{x}\in\mathcal{F},\boldsymbol{\lambda}\geqslant\boldsymbol{0},$$

进一步

$$v_d=\max_{\boldsymbol{\lambda}\in\mathbf{R}_+^m}\min_{\boldsymbol{x}\in\mathbf{R}^n}L(\boldsymbol{x},\boldsymbol{\lambda})\leqslant f(\boldsymbol{x}),\quad \forall\,\boldsymbol{x}\in\mathcal{F},$$

故知 $v_d\leqslant v_p$。 □

由定理4.15得知：Lagrange对偶问题永远提供原问题的一个下界，这个结论称为弱对偶(weak duality)原理。

对偶问题(4.10)的求解过程中，一旦在第一阶段计算过程中得到满足下面定理条件的解，则得到最优解。

定理4.16 对于给定的$\bar{\boldsymbol{\lambda}}\geqslant\boldsymbol{0}$，设 $\bar{\boldsymbol{x}}$ 为问题(4.9)的最优解且$(\bar{\boldsymbol{x}},\bar{\boldsymbol{\lambda}})$满足互补松弛条件 $\bar{\lambda}_i g_i(\bar{\boldsymbol{x}})=0,i=1,2,\cdots,m$。若 $\bar{\boldsymbol{x}}\in\mathcal{F}$，则 $\bar{\boldsymbol{x}}$ 为优化问题(4.1)的最优解。

证明 当 $\bar{\boldsymbol{x}}$ 为问题(4.9)的最优解时，有

$$v_d\geqslant v(\bar{\boldsymbol{\lambda}})=L(\bar{\boldsymbol{x}},\bar{\boldsymbol{\lambda}})=f(\bar{\boldsymbol{x}})+\sum_{i=1}^{m}\bar{\lambda}_i g_i(\bar{\boldsymbol{x}})。$$

当满足互补松弛条件和 $\bar{\boldsymbol{x}}\in\mathcal{F}$时，有

$$v_d\geqslant L(\bar{\boldsymbol{x}},\bar{\boldsymbol{\lambda}})=f(\bar{\boldsymbol{x}})\geqslant v_p。$$

再由定理4.15的结论 $v_p\geqslant v_d$，得到 $v_p=v_d$。故 $\bar{\boldsymbol{x}}$ 为优化问题(4.1)的最优解。 □

如果原问题与Lagrange对偶问题的最优目标值相等，称原问题与对偶问题具有强对偶性(strong duality)。

定理4.17 设 $f(\boldsymbol{x}),g_i(\boldsymbol{x}),i=1,2,\cdots,m$ 为$\mathbb{R}^n$ 上的凸函数且在 $\bar{\boldsymbol{x}}$ 点可微，$(\bar{\boldsymbol{x}},\bar{\boldsymbol{\lambda}})$满足KKT条件(4.4)式，则 $\bar{\boldsymbol{x}}$ 为优化问题(4.1)的全局最优解。

证明 设$(\bar{\boldsymbol{x}},\bar{\boldsymbol{\lambda}})$满足KKT条件，则有 $\bar{\boldsymbol{x}}\in\mathcal{F}$且$\nabla_x L(\bar{\boldsymbol{x}},\bar{\boldsymbol{\lambda}})=\nabla f(\bar{\boldsymbol{x}})+\sum_{i=1}^{m}\bar{\lambda}_i\nabla g_i(\bar{\boldsymbol{x}})=\boldsymbol{0}$。由假设 $L(\boldsymbol{x},\bar{\boldsymbol{\lambda}})=f(\boldsymbol{x})+\sum_{i=1}^{m}\bar{\lambda}_i g_i(\boldsymbol{x})$ 关于 $\boldsymbol{x}$ 为凸函数的和，因此为关于 $\boldsymbol{x}$ 为凸函数(参考定理3.3)。再由定理4.3，得知$\bar{\boldsymbol{x}}$ 为$L(\boldsymbol{x},\bar{\boldsymbol{\lambda}})$的局部极小解。凸函数的性质定理4.1更确定 $\bar{\boldsymbol{x}}$ 为$L(\boldsymbol{x},\bar{\boldsymbol{\lambda}})$的全局最小解。于是，由定理4.16得到结论。 □

下面通过两个例子介绍Lagrange对偶的应用。

例4.6 线性规划问题

$$\begin{aligned}\min\quad & \boldsymbol{c}^{\mathrm{T}}\boldsymbol{x}\\ \text{s. t.}\quad & \boldsymbol{A}\boldsymbol{x}\geqslant\boldsymbol{b}\\ & \boldsymbol{x}\in\mathbb{R}_+^n\end{aligned}$$

的Lagrange对偶问题为

$$\max\quad \boldsymbol{b}^{\mathrm{T}}\boldsymbol{\lambda}$$

$$\text{s.t.}\quad \boldsymbol{A}^{\mathrm{T}}\boldsymbol{\lambda}\leqslant \boldsymbol{c}$$
$$\boldsymbol{\lambda}\in\mathbb{R}_{+}^{m}。$$

解 由于线性规划原问题中有 $\boldsymbol{x}\in\mathbb{R}_{+}^{n}$ 的约束，对于给定的 $\boldsymbol{\lambda}\in\mathbb{R}_{+}^{m}$，$\boldsymbol{\beta}\in\mathbb{R}_{+}^{n}$，线性规划的 Lagrange 函数为

$$L(\boldsymbol{x},\boldsymbol{\lambda},\boldsymbol{\beta})=(\boldsymbol{c}-\boldsymbol{A}^{\mathrm{T}}\boldsymbol{\lambda}-\boldsymbol{\beta})^{\mathrm{T}}\boldsymbol{x}+\boldsymbol{\lambda}^{\mathrm{T}}\boldsymbol{b}。$$

于是推出

$$\begin{aligned}
&\max_{\boldsymbol{\lambda}\in\mathbf{R}_{+}^{m},\boldsymbol{\beta}\in\mathbf{R}_{+}^{n}}\ \min_{\boldsymbol{x}\in\mathbf{R}^{n}} L(\boldsymbol{x},\boldsymbol{\lambda},\boldsymbol{\beta})\\
=&\max_{\boldsymbol{\lambda}\in\mathbf{R}_{+}^{m},\boldsymbol{\beta}\in\mathbf{R}_{+}^{n}}\ \min_{\boldsymbol{x}\in\mathbf{R}^{n}}\{(\boldsymbol{c}-\boldsymbol{A}^{\mathrm{T}}\boldsymbol{\lambda}-\boldsymbol{\beta})^{\mathrm{T}}\boldsymbol{x}+\boldsymbol{\lambda}^{\mathrm{T}}\boldsymbol{b}\}\\
=&\max_{\boldsymbol{\lambda}\in\mathbf{R}_{+}^{m},\boldsymbol{\beta}\in\mathbf{R}_{+}^{n}}\begin{cases}\boldsymbol{\lambda}^{\mathrm{T}}\boldsymbol{b}, & \boldsymbol{c}-\boldsymbol{A}^{\mathrm{T}}\boldsymbol{\lambda}-\boldsymbol{\beta}=\boldsymbol{0}\\ -\infty, & \text{其他}\end{cases}\\
=&\max_{\boldsymbol{\lambda}\in\mathbf{R}_{+}^{m}}\begin{cases}\boldsymbol{\lambda}^{\mathrm{T}}\boldsymbol{b}, & \boldsymbol{c}-\boldsymbol{A}^{\mathrm{T}}\boldsymbol{\lambda}\geqslant\boldsymbol{0}\\ -\infty, & \text{其他}\end{cases}\\
=&\max_{\{\boldsymbol{\lambda}\in\mathbf{R}_{+}^{m}\mid \boldsymbol{A}^{\mathrm{T}}\boldsymbol{\lambda}\leqslant\boldsymbol{c}\}}\ \boldsymbol{b}^{\mathrm{T}}\boldsymbol{\lambda}。
\end{aligned}$$

最后一个等式正好就是我们需要得到的结果。

例 4.7 对于一个椭球约束的齐次二次规划问题

$$\begin{aligned}
\min\quad & \frac{1}{2}\boldsymbol{x}^{\mathrm{T}}\boldsymbol{A}\boldsymbol{x}\\
\text{s.t.}\quad & \frac{1}{2}\boldsymbol{x}^{\mathrm{T}}\boldsymbol{B}\boldsymbol{x}\leqslant 1\\
& \boldsymbol{x}\in\mathbb{R}^{n},
\end{aligned}$$

其中，$\boldsymbol{A}\in\mathcal{S}^{n}$ 且 $\boldsymbol{B}\in\mathcal{S}_{++}^{n}$。它的 Lagrange 对偶问题为

$$\begin{aligned}
\max\quad & -\sigma\\
\text{s.t.}\quad & \boldsymbol{A}+\sigma\boldsymbol{B}\in\mathcal{S}_{+}^{n}\\
& \sigma\geqslant 0。
\end{aligned}$$

解 对 $\sigma\in\mathbb{R}_{+}$，Lagrange 函数为

$$L(\boldsymbol{x},\sigma)=\frac{1}{2}\boldsymbol{x}^{\mathrm{T}}(\boldsymbol{A}+\sigma\boldsymbol{B})\boldsymbol{x}-\sigma。$$

Lagrange 对偶问题由下列推导得到：

$$\begin{aligned}
&\max_{\sigma\geqslant 0}\min_{\boldsymbol{x}\in\mathbf{R}^{n}} L(x,\sigma)\\
=&\max_{\sigma\geqslant 0}\begin{cases}-\sigma, & \boldsymbol{A}+\sigma\boldsymbol{B}\in\mathcal{S}_{+}^{n}\\ -\infty, & \boldsymbol{A}+\sigma\boldsymbol{B}\notin\mathcal{S}_{+}^{n}。\end{cases}\\
=&\max_{\{\sigma\geqslant 0\mid \boldsymbol{A}+\sigma\boldsymbol{B}\in\mathcal{S}_{+}^{n}\}}\ -\sigma。
\end{aligned}$$

从最后一行中得到预期的对偶模型。

例 4.7 得到的有关原问题和对偶问题的模型可以用来推导经典 S-Lemma[56] 结论。定理 6.1 就是经典 S-Lemma 的一种表现形式，其证明用到上述模型。

4.3.2 广义 Lagrange 对偶

传统 Lagrange 对偶的基本思想是将约束优化问题化成一个无约束优化问题，借助无约束优化的一些便利计算方法，得到原问题的下界或最优值。近期的研究表明，存在一些比较特殊的区域，如多面体，半正定锥等，在这些区域上求解一些优化问题也比较容易计算。因此考虑限定区域的广义 Lagrange 对偶(extended Lagrangian duality)。

我们以传统的优化问题(4.1)为研究对象。设$\mathcal{G}$为优化问题可行解区 域的扩大区域，即$\mathcal{F}\subseteq\mathcal{G}$。传统的 Lagrange 对偶考虑的区域 $\mathcal{G}=\mathbb{R}^n$。对$\boldsymbol{\lambda}\in\mathbb{R}^m_+$，广义 Lagrange 函数为

$$L(\boldsymbol{x},\boldsymbol{\lambda})=f(\boldsymbol{x})+\sum_{i=1}^{m}\lambda_i g_i(\boldsymbol{x}),\quad \boldsymbol{x}\in\mathcal{G},\tag{4.11}$$

其与传统的 Lagrange 函数(4.8)式只有定义域限定的区别。Lagrange 对偶的结果是给出原问题的一个下界，提供下界是我们建立广义 Lagrange 对偶的目标。

当$\mathcal{F}\neq\varnothing$时，观察广义 Lagrange 函数，可以发现

$$L(\boldsymbol{x},\boldsymbol{\lambda})\leqslant f(\boldsymbol{x}),\quad \forall\,\boldsymbol{x}\in\mathcal{F},\forall\,\boldsymbol{\lambda}\in\mathbb{R}^m_+$$

于是

$$\min_{x\in\mathcal{G}}L(\boldsymbol{x},\boldsymbol{\lambda})\leqslant f(\boldsymbol{x}),\quad \forall\,\boldsymbol{x}\in\mathcal{F},\forall\,\boldsymbol{\lambda}\in\mathbb{R}^m_+,$$

$$\max_{\lambda\in\mathbf{R}^m_+}\min_{x\in\mathcal{G}}L(\boldsymbol{x},\boldsymbol{\lambda})\leqslant f(\boldsymbol{x}),\forall\,\boldsymbol{x}\in\mathcal{F},$$

$$\max_{\boldsymbol{\lambda}\in\mathbf{R}^m_+}\min_{x\in\mathcal{G}}L(\boldsymbol{x},\boldsymbol{\lambda})\leqslant\min_{x\in\mathcal{F}}f(\boldsymbol{x})。$$

由此定义问题(4.1)的广义 Lagrange 对偶问题为：对于给定的$\boldsymbol{\lambda}\in\mathbb{R}^m_+$先求解

$$v(\boldsymbol{\lambda},\mathcal{G})=\min_{x\in\mathcal{G}}L(\boldsymbol{x},\boldsymbol{\lambda}),\tag{4.12}$$

再计算

$$v_d(\mathcal{G})=\max_{\boldsymbol{\lambda}\in\mathbf{R}^m_+}v(\boldsymbol{\lambda},\mathcal{G})。\tag{4.13}$$

定理 4.18 对优化问题(4.1)而言，记 v_p 为其最优目标值，广义 Lagrange 对偶具有下列性质：

(1) 对偶性质：$v_p\geqslant v_d(\mathcal{G}),\forall\,\mathcal{G}\supseteq\mathcal{F}$。

(2) 逼近性质：设$\mathcal{F}\subseteq\mathcal{G}_1\subseteq\mathcal{G}_2$，则 $v_p\geqslant v_d(\mathcal{G}_1)\geqslant v_d(\mathcal{G}_2)$。

(3) 强对偶性：设$\mathcal{G}=F$，则 $v_p=v_d(\mathcal{G})$。

(4) 还原性质：当$\mathcal{G}=\mathbb{R}^n$ 时，广义 Lagrange 对偶就是传统的 Lagrange 对偶。

证明 (1)的证明同定理 4.15 的证明类似。(2)的 $v_p\geqslant v_d(\mathcal{G}_1)$可同法证明。对$\mathcal{F}\subseteq\mathcal{G}_1\subseteq\mathcal{G}_2$，有

$$\min_{x\in\mathcal{G}_1}L(\boldsymbol{x},\boldsymbol{\lambda})\geqslant\min_{x\in\mathcal{G}_2}L(\boldsymbol{x},\boldsymbol{\lambda}),\quad \forall\,\boldsymbol{\lambda}\in\mathbb{R}^m_+。$$

因此，得到

$$v_d(\mathcal{G}_1)\geqslant v_d(\mathcal{G}_2)。$$

设$\mathcal{G}=\mathcal{F}$，下面证明(3)成立。当$\mathcal{F}=\varnothing$，定义空集上的极小值为$+\infty$，结论成立。假设$\mathcal{F}\neq\varnothing$，对$\boldsymbol{\lambda}\in\mathbb{R}^m_+$，有

$$L(\boldsymbol{x},\mathbf{0})=f(\boldsymbol{x})+\sum_{i=1}^{m}\lambda_i g_i(\boldsymbol{x})=f(\boldsymbol{x}),\quad \forall \boldsymbol{x}\in\mathcal{G}=\mathcal{F},$$

接着有

$$\min_{x\in\mathcal{G}}L(\boldsymbol{x},\mathbf{0})=\min_{x\in\mathcal{G}}f(\boldsymbol{x})=v_p,$$

故知

$$v_d(\mathcal{G})=\max_{\boldsymbol{\lambda}\in\mathbf{R}_+^m}\ \min_{x\in\mathcal{G}}L(\boldsymbol{x},\boldsymbol{\lambda})\geqslant\min_{x\in\mathcal{F}}f(\boldsymbol{x})=v_p。$$

再加上(1)的结论,可得到(3)。(4)明显成立。 □

定理 4.18 的(1)表明,广义 Lagrange 对偶是一个系统求解下界的方法,(2)说明调整包含$\mathcal{F}$的区域$\mathcal{G}$的大小是一个重要因素。当$\mathcal{G}=\mathbb{R}^n$时,为传统的 Lagrange 对偶方法,而随$\mathcal{G}$的变小,所提供的下界可能会有所提高。如何确定$\mathcal{G}$则为一个值得研究的问题。

广义 Lagrange 对偶有与定理 4.16 有几乎相同的结论,陈述如下。

定理 4.19 对于给定的$\bar{\boldsymbol{\lambda}}\geqslant 0$,设 $\bar{\boldsymbol{x}}$ 为问题(4.12)的最优解且$(\bar{\boldsymbol{x}},\bar{\boldsymbol{\lambda}})$满足互补松弛条件$\bar{\lambda}_i g_i(\bar{\boldsymbol{x}})=0, i=1,2,\cdots,m$,若 $\bar{\boldsymbol{x}}\in\mathcal{F}$,则 $\bar{\boldsymbol{x}}$ 为优化问题(4.1)的最优解。

定理 4.19 的证明与定理 4.16 的证明无异,但其重要性非常显著。在求解问题(4.12)过程中,一旦得到满足互补松弛条件的$(\bar{\boldsymbol{x}},\bar{\lambda})$,我们没有必要再去完成对偶过程的第二个阶段(4.13)的计算,而就同时得到了原问题和对偶问题的最优解。这对下一节共轭对偶的理解非常有帮助。

广义 Lagrange 对偶问题(4.13)可用以下的等价优化问题表示。

$$\begin{aligned}&\max\quad \sigma\\&\text{s.t.}\quad L(\boldsymbol{x},\boldsymbol{\lambda})\geqslant\sigma,\quad \forall \boldsymbol{x}\in\mathcal{G}\\&\qquad\ \boldsymbol{\lambda}\in\mathbb{R}_+^m,\quad \sigma\in\mathbb{R}。\end{aligned}\tag{4.14}$$

从第一个不等式约束可以看出,当$\mathcal{G}$包含无穷多元素时,这是一个半无限规划(semi-infinite programming)问题。在有些情况下,上述的等价半无限规划模型可以用来写出线性锥规划模型,这将在本书的后续部分显现其作用。

对于有等式约束的优化问题(4.7),将等式约束 $h_i(\boldsymbol{x})=0$ 写成

$$h_i(\boldsymbol{x})\leqslant 0\quad 和\quad -h_i(\boldsymbol{x})\leqslant 0$$

后,则可完全按 Lagrange 对偶的过程写出 Lagrange 函数,求解对偶问题。推导后发现,等式约束对应的 Lagrange 乘子不再有符号约束。继续以广义 Lagrange 对偶讨论例 4.6 的线性规划问题及对偶问题。

例 4.8 对于例 4.6 中的线性规划问题,这时选取 $\mathcal{G}=\mathbb{R}_+^n$,而约束中的 $\boldsymbol{x}\in\mathbb{R}_+^n$ 在限定 $\boldsymbol{x}\in\mathcal{G}$就是冗余的。于是,对于给定的$\boldsymbol{\lambda}\in\mathbb{R}_+^m$,线性规划的 Lagrange 函数为

$$L(\boldsymbol{x},\boldsymbol{\lambda},\boldsymbol{\beta})=(\boldsymbol{c}-\boldsymbol{A}^{\mathrm{T}}\boldsymbol{\lambda})^{\mathrm{T}}\boldsymbol{x}+\boldsymbol{\lambda}^{\mathrm{T}}\boldsymbol{b},\quad \boldsymbol{x}\in\mathcal{G}。$$

于是推出

$$\begin{aligned}\max_{\boldsymbol{\lambda}\in\mathbf{R}_+^m}\min_{x\in\mathcal{G}}L(\boldsymbol{x},\boldsymbol{\lambda})&=\max_{\boldsymbol{\lambda}\in\mathbf{R}_+^m}\min_{x\in\mathbf{R}_+^n}\{(\boldsymbol{c}-\boldsymbol{A}^{\mathrm{T}}\boldsymbol{\lambda})^{\mathrm{T}}\boldsymbol{x}+\boldsymbol{\lambda}^{\mathrm{T}}\boldsymbol{b}\}\\&=\max_{\boldsymbol{\lambda}\in\mathbf{R}_+^m}\begin{cases}\boldsymbol{\lambda}^{\mathrm{T}}\boldsymbol{b}, & \boldsymbol{c}-\boldsymbol{A}^{\mathrm{T}}\boldsymbol{\lambda}\geqslant\mathbf{0}\\-\infty, & 其他\end{cases}\\&=\max_{\{\boldsymbol{\lambda}\in\mathbf{R}_+^m\mid\boldsymbol{A}^{\mathrm{T}}\boldsymbol{\lambda}\leqslant\boldsymbol{c}\}}\boldsymbol{\lambda}^{\mathrm{T}}\boldsymbol{b}。\end{aligned}$$

所以线性规划问题的对偶问题为

$$\begin{aligned} \max \quad & \boldsymbol{b}^{\mathrm{T}}\lambda \\ \text{s.t.} \quad & \boldsymbol{A}^{\mathrm{T}}\boldsymbol{\lambda} \leqslant \boldsymbol{c} \\ & \boldsymbol{\lambda} \in \mathbb{R}_+^m, \end{aligned}$$

与例 4.6 的结果相同。

4.3.3 二次约束二次规划问题的 Lagrange 对偶模型

二次约束二次规划(quadratically constrained quadratic programming)问题的一般形式如下：

$$\begin{aligned} \min \quad & f(\boldsymbol{x}) = \frac{1}{2}\boldsymbol{x}^{\mathrm{T}}\boldsymbol{Q}_0\boldsymbol{x} + (\boldsymbol{q}^0)^{\mathrm{T}}\boldsymbol{x} + c_0 \\ \text{s.t.} \quad & g_i(\boldsymbol{x}) = \frac{1}{2}\boldsymbol{x}^{\mathrm{T}}\boldsymbol{Q}_i\boldsymbol{x} + (\boldsymbol{q}^i)^{\mathrm{T}}\boldsymbol{x} + c_i \leqslant 0, \quad i = 1,2,\cdots,m \qquad \text{(QCQP)} \\ & \boldsymbol{x} \in \mathbb{R}^n, \end{aligned}$$

其中，对任意 $0\leqslant i\leqslant m$，$\boldsymbol{Q}_i$ 为 n 阶实对称常数矩阵，$\boldsymbol{q}^i$ 为 n 维常数列向量，c_i 为实常数。记可行解区域为

$$\mathcal{F} = \left\{ \boldsymbol{x} \in \mathbb{R}^n \mid g_i(\boldsymbol{x}) = \frac{1}{2}\boldsymbol{x}^{\mathrm{T}}\boldsymbol{Q}_i\boldsymbol{x} + (\boldsymbol{q}^i)^{\mathrm{T}}\boldsymbol{x} + c_i \leqslant 0, i = 1,2,\cdots,m \right\}。$$

当对任意 $0\leqslant i\leqslant m$ 有 $\boldsymbol{Q}_i=\boldsymbol{0}$ 时，它变成一个线性规划问题，是可计算问题[25,26]。

当对任意 $1\leqslant i\leqslant m$ 有 $\boldsymbol{Q}_i=\boldsymbol{0}$ 时，它是一个线性约束二次规划(linearly constrained quadratic programming)问题，习惯称为二次规划(quadratic programming)问题。当 $\boldsymbol{Q}_0\in\mathcal{S}_+^n$ 时，二次规划问题是一个凸优化问题。当 $\boldsymbol{Q}_0\in\mathcal{S}_+^n$ 且二次规划可行解集合非空时，求解它的另外一个常用方法为积极约束集迭代法，该方法可求解到问题的全局最优解[57]。当二次规划问题中 $\boldsymbol{Q}_0$ 不是半正定时，问题难度随之增加为 NP 难，即使 $\boldsymbol{Q}_0$ 中只有一个负特征值，问题也是 NP 难[41]。

二次约束二次规划问题中一类较为简单的问题是只有一个二次约束($m=1$)且 $\boldsymbol{Q}_1\in\mathcal{S}_{++}^n$ 的情况，这一类问题也被称为信赖域子问题，是可计算的，本书作者也给出更为广泛的广义信赖域子问题的性质和对存在 $\lambda\geqslant 0$ 使得 $\boldsymbol{Q}_0+\lambda\boldsymbol{Q}_1\in\mathcal{S}_{++}^n$ 条件下广义信赖域子问题的简单求解方法(参考文献[23,51])。

对于多个二次约束的二次规划问题，由其描述问题多样性的优点，特别是一些组合最优化问题可以被表述出来，如最大团(maximum clique)问题[33]和第 1 章的最大割问题等，二次约束二次规划问题的研究为组合最优化问题提供了系统的连续优化手段和求解方法，进而使我们从另外一个角度来研究组合最优化问题。

利用广义 Lagrange 对偶方法，对任意 $\mathcal{G}\supseteq\mathcal{F}$，二次约束二次规划问题的广义 Lagrange 函数是

$$L(\boldsymbol{x},\boldsymbol{\lambda}) = \frac{1}{2}\boldsymbol{x}^{\mathrm{T}}\left(\boldsymbol{Q}_0 + \sum_{i=1}^m \lambda_i\boldsymbol{Q}_i\right)\boldsymbol{x} + \left(\boldsymbol{q}^0 + \sum_{i=1}^m \lambda_i\boldsymbol{q}^i\right)^{\mathrm{T}}\boldsymbol{x} + c_0 + \sum_{i=1}^m \lambda_i c_i, \quad \boldsymbol{x}\in\mathcal{G}。$$

广义 Lagrange 对偶问题(4.14)写成矩阵形式为

$$\begin{aligned} \max \quad & \sigma \\ \text{s. t.} \quad & \begin{pmatrix}1\\ \boldsymbol{x}\end{pmatrix}^{\mathrm{T}} \boldsymbol{U} \begin{pmatrix}1\\ \boldsymbol{x}\end{pmatrix} \geqslant 0, \quad \forall \boldsymbol{x} \in \mathcal{G} \\ & \sigma \in \mathbb{R}, \quad \boldsymbol{\lambda} \in \mathbb{R}_{+}^{m}, \end{aligned}$$

其中

$$\boldsymbol{U} = \begin{pmatrix} -2\left(\sigma - c_0 - \sum_{i=1}^{m} \lambda_i c_i\right) & \left(\boldsymbol{q}^0 + \sum_{i=1}^{m} \lambda_i \boldsymbol{q}^i\right)^{\mathrm{T}} \\ \boldsymbol{q}_0 + \sum_{i=1}^{m} \lambda_i \boldsymbol{q}^i & \boldsymbol{Q}_0 + \sum_{i=1}^{m} \lambda_i \boldsymbol{Q}_i \end{pmatrix}。$$

进一步可以写成

$$\begin{aligned} \max \quad & \sigma \\ \text{s. t.} \quad & \begin{pmatrix} -2\sigma + 2c_0 + 2\sum_{i=1}^{m} \lambda_i c_i & \left(q^0 + \sum_{i=1}^{m} \lambda_i \boldsymbol{q}^i\right)^{\mathrm{T}} \\ \boldsymbol{q}^0 + \sum_{i=1}^{m} \lambda_i \boldsymbol{q}^i & \boldsymbol{Q}_0 + \sum_{i=1}^{m} \lambda_i \boldsymbol{Q}_i \end{pmatrix} \in \mathcal{D}_{\mathcal{G}} \qquad (4.15) \\ & \sigma \in \mathbb{R}, \quad \boldsymbol{\lambda} \in \mathbb{R}_{+}^{m}, \end{aligned}$$

其中

$$\mathcal{D}_{\mathcal{G}} = \left\{ \boldsymbol{U} \in \mathcal{S}^{n+1} \,\middle|\, \begin{pmatrix}1\\ \boldsymbol{x}\end{pmatrix}^{\mathrm{T}} \boldsymbol{U} \begin{pmatrix}1\\ \boldsymbol{x}\end{pmatrix} \geqslant 0, \forall \boldsymbol{x} \in \mathcal{G} \right\}。$$

由例 2.11 可知：当$\mathcal{G} \neq \varnothing$时，$\mathcal{D}_{\mathcal{G}}$为闭凸锥。

$$\begin{pmatrix}1\\ \boldsymbol{x}\end{pmatrix}^{\mathrm{T}} \boldsymbol{U} \begin{pmatrix}1\\ \boldsymbol{x}\end{pmatrix} \geqslant 0, \quad 对所有\ \boldsymbol{x} \in \mathcal{G}成立$$

是定义域$\mathcal{G}$上的非齐次二次型。非负二次函数锥$\mathcal{D}_{\mathcal{G}}$由此而得名[45]，有时又简称二次函数锥。在以后的讨论中，我们默认$\mathcal{G} \neq \varnothing$。因此，问题(4.15)为一个线性锥优化问题，我们简称之为非负二次函数锥规划问题。

定理 4.20 记$\mathcal{F}$为 QCQP 的可行解集。

(1) 当$\mathcal{G} \supseteq \mathcal{F}$时，则问题(4.15)的最优目标值为 QCQP 的最优目标值的下界。

(2) 当$\mathcal{G} = \mathcal{F}$时，则问题(4.15)的最优目标值与 QCQP 的最优目标值相等。

由定理 4.18 的(1)和(3)得到上述结论。特别当$\mathcal{G} = \mathcal{F}$时，问题(4.15)与原二次约束二次规划问题 QCQP 的最优目标值相同。在最优目标值相同的标准下，可以认为(4.15)为 QCQP 问题的一种等价表示方式，这从线性锥优化的角度重新描述了二次约束二次规划问题。正因为如此，二次函数锥规划引起研究人员的重视。

特别当$\mathcal{G} = \mathbb{R}^n$ 时，对任意$\boldsymbol{U} \in \mathcal{D}_{\mathcal{G}}$，对任意 $\boldsymbol{y} = (y_1, y_2, \cdots, y_{n+1})^{\mathrm{T}} \in \mathbb{R}^{n+1}$，当 $\boldsymbol{y}_1 \neq \boldsymbol{0}$ 时，令 $\boldsymbol{x} = \left(\frac{y_2}{y_1}, \frac{y_3}{y_1}, \cdots, \frac{y_{n+1}}{y_1}\right)^{\mathrm{T}}$ 都有

$$\boldsymbol{y}^{\mathrm{T}} \boldsymbol{U} \boldsymbol{y} = y_1^2 \begin{pmatrix}1\\ \boldsymbol{x}\end{pmatrix}^{\mathrm{T}} \boldsymbol{U} \begin{pmatrix}1\\ \boldsymbol{x}\end{pmatrix} \geqslant 0;$$

当 $y_1=0$ 时，令

$$\bar{\boldsymbol{y}}=\left(\frac{1}{k},y_2,\cdots,y_{n+1}\right)^{\mathrm{T}}\in\mathbb{R}^{n+1},\quad \boldsymbol{z}=(ky_2,ky_3,\cdots,ky_{n+1})^{\mathrm{T}}$$

有

$$\bar{\boldsymbol{y}}^{\mathrm{T}}\boldsymbol{U}\bar{\boldsymbol{y}}=\frac{1}{k^2}\binom{1}{\boldsymbol{z}}^{\mathrm{T}}\boldsymbol{U}\binom{1}{\boldsymbol{z}}\geqslant 0,$$

推出

$$\bar{\boldsymbol{y}}^{\mathrm{T}}\boldsymbol{U}\bar{\boldsymbol{y}}\to\boldsymbol{y}^{\mathrm{T}}\boldsymbol{U}\boldsymbol{y}\geqslant 0,\quad k\to+\infty。$$

由此得到 $\boldsymbol{U}\in\mathcal{S}_+^{n+1}$。明显有 $\mathcal{D}_{\mathcal{G}}\supseteq\mathcal{S}_+^{n+1}$，所以当 $\mathcal{G}=\mathbb{R}^n$ 时有 $\mathcal{D}_{\mathcal{G}}=\mathcal{S}_+^{n+1}$，问题(4.15)是一个半定规划模型。由定理 4.18 的(4)知道 QCQP 的 Lagrange 对偶问题就是一个半定规划问题。

总结上面的讨论，$\mathcal{D}_{\mathcal{G}}\supseteq\mathcal{S}_+^{n+1}$ 且当 $\mathcal{G}=\mathbb{R}^n$ 时有 $\mathcal{D}_{\mathcal{G}}=\mathcal{S}_+^{n+1}$。由此得知当 $\mathcal{G}=F$ 时，问题(4.15)是 QCQP 的一个最优目标值相同的等价线性锥优化问题表示，当定义域松弛到 $\mathcal{G}=\mathbb{R}^n$ 时，问题(4.15)是一个多项式时间可计算的半定规划问题，而 $\mathcal{F}\subseteq\mathcal{G}\subseteq\mathbb{R}^n$ 时，问题(4.15)提供 QCQP 的一个下界，是否多项式时间可计算或能否构造 QCQP 的近似解则成为一个研究方向。

第 4 节 共 轭 对 偶

共轭对偶研究的优化问题模型为

$$\begin{aligned}\min\quad & f(\boldsymbol{x})\\ \text{s. t.}\quad & \boldsymbol{x}\in\mathcal{X}\cap\mathcal{K},\end{aligned}\tag{4.16}$$

其中，$\mathcal{X}$ 表示优化问题所关心区域，还称其为问题的定义域，$\mathcal{K}$ 是一个锥。

按第 3 章第 3 节的符号，$f:\mathcal{X}$ 的共轭函数记为 $f^*:\mathcal{Y}$ 且满足

$$f^*(\boldsymbol{y})=\max_{x\in\mathcal{X}}\{\boldsymbol{y}\cdot\boldsymbol{x}-f(\boldsymbol{x})\},$$

$\mathcal{Y}=\{\boldsymbol{y}\mid f^*(\boldsymbol{y})<+\infty\}$。设 $\mathcal{K}^*$ 为 $\mathcal{K}$ 的对偶集，则优化问题(4.16)的共轭对偶问题定义为

$$\begin{aligned}\min\quad & f^*(\boldsymbol{y})\\ \text{s. t.}\quad & \boldsymbol{y}\in\mathcal{Y}\cap\mathcal{K}^*。\end{aligned}\tag{4.17}$$

我们还是习惯将问题(4.16)称为原问题而问题(4.17)称为共轭对偶问题。

定理 4.21 设原问题(4.16)和共轭对偶问题(4.17)都是可行的。当 $\boldsymbol{x}\in\mathcal{X}\cap\mathcal{K}$ 和 $\boldsymbol{y}\in\mathcal{Y}\cap\mathcal{K}^*$，则有

$$0\leqslant\boldsymbol{x}\cdot\boldsymbol{y}\leqslant f(\boldsymbol{x})+f^*(\boldsymbol{y})$$

且 $f(\bar{\boldsymbol{x}})+f^*(\bar{\boldsymbol{y}})=0$ 的充分必要条件是

$$\bar{\boldsymbol{x}}\cdot\bar{\boldsymbol{y}}=0\quad 且\quad \bar{\boldsymbol{y}}\in\partial f(\bar{\boldsymbol{x}})。$$

当上等式成立时，$\bar{\boldsymbol{x}}$ 和 $\bar{\boldsymbol{y}}$ 分别为原问题和共轭对偶问题的最优解。

证明 由引理 3.9 得知：当 $\boldsymbol{x}\in\mathcal{X}\cap\mathcal{K}$ 和 $\boldsymbol{y}\in\mathcal{Y}\cap\mathcal{K}^*$，有 $\boldsymbol{x}\cdot\boldsymbol{y}\leqslant f(\boldsymbol{x})+f^*(\boldsymbol{y})$。由于 $\boldsymbol{x}\in\mathcal{K}$ 和 $\boldsymbol{y}\in\mathcal{K}^*$，所以 $\boldsymbol{x}\cdot\boldsymbol{y}\geqslant 0$。

当 $f(\bar{\boldsymbol{x}})+f^*(\bar{\boldsymbol{y}})=0$ 时，由 $\bar{\boldsymbol{x}}\cdot\bar{\boldsymbol{y}}\leqslant f(\bar{\boldsymbol{x}})+f^*(\bar{\boldsymbol{y}})=0$ 得到 $\bar{\boldsymbol{x}}\cdot\bar{\boldsymbol{y}}=0$。推出 $\bar{\boldsymbol{x}}\cdot\bar{\boldsymbol{y}}=$

$f(\bar{x})+f^*(\bar{y})=0$,由引理 3.9 得知 $\bar{y}\in\partial f(\bar{x})$。反之,当 $\bar{x}\cdot\bar{y}=0$ 且 $\bar{y}\in\partial f(\bar{x})$时,则由引理 3.9 可知 $f(\bar{x})+f^*(\bar{y})=0$。

当等式成立时,对 $\bar{y}\in\mathcal{Y}\cap\mathcal{K}^*$ 和 $\bar{x}\in\mathcal{X}\cap\mathcal{K}$,有

$$f(\bar{x})=-f^*(\bar{y})=-\max_{x\in\mathcal{X}}\{\bar{y}\cdot x-f(x)\}\leqslant f(x)-\bar{y}\cdot x,\quad \forall x\in\mathcal{X}\cap\mathcal{K}。$$

因为 $x\in\mathcal{X}\cap\mathcal{K}$,$\bar{y}\in\mathcal{Y}\cap\mathcal{K}^*$,所以 $\bar{y}\cdot x\geqslant 0$。综合得到 $f(\bar{x})\leqslant f(x)$,$\forall x\in\mathcal{X}\cap\mathcal{K}$。所以 $\bar{x}$ 为原问题的最优解。

由 $0=\bar{x}\cdot\bar{y}\leqslant\bar{x}\cdot y$,$\forall y\in\mathcal{Y}\cap\mathcal{K}^*$ 得到

$$f^*(\bar{y})=\bar{x}\cdot\bar{y}-f(\bar{x})\leqslant\bar{x}\cdot y-f(\bar{x}),\quad \forall y\in\mathcal{Y}\cap\mathcal{K}^*。$$

再由

$$f^*(\bar{y})\leqslant\bar{x}\cdot y-f(\bar{x})\leqslant\max_{x\in\mathcal{X}}\{x\cdot y-f(x)\}=f^*(y),\quad \forall y\in\mathcal{Y}\cap\mathcal{K}^*$$

得到 $\bar{y}$ 为共轭对偶问题的最优解。 □

注 在上述定理中,$f(\bar{x})+f^*(\bar{y})=0$ 成立的充要条件是 $\bar{x}\cdot\bar{y}=0$ 和 $\bar{y}\in\partial f(\bar{x})$。这显然从 x 和 y 变量角度来看不具有对称性,什么条件下 $\bar{x}\in\partial f^*(\bar{y})$也满足呢?引理 3.10 说明,无论原始问题中函数 $f:\mathcal{X}$的性质如何差,其对偶问题 $f^*:\mathcal{Y}$永远是一个凸集上的凸函数,因此具有不对称性结论是正常的。当 $f:\mathcal{X}$满足定理 3.12 具有$\mathcal{X}$为闭凸集且 $f(x)$是其上的连续函数时,这样对称结论就是成立的。

基于以上定理,不难得到下面结论。

定理 4.22 设原问题(4.16)和共轭对偶问题(4.17)都是可行的,则原问题最优目标值存在,记该最优目标值为 v_p,则

$$v_p\geqslant -f^*(y),\quad \forall y\in\mathcal{Y}\cap\mathcal{K}^*;$$

进一步,共轭对偶问题最优目标值存在并记 v_d,且有

$$v_p\geqslant -v_d。$$

证明 据定理 4.21,有

$$f(x)+f^*(y)\geqslant x\cdot y\geqslant 0,\quad \forall x\in\mathcal{X}\cap\mathcal{K}\quad 且\quad \forall y\in\mathcal{Y}\cap\mathcal{K}^*。$$

于是得到

$$f(x)\geqslant -f^*(y),\quad \forall x\in\mathcal{X}\cap\mathcal{K}\quad 且\quad \forall y\in\mathcal{Y}\cap\mathcal{K}^*。$$

即原优化问题下有界,则最优目标值 v_p 存在。继而

$$\min_{x\in\mathcal{X}\cap\mathcal{K}}(f(x)+f^*(y))=v_p+f^*(y)\geqslant 0,\quad \forall y\in\mathcal{Y}\cap\mathcal{K}^*。$$

同理得到结论 $v_p\geqslant -v_d$。 □

以上两个定理表明,优化问题(4.17)提供给问题(4.16)的一个下界,因此称它们为对偶是合理的。同时定理 4.21 给出了判断优化问题(4.16)和问题(4.17)具有强对偶 $v_p+v_d=0$ 的充分必要条件。

上面两个定理都在得到原问题和共轭对偶问题可行解的假设下,判定是否具有强对偶条件。我们同样关注,在没有对优化问题(4.16)求解之前,如何根据问题的定义域集合$\mathcal{X}$和约束集合$\mathcal{K}$所具有的特性,得到具有强对偶的结论?

定理 4.23(Fenchel 定理/强对偶定理) 对于原优化问题(4.16),假设$\mathcal{X}$为非空凸集和$\mathcal{K}$为非空闭凸锥,$f:\mathcal{X}$为凸函数。当该问题下有界且 $\mathrm{ri}(\mathcal{K})\cap\mathrm{ri}(\mathcal{X})\neq\varnothing$,则共轭对偶问题(4.17)的最优解可达且与其原优化问题强对偶。

对称地当 $f^*:\mathcal{Y}$存在，共轭对偶问题(4.17)下有界且 $\mathrm{ri}(\mathcal{K}^*)\cap\mathrm{ri}(\mathcal{Y})\neq\varnothing$ 时，则原优化问题(4.16)的最优解可达且与其共轭对偶问题强对偶。

证明 我们先证明第一个结论。首先由引理3.8知 $f^*:\mathcal{Y}$存在。由定理4.21，有

$$f(\boldsymbol{x})+f^*(\boldsymbol{y})\geqslant\boldsymbol{x}\cdot\boldsymbol{y}\geqslant 0,\quad\forall\,\boldsymbol{x}\in\mathcal{X}\cap\mathcal{K},\quad\forall\,\boldsymbol{y}\in\mathcal{Y}\cap\mathcal{K}^*,$$

$$f^*(\boldsymbol{y})\geqslant -f(\boldsymbol{x}),\quad\forall\,\boldsymbol{x}\in\mathcal{X}\cap\mathcal{K},\quad\forall\,\boldsymbol{y}\in\mathcal{Y}\cap\mathcal{K}^*。$$

因问题(4.16)下有界，记其下确界为 v_p，有

$$f^*(\boldsymbol{y})\geqslant -v_p,\quad\forall\,\boldsymbol{y}\in\mathcal{Y}\cap\mathcal{K}^*。\tag{4.18}$$

记

$$\mathcal{C}=\left\{\begin{pmatrix}\boldsymbol{x}\\ \mu\end{pmatrix}\middle|\,\boldsymbol{x}\in\mathcal{X},\mu\in\mathbb{R},f(\boldsymbol{x})\leqslant\mu\right\},$$

$$\mathcal{D}=\left\{\begin{pmatrix}\boldsymbol{x}\\ \mu\end{pmatrix}\middle|\,\boldsymbol{x}\in\mathcal{K},\mu\in\mathbb{R},v_p\geqslant\mu\right\}。$$

由假设条件得到$\mathcal{C}$和$\mathcal{D}$为非空凸集。由定理3.4，有

$$\mathrm{ri}(\mathcal{C})=\left\{\begin{pmatrix}\boldsymbol{x}\\ \mu\end{pmatrix}\middle|\,\boldsymbol{x}\in\mathrm{ri}(\mathcal{X}),\mu\in\mathbb{R},f(\boldsymbol{x})<\mu\right\},$$

$$\mathrm{ri}(\mathcal{D})=\left\{\begin{pmatrix}\boldsymbol{x}\\ \mu\end{pmatrix}\middle|\,\boldsymbol{x}\in\mathrm{ri}(K),\mu\in\mathbb{R},v_p>\mu\right\}。$$

明显可以看出，$\mathrm{ri}(\mathcal{C})\cap\mathrm{ri}(\mathcal{D})=\varnothing$。由定理2.27知，存在一个$\mathbb{R}^{n+1}$中的超平面

$$a_0z+\boldsymbol{a}\cdot\boldsymbol{x}=b$$

真分离$\mathcal{C}$和$\mathcal{D}$，但由于 $\mathrm{ri}(\mathcal{X})\cap\mathrm{ri}(K)\neq\varnothing$，因此，无法真分离$\mathcal{X}$和$\mathcal{K}$。此时，用反证法推出 $a_0\neq 0$。令 $\bar{\boldsymbol{y}}=-\dfrac{\boldsymbol{a}}{a_0}$，$y_0=-\dfrac{b}{a_0}$，我们将超平面方程重新写成

$$z=\bar{\boldsymbol{y}}\cdot\boldsymbol{x}-y_0。$$

由分离性质可知

$$\mu\geqslant\bar{\boldsymbol{y}}\cdot\boldsymbol{x}-y_0,\quad\forall\begin{pmatrix}\boldsymbol{x}\\ \mu\end{pmatrix}\in\mathcal{C}。$$

先推出

$$f(\boldsymbol{x})\geqslant z=\bar{\boldsymbol{y}}\cdot\boldsymbol{x}-y_0,\quad\forall\,\boldsymbol{x}\in\mathcal{X},\tag{4.19}$$

$$\mu\leqslant\bar{\boldsymbol{y}}\cdot\boldsymbol{x}-y_0,\quad\forall\begin{pmatrix}\boldsymbol{x}\\ \mu\end{pmatrix}\in\mathcal{D}。$$

再推出

$$v_p\leqslant z=\bar{\boldsymbol{y}}\cdot\boldsymbol{x}-y_0,\quad\forall\,\boldsymbol{x}\in\mathcal{K}。\tag{4.20}$$

若存在 $\boldsymbol{x}\in\mathcal{K}$使得 $\bar{\boldsymbol{y}}\cdot\boldsymbol{x}<0$，则有 $k\boldsymbol{x}\in\mathcal{K}$对任意 $k\in\mathbb{R}_+$成立和

$$v_p\leqslant\bar{\boldsymbol{y}}\cdot(k\boldsymbol{x})-y_0\rightarrow-\infty,\quad k\rightarrow+\infty。$$

此与原问题的目标值有限矛盾，所以 $\bar{\boldsymbol{y}}\cdot\boldsymbol{x}\geqslant 0$，$\forall\,\boldsymbol{x}\in\mathcal{K}$，故得到 $\bar{\boldsymbol{y}}\in\mathcal{K}^*$。

根据上面问题(4.19)的不等式方程得到

$$y_0\geqslant\max_{x\in\mathcal{X}}\{\bar{\boldsymbol{y}}\cdot\boldsymbol{x}-f(\boldsymbol{x})\}=f^*(\bar{\boldsymbol{y}}),$$

因此，由 $f^*(\bar{\boldsymbol{y}})$有定义得到 $\bar{\boldsymbol{y}}\in\mathcal{Y}$。

由定理 4.22 知，对偶问题(4.17)的任何一个可行解的目标值永远为原问题目标值的下界，即 $f^*(\bar{\mathbf{y}})\geqslant -v_p$。

因$\mathcal{K}$为闭凸锥，则一定包含 0 点。故由(4.20)式得到

$$y_0+v_p\leqslant\min_{x\in\mathcal{K}}\{\bar{\mathbf{y}}\cdot\boldsymbol{x}\}\leqslant 0,$$

因而

$$f^*(\bar{\mathbf{y}})\leqslant y_0\leqslant -v_p。$$

进一步得到 $f^*(\bar{\mathbf{y}})=-v_p$。由此可说明共轭对偶问题最优解在 $\bar{\mathbf{y}}$ 可达。

因定理条件 $f^*:\mathcal{Y}$存在，由引理 3.10 得到$\mathcal{Y}$为非空凸集和 $f^*:\mathcal{Y}$为凸函数，再由定理 2.33 知$\mathcal{K}^*$为闭凸锥。重复以上的证明得到第二个结论。 □

作为定理 4.23 的一种特殊情况，当$\mathcal{K}$和$\mathcal{X}$都是多面体且 $f:\mathcal{X}$为线性函数时，我们有相同的结论，但证明则直观许多。

定理 4.24(Fenchel 定理/强对偶定理：多面体情形) 在优化问题(4.16)中，假设$\mathcal{X}$为非空多面体，$\mathcal{K}$为多面体形成的非空锥且 $f:\mathcal{X}$为线性函数。当问题(4.16)下有界时，则问题(4.17)的最优解可达且与问题(4.16)强对偶。

对称地当 $f^*:\mathcal{Y}$为线性函数，$\mathcal{K}^*$和$\mathcal{Y}$都是非空多面体，且问题(4.17)下有界时，则问题(4.16)的最优解可达且与问题(4.17)强对偶。

当$\mathcal{K}$、$\mathcal{X}$、$\mathcal{K}^*$和$\mathcal{Y}$都是多面体，$f:\mathcal{X}$和 $f^*:\mathcal{Y}$都为线性函数且问题(4.16)或问题(4.17)之一下有界时，则两者都可达且具有强对偶。

证明 同上定理证明中相同的缘由，考虑第一种情形。记 v_p 为问题(4.16)的下确界，由线性规划问题一定在一个极点达到最优解的结论(参考文献[13])，则 v_p 为问题(4.16)的最优目标值。记最优解为 $\boldsymbol{x}^*$，则有 $\boldsymbol{x}^*\in\mathcal{X}\cap\mathcal{K}$且 $v_p=f(\boldsymbol{x}^*)$。同样记

$$\mathcal{C}=\left\{\begin{pmatrix}\boldsymbol{x}\\ \mu\end{pmatrix}\middle|\,\boldsymbol{x}\in\mathcal{X},\mu\in\mathbb{R},f(\boldsymbol{x})\leqslant\mu\right\},$$

$$\mathcal{D}=\left\{\begin{pmatrix}\boldsymbol{x}\\ \mu\end{pmatrix}\middle|\,\boldsymbol{x}\in\mathcal{K},\mu\in\mathbb{R},v_p\geqslant\mu\right\}。$$

$\mathcal{C}$和$\mathcal{D}$为凸集和多面体，$\mathcal{C}$-$\mathcal{D}$为凸集和多面体(参见定理 2.28)，因$\begin{pmatrix}\boldsymbol{x}^*\\ f(\boldsymbol{x}^*)\end{pmatrix}\in\mathcal{C}\cap\mathcal{D}$，所以$(\mathbf{0},0)^{\mathrm{T}}$ 是 $\mathrm{cl}(\mathcal{C}\text{-}\mathcal{D})$的边界点且$\{(\mathbf{0},-\mu)^{\mathrm{T}}\mid\mu>0\}$不属于$\mathcal{C}$-$\mathcal{D}$。

因为$\mathcal{C}$-$\mathcal{D}$为多面体，则可以表示成$\mathbb{R}^{n+1}$空间中有限个超平面的半空间的交集，考虑过$(\mathbf{0},0)^{\mathrm{T}}$ 的那些超平面，必然存在一个与$\{(\mathbf{0},-\mu)^{\mathrm{T}}\mid\mu>0\}$相交为空集的超平面$\left\{\begin{pmatrix}\boldsymbol{x}\\ z\end{pmatrix}\middle|\,a_0z+\boldsymbol{a}\cdot\boldsymbol{x}=0\right\}$支撑$\mathcal{C}$-$\mathcal{D}$。由于$\{(\mathbf{0},\mu)^{\mathrm{T}}\mid\mu>0\}$与$\{(\mathbf{0},-\mu)^{\mathrm{T}}\mid\mu>0\}$被真分离，所以 $a_0\neq 0$。记 $\bar{\mathbf{y}}=-\dfrac{\boldsymbol{a}}{a_0}$，重新将该超平面记成

$$z=\bar{\mathbf{y}}\cdot\boldsymbol{x}$$

就有

$$\mu-\bar{\mathbf{y}}\cdot\boldsymbol{x}\geqslant 0,\quad\forall\begin{pmatrix}\boldsymbol{x}\\ \mu\end{pmatrix}\in\mathcal{C}-\mathcal{D},$$

故

$$\mu_1-\mu_2\geqslant\bar{\boldsymbol{y}}\cdot(\boldsymbol{x}^1-\boldsymbol{x}^2),\quad\forall\begin{pmatrix}\boldsymbol{x}^1\\ \mu_1\end{pmatrix}\in\mathcal{C},\quad\forall\begin{pmatrix}\boldsymbol{x}^2\\ \mu_2\end{pmatrix}\in\mathcal{D}。$$

继续推出

$$\bar{\boldsymbol{y}}\cdot\boldsymbol{x}^2-\mu_2\geqslant\bar{\boldsymbol{y}}\cdot\boldsymbol{x}^1-\mu_1,\quad\forall\begin{pmatrix}\boldsymbol{x}^1\\ \mu_1\end{pmatrix}\in\mathcal{C},\quad\forall\begin{pmatrix}\boldsymbol{x}^2\\ \mu_2\end{pmatrix}\in\mathcal{D}。$$

再根据 C 和$\mathcal{D}$中 μ 的取值，得到

$$\bar{\boldsymbol{y}}\cdot\boldsymbol{x}^2-v_p\geqslant\bar{\boldsymbol{y}}\cdot\boldsymbol{x}^1-f(\boldsymbol{x}^1),\quad\forall\boldsymbol{x}^1\in\mathcal{X},\quad\forall\boldsymbol{x}^2\in\mathcal{K}。$$

于是有

$$f^*(\bar{\boldsymbol{y}})\leqslant\bar{\boldsymbol{y}}\cdot\boldsymbol{x}^2-v_p,\quad\forall\boldsymbol{x}^2\in\mathcal{K}。\tag{4.21}$$

由$\mathcal{K}$的非空假设，得知 $f^*(\bar{\boldsymbol{y}})<+\infty$，即 $\bar{\boldsymbol{y}}\in\mathcal{Y}$。同定理 4.23 的证明相同的逻辑可推出 $\bar{\boldsymbol{y}}\in\mathcal{K}^*$。

由(4.21)式推导出

$$f^*(\bar{\boldsymbol{y}})+v_p\leqslant\min_{\boldsymbol{x}^2\in\mathcal{K}}\{\bar{\boldsymbol{y}}\cdot\boldsymbol{x}^2\}=0,$$

即 $f^*(\bar{\boldsymbol{y}})\leqslant-v_p$。再由问题(4.18)得到 $f^*(\bar{\boldsymbol{y}})=-v_p$。$\bar{\boldsymbol{y}}$ 为最优解。

当$\mathcal{K}$、$\mathcal{X}$、$\mathcal{K}^*$和$\mathcal{Y}$都是多面体，$f:\mathcal{X}$和 $f^*:\mathcal{Y}$都为线性函数且问题(4.16)或问题(4.17)之一下有界时，可得到另外一个可达且有限，同上面相同的讨论，即可证明结果。 □

4.4.1 共轭对偶在线性规划的应用

对于线性规划的标准形式

$$\begin{aligned}\min\quad&\boldsymbol{c}^{\mathrm{T}}\boldsymbol{x}\\ \text{s.t.}\quad&\boldsymbol{A}\boldsymbol{x}=\boldsymbol{b}\\ &\boldsymbol{x}\in\mathbb{R}^n_+,\end{aligned}$$

其中，$\boldsymbol{A}\in\mathbb{R}^{m\times n}$，$\boldsymbol{b}\in\mathbb{R}^m$，$\boldsymbol{c}\in\mathbb{R}^n$。它的约束已经具有使用共轭对偶方法的基本特征

$$f(\boldsymbol{x})=\boldsymbol{c}^{\mathrm{T}}\boldsymbol{x},\quad\mathcal{X}=\{\boldsymbol{x}\in\mathbb{R}^n\mid\boldsymbol{A}\boldsymbol{x}=\boldsymbol{b}\},\quad\mathcal{K}=\mathbb{R}^n_+。$$

采用共轭对偶，求目标函数的共轭函数

$$f^*(\boldsymbol{y})=\max_{\boldsymbol{x}\in\mathcal{X}}\{\boldsymbol{y}^{\mathrm{T}}\boldsymbol{x}-\boldsymbol{c}^{\mathrm{T}}\boldsymbol{x}\}=\max_{\{\boldsymbol{x}\mid\boldsymbol{A}\boldsymbol{x}=\boldsymbol{b}\}}\{(\boldsymbol{y}-\boldsymbol{c})^{\mathrm{T}}\boldsymbol{x}\}。$$

按线性规划假设 $\boldsymbol{A}$ 为行满秩，则 $\boldsymbol{A}\boldsymbol{x}=\boldsymbol{b}$ 等价写成

$$\boldsymbol{A}\boldsymbol{x}=[\boldsymbol{B}\quad\boldsymbol{N}]\begin{pmatrix}\boldsymbol{x}_B\\ \boldsymbol{x}_N\end{pmatrix}=\boldsymbol{B}\boldsymbol{x}_B+\boldsymbol{N}\boldsymbol{x}_N=\boldsymbol{b},$$

其中 $\boldsymbol{B}$ 可逆。于是 $\boldsymbol{x}_B=\boldsymbol{B}^{-1}\boldsymbol{b}-\boldsymbol{B}^{-1}\boldsymbol{N}\boldsymbol{x}_N$，及

$$\begin{aligned}(\boldsymbol{y}-\boldsymbol{c})^{\mathrm{T}}\boldsymbol{x}&=(\boldsymbol{y}-\boldsymbol{c})^{\mathrm{T}}_B\boldsymbol{x}_B+(\boldsymbol{y}-\boldsymbol{c})^{\mathrm{T}}_N\boldsymbol{x}_N\\ &=(\boldsymbol{y}-\boldsymbol{c})^{\mathrm{T}}_B(\boldsymbol{B}^{-1}\boldsymbol{b}-\boldsymbol{B}^{-1}\boldsymbol{N}\boldsymbol{x}_N)+(\boldsymbol{y}-\boldsymbol{c})^{\mathrm{T}}_N\boldsymbol{x}_N\\ &=(\boldsymbol{y}-\boldsymbol{c})^{\mathrm{T}}_B\boldsymbol{B}^{-1}\boldsymbol{b}+[(\boldsymbol{y}-\boldsymbol{c})^{\mathrm{T}}_N-(\boldsymbol{y}-\boldsymbol{c})^{\mathrm{T}}_B\boldsymbol{B}^{-1}\boldsymbol{N}]\boldsymbol{x}_N。\end{aligned}$$

在 $f^*(\boldsymbol{y})<+\infty$的要求下，得到

$$(\boldsymbol{y}-\boldsymbol{c})^{\mathrm{T}}_N-(\boldsymbol{y}-\boldsymbol{c})^{\mathrm{T}}_B\boldsymbol{B}^{-1}\boldsymbol{N}=\boldsymbol{0},\quad f^*(\boldsymbol{y})=(\boldsymbol{y}-\boldsymbol{c})^{\mathrm{T}}_B\boldsymbol{B}^{-1}\boldsymbol{b}。$$

令$\boldsymbol{\lambda}=-[(\boldsymbol{y}-\boldsymbol{c})^{\mathrm{T}}_B\boldsymbol{B}^{-1}]^{\mathrm{T}}$，则有

$$(\boldsymbol{y}-\boldsymbol{c})_{\boldsymbol{B}}^{\mathrm{T}}=-\boldsymbol{\lambda}^{\mathrm{T}}\boldsymbol{B}, \quad (\boldsymbol{y}-\boldsymbol{c})_{\boldsymbol{N}}^{\mathrm{T}}+\boldsymbol{\lambda}^{\mathrm{T}}\boldsymbol{N}=\boldsymbol{0}。$$

整合上式

$$\boldsymbol{y}-\boldsymbol{c}=\begin{pmatrix}(\boldsymbol{y}-\boldsymbol{c})_{\boldsymbol{B}}\\(\boldsymbol{y}-\boldsymbol{c})_{\boldsymbol{N}}\end{pmatrix}=-\begin{pmatrix}\boldsymbol{B}^{\mathrm{T}}\boldsymbol{\lambda}\\\boldsymbol{N}^{\mathrm{T}}\boldsymbol{\lambda}\end{pmatrix}=-\boldsymbol{A}^{\mathrm{T}}\boldsymbol{\lambda}。$$

由此可知共轭对偶问题为

$$\begin{aligned}\min\quad & -\boldsymbol{\lambda}^{\mathrm{T}}\boldsymbol{b}\\ \text{s.t.}\quad & \boldsymbol{A}^{\mathrm{T}}\boldsymbol{\lambda}+\boldsymbol{y}=\boldsymbol{c}\\ & \boldsymbol{y}\in\mathbb{R}_{+}^{n}\\ & \boldsymbol{\lambda}=-[(\boldsymbol{y}-\boldsymbol{c})_{\boldsymbol{B}}^{\mathrm{T}}\boldsymbol{B}^{-1}]^{\mathrm{T}}。\end{aligned}$$

观察上式约束中的两个方程,发现最后一个方程为冗余的,因此简写为

$$\begin{aligned}\min\quad & -\boldsymbol{\lambda}^{\mathrm{T}}\boldsymbol{b}\\ \text{s.t.}\quad & \boldsymbol{A}^{\mathrm{T}}\boldsymbol{\lambda}+\boldsymbol{y}=\boldsymbol{c}\\ & \boldsymbol{y}\in\mathbb{R}_{+}^{n},\quad \boldsymbol{\lambda}\in\mathbb{R}^{m},\end{aligned}$$

或写成常见的线性规划对偶问题

$$\begin{aligned}-\max\quad & \boldsymbol{b}^{\mathrm{T}}\boldsymbol{w}\\ \text{s.t.}\quad & \boldsymbol{A}^{\mathrm{T}}\boldsymbol{w}+\boldsymbol{s}=\boldsymbol{c}\\ & \boldsymbol{s}\in\mathbb{R}_{+}^{n},\quad \boldsymbol{w}\in\mathbb{R}^{m}。\end{aligned}$$

此时,根据定理 4.24,在原问题目标值有界的条件下,原问题的约束集合$\mathcal{X}$和锥集合$\mathcal{K}$都是非空多面体,因此,共轭对偶问题最优解可达。同理,共轭对偶问题的约束也具有同样好的特性,所以,原问题最优解可达。这些结果说明了共轭对偶有很强的理论广适性。

进一步应用定理 4.21,原问题与对偶问题具有强对偶性的充分必要条件是:若 $\boldsymbol{x}\in\mathcal{X}\cap\mathcal{K}$和 $\boldsymbol{y}\in\mathcal{Y}\cap\mathcal{K}^{*}$,则有

$$\boldsymbol{y}^{\mathrm{T}}\boldsymbol{x}=0\Leftrightarrow\boldsymbol{x}^{\mathrm{T}}(\boldsymbol{A}^{\mathrm{T}}\boldsymbol{\lambda}-\boldsymbol{c})=0。$$

上式的右端是大家已经熟悉的互补松弛条件。

4.4.2 共轭对偶与 Lagrange 对偶

对于非线性优化问题(4.1),可行解集合

$$\mathcal{F}=\{\boldsymbol{x}\in\mathbb{R}^{n}\mid g_{i}(\boldsymbol{x})\leqslant 0, i=1,2,\cdots,m\}。$$

考虑如下的映射:

$$\varphi: \boldsymbol{x}\in\mathbb{R}^{n}\mapsto(-g_{1}(\boldsymbol{x}),-g_{2}(\boldsymbol{x}),\cdots,-g_{m}(\boldsymbol{x}),f(\boldsymbol{x}))^{\mathrm{T}}\in\mathbb{R}^{m+1}。\tag{4.22}$$

记

$$\mathcal{X}=\{\boldsymbol{u}\in\mathbb{R}^{m+1}\mid\boldsymbol{u}=\boldsymbol{\varphi}(\boldsymbol{x}),\boldsymbol{x}\in\mathbb{R}^{n}\}。$$

问题(4.1)在新定义的集合$\mathcal{X}$与集合

$$\mathcal{K}=\{\boldsymbol{u}\in\mathbb{R}^{m+1}\mid u_{i}\geqslant 0, i=1,2,\cdots,m\}$$

的交来替代,则等价优化问题为

$$\begin{aligned}\min\quad & h(\boldsymbol{u})=u_{m+1}\\ \text{s.t.}\quad & \boldsymbol{u}\in\mathcal{X}\cap\mathcal{K},\end{aligned}\tag{4.23}$$

其中，$\boldsymbol{u}\in\mathbb{R}^{m+1}$ 为决策变量。

这里需要特别强调构造 $\boldsymbol{\varphi}(\boldsymbol{x})$ 而满足问题(4.1)与问题(4.23)等价的概念。通过 $\boldsymbol{u}=\boldsymbol{\varphi}(\boldsymbol{x})$ 的变换，若同时满足下列条件，则称问题(4.1)与问题(4.23)等价：

(1) 可行解集等价，对任意 $\boldsymbol{x}\in\mathcal{F}$，都有 $\boldsymbol{\varphi}(\boldsymbol{x})\in\mathcal{X}\cap\mathcal{K}$；且对任意 $\boldsymbol{u}\in\mathcal{X}\cap\mathcal{K}$，都有 $\varphi^{-1}(\boldsymbol{u})=\{\boldsymbol{x}\mid\boldsymbol{u}=\boldsymbol{\varphi}(\boldsymbol{x})\}\in\mathcal{F}$；

(2) 最优解等价，$\boldsymbol{x}^*$ 为问题(4.1)的最优解，则 $\boldsymbol{u}^*=\varphi(\boldsymbol{x}^*)$ 为问题(4.23)的最优解；反之，若 $\boldsymbol{u}^*$ 为问题(4.23)的最优解，则任意 $\boldsymbol{x}^*\in\varphi^{-1}(\boldsymbol{u}^*)$ 都是问题(4.1)的最优解；

(3) 最优目标值等价，问题(4.1)和问题(4.23)的最优目标值相同。

按共轭对偶方法，对任意 $\boldsymbol{\lambda}\in\mathbb{R}^{m+1}$，共轭对偶函数

$$h^*(\boldsymbol{\lambda})=\max_{\boldsymbol{u}\in\mathcal{X}}\{\boldsymbol{\lambda}^{\mathrm{T}}\boldsymbol{u}-u_{m+1}\}=-\min_{\boldsymbol{x}\in\mathbf{R}^n}\left\{(1-\lambda_{m+1})f(\boldsymbol{x})+\sum_{i=1}^{m}\lambda_i g_i(\boldsymbol{x})\right\},$$

有定义的区域

$$\mathcal{Y}=\{\boldsymbol{\lambda}\in\mathbb{R}^{m+1}\mid h^*(\boldsymbol{\lambda})<+\infty\}。$$

容易验证，

$$\begin{aligned}\mathcal{K}^*&=\{\boldsymbol{\lambda}\in\mathbb{R}^{m+1}\mid\boldsymbol{u}^{\mathrm{T}}\boldsymbol{\lambda}\geqslant0,\forall\boldsymbol{u}\in\mathcal{K}\}\\&=\{\boldsymbol{\lambda}\in\mathbb{R}^{m+1}\mid\lambda_i\geqslant0,i=1,2,\cdots,m;\ \lambda_{m+1}=0\}。\end{aligned}$$

共轭对偶模型为

$$\begin{aligned}&\min_{\boldsymbol{\lambda}\in\mathcal{Y}\cap\mathcal{K}^*}h^*(\boldsymbol{\lambda})\\&=\min_{\lambda_i\geqslant0,1\leqslant i\leqslant m;\ \lambda_{m+1}=0}\left[-\min_{\boldsymbol{x}\in\mathbf{R}^n}\{f(\boldsymbol{x})+\sum_{i=1}^{m}\lambda_i g_i(\boldsymbol{x})\}\right]\qquad(4.24)\\&=-\max_{\lambda_i\geqslant0,1\leqslant i\leqslant m}\min_{\boldsymbol{x}\in\mathbf{R}^n}\left\{f(\boldsymbol{x})+\sum_{i=1}^{m}\lambda_i g_i(\boldsymbol{x})\right\}。\end{aligned}$$

可以发现，上面公式中最后一个等号就等同 Lagrange 松弛对偶问题，但相差一个负号。

再考虑给定一个点对 $(\boldsymbol{\lambda}^*,\boldsymbol{u}^*)$，在强对偶的要求下，共轭对偶方法可以得到什么结果？按定理 4.21，假设 $\boldsymbol{u}^*\in\mathcal{X}\cap\mathcal{K}$ 和 $\boldsymbol{\lambda}^*\in\mathcal{Y}\cap\mathcal{K}^*$，强对偶的充分必要条件为一则满足

$$\boldsymbol{u}^{*\mathrm{T}}\boldsymbol{\lambda}^*=\sum_{i=1}^{m+1}u_i^*\lambda_i^*=\sum_{i=1}^{m}u_i^*\lambda_i^*=0,$$

即得到互补松弛条件

$$u_i^*\lambda_i^*=-g_i(\boldsymbol{x}^*)\lambda_i^*=0,\quad i=1,2,\cdots,m,$$

其中 $\boldsymbol{x}^*$ 为 $\mathbb{R}^n$ 上达到 $\boldsymbol{u}^*$ 的点。

二则还需要满足 $\boldsymbol{\lambda}^*\in\partial u_{m+1}^*$，$u_{m+1}$ 是 $\boldsymbol{u}=(u_1,u_2,\cdots,u_{m+1})^{\mathrm{T}}$ 的函数，按次梯度的定义(3.4)，强对偶的点对 $(\boldsymbol{\lambda}^*,\boldsymbol{u}^*)$ 满足

$$u_{m+1}\geqslant u_{m+1}^*+(\boldsymbol{\lambda}^*)^{\mathrm{T}}(\boldsymbol{u}-\boldsymbol{u}^*),\quad\forall\boldsymbol{u}\in\mathcal{X}。$$

由 $\boldsymbol{\lambda}^*\in\mathcal{K}^*$ 得到 $\lambda_{m+1}^*=0$，记 $\boldsymbol{u}^*=\boldsymbol{\varphi}(\boldsymbol{x}^*)$，于是上式可等价写出

$$f(\boldsymbol{x})\geqslant f(\boldsymbol{x}^*)-\sum_{i=1}^{m}\lambda_i^*(g_i(\boldsymbol{x})-g_i(\boldsymbol{x}^*)),\quad\forall\boldsymbol{x}\in\mathbb{R}^n,$$

变形整理为

$$f(\boldsymbol{x})+\sum_{i=1}^{m}\lambda_i^*g_i(\boldsymbol{x})\geqslant f(\boldsymbol{x}^*)+\sum_{i=1}^{m}\lambda_i^*g_i(\boldsymbol{x}^*),\quad\forall\boldsymbol{x}\in\mathbb{R}^n。\qquad(4.25)$$

将以上讨论整理如下定理

定理 4.25　给定非线性规划问题(4.1)对应变形问题(4.23)和共轭对偶问题(4.24)，若存在点对$(\boldsymbol{\lambda}^*,\boldsymbol{x}^*)$，其中$\boldsymbol{x}^*$是问题(4.1)的可行解和$\boldsymbol{\lambda}^*\in\mathbb{R}^m_+$，使得问题(4.1)和问题(4.24)是强对偶的充分必要条件为(4.25)式和下列互补松弛条件成立

$$\lambda_i^* g_i(\boldsymbol{x}^*)=0,\quad i=1,2,\cdots,m。$$

从定理 4.25 可以得到，非线性规划问题(4.1)的问题(4.25)是一个无约束优化问题，满足全局最优性的解一定有梯度为$\boldsymbol{0}$，即

$$\nabla f(\boldsymbol{x}^*)+\sum_{i=1}^{m}\lambda_i^*\nabla g_i(\boldsymbol{x}^*)=\boldsymbol{0},$$

加上互补松弛，就成了 KKT 条件(4.4)。

共轭对偶理论在线性规划和 Lagrange 对偶的应用反映出该方法的广 适性和对问题的更深层的分析能力，我们将在下节继续应用该方法，得到线性锥优化问题的对偶模型和相应具有强对偶结论的条件。

第 5 节　线性锥优化模型及最优性结论

在欧式空间$\mathbb{E}$上，线性锥优化(linear conic programming，LCoP)问题的标准形式为

$$\begin{aligned}\min\quad & \boldsymbol{c}\cdot\boldsymbol{x}\\ \text{s.t.}\quad & \boldsymbol{a}^i\cdot\boldsymbol{x}=b_i,\quad i=1,2,\cdots,m\qquad\text{(LCoP)}\\ & \boldsymbol{x}\in\mathcal{K}\end{aligned}$$

其中$\boldsymbol{x}\in\mathbb{E}$为决策变量，$\boldsymbol{c}\in\mathbb{E}$和$\boldsymbol{a}^i\in\mathbb{E}$，$i=1,2,\cdots,m$，是给定的向量，$b_i\in\mathbb{R}$，$i=1,2,\cdots,m$，$\mathcal{K}\subseteq\mathbb{E}$为锥。

首先，第 1 章中列举的 4 个优化问题都写成了 LCoP 形式，因此它们都是线性锥优化问题。第 1 节线性规划对应的 Euclidean 空间$\mathbb{E}=\mathbb{R}^n$，$\mathcal{K}=\mathbb{R}^n_+$。第 2 节 Torricelli 点问题的(1.3)对应的$\mathbb{E}=\mathbb{R}^9$，$\mathcal{K}=\mathcal{L}^3\times\mathcal{L}^3\times\mathcal{L}^3$。第 3 节的相关阵满足性问题的(1.5)对应的$\mathbb{E}=\mathcal{S}^7$，$\mathcal{K}=\mathcal{S}^7_+$。第 4 节最大割的(1.8)对应的$\mathbb{E}=\mathcal{S}^n$，

$$\mathcal{K}=\{\boldsymbol{Y}\mid\boldsymbol{Y}=\theta\boldsymbol{X},\theta\geqslant 0,\boldsymbol{X}\in\mathrm{cl}(\mathrm{conv}(\{\boldsymbol{X}\mid\boldsymbol{X}=\boldsymbol{x}\boldsymbol{x}^{\mathrm{T}},\boldsymbol{x}\in\{-1,1\}^n\}))\}。$$

其次，明显地看出，LCoP 中的目标函数和m个约束都是有关决策变量$\boldsymbol{x}$的线性函数，而决策变量取自锥$\mathcal{K}$，由此得到线性锥优化的称谓。实际上，LCoP 模型将变量间的复杂关系隐含在锥$\mathcal{K}$内，而表面却有一个非常好的线性表现。这也就是线性锥优化值得研究的一点。对一些简单的锥，我们可以设计出多项式时间的算法；而复杂的锥可能用来描述困难的问题，并设法通过简单的锥规划问题来求近似解。

最后，LCoP 是典型的(4.16)模型，共轭对偶的方法可以直接应用到这类问题。下面将通过共轭对偶的方法给出 LCoP 的对偶模型及具有强对偶的条件。考虑到线性锥优化所处不同的 Euclidean 空间及内积，也为了更熟练地掌握共轭对偶的方法，我们用一个统一的方法，得到 LCoP 的对偶形式及其强对偶的条件。

仿效上一节的共轭对偶变量映射(4.22)，做下面变量替换并得到

$$\mathcal{X}=\{\boldsymbol{u}\in\mathbb{R}^{m+1}\mid u_i=\boldsymbol{a}^i\bullet\boldsymbol{x}-b_i,i=1,2,\cdots,m;\ u_{m+1}=\boldsymbol{c}\bullet\boldsymbol{x},\boldsymbol{x}\in\mathcal{K}\},$$
$$\mathcal{K}_0=\{\boldsymbol{u}\in\mathbb{R}^{m+1}\mid u_i=0,i=1,2,\cdots,m;\ u_{m+1}\in\mathbb{R}\}。\tag{4.26}$$

容易验证，$\mathcal{K}_0$ 为一个锥，记 $f(\boldsymbol{u})=u_{m+1}$。依据上一节变量替换的相同讨论，LCoP 等价于下面模型：

$$\begin{aligned}\min\quad & f(\boldsymbol{u})\\ \text{s. t.}\quad & \boldsymbol{u}\in\mathcal{X}\cap\mathcal{K}_0。\end{aligned}\tag{4.27}$$

根据共轭对偶的理论，$f(\boldsymbol{u})$ 的共轭函数为

$$f^*(\boldsymbol{w})=\max_{\boldsymbol{u}\in\mathcal{X}}\{\boldsymbol{u}^{\mathrm{T}}\boldsymbol{w}-f(\boldsymbol{u})\}=\max_{\boldsymbol{x}\in\mathcal{K}}\left\{-\sum_{i=1}^m w_ib_i+\left[\sum_{i=1}^m w_i\boldsymbol{a}^i+(w_{m+1}-1)\boldsymbol{c}\right]\bullet\boldsymbol{x}\right\}。$$

在 $f^*(\boldsymbol{w})<+\infty$ 的要求下，得到

$$\left[\sum_{i=1}^m w_i\boldsymbol{a}^i+(w_{m+1}-1)\boldsymbol{c}\right]\bullet\boldsymbol{x}\leqslant 0,\quad\forall\boldsymbol{x}\in\mathcal{K},$$

即有

$$-\sum_{i=1}^m w_i\boldsymbol{a}^i+(1-w_{m+1})\boldsymbol{c}\in\mathcal{K}^*。$$

于是共轭函数为

$$f^*(\boldsymbol{w})=-\sum_{i=1}^m w_ib_i,$$

其定义域为

$$\begin{aligned}\mathcal{Y}&=\{\boldsymbol{w}\in\mathbb{R}^{m+1}\mid f^*(\boldsymbol{w})<+\infty\}\\ &=\left\{\boldsymbol{w}\in\mathbb{R}^{m+1}\,\middle|\,-\sum_{i=1}^m w_i\boldsymbol{a}^i+(1-w_{m+1})\boldsymbol{c}\in\mathcal{K}^*\right\}。\end{aligned}$$

明显有

$$\mathcal{K}_0^*=\{\boldsymbol{w}\in\mathbb{R}^{m+1}\mid w_i\in\mathbb{R},i=1,2,\cdots,m;\ w_{m+1}=0\}。$$

$$\mathcal{Y}\cap\mathcal{K}_0^*=\left\{\boldsymbol{w}\in\mathbb{R}^{m+1}\,\middle|\,-\sum_{i=1}^m w_i\boldsymbol{a}^i+\boldsymbol{c}\in\mathcal{K}^*,w_{m+1}=0\right\}。$$

注意 $\boldsymbol{a}^i\in\mathbb{E}$，$w_i\in\mathbb{R}$，则 $w_i\boldsymbol{a}^i=\boldsymbol{a}^iw_i$。通常习惯将数字写在向量的前面，以后我们尽量按此习惯书写。共轭对偶问题为

$$\min_{\boldsymbol{w}\in\mathcal{Y}\cap\mathcal{K}_0^*}f^*(\boldsymbol{w})=\min_{\left\{\boldsymbol{w}\,\middle|\,-\sum_{i=1}^m w_i\boldsymbol{a}^i+\boldsymbol{c}\in\mathcal{K}^*,w_{m+1}=1\right\}}-\sum_{i=1}^m w_ib_i,$$

即

$$\begin{aligned}\min\quad & f^*(\boldsymbol{w})=-\boldsymbol{b}^{\mathrm{T}}\boldsymbol{w}\\ \text{s. t.}\quad & \sum_{i=1}^m w_i\boldsymbol{a}^i+\boldsymbol{s}=\boldsymbol{c}\\ & \boldsymbol{s}\in\mathcal{K}^*,\quad\boldsymbol{w}\in\mathbb{R}^m,\end{aligned}\tag{4.28}$$

并记上面的共轭对偶问题的最优目标值为 v_d。

令 $\boldsymbol{y}=(w_1,w_2,\cdots,w_m)^{\mathrm{T}}$，习惯将 LCoP 的对偶模型写成

$$\begin{aligned}\max\quad & \boldsymbol{b}^{\mathrm{T}}\boldsymbol{y}\\ \text{s. t.}\quad & \sum_{i=1}^m \boldsymbol{y}_i\boldsymbol{a}^i+\boldsymbol{s}=\boldsymbol{c}\qquad\text{(LCoD)}\\ & \boldsymbol{s}\in\mathcal{K}^*,\quad\boldsymbol{y}\in\mathbb{R}^m,\end{aligned}$$

并记其最优目标值为 v_{LCoD}。

用共轭对偶方法推导出的对偶规划模型为(4.28)形式。但从学习线性规划开始，我们更习惯将原问题和对偶问题模型分别写成：原问题模型求目标函数极小形式而对偶问题模型求极大形式。以后将沿用 LCoD 的对偶标准形式，此种情况下需要特别注意 v_{LCoD} 与 v_d 相差一个负号，即 $v_{\text{LCoD}}=-v_d$。

再一次特别强调，从本节开始的共轭对偶模型都按 LCoD 的习惯将共轭对偶模型(4.17)的目标函数中乘一个负数，原来的最小化就写成了最大化，但两个模型最优目标值相差一个负号，也就是问题(4.28)与 LCoD 最优目标值相差一个负号。

上一节已直接用共轭对偶的方法得到线性规划的 LCoD 形式，以上又通过变量映射的方法再一次得到相同的形式。比较两种推导方法，可以发现后一方法的推导过程更加规范和简洁。因此，后一种变量映射的共轭对偶方法可作为一个统一的方法。在使用的过程中，原问题的模型变形给问题的推导可能带来便利，这一点值得注意。

常见线性锥优化的不等式模型

$$\begin{aligned}\min\quad & \boldsymbol{c}\cdot\boldsymbol{x}\\ \text{s. t.}\quad & \boldsymbol{a}^i\cdot\boldsymbol{x}\geqslant b_i,\quad i=1,\cdots,m\\ & \boldsymbol{x}\in\mathcal{K}。\end{aligned}\tag{4.29}$$

可以通过增加松弛变量 $z_i\geqslant 0, i=1,2,\cdots,m$ 将 $\boldsymbol{a}^i\cdot\boldsymbol{x}\geqslant b_i, i=1,2,\cdots,m$ 化成等式 $\boldsymbol{a}^i\cdot\boldsymbol{x}-z_i=b_i, i=1,2,\cdots,m$，变量锥约束 $\boldsymbol{x}\in\mathcal{K}$ 化成 $(\boldsymbol{x},\boldsymbol{z})\in\mathcal{K}\times\mathbb{R}^m_+$，目标函数写成 $(\boldsymbol{c},\boldsymbol{0})\cdot(\boldsymbol{x},\boldsymbol{z})$ 后，上述不等式模型就写成 LCoP 的标准形式，也就可以写出其对偶模型。

为了熟悉共轭对偶方法，读者可以仿效推导 LCoD 的过程，修改

$$\mathcal{X}=\{\boldsymbol{u}\in\mathbb{R}^{m+1}\mid u_i=\boldsymbol{a}^i\cdot\boldsymbol{x}-b_i, i=1,2,\cdots,m;\ u_{m+1}=\boldsymbol{c}\cdot\boldsymbol{x},\boldsymbol{x}\in\mathcal{K}\},$$

$$\mathcal{K}_0=\{\boldsymbol{u}\in\mathbb{R}^{m+1}\mid u_i\geqslant 0, i=1,2,\cdots,m;\ u_{m+1}\in\mathbb{R}\}$$

后，可得到对偶模型

$$\begin{aligned}\max\quad & \boldsymbol{b}^{\mathrm{T}}\boldsymbol{y}\\ \text{s. t.}\quad & \sum_{i=1}^m y_i\boldsymbol{a}^i+\boldsymbol{s}=\boldsymbol{c}\\ & \boldsymbol{s}\in\mathcal{K}^*,\quad \boldsymbol{y}\in\mathbb{R}^m_+。\end{aligned}\tag{4.30}$$

定理 4.26(弱对偶定理) 若线性锥优化标准模型 LCoP 和 LCoD 都是可行的，则对 LCoP 的任何可行解 $\boldsymbol{x}$ 和 LCoD 的任何可行解 $(\boldsymbol{y},\boldsymbol{s})$，$\boldsymbol{c}\cdot\boldsymbol{x}\geqslant\boldsymbol{b}^{\mathrm{T}}\boldsymbol{y}$ 恒成立。线性锥优化的不等式模型(4.29)和问题(4.30)也具有相同的结论。

证明 仅以线性锥优化标准模型证明，不等式模型证明类似。总结上面的讨论就可以得到证明。由于 $\boldsymbol{x}$ 为 LCoP 的可行解，$(\boldsymbol{y},\boldsymbol{s})$ 为 LCoD 的可行解，所以有

$$\begin{aligned}\boldsymbol{c}\cdot\boldsymbol{x}-\boldsymbol{b}^{\mathrm{T}}\boldsymbol{y}&=\boldsymbol{c}\cdot\boldsymbol{x}-\sum_{i=1}^m y_i\boldsymbol{a}^i\cdot\boldsymbol{x}\\ &=\left(\boldsymbol{c}-\sum_{i=1}^m y_i\boldsymbol{a}^i\right)\cdot\boldsymbol{x}=\boldsymbol{s}\cdot\boldsymbol{x}\geqslant\boldsymbol{0}。\end{aligned}$$

类似可得不等式模型的结论，在此不再赘述。 □

定理 4.27(互为对偶定理) 设 LCoP 的 $\mathcal{K}$ 是闭凸锥，则有 LCoD 的对偶为 LCoP。同样问题(4.30)的对偶为问题(4.29)。

证明 观察 LCoP 和 LCoD，我们是通过共轭对偶的办法将 LCoP 目标函数的内积形式变成了 LCoD 目标函数的自然内积形式，这种不对称性造成不宜直接套用现有的结果，因此我们重复一次共轭对偶的过程来证明结果。

注意$\mathcal{K}$是闭凸锥，所以$(\mathcal{K}^*)^*=K$。记$\mathcal{K}^*$所在的 Euclidean 空间为$\mathbb{E}$。将 LCoD 写成

$$\begin{aligned} -\min\quad & -\boldsymbol{b}^{\mathrm{T}}\boldsymbol{y} \\ \text{s.t.}\quad & \sum_{i=1}^{m} y_i\boldsymbol{a}^i+\boldsymbol{s}=\boldsymbol{c} \\ & \boldsymbol{s}\in\mathcal{K}^*,\quad \boldsymbol{y}\in\mathbb{R}^m, \end{aligned}$$

其中$\boldsymbol{a}^i\in\mathbb{E}, i=1,2,\cdots,m, \boldsymbol{s}\in\mathbb{E}, \boldsymbol{b}\in\mathbb{R}^m, \boldsymbol{c}\in\mathbb{E}$。对应的

$$\mathcal{X}=\left\{(\boldsymbol{u},\alpha)\in\mathbb{E}\times\mathbb{R}\ \middle|\ \begin{array}{l}\boldsymbol{u}=\boldsymbol{c}-\sum\limits_{i=1}^{m}y_i\boldsymbol{a}^i-\boldsymbol{s},\\ \alpha=-\boldsymbol{b}^{\mathrm{T}}\boldsymbol{y},\boldsymbol{s}\in\mathcal{K}^*,\boldsymbol{y}\in\mathbb{R}^m\end{array}\right\},$$

$$\mathcal{K}_0=\{(\boldsymbol{u},\alpha)\in\mathbb{E}\times\mathbb{R}\mid \boldsymbol{u}=\boldsymbol{0},\alpha\in\mathbb{R}\}。$$

容易验证，$\mathcal{K}_0$为一个锥，于是依据上一节共轭对偶建立变量映射的相同讨论，LCoD 等价于下面的模型：

$$\begin{aligned} -\min\quad & f(\boldsymbol{u},\alpha)=\alpha \\ \text{s.t.}\quad & (\boldsymbol{u},\alpha)\in\mathcal{X}\cap\mathcal{K}_0。\end{aligned}$$

根据共轭对偶的理论，$f(\boldsymbol{u},\alpha)$在点$(\boldsymbol{w},\beta)$（其中$\boldsymbol{w}\in\mathbb{E},\beta\in\mathbb{R}$）的共轭函数为

$$\begin{aligned} f^*(\boldsymbol{w},\beta) &= \max_{(\boldsymbol{u},\alpha)\in\mathcal{X}}\{\boldsymbol{w}\cdot\boldsymbol{u}+\alpha\beta-\alpha\} \\ &= \max_{\boldsymbol{s}\in\mathcal{K}^*,\boldsymbol{y}\in\mathbf{R}^m}\left\{\boldsymbol{c}\cdot\boldsymbol{w}+\sum_{i=1}^{m}[(1-\beta)b_i-\boldsymbol{a}^i\cdot\boldsymbol{w}]y_i-\boldsymbol{w}\cdot\boldsymbol{s}\right\}。\end{aligned}$$

在$f^*(\boldsymbol{w},\beta)<+\infty$的要求下，$(\boldsymbol{w},\beta)$满足

$$(1-\beta)b_i-\boldsymbol{a}^i\cdot\boldsymbol{w}=0, i=1,2,\cdots,m \quad 和 \quad \boldsymbol{w}\cdot\boldsymbol{s}\geqslant 0,\quad \forall\boldsymbol{s}\in\mathcal{K}^*。$$

即有

$$\boldsymbol{a}^i\cdot\boldsymbol{w}=(1-\beta)b_i, i=1,2,\cdots,m \quad 和 \quad \boldsymbol{w}\in\mathcal{K}。$$

得到共轭函数

$$f^*(\boldsymbol{w},\boldsymbol{\beta})=\boldsymbol{c}\cdot\boldsymbol{w},$$

其定义域为

$$\mathcal{Y}=\{(\boldsymbol{w},\beta)\in\mathbb{E}\times\mathbb{R}\mid \boldsymbol{a}^i\cdot\boldsymbol{w}=(1-\beta)b_i, i=1,2,\cdots,m;\ w\in\mathcal{K}\}。$$

明显，$\mathcal{K}_0$的对偶锥为

$$\mathcal{K}_0^*=\{(\boldsymbol{w},\beta)\in\mathbb{E}\times\mathbb{R}\mid \beta=0\}。$$

于是

$$\mathcal{Y}\cap\mathcal{K}_0^*=\{(\boldsymbol{w},\beta)\in\mathbb{E}\times\mathbb{R}\mid \boldsymbol{a}^i\cdot\boldsymbol{w}=b_i, i=1,2,\cdots,m,\boldsymbol{w}\in\mathcal{K},\beta=0\}。$$

故共轭对偶模型为

$$\begin{aligned} -\min\quad & f^*(\boldsymbol{w},\beta)=\boldsymbol{c}\cdot\boldsymbol{w} \\ \text{s.t.}\quad & \boldsymbol{a}^i\cdot\boldsymbol{w}=b_i, i=1,2,\cdots,m \\ & \boldsymbol{w}\in\mathcal{K}。\end{aligned}$$

令 $\boldsymbol{x}=\boldsymbol{w}$ 及考虑推导 LCoD 时的一个负号，可将对偶的标准形式写为 LCoP。由类似的推导，得到问题(4.30)的对偶为问题(4.29)。 □

有关强对偶则有下面的结论。

定理 4.28（标准模型的强对偶定理） 当 LCoP 中$\mathcal{K}$为闭凸锥，可行解集合与 $\mathrm{ri}(\mathcal{K})$的交集非空且该问题下有界，则存在 LCoD 的可行解$(\boldsymbol{y}^*,\boldsymbol{s}^*)$使得 $\boldsymbol{b}^{\mathrm{T}}\boldsymbol{y}^*$ 达到 LCoP 的最优目标值。

同样，当 LCoD 的可行解集合与 $\mathrm{ri}(\mathcal{K}^*)\times\mathbb{R}^m$ 的交集非空且该问题上有界，则存在 LCoP 的可行解 $\boldsymbol{x}^*$ 使得 $\boldsymbol{c}\cdot\boldsymbol{x}^*$ 达到 LCoD 的最优目标值。

证明 由定理 4.23 可知，要证明该定理成立，必须证明 LCoP 的等价问题(4.27)满足 $\mathrm{ri}(\mathcal{X})\cap\mathrm{ri}(\mathcal{K}_0)\neq\varnothing$。下面证明这个结论成立。

考虑它的可行解子集合

$$\widetilde{\mathcal{F}}=\{\boldsymbol{x}\mid \boldsymbol{a}^i\cdot\boldsymbol{x}=b_i,i=1,2,\cdots,m\}\cap\mathrm{ri}(K)。$$

令 $\boldsymbol{A}=(\boldsymbol{a}^1,\boldsymbol{a}^2,\cdots,\boldsymbol{a}^m,\boldsymbol{c})^{\mathrm{T}}$，做线性变换：

$$\boldsymbol{x}\in\mathcal{K}\mapsto\boldsymbol{A}\boldsymbol{x}=(\boldsymbol{a}^1\cdot\boldsymbol{x},\boldsymbol{a}^2\cdot\boldsymbol{x},\cdots,\boldsymbol{a}^m\cdot\boldsymbol{x},\boldsymbol{c}\cdot\boldsymbol{x})^{\mathrm{T}}\in\mathbb{R}^{m+1},$$

由定理假设条件得到$\widetilde{\mathcal{F}}\neq\varnothing$，也就有 $\boldsymbol{x}^0\in\mathrm{ri}(\mathcal{K})$使得 $\boldsymbol{a}^i\cdot\boldsymbol{x}^0=b_i,i=1,2,\cdots,m$。由定理 2.16，则有 $\boldsymbol{A}\boldsymbol{x}^0\in A(\mathrm{ri}(\mathcal{K}))=\mathrm{ri}(A\,\mathcal{K})$。令

$$\boldsymbol{Q}^0=(b_1,b_2,\cdots,b_m,0)^{\mathrm{T}},\quad \boldsymbol{P}=\boldsymbol{A}\boldsymbol{x}^0-\boldsymbol{Q}^0。$$

由定理 2.17 得到

$$\boldsymbol{P}\in\mathrm{ri}(A\,\mathcal{K})-\mathrm{ri}(\boldsymbol{Q}^0)=\mathrm{ri}(A\,\mathcal{K}-\boldsymbol{Q}^0)=\mathrm{ri}(\mathcal{X})。$$

明显可知$\mathcal{K}_0=\mathrm{ri}(\mathcal{K}_0)$且 $\boldsymbol{P}\in\mathrm{ri}(\mathcal{K}_0)$，故 $\boldsymbol{P}\in\mathrm{ri}(\mathcal{X})\cap\mathrm{ri}(\mathcal{K}_0)$，则推出

$$\mathrm{ri}(\mathcal{X})\cap\mathrm{ri}(\mathcal{K}_0)\neq\varnothing。$$

将定理 4.23 应用在 LCoP 的等价问题(4.27)，即存在 LCoD 的可行解$(\boldsymbol{y}^*,\boldsymbol{s}^*)$使得 $\boldsymbol{b}^{\mathrm{T}}\boldsymbol{y}^*$ 等于 LCoP 的最优目标值。

利用定理 4.27 有关$\mathcal{X}$和$\mathcal{K}_0$的构造，模仿上述证明可得到定理余下的结果。 □

定理 4.29（不等式模型的强对偶定理） 在问题(4.29)中，当$\mathcal{K}$为闭凸锥，存在 $\boldsymbol{x}^0\in\mathbb{E}$ 满足：$\boldsymbol{a}^i\cdot\boldsymbol{x}^0>b_i,i=1,2,\cdots,m,\boldsymbol{x}^0\in\mathrm{ri}(\mathcal{K})$且该问题下有界，则存在问题(4.30)的可行解$(\boldsymbol{y}^*,\boldsymbol{s}^*)$使得 $\boldsymbol{b}^{\mathrm{T}}\boldsymbol{y}^*$ 达到问题(4.29)的最优值。

对称地，对问题(4.30)，当存在 $\boldsymbol{s}^0\in\mathrm{ri}(\mathcal{K}^*)$和 $\boldsymbol{y}^0\in\mathbb{R}^m_{++}$ 满足：$\sum_{i=1}^m y_i^0\boldsymbol{a}^i+\boldsymbol{s}^0=\boldsymbol{c}$ 且该问题上有界，则存在问题(4.29) 的可行解 $\boldsymbol{x}^*$ 使得 $\boldsymbol{c}\cdot\boldsymbol{x}^*$ 达到问题(4.30) 的最优值。

证明 令

$$\mathcal{X}=\{\boldsymbol{u}\in\mathbb{R}^{m+1}\mid u_i=\boldsymbol{a}^i\cdot\boldsymbol{x}-b_i,i=1,2,\cdots,m;\ u_{m+1}=\boldsymbol{c}\cdot\boldsymbol{x},\boldsymbol{x}\in\mathcal{K}\},$$

$$\mathcal{K}_0=\{\boldsymbol{u}\in\mathbb{R}^{m+1}\mid u_i\geqslant 0,i=1,2,\cdots,m;\ u_{m+1}\in\mathbb{R}\}。$$

可以仿效定理 4.28 的前半部分证明并采用相同的记号，先得到 $\boldsymbol{A}\boldsymbol{x}^0-\boldsymbol{Q}^0\in\mathrm{ri}(\mathcal{X})\cap\mathrm{ri}(\mathcal{K}_0)$，再得到本定理的前半部分结论。

再证明后半部分的结论。对于模型(4.30)，令

$$\mathcal{X}=\left\{(\boldsymbol{u},\alpha)\in\mathbb{E}\times\mathbb{R}\ \middle|\ \begin{array}{l}\boldsymbol{u}=\boldsymbol{c}-\sum_{i=1}^m y_i\boldsymbol{a}^i-\boldsymbol{s},\\ \alpha=-\boldsymbol{b}^{\mathrm{T}}\boldsymbol{y},\boldsymbol{s}\in\mathcal{K}^*,\boldsymbol{y}\in\mathbb{R}^m_+\end{array}\right\},$$

$$\mathcal{K}_0=\{(\boldsymbol{u},\alpha)\in\mathbb{E}\times\mathbb{R}\mid \boldsymbol{u}=\boldsymbol{0},\alpha\in\mathbb{R}\}。$$

由定理 2.17 得到$(\boldsymbol{s}^0,\boldsymbol{y}^0)\in\mathrm{ri}(\mathcal{K}^*\times\mathbb{R}^m_+)$。令

$$\boldsymbol{P}=\left(\boldsymbol{c}-\sum_{i=1}^m y_i^0\boldsymbol{a}^i-\boldsymbol{s}^0,-\boldsymbol{b}^{\mathrm{T}}\boldsymbol{y}^0\right)^{\mathrm{T}}。$$

与定理 4.28 完全相同的逻辑，得到$\boldsymbol{P}\in\mathrm{ri}(\mathcal{X})\cap\mathrm{ri}(\mathcal{K}_0)$，推出 $\mathrm{ri}(\mathcal{X})\cap\mathrm{ri}(\mathcal{K}_0)\neq\varnothing$。因此得到定理后半部分的结论。 □

依据定理 4.21，线性锥优化标准模型存在如下的判定结论。

定理 4.30（标准模型的最优性定理） 若 LCoP 存在一个可行解 $\boldsymbol{x}^*$，LCoD 存在一个可行解$(\boldsymbol{y}^*,\boldsymbol{s}^*)$，且使得 $\boldsymbol{c}\cdot\boldsymbol{x}^*=\boldsymbol{b}^{\mathrm{T}}\boldsymbol{y}^*$，则 $\boldsymbol{x}^*$ 为 LCoP 的最优解且$(\boldsymbol{y}^*,\boldsymbol{s}^*)$为 LCoD 的最优解。

若 LCoP 的$\mathcal{K}$为闭凸锥，可行解集与 $\mathrm{ri}(\mathcal{K})$交集非空且该问题下有界，则 LCoP 的任何一个可行解 $\boldsymbol{x}^*$ 为最优解的必要条件为 LCoD 存在一个可行解$(\boldsymbol{y}^*,\boldsymbol{s}^*)$，使得 $\boldsymbol{c}\cdot\boldsymbol{x}^*=\boldsymbol{b}^{\mathrm{T}}\boldsymbol{y}^*$（或等价表示为 $\boldsymbol{x}^*\cdot\boldsymbol{s}^*=\boldsymbol{c}\cdot\boldsymbol{x}^*-\boldsymbol{b}^{\mathrm{T}}\boldsymbol{y}^*=0$）。

若 LCoD 的可行解集与 $\mathrm{ri}(\mathcal{K}^*)\times\mathbb{R}^m$ 交集非空且该问题上有界，则 LCoD 的任何一个可行解$(\boldsymbol{y}^*,\boldsymbol{s}^*)$为最优解的必要条件是 LCoP 存在一个可行解 $\boldsymbol{x}^*$，使得 $\boldsymbol{c}\cdot\boldsymbol{x}^*=\boldsymbol{b}^{\mathrm{T}}\boldsymbol{y}^*$。

证明 第一条的充分性结论只需验证满足定理 4.21 的条件即可得到结果。必要性的两个结论具有对称性，后一个结论仿效前一个就可以得到。对于前一个结论，由定理 4.28 知，这样的$(\boldsymbol{y}^*,\boldsymbol{s}^*)$存在且最优目标值无对偶间隙，于是依据定理 4.21 得到 $\boldsymbol{c}\cdot\boldsymbol{x}^*=\boldsymbol{b}^{\mathrm{T}}\boldsymbol{y}^*$。 □

注意上述定理的充分或必要条件，充分条件中假设 $\boldsymbol{x}^*$ 和$(\boldsymbol{y}^*,\boldsymbol{s}^*)$已存在。必要条件中要求 LCoP 的可行解集与 $\mathrm{ri}(\mathcal{K})$交集非空和该问题下有界的目的是使得对偶问题可达。

不等式模型也有类似的结论，叙述如下。

定理 4.31（不等式模型的最优性定理） 若问题(4.29)存在一个可行解 $\boldsymbol{x}^*$，问题(4.30)存在一个可行解$(\boldsymbol{y}^*,\boldsymbol{s}^*)$，且使得 $\boldsymbol{c}\cdot\boldsymbol{x}^*=\boldsymbol{b}^{\mathrm{T}}\boldsymbol{y}^*$，则 $\boldsymbol{x}^*$ 为问题(4.29)的最优解且$(\boldsymbol{y}^*,\boldsymbol{s}^*)$为问题(4.30)的最优解。

若问题(4.29)中$\mathcal{K}$为闭凸锥，存在 $\boldsymbol{x}^0\in\mathbb{E}$ 满足：$\boldsymbol{a}^i\cdot\boldsymbol{x}^0>b_i,i=1,2,\cdots,m,\boldsymbol{x}^0\in\mathrm{ri}(\mathcal{K})$且该问题下有界，则该问题的一个可行解 $\boldsymbol{x}^*$ 为最优解的必要条件为问题(4.30)存在一个可行解$(\boldsymbol{y}^*,\boldsymbol{s}^*)$，使得 $\boldsymbol{c}\cdot\boldsymbol{x}^*=\boldsymbol{b}^{\mathrm{T}}\boldsymbol{y}^*$（或等价表示为 $\boldsymbol{x}^*\cdot\boldsymbol{s}^*=\boldsymbol{c}\cdot\boldsymbol{x}^*-\boldsymbol{b}^{\mathrm{T}}\boldsymbol{y}^*=0$）。

若问题(4.30)的目标值上有界，存在 $\boldsymbol{s}^0\in\mathrm{ri}(\mathcal{K}^*)$和 $\boldsymbol{y}^0\in\mathbb{R}^m_{++}$ 满足：$\sum_{i=1}^m y_i^0\boldsymbol{a}^i+\boldsymbol{s}^0=\boldsymbol{c}$，则该问题的一个可行解$(\boldsymbol{y}^*,\boldsymbol{s}^*)$为最优解的必要条件为问题(4.29)存在一个可行解 $\boldsymbol{x}^*$，使得 $\boldsymbol{c}\cdot\boldsymbol{x}^*=\boldsymbol{b}^{\mathrm{T}}\boldsymbol{y}^*$。

至此，我们已给出线性锥优化的标准模型和不等式模型的形式，它们的对偶模型及强对偶的最优性充分条件。模型的形式有利于我们对问题的分类，强对偶的充分条件有利于我们了解最优解的存在性，而最优性判别的充分条件有利于我们判别一个解是否为最优解。

从应用的角度来看，有以上理论为基础，我们可以讨论各类线性锥优化模型的对偶模型、强对偶条件和给出一些判定最优解的充分条件。

小 结

共轭对偶方法是我们建立线性锥优化对偶模型和给出强对偶条件的主要工具。我们采用本章的 Lagrange 对偶方法给出了线性规划、椭球约束的二次约束二次规划问题的对偶模型,而采用广义的 Lagrange 对偶方法给出了非线性规划问题(4.1)的一般性对偶模型(4.14)。因此,新的对偶思想可能带来新的研究结果。如 D. Gao[16,17] 在 Fenchel 对偶中考虑原问题变量和对偶变量满足特殊对应关系的一类问题,提出了正则对偶(canonical duality)方法,对求解一些非凸非线性优化问题的全局最优解效果甚好[11,12,48,51,53]。

习 题

(标注 * 题目的证明可能用到本书以外的结论。)

4.1 下列结论是否正确?正确则给出证明,不正确请举反例。

(1) 任何一个优化问题都有局部最优解;

(2) 当一个优化问题最优目标值有限,则一定存在最优可行解;

(3) 设 $\boldsymbol{x}^*$ 达到优化问题的最优目标值,则 $\boldsymbol{x}^*$ 一定为最优解;

(4) 一个优化问题的最优目标值无界,则可行解区域一定无界;

(5) 一个优化问题的可行解区域有界且其目标函数在全空间连续,则最优目标值一定有限;

(6) 对于优化问题(4.1),只要其最优解可达,该最优解一定满足 KKT 条件。

4.2 给定以下优化问题

(1)
$$\begin{aligned} \min\ & x_1+x_2 \\ \text{s.t.}\ & x_1^2+x_2^2\leqslant 1 \\ & \boldsymbol{x}\in\mathbb{R}^2, \end{aligned}$$

(2)
$$\begin{aligned} \min\ & x_1^2+x_2-x_3 \\ \text{s.t.}\ & x_1^2+2x_2^2+x_3^2\leqslant 1 \\ & x_1+x_2+x_3\leqslant 1 \\ & \boldsymbol{x}\in\mathbb{R}^3, \end{aligned}$$

分别求出上述两问题满足 KKT 条件的点,讨论这些点中哪些为局部最优解或是全局最优解。

***4.3** 设 $\mathcal{X}\subseteq\mathbb{R}^n$ 为一个多面体,$\boldsymbol{A}\in\mathcal{M}(m,n)$,证明:$A\mathcal{X}$为$\mathbb{R}^m$ 中的多面体。

4.4 设 $f(\boldsymbol{x})$为$\mathbb{R}^n$ 上的一个二阶连续可微函数,满足 $\|\nabla^2 f(\boldsymbol{x})\|_2\leqslant L>0$,对于给定的 $\boldsymbol{y}\in\mathbb{R}^n$,当 $0<\alpha<\dfrac{1}{L}$时,

(1) 证明:$f(\boldsymbol{x})+\dfrac{1}{2\alpha}(\boldsymbol{x}-\boldsymbol{y})^{\mathrm{T}}(\boldsymbol{x}-\boldsymbol{y})$关于变量 $\boldsymbol{x}$ 是$\mathbb{R}^n$ 上的严格凸函数;

(2) 设 $\boldsymbol{z}$ 为 $\min\limits_{\boldsymbol{x}\in\mathbb{R}^n} f(\boldsymbol{x})+\dfrac{1}{2\alpha}(\boldsymbol{x}-\boldsymbol{y})^{\mathrm{T}}(\boldsymbol{x}-\boldsymbol{y})$的一个最优解,证明:$f(\boldsymbol{z})\leqslant f(\boldsymbol{y})$且 $f(\boldsymbol{y})-f(\boldsymbol{z})\geqslant\dfrac{1}{2\alpha}(\boldsymbol{z}-\boldsymbol{y})^{\mathrm{T}}(\boldsymbol{z}-\boldsymbol{y})$。这样的方法称为邻近点方法。

4.5 对如下的 0-1 整数规划

$$\begin{aligned}\min\quad & \boldsymbol{x}^{\mathrm{T}}\boldsymbol{Q}\boldsymbol{x}+\boldsymbol{q}^{\mathrm{T}}\boldsymbol{x}\\ \text{s.t.}\quad & \boldsymbol{x}\in\{0,1\}^n,\end{aligned}$$

写出其二次约束二次规划模型及 Lagrange 对偶模型。

4.6 对于二次约束二次规划(QCQP)问题，写出 Lagrange 对偶模型。

***4.7** 若$\mathcal{X}\subseteq\mathbb{R}^n$为多面体，$f(\boldsymbol{x})$为线性函数，记$f(\boldsymbol{x})$的共轭函数为$f^*(\boldsymbol{y})$及有定义区域为$\mathcal{Y}=\{\boldsymbol{y}\in\mathbb{R}^n \mid f^*(\boldsymbol{y})<+\infty\}$，写出$\min\limits_{y\in\mathcal{Y}}f^*(\boldsymbol{y})$模型。

4.8 考虑规划问题

$$\begin{aligned}\min\quad & f(\boldsymbol{x})\\ \text{s.t.}\quad & g_i(\boldsymbol{x})\leqslant 0,\quad i=1,2,\cdots,m\\ & \boldsymbol{x}\in\mathbb{R}^n。\end{aligned}$$

证明当$f(\boldsymbol{x}),g_i(\boldsymbol{x}),i=1,2,\cdots,m$均为凸函数时，若存在$\bar{\boldsymbol{x}}\in\mathbb{R}^n,\bar{\lambda}\in\mathbb{R}^m_+$使得 KKT 条件满足，则$\bar{\boldsymbol{x}}$和$\bar{\lambda}$分别为原始和 Lagrange 对偶问题的最优解。

4.9 给出线性锥优化不等式模型(4.29)到对偶模型(4.30)的推导过程。

4.10 用共轭对偶方法写出下列模型的对偶模型，并分析原始对偶模型是否具有强对偶性。

(1)
$$\begin{aligned}\min\quad & -2x_1\\ \text{s.t.}\quad & x_2-x_3=0\\ & \boldsymbol{x}\in\mathcal{L}^3。\end{aligned}$$

(2)
$$\begin{aligned}\min\quad & -x_2\\ \text{s.t.}\quad & x_1+x_3=0\\ & x_2+x_4=-1\\ & x_1+x_5=0\\ & -x_1+x_2+x_6=0\\ & x_1+x_7=0\\ & (x_1,x_2)^{\mathrm{T}}\in\mathbb{R}^2\\ & (x_3,x_4,x_5,x_6,x_7)^{\mathrm{T}}\in\mathcal{L}^3\times\mathcal{L}^2。\end{aligned}$$

(3)
$$\begin{aligned}\min\quad & 2t_1-5t_2\\ \text{s.t.}\quad & \sqrt{(x_1-1)^2+x_2^2+(x_3+2)^2}\leqslant t_1\\ & \sqrt{x_4^2+x_5^2}\leqslant t_2\\ & (x_1,x_2,x_3,x_4,x_5)^{\mathrm{T}}\in\mathbb{R}^5,t_1,t_2\in\mathbb{R}。\end{aligned}$$

(4)
$$\begin{aligned}\min\quad & -x\\ \text{s.t.}\quad & x\begin{pmatrix}0&1\\1&0\end{pmatrix}+\boldsymbol{S}=\begin{pmatrix}0&1\\1&0\end{pmatrix}\\ & \boldsymbol{S}\in\mathcal{S}^2_+,x\in\mathbb{R}。\end{aligned}$$

(5)
$$\begin{aligned}\min\quad & x_{11}+x_{22}\\ \text{s.t.}\quad & 2x_{12}=1\\ & \boldsymbol{X}=(x_{ij})\in\mathcal{S}^2_+。\end{aligned}$$

（6）min　$-x_2$

$$\text{s.t.}\quad x_1\begin{pmatrix}0&0&0\\0&1&0\\0&0&0\end{pmatrix}+x_2\begin{pmatrix}1&0&0\\0&0&-1\\0&-1&0\end{pmatrix}+\boldsymbol{S}=\begin{pmatrix}0&0&0\\0&0&1\\0&1&0\end{pmatrix}$$

$\boldsymbol{S}\in\mathcal{S}_+^3, x_1, x_2\in\mathbb{R}$。

4.11 对于线性锥优化的不等式模型(4.29)和问题(4.30)，证明定理 4.26 的弱对偶定理、定理 4.31 的最优性定理成立。

4.12 给定二次约束二次规划(QCQP)问题

$$\begin{aligned}\min\quad & \frac{1}{2}\boldsymbol{x}^{\mathrm{T}}\boldsymbol{Q}_0\boldsymbol{x}+(\boldsymbol{q}^0)^{\mathrm{T}}\boldsymbol{x}+c_0\\ \text{s.t.}\quad & g_i(\boldsymbol{x})=\frac{1}{2}\boldsymbol{x}^{\mathrm{T}}\boldsymbol{Q}_i\boldsymbol{x}+(\boldsymbol{q}^i)^{\mathrm{T}}\boldsymbol{x}+c_i\leqslant 0,\quad i=1,2,\cdots,m\\ & \boldsymbol{x}\in\mathbb{R}^n,\end{aligned}$$

其中 $\boldsymbol{Q}_i\in\mathcal{S}^n, \boldsymbol{q}^i\in\mathbb{R}^n, c_i\in\mathbb{R}, i=0,1,2,\cdots,m$ 为给定的常数。

若存在$\bar{\boldsymbol{\lambda}}\in\mathbb{R}_+^m$使得 $\boldsymbol{Q}_0+\sum_{i=1}^m\bar{\lambda}_i\boldsymbol{Q}_i\in\mathcal{S}_{++}^n$，记

$$\mathcal{Y}=\left\{\boldsymbol{\lambda}\in\mathbb{R}_{++}^m \,\middle|\, \boldsymbol{Q}_0+\sum_{i=1}^m\lambda_i\boldsymbol{Q}_i\in\mathcal{S}_{++}^n\right\}。$$

（1）证明：$\mathcal{Y}$为凸开集。

（2）记

$$P(\boldsymbol{\lambda})=-\frac{1}{2}\left(\boldsymbol{q}^0+\sum_{i=1}^m\lambda_i\boldsymbol{q}^i\right)^{\mathrm{T}}\left(\boldsymbol{Q}_0+\sum_{i=1}^m\lambda_i\boldsymbol{Q}_i\right)^{-1}\left(\boldsymbol{q}^0+\sum_{i=1}^m\lambda_i\boldsymbol{q}^i\right)+c_0+\sum_{i=1}^m\lambda_i c_i。$$

定义正则对偶(canonical dual)问题为

$$\begin{aligned}\max\quad & P(\boldsymbol{\lambda})\\ \text{s.t.}\quad & \boldsymbol{Q}_0+\sum_{i=1}^m\lambda_i\boldsymbol{Q}_i\in\mathcal{S}_{++}^n\\ & \boldsymbol{\lambda}\in\mathbb{R}_{++}^m,\end{aligned}$$

假设正则对偶问题最优解 $\bar{\lambda}$在$\mathcal{Y}$可达，记

$$\bar{\boldsymbol{x}}=-\left(\boldsymbol{Q}_0+\sum_{i=1}^m\lambda_i\boldsymbol{Q}_i\right)^{-1}\left(\boldsymbol{q}^0+\sum_{i=1}^m\lambda_i\boldsymbol{q}^i\right),$$

则 $\bar{\boldsymbol{x}}$ 为 QCQP 的全局最优解。

（3）假设正则对偶问题最优解$\bar{\boldsymbol{\lambda}}$在 bdry($\mathcal{Y}$)可达，讨论其为全局最优解的充分条件。

第5章

可计算线性锥优化模型

线性锥优化是继线性规划后，一类被深入研究和有广泛应用的领域。第 1 章的 4 类问题都写成了线性锥优化模型，由此可以看出，它不仅仅包含线性规划的研究，同时包含一些非线性的距离问题、半正定问题，甚至组合最优化中的最大割问题等的研究。问题的可计算性是其能够实际应用的关键点之一，线性规划、二阶锥规划和半正定规划问题因有内点算法而保证是多项式时间可计算。但并不是所有的线性锥优化问题都是可计算的，如第 1 章第 4 节中的由最大割问题建立起来的非负二次函数锥规划问题则不在多项式时间可计算之列。

在第 4 章第 5 节的基础上，本章专门介绍一些常见的可计算线性锥优化模型及求解这些模型的内点算法框架。作为导引，第 1 节介绍线性规划，第 2 节介绍二阶锥规划，第 3 节介绍半正定规划，第 4 节则介绍内点算法的框架。

本章所讨论内容主要涉及两个 Euclidean 空间$\mathbb{R}^n$ 和$\mathcal{M}(m,n)$，用"·"表示其上的内积。具体到对应的 Euclidean 空间，$\mathbb{R}^n$ 默认采用自然内积及$\mathcal{M}(m,n)$采用 Frobenius 内积。

第1节　线性规划

从第 1 章开始，我们引入了线性规划问题，并在后续的章节中，以线性规划问题作为应用对象，探讨了 Lagrange 松弛和共轭对偶等方法的应用。在此，我们用线性锥优化的理论再次分析线性规划，据此给出线性规划理论的一个小结。

直接应用第 4 章第 5 节线性锥优化原始及对偶模型的结论，线性规划的标准及其对偶模型为

$$\begin{array}{llll}\min & \boldsymbol{c}^{\mathrm{T}}\boldsymbol{x} & & \max & \boldsymbol{b}^{\mathrm{T}}\boldsymbol{y} & \\ \text{s. t.} & \boldsymbol{A}\boldsymbol{x}=\boldsymbol{b} & (\mathrm{LP}) & \text{s. t.} & \boldsymbol{A}^{\mathrm{T}}\boldsymbol{y}+\boldsymbol{s}=\boldsymbol{c} & (\mathrm{LD}) \\ & \boldsymbol{x}\in\mathbb{R}_{+}^{n} & & & \boldsymbol{s}\in\mathbb{R}_{+}^{n},\boldsymbol{y}\in\mathbb{R}^{m}\text{。} & \end{array}$$

线性规划的不等式模型及其对偶模型为

$$\begin{array}{llll}\min & \boldsymbol{c}^{\mathrm{T}}\boldsymbol{x} & & \max & \boldsymbol{b}^{\mathrm{T}}\boldsymbol{y} & \\ \text{s. t.} & \boldsymbol{A}\boldsymbol{x}\geqslant\boldsymbol{b} & (\mathrm{LP}) & \text{s. t.} & \boldsymbol{A}^{\mathrm{T}}\boldsymbol{y}+\boldsymbol{s}=\boldsymbol{c} & (\mathrm{LD}) \\ & \boldsymbol{x}\in\mathbb{R}_{+}^{n} & & & \boldsymbol{s}\in\mathbb{R}_{+}^{n},\boldsymbol{y}\in\mathbb{R}_{+}^{m}\text{。} & \end{array}$$

它们有下面的结论。

定理 5.1 （线性规划对偶定理）

(1) 当 LP 目标值无下界，则 LD 不可行；当 LD 目标值无上界，则 LP 不可行。

(2) 若原始目标值有下界或对偶问题目标值有上界一个成立，则存在 LP 可行解 $\boldsymbol{x}^*$ 和 LD 可行解 $(\boldsymbol{s}^*,\boldsymbol{y}^*)$ 使得 $\boldsymbol{c}^{\mathrm{T}}\boldsymbol{x}^*=\boldsymbol{b}^{\mathrm{T}}\boldsymbol{y}^*$，即它们分别是各自问题的最优解。

(3) 原始目标值有下界或对偶问题目标值有上界一个成立的充分必要条件为存在 $\boldsymbol{x}^*$ 和 $(\boldsymbol{s}^*,\boldsymbol{y}^*)$ 满足：

(a) $\boldsymbol{A}\boldsymbol{x}^*=\boldsymbol{b}$，$\boldsymbol{x}^*\in\mathbb{R}^n_+$；

(b) $\boldsymbol{A}^{\mathrm{T}}\boldsymbol{y}^*+\boldsymbol{s}^*=\boldsymbol{c}$ 且 $\boldsymbol{s}^*\in\mathbb{R}^n_+$；

(c) $(\boldsymbol{x}^*)^{\mathrm{T}}\boldsymbol{s}^*=\boldsymbol{c}^{\mathrm{T}}\boldsymbol{x}^*-\boldsymbol{b}^{\mathrm{T}}\boldsymbol{y}^*=0$。

证明 (1)若 LP 无有限下界而 LD 可行，由共轭函数的定义及引理 3.9，得到 LP 下有界，此与无界矛盾，结论得证。同理证明另外一个结论。(2)由于线性规划的约束为多面体，因此，由定理 4.24 得到强对偶的结论及对偶问题最优解可达，再用一次定理 4.24 得到原问题最优解可达，于是(2)成立。(3)是(2)的一种等价表述。 □

从线性规划对偶定理可以发现，没有遵循定理 4.28 提及相对内点的要求，只要一个问题目标值有限，则原问题和对偶问题都可达且具有强对偶性。实际上定理 4.24 已有交代，线性规划问题的可行解区域是多个半空间形成的多面体，只要可行解区域非空就满足定理 4.28 的相对内点交集非空的条件。

第 2 节 二阶锥规划

二阶锥规划(second-order conic programming，SOCP)问题的标准形式为

$$\begin{aligned}\min\quad & \boldsymbol{c}^{\mathrm{T}}\boldsymbol{x}\\ \text{s. t.}\quad & \boldsymbol{A}\boldsymbol{x}=\boldsymbol{b}\qquad\text{(SOCP)}\\ & \boldsymbol{x}\in\mathcal{K},\end{aligned}$$

其中，$\boldsymbol{c}\in\mathbb{R}^n$，$\boldsymbol{A}\in\mathcal{M}(m,n)$，$\boldsymbol{b}\in\mathbb{R}^m$ 为常数向量，

$$\begin{aligned}\mathcal{K}&=\mathcal{L}^{n_1}\times\cdots\times\mathcal{L}^{n_r},\\ &=\left\{\boldsymbol{x}\in\mathbb{R}^n\,\middle|\,\begin{array}{l}(x_{n_0+\cdots+n_{i-1}+1},\cdots,x_{n_0+\cdots+n_{i-1}+n_i})^{\mathrm{T}}\in\mathcal{L}^{n_i},\\ n_0=0,n_i\geqslant 1,i=1,2,\cdots,r,\sum\limits_{i=1}^{r}n_i=n\end{array}\right\}。\end{aligned}$$

需要特别注意，SOCP 中的 $n_i\geqslant 1,i=1,2,\cdots,r$。$n_i=1$ 而视线性规划为二阶锥规划的一种特殊情况，这在后续的二阶锥可表示集合或函数部分将给予补充说明。对于 $n_i=1$ 的情形，我们将二阶锥定义为 $\mathcal{L}^1=\{x\in\mathbb{R}\mid x\geqslant 0\}=\mathbb{R}_+$。

因为二阶锥为尖锥，因此 $\boldsymbol{x}\in\mathcal{K}$ 也常写成 $\boldsymbol{x}\geqslant_{\mathcal{K}}\boldsymbol{0}$。第 1 章第 2 节中的 Torricelli 点问题(1.3)就是一个二阶锥规划的标准模型。

二阶锥的对偶锥还是其本身(参见例 2.14)，按第 3 章第 5 节的讨论，它的对偶问题为

$$\begin{aligned}\max\quad & \boldsymbol{b}^{\mathrm{T}}\boldsymbol{y}\\ \text{s. t.}\quad & \boldsymbol{A}^{\mathrm{T}}\boldsymbol{y}+\boldsymbol{s}=\boldsymbol{c}\qquad\text{(SOCD)}\\ & \boldsymbol{s}\in\mathcal{K},\quad \boldsymbol{y}\in\mathbb{R}^m,\end{aligned}$$

其中$\mathcal{K}=\mathcal{L}^{n_1}\times\cdots\times\mathcal{L}^{n_r}$。

直接由定理4.28和定理4.30得到下列结论。

定理5.2 （二阶锥对偶定理）

(1) 若SOCP目标值无下界，则SOCD不可行。同样，若SOCD目标值无上界，则SOCP不可行。

(2) 若SOCP和SOCD分别存在可行解$\boldsymbol{x}^*$和$(\boldsymbol{s}^*,\boldsymbol{y}^*)$满足$(\boldsymbol{x}^*)^{\mathrm{T}}\boldsymbol{s}^*=\boldsymbol{c}^{\mathrm{T}}\boldsymbol{x}^*-\boldsymbol{b}^{\mathrm{T}}\boldsymbol{y}^*=0$，则$\boldsymbol{x}^*$和$(\boldsymbol{s}^*,\boldsymbol{y}^*)$分别为SOCP和SOCD的最优解。

(3) 当SOCP存在一个可行解$\bar{\boldsymbol{x}}$满足$\bar{\boldsymbol{x}}\in\operatorname{int}(\mathcal{K})$且SOCP目标值有下界时，则SOCD存在一个最优解$(\boldsymbol{s}^*,\boldsymbol{y}^*)$且原始对偶问题强对偶；另外，当SOCP的一个可行解$\boldsymbol{x}^*$是最优解时，则SOCD必存在一个可行解$(\bar{\boldsymbol{s}},\bar{\boldsymbol{y}})$使得$(\boldsymbol{x}^*)^{\mathrm{T}}\bar{\boldsymbol{s}}=\boldsymbol{c}^{\mathrm{T}}\boldsymbol{x}^*-\boldsymbol{b}^{\mathrm{T}}\bar{\boldsymbol{y}}=0$。

(4) 当SOCD存在一个可行解$(\bar{\boldsymbol{y}},\bar{\boldsymbol{s}})$满足$\bar{\boldsymbol{s}}\in\operatorname{int}(\mathcal{K})$且SOCD目标值有上界时，则SOCP存在一个最优解$\boldsymbol{x}^*$且原始对偶问题强对偶；另外，当SOCD的一个可行解$(\boldsymbol{s}^*,\boldsymbol{y}^*)$是最优解时，则SOCP必存在一个可行解$\bar{\boldsymbol{x}}$满足$(\bar{\boldsymbol{x}})^{\mathrm{T}}\boldsymbol{s}^*=\boldsymbol{c}^{\mathrm{T}}\bar{\boldsymbol{x}}-\boldsymbol{b}^{\mathrm{T}}\boldsymbol{y}^*=0$。

上述定理是定理4.28和定理4.30的直接推论。因二阶锥为实和自对偶锥，细节上，定理4.28和定理4.30中的$\operatorname{ri}(\mathcal{K})$和$\operatorname{ri}(\mathcal{K}^*)$被$\operatorname{int}(\mathcal{K})$替代。

从对偶定理的叙述来看，线性规划与二阶锥规划有关对偶的结论在形式上类似，但需要注意它们之间的差异，下面通过例子来了解它们的不同点。造成差异的主要原因在于：线性规划目标值有限时，总满足定理4.23的相对内点非空条件，而二阶锥规划则不一定。下面三个例子分别展示了对偶问题不可行，原/对偶问题具有间隙和原/对偶问题无间隙却不都可达三种现象。

例5.1 二阶锥规划问题的原问题为

$$\begin{aligned}\min\quad & -x_2\\ \text{s.t.}\quad & x_1-x_3=0\\ & \boldsymbol{x}\in\mathcal{L}^3,\end{aligned}$$

对偶问题为

$$\begin{aligned}\max\quad & 0\cdot y\\ \text{s.t.}\quad & \begin{pmatrix}0\\-1\\0\end{pmatrix}-y\begin{pmatrix}1\\0\\-1\end{pmatrix}=\begin{pmatrix}-y\\-1\\y\end{pmatrix}\in\mathcal{L}^3\\ & y\in\mathbb{R}。\end{aligned}$$

此原问题目标值有限，但其对偶问题无可行解。

解 由二阶锥的定义$\sqrt{x_1^2+x_2^2}\leqslant x_3$及约束$x_1-x_3=0$得到$x_2=0$，且$\sqrt{x_1^2+x_2^2}=x_3$，即原问题（SOCP）最优目标值有限但没有内点可行解。观察对偶问题发现$\sqrt{(-y)^2+(-1)^2}\leqslant y$永远不成立，即对偶问题无可行解。当对偶问题可行解区域为空集时，其最优目标值定义为$-\infty$。直观图解可参考图5.1，可行解为超平面$x_2=0$中的射线$x_1=x_3$，故没有可行内点解。

线性规划中，只要一个问题目标值有限，原问题和对偶问题都可达且对偶间隙为0，对二阶锥规划，这个结论不再成立。

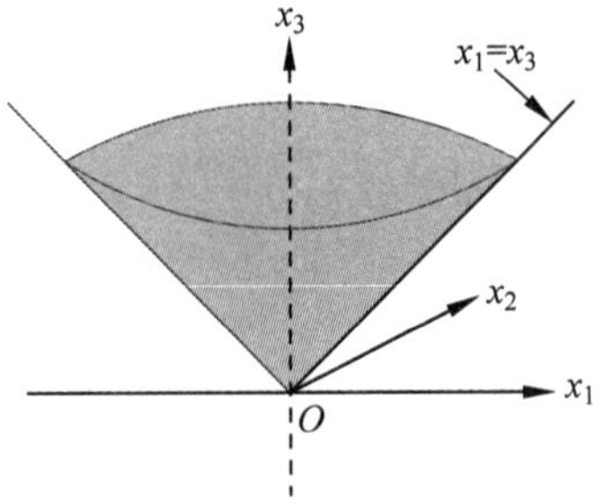

图 5.1 例 5.1 图解

例 5.2 二阶锥规划问题对偶间隙不为 0 的情形。原问题

$$\begin{aligned} \min \quad & -x_2 \\ \text{s.t.} \quad & x_1+x_3-x_4+x_5=0 \\ & x_2+x_4=1 \\ & \boldsymbol{x} \in \mathcal{L}^3 \times \mathcal{L}^2 \end{aligned}$$

和对偶问题

$$\begin{aligned} \max \quad & y_2 \\ \text{s.t.} \quad & y_1 \qquad\qquad +s_1=0 \\ & \qquad y_2 \qquad +s_2=-1 \\ & y_1 \qquad\qquad +s_3=0 \\ & -y_1+y_2+s_4=0 \\ & y_1 \qquad\qquad +s_5=0 \\ & \boldsymbol{s} \in \mathcal{L}^3 \times \mathcal{L}^2, \boldsymbol{y} \in \mathbb{R}^2, \end{aligned}$$

则它们的目标值有限但不相等。

解 由于$(x_4,x_5)^{\mathrm{T}} \in \mathcal{L}^2$,所以有$|x_4| \leqslant x_5$。根据约束 $x_1+x_3-x_4+x_5=0$ 得到 $x_1+x_3=x_4-x_5 \leqslant 0$,继而得到 $x_3 \leqslant -x_1$。再由$(x_1,x_2,x_3)^{\mathrm{T}} \in \mathcal{L}^3$得到 $x_3 \geqslant \sqrt{x_1^2+x_2^2} \geqslant 0$,结合上面 $x_3 \leqslant -x_1$ 的结论,得到 $x_3 \leqslant |-x_1|$,所以有 $x_3=\sqrt{x_1^2+x_2^2}$。因此,$x_2=0$ 和 $x_3 \geqslant |x_1|$。综合以上结果得到 $x_2=0, x_1+x_3=0$ 和 $x_4=x_5$,因此原问题目标值为 0 且没有内点可行解。

由对偶的三个约束 $y_1+s_1=0, y_1+s_3=0, y_1+s_5=0$ 得到 $s_1=s_3=s_5$。再由$(s_1,s_2,s_3)^{\mathrm{T}} \in \mathcal{L}^3$得到 $s_2=0$,所以 $y_2=-1$ 及目标值为-1。对应以上原问题、对偶问题最优值的一个最优解组为

$$\boldsymbol{x}^*=\begin{pmatrix}-1\\0\\1\end{pmatrix} \times \begin{pmatrix}1\\1\end{pmatrix}, \quad \boldsymbol{y}^*=\begin{pmatrix}-1\\-1\end{pmatrix}, \quad \boldsymbol{s}^*=\begin{pmatrix}1\\0\\1\end{pmatrix} \times \begin{pmatrix}0\\1\end{pmatrix}。$$

这时,原问题与对偶问题的目标值不相同。究其不满足强对偶的原因还是因为原问题的 $x_2=0$ 和 $x_1+x_3=0$ 造成不存在内点解。

例 5.3 对于如下的原问题

$$\begin{aligned} \min \quad & x_1 \\ \text{s.t.} \quad & -x_2 - x_3 = 0 \\ & x_2 = -1 \\ & \boldsymbol{x} \in \mathcal{L}^3, \end{aligned}$$

及对偶问题

$$\begin{aligned} \max \quad & -y_2 \\ \text{s.t.} \quad & s_1 = 1 \\ & -y_1 + y_2 + s_2 = 0 \\ & -y_1 + s_3 = 0 \\ & \boldsymbol{s} \in \mathcal{L}^3。 \end{aligned}$$

它们具有强对偶性但对偶问题不可达。

解 很明显，$\boldsymbol{x}^* = (0,-1,1)^{\mathrm{T}}$ 是满足原问题的唯一解，也就是原问题的最优解，最优目标值为 0。观察对偶问题，取 $y_1 \to +\infty$，则 $(y_1, y_2)^{\mathrm{T}} = \left(y_1, \frac{1}{y_1}\right)^{\mathrm{T}}$ 和 $(s_1, s_2, s_3)^{\mathrm{T}} = (1, y_1 - y_2, y_1)^{\mathrm{T}}$ 为对偶问题的一个可行解，所以对偶问题的最优值为 0，但却不可达。否则，$y_2 = 0$ 推出 $(s_1, s_2, s_3)^{\mathrm{T}} = (1, y_1, y_1)^{\mathrm{T}}$ 对任意 y_1 都不可能满足 $(1, y_1, y_1)^{\mathrm{T}} \in \mathcal{L}^3$ 而造成矛盾。所以对偶问题不可达。

上述例子表明，二阶锥规划问题比线性规划问题复杂，需要考虑最优解是否可达，原始对偶问题是否有对偶间隙等问题。从理论上来说，二阶锥规划问题是多项式时间可计算的，目前已有高效的内点算法软件(参考文献[20,59])。基于内点算法的设计及其局限性，我们必须根据定理 5.2 考虑原始或对偶问题是否有内点，是否有强对偶，最优解是否可达等条件。否则，算法输出的计算结果不但可能不是问题的最优解，甚至可能不是问题的可行解。

正因为二阶锥规划问题有高效的内点算法软件多项式时间计算出最优解，如何建立二阶锥规划模型成为应用的关键技术问题。以下将分类介绍可以等价表示问题，更为详尽的分类可参考文献[3]。

5.2.1 其他变形模型

与二阶锥规划问题的标准形式非常类似的一般形式模型为

$$\begin{aligned} \min \quad & \boldsymbol{c}^{\mathrm{T}} \boldsymbol{x} \\ \text{s.t.} \quad & \boldsymbol{A}\boldsymbol{x} = \boldsymbol{b} \\ & \boldsymbol{x} \in \mathcal{K}, \end{aligned} \tag{5.1}$$

其中，$\boldsymbol{c} \in \mathbb{R}^n$，$\boldsymbol{A}$ 为 $m \times n$ 矩阵，$\boldsymbol{b} \in \mathbb{R}^m$ 为常数向量，

$$\mathcal{K} = \mathcal{L}^{n_1} \times \cdots \times \mathcal{L}^{n_r} \times \mathbb{R}^{n-n_1-\cdots-n_r},$$

$n_i \geqslant 1, i = 1, 2, \cdots, r$ 且 $\sum_{i=1}^{r} n_i \leqslant n$。

与标准形式(SOCP)的差异是有 $n - n_1 - \cdots - n_r$ 个变量没有在二阶锥的限定范围内，而取值实数。这样的模型更一般化，建模时相对也比较直接。对定义在 $\mathbb{R}^{n-n_1-\cdots-n_r}$ 的变量

x_i 作如下变换：$x_i = x_{i1} - x_{i2}, x_{i1} \geqslant 0, x_{i2} \geqslant 0$，则上述模型就化成(SOCP)的标准形。

按本章第 1 节的讨论，它的对偶问题为

$$\begin{aligned} \max \quad & \boldsymbol{b}^{\mathrm{T}} \boldsymbol{y} \\ \text{s.t.} \quad & \boldsymbol{A}^{\mathrm{T}} \boldsymbol{y} + \boldsymbol{s} = \boldsymbol{c} \\ & \boldsymbol{s} \in \mathcal{K}^*, \quad \boldsymbol{y} \in \mathbb{R}^m, \end{aligned} \tag{5.2}$$

其中$\mathcal{K}^* = \mathcal{L}^{n_1} \times \cdots \times \mathcal{L}^{n_r} \times (0,0,\cdots,0)^{\mathrm{T}}$，0 的个数为 $n - n_1 - \cdots - n_r$ 个。从上面的对偶问题中可以看到如下的结果，对应$\mathcal{L}^{n_i}$，$1 \leqslant i \leqslant r$ 中的决策变量，其松弛变量 $\boldsymbol{s}$ 的对应部分在 $\boldsymbol{A}^{\mathrm{T}}\boldsymbol{y} + \boldsymbol{s} = \boldsymbol{c}$ 中属于$\mathcal{L}^{n_i}$，即那一部分为不等式形式。对 $x_i \in \mathbb{R}^{n-n_1-\cdots-n_r}$ 的分量，其对应的松弛变量 s_i 在$(\boldsymbol{A}^{\mathrm{T}}\boldsymbol{y})_i + s_i = c_i$ 中为 0，即$(\boldsymbol{A}^{\mathrm{T}}\boldsymbol{y})_i = c_i$ 为等式约束，其中$(\boldsymbol{A}^{\mathrm{T}}\boldsymbol{y})_i$ 表示$\boldsymbol{A}^{\mathrm{T}}\boldsymbol{y}$ 的第 i 个分量。这些结果与线性规划问题的对偶问题中的约束取等式或不等式约束的规则相同。

具体到定理 5.2 有关内点的要求，一般模型(5.1)中要求$\mathcal{K}$具有内点，而对偶模型(5.2)中$\mathcal{K}^*$则要求相对内点。一般形式的对偶定理如下。

定理 5.3　(1) 若模型(5.1)的目标值无下界或模型(5.2)的目标值无上界，则另一个不可行。

(2) 若模型(5.1)和模型(5.2)分别存在可行解 $\boldsymbol{x}^*$ 和$(\boldsymbol{s}^*, \boldsymbol{y}^*)$满足$(\boldsymbol{x}^*)^{\mathrm{T}}\boldsymbol{s}^* = \boldsymbol{c}^{\mathrm{T}}\boldsymbol{x}^* - \boldsymbol{b}^{\mathrm{T}}\boldsymbol{y}^* = 0$，则 $\boldsymbol{x}^*$ 和$(\boldsymbol{s}^*, \boldsymbol{y}^*)$分别为模型(5.1)和模型(5.2)的最优解。

(3) 当模型(5.1)存在一个可行解 $\bar{\boldsymbol{x}} = (\bar{x}_1, \bar{x}_2, \cdots, \bar{x}_{\sum_{i=1}^r n_i}, \bar{x}_{\sum_{i=1}^r n_i + 1}, \cdots, x_n)^{\mathrm{T}}$ 满足$(\bar{x}_1, \bar{x}_2, \cdots, \bar{x}_{\sum_{i=1}^r n_i})^{\mathrm{T}} \in \operatorname{int}(\mathcal{L}^{n_1} \times \cdots \times \mathcal{L}^{n_r})$ 且模型(5.1) 下有界时，则原始与对偶问题具有强对偶性，且模型(5.2) 存在一个可行解达到最优目标值；另外，当模型(5.1) 的一个可行解 $\boldsymbol{x}^*$ 是最优解时，则模型(5.2) 必存在一个可行解$(\bar{\boldsymbol{s}}, \bar{\boldsymbol{y}})$ 使得$(\boldsymbol{x}^*)^{\mathrm{T}}\bar{\boldsymbol{s}} = \boldsymbol{c}^{\mathrm{T}}\boldsymbol{x}^* - \boldsymbol{b}^{\mathrm{T}}\bar{\boldsymbol{y}} = 0$。

(4) 当模型(5.2)存在一个可行解$(\bar{\boldsymbol{s}}, \bar{\boldsymbol{y}})$满足 $\bar{s}_j = 0$ 对任意 $\sum_{i=1}^r n_i + 1 \leqslant j \leqslant n$ 成立，$(\bar{s}_1, \bar{s}_2, \cdots, \bar{s}_{\sum_{i=1}^r n_i})^{\mathrm{T}} \in \operatorname{int}(\mathcal{L}^{n_1} \times \mathcal{L}^{n_2} \times \cdots \times \mathcal{L}^{n_r})$ 且模型(5.2) 上有界时，则原始与对偶问题具有强对偶性，且模型(5.1) 存在一个可行解达到最优值；另外，当模型(5.2) 的一个可行解$(\boldsymbol{s}^*, \boldsymbol{y}^*)$ 是最优解时，则模型(5.1) 必存在一个可行解$\bar{\boldsymbol{x}}$ 满足$(\bar{\boldsymbol{x}})^{\mathrm{T}}\boldsymbol{s}^* = \boldsymbol{c}^{\mathrm{T}}\bar{\boldsymbol{x}} - \boldsymbol{b}^{\mathrm{T}}\boldsymbol{y}^* = 0$。

注意模型(5.2)可以写成

$$\begin{aligned} \max \quad & \boldsymbol{b}^{\mathrm{T}} \boldsymbol{y} \\ \text{s.t.} \quad & \boldsymbol{A}^{\mathrm{T}} \boldsymbol{y} \leq_{\mathcal{K}^*} \boldsymbol{c} \\ & \boldsymbol{y} \in \mathbb{R}^m. \end{aligned}$$

所以模型(5.1)的锥约束表现在决策变量上，而其上述形式的对偶模型则表现在约束上。因此，在文献和应用问题中还常见以下的不等式约束模型

$$\begin{aligned} \min \quad & \boldsymbol{c}^{\mathrm{T}} \boldsymbol{x} \\ \text{s.t.} \quad & \boldsymbol{A}\boldsymbol{x} \geq_{\mathcal{K}} \boldsymbol{b} \\ & \boldsymbol{x} \in \mathbb{R}^n, \end{aligned} \tag{5.3}$$

其中，$\boldsymbol{A}$ 是一个 $m \times n$ 常数矩阵，$\boldsymbol{b} \in \mathbb{R}^m$ 为常数向量，$\mathcal{K} = \mathcal{L}^{n_1} \times \mathcal{L}^{n_2} \times \cdots \times \mathcal{L}^{n_r}$，$n_i \geqslant 1, i = 1,$

$2,\cdots,r$,且 $\sum\limits_{i=1}^{r} n_i=m$。

利用定理 4.27,得到其对偶模型为

$$\begin{aligned} \max \quad & \boldsymbol{b}^{\mathrm{T}}\boldsymbol{y} \\ \text{s.t.} \quad & \boldsymbol{A}^{\mathrm{T}}\boldsymbol{y}=\boldsymbol{c} \\ & \boldsymbol{y}\in\mathcal{K}。\end{aligned} \tag{5.4}$$

二阶锥规划问题(5.3)和对偶问题(5.4)的相对模型 SOCP 和 SOCD 更为简洁,不少研究者习惯采用这种写法。对于形式模型(5.3)和模型(5.4),具有下列结论。

定理 5.4 (1) 若模型(5.3)目标值无下界或模型(5.4)目标值无上界,则另一个不可行。

(2) 若模型(5.3)和模型(5.4)分别存在可行解 $\boldsymbol{x}^*$ 和 $\boldsymbol{y}^*$ 满足 $(\boldsymbol{A}\boldsymbol{x}^*-\boldsymbol{b})^{\mathrm{T}}\boldsymbol{y}^*=\boldsymbol{c}^{\mathrm{T}}\boldsymbol{x}^*-\boldsymbol{b}^{\mathrm{T}}\boldsymbol{y}^*=0$,则 $\boldsymbol{x}^*$ 和 $\boldsymbol{y}^*$ 分别为模型(5.3)和模型(5.4)的最优解。

(3) 当存在模型(5.3)的一个可行解 $\bar{\boldsymbol{x}}$ 满足 $\boldsymbol{A}\bar{\boldsymbol{x}}>_{\mathcal{K}}\boldsymbol{b}$ 且模型(5.3)下有界时,则原始与对偶问题具有强对偶性,且模型(5.4)存在一个可行解达到最优目标值;另外,当模型(5.3)的一个可行解 $\boldsymbol{x}^*$ 是最优解时,则模型(5.4)必存在一个可行解 $\bar{\boldsymbol{y}}$ 使得 $(\boldsymbol{A}\boldsymbol{x}^*-\boldsymbol{b})^{\mathrm{T}}\bar{\boldsymbol{y}}=\boldsymbol{c}^{\mathrm{T}}\boldsymbol{x}^*-\boldsymbol{b}^{\mathrm{T}}\bar{\boldsymbol{y}}=0$。

(4) 当模型(5.4)存在一个可行解 $\bar{\boldsymbol{y}}$ 满足 $\bar{\boldsymbol{y}}\in\mathrm{int}(\mathcal{K})$ 且模型(5.4)上有界时,则原始与对偶问题具有强对偶性,且模型(5.3)存在一个可行解达到最优值;另外,当模型(5.4)的一个可行解 $\boldsymbol{y}^*$ 是最优解时,则模型(5.3)必存在一个可行解 $\bar{\boldsymbol{x}}$ 满足 $(\boldsymbol{A}\bar{\boldsymbol{x}}-\boldsymbol{b})^{\mathrm{T}}\boldsymbol{y}^*=\boldsymbol{c}^{\mathrm{T}}\bar{\boldsymbol{x}}-\boldsymbol{b}^{\mathrm{T}}\boldsymbol{y}^*=0$。

在模型(5.3)中,记 $\boldsymbol{A}=((\boldsymbol{a}^1)^{\mathrm{T}},(\boldsymbol{a}^2)^{\mathrm{T}},\cdots,(\boldsymbol{a}^m)^{\mathrm{T}})^{\mathrm{T}}$ 并增加变量 $\boldsymbol{u}\in\mathcal{K}$,则模型(5.3)化成

$$\begin{aligned} \min \quad & \boldsymbol{0}^{\mathrm{T}}\boldsymbol{u}+\boldsymbol{c}^{\mathrm{T}}\boldsymbol{x} \\ \text{s.t.} \quad & [-\boldsymbol{I}_m \quad \boldsymbol{A}]\begin{pmatrix}\boldsymbol{u}\\ \boldsymbol{x}\end{pmatrix}=\boldsymbol{b} \\ & \begin{pmatrix}\boldsymbol{u}\\ \boldsymbol{x}\end{pmatrix}\in\mathcal{K}_1,\end{aligned}$$

其中

$$\mathcal{K}_1=\left\{\begin{pmatrix}\boldsymbol{u}\\ \boldsymbol{x}\end{pmatrix}\middle|\,\boldsymbol{u}\in\mathcal{K},\boldsymbol{x}\in\mathbb{R}^n\right\}。$$

这就是 SOCP 的一般模型形式,因此可以套用它的对偶模型,得到模型(5.4)。在此情况下,上述定理可以认为是定理 5.2 的直接推论。

也可直接用共轭对偶方法从模型(5.3)推导出其对偶模型。

若记

$$\boldsymbol{A}=\begin{pmatrix}\boldsymbol{A}^1\\ \boldsymbol{A}^2\\ \vdots\\ \boldsymbol{A}^r\end{pmatrix},\quad \boldsymbol{b}=\begin{pmatrix}\boldsymbol{b}^1\\ \boldsymbol{b}^2\\ \vdots\\ \boldsymbol{b}^r\end{pmatrix},\quad \mathcal{K}=\mathcal{L}^{n_1}\times\mathcal{L}^{n_2}\times\cdots\times\mathcal{L}^{n_r},$$

其中 $\boldsymbol{A}^i$ 表示一个 $n_i\times n$ 的矩阵和 $\boldsymbol{b}^i\in\mathbb{R}^{n_i}$。若再记

$$
\boldsymbol{A}^{i}=\begin{pmatrix} (\boldsymbol{a}^{n_0+\cdots+n_{i-1}+1})^{\mathrm{T}} \\ (\boldsymbol{a}^{n_0+\cdots+n_{i-1}+2})^{\mathrm{T}} \\ \vdots \\ (\boldsymbol{a}^{n_0+\cdots+n_{i-1}+n_i})^{\mathrm{T}} \end{pmatrix}, \quad \boldsymbol{b}^{i}=\begin{pmatrix} b_{n_0+\cdots+n_{i-1}+1} \\ b_{n_0+\cdots+n_{i-1}+2} \\ \vdots \\ b_{n_0+\cdots+n_{i-1}+n_i} \end{pmatrix}
$$

其中 $n_0=0$,对 $1\leqslant j\leqslant n_i$,$\boldsymbol{a}^{n_0+\cdots+n_{i-1}+j}\in\mathbb{R}^n$ 和 $b_{n+\cdots+n_{i-1}+j}\in\mathbb{R}$,则 SOCP 的不等式形式 $\boldsymbol{Ax}\geq_K\boldsymbol{b}$ 等同于

$$
\boldsymbol{A}^i\boldsymbol{x}\geq_{\mathcal{L}^{n_i}}\boldsymbol{b}^i,\quad i=1,2,\cdots,r
$$

$$
\Leftrightarrow
$$

$$
\sqrt{\sum_{j=n_0+\cdots+n_{i-1}+1}^{n_0+\cdots+n_i-1}[(\boldsymbol{a}^j)^{\mathrm{T}}\boldsymbol{x}-\boldsymbol{b}_j]^2}\leqslant(\boldsymbol{a}^{n_0+\cdots+n_i})^{\mathrm{T}}x-b_{n_0+\cdots+n_i},i=1,2,\cdots,r。
$$

下面以第 1 章第 2 节的 Torricelli 点问题为例,来熟悉二阶锥规划模型(5.3)。我们首先建立的模型为

$$
\begin{aligned}
\min\quad & t_1+t_2+t_3\\
\text{s.t.}\quad & [(x_1-a_1)^2+(x_2-a_2)^2]^{1/2}\leqslant t_1\\
& [(x_1-b_1)^2+(x_2-b_2)^2]^{1/2}\leqslant t_2\\
& [(x_1-c_1)^2+(x_2-c_2)^2]^{1/2}\leqslant t_3\\
& x_1,x_2,t_1,t_2,t_3\in\mathbb{R}。
\end{aligned}
$$

写成二阶锥规划模型(5.3)的形式为

$$
\begin{aligned}
\min\quad & t_1+t_2+t_3\\
\text{s.t.}\quad & (x_1,x_2,t_1)^{\mathrm{T}}\geq_{\mathcal{L}^3}(a_1,a_2,0)^{\mathrm{T}}\\
& (x_1,x_2,t_2)^{\mathrm{T}}\geq_{\mathcal{L}^3}(b_1,b_2,0)^{\mathrm{T}}\\
& (x_1,x_2,t_3)^{\mathrm{T}}\geq_{\mathcal{L}^3}(c_1,c_2,0)^{\mathrm{T}}\\
& x_1,x_2,t_1,t_2,t_3\in\mathbb{R}。
\end{aligned}
$$

5.2.2 二阶锥可表示函数/集合概念

在已知二阶锥规划模型及其性质的基础上,一个关键技术是如何知道一个非线性规划问题可等价表示为二阶锥规划问题,以便求解。一般的非线性规划问题模型如模型(4.1)所示,而二阶锥规划模型的目标函数为线性函数。如果借鉴二阶锥规划模型,必须保证目标函数为线性。线性化处理的方法之一为:建立如下有相同的最优目标值和原问题有相同决策变量 $\boldsymbol{x}$ 最优解的等价优化问题

$$
\begin{aligned}
\min\quad & t\\
\text{s.t.}\quad & f(\boldsymbol{x})\leqslant t\\
& \boldsymbol{g}(\boldsymbol{x})\leqslant\boldsymbol{0}\\
& \boldsymbol{x}\in\mathbb{R}^n,\quad t\in\mathbb{R}。
\end{aligned}
$$

优化问题都可以通过这样的方式使目标函数线性化。需要解决的下一步工作是讨论约

束是否可以表示成二阶锥规划的形式。

对于给定的集合$\mathcal{X}$，若存在$\boldsymbol{A}_i$，$\mathcal{L}^{n_i}(n_i \geqslant 1)$，$\boldsymbol{b}^i$，$i=1,2,\cdots,r$ 和变量$\boldsymbol{u} \in \mathbb{R}^p$，满足

$$\mathcal{X}=\left\{\boldsymbol{x} \in \mathbb{R}^n \left| \boldsymbol{A}_i \begin{pmatrix} \boldsymbol{x} \\ \boldsymbol{u} \end{pmatrix} \succeq_{\mathcal{L}^{n_i}} \boldsymbol{b}^i, i=1,2,\cdots,r \right.\right\},$$

则称$\mathcal{X}$是二阶锥可表示集合(second-order cone representable set)，其中$\boldsymbol{A}_i$ 为$n_i \times (n+p)$矩阵，$\boldsymbol{b}^i \in \mathbb{R}^{n_i}$。

对于优化问题的可行解集合，更常见的是多个约束函数的表示形式，如非线性优化问题(4.1)中目标函数线性化的$f(\boldsymbol{x}) \leqslant t$ 和约束$\boldsymbol{g}(\boldsymbol{x}) \leqslant \boldsymbol{0}$。若一个函数$f(\boldsymbol{x})$的上方图

$$\text{epi } f=\left\{\begin{pmatrix} \boldsymbol{x} \\ t \end{pmatrix} \in \mathbb{R}^{n+1} \mid f(\boldsymbol{x}) \leqslant t\right\}$$

是二阶锥可表示集合，则称$f(\boldsymbol{x})$为一个二阶锥可表示函数(second-order cone representable function)。对于任意给定的$d \in \mathbb{R}$，函数$f(\boldsymbol{x})$的下水平集(lower level set)定义为$\{\boldsymbol{x} \in \mathbb{R}^n \mid f(\boldsymbol{x}) \leqslant d\}$。

从二阶锥可表示集合的定义可以看出，一旦一个线性目标优化问题$\min\limits_{\boldsymbol{x} \in \mathcal{X}} \boldsymbol{c}^{\mathrm{T}} \boldsymbol{x}$ 的可行解区域$\mathcal{X}$二阶锥可表示，由二阶锥规划模型(5.3)直接得知，这个优化问题就是一个二阶锥规划问题。

需要特别注意的是二阶锥可表示集合定义中出现的新变量$\boldsymbol{u} \in \mathbb{R}^p$。在原有集合中只有变量$\boldsymbol{x} \in \mathbb{R}^n$，但可表示集合中出现新变量$\boldsymbol{u}$，几何直观是空间$\mathbb{R}^n \times \mathbb{R}^p$中一个二阶锥可表示集合投影到$\mathbb{R}^n$ 中正好是$\mathcal{X}$。按这样的几何直观，一个$\mathbb{R}^n$ 中的$\mathcal{X}$，可以写成

$$\mathcal{X}=\{\boldsymbol{x} \in \mathcal{X} \mid (\boldsymbol{x},\boldsymbol{u}) \in \mathbb{R}^n \times \mathbb{R}^p, \boldsymbol{x},\boldsymbol{u} \text{ 满足一些给定的约束}\},$$

这是否说明增变量没有意义吗？通过下面的例子来说明新增变量的意义。

例 5.4

$$\mathcal{X}=\{(x_1,x_2,x_3)^{\mathrm{T}} \in \mathbb{R}^3 \mid \sqrt{x_1 x_2} \geqslant x_3, x_1 \geqslant 0, x_2 \geqslant 0\}。$$

当$x_3 \geqslant 0$ 时，$\sqrt{x_1 x_2} \geqslant x_3$ 等价于$x_1 x_2 \geqslant x_3^2$，等价于

$$\left(\frac{x_1+x_2}{2}\right)^2 \geqslant x_3^2+\left(\frac{x_1-x_2}{2}\right)^2,$$

继续等价于

$$\sqrt{x_3^2+\left(\frac{x_1-x_2}{2}\right)^2} \leqslant \frac{x_1+x_2}{2}。$$

于是有

$$\mathcal{X}=\{(x_1,x_2,x_3)^{\mathrm{T}} \in \mathbb{R}^3 \mid \boldsymbol{A}\boldsymbol{x} \succeq_{\mathcal{L}^3} \boldsymbol{0}\},$$

其中

$$\boldsymbol{A}=\begin{pmatrix} 0 & 0 & 1 \\ \frac{1}{2} & -\frac{1}{2} & 0 \\ \frac{1}{2} & \frac{1}{2} & 0 \end{pmatrix}$$

$\mathcal{X}$在$\mathbb{R}^3$ 中是二阶锥可表示集合。

当 $x_3<0$ 时，$\sqrt{x_1x_2}\geqslant x_3$ 就不等价 $x_1x_2\geqslant x_3^2$。因为后一个不等式两端开根号后为 $\sqrt{x_1x_2}\geqslant|x_3|$。上面的后续推导就不成立了。

只需增加一个变量将 $\sqrt{x_1x_2}\geqslant x_3$ 写成 $\sqrt{x_1x_2}\geqslant t,t\geqslant x_3,t\geqslant 0$，无论 x_3 取任何值(正或负)，都与 $\sqrt{x_1x_2}\geqslant x_3$ 等价。这时完全按以前的讨论得到

$$\mathcal{X}=\left\{(x_1,x_2,x_3)^{\mathrm{T}}\in\mathbb{R}^3\,\middle|\,\boldsymbol{A}\begin{pmatrix}x_1\\x_2\\t\end{pmatrix}\geq_{\mathcal{L}^3}0,t\geqslant x_3,t\geqslant 0\right\}。$$

也写成了一个二阶锥可表示集合。这时，增加变量 t 的重要性就显而易见。

为了以后讨论和分析简单，先给出下面的理论结果。

定理 5.5 若函数 $f(\boldsymbol{x})$ 为一个二阶锥可表示函数，则对于任意给定的 $d\in\mathbb{R}$，它的下水平集是二阶锥可表示集合。

证明 因为

$$\operatorname{epi} f=\left\{\begin{pmatrix}\boldsymbol{x}\\t\end{pmatrix}\in\mathbb{R}^{n+1}\mid f(\boldsymbol{x})\leqslant t\right\},$$

由 $f(\boldsymbol{x})$ 是二阶锥可表示函数的定义知，存在 $\boldsymbol{u}$，矩阵 $\boldsymbol{A}_i$ 和向量 $\boldsymbol{b}^i$，$1\leqslant i\leqslant r$，使得

$$\operatorname{epi} f=\left\{\begin{pmatrix}\boldsymbol{x}\\t\end{pmatrix}\,\middle|\,\boldsymbol{A}_i\begin{pmatrix}\boldsymbol{x}\\t\\\boldsymbol{u}\end{pmatrix}\geq_{\mathcal{L}^{n_i}}\boldsymbol{b}^i,i=1,2,\cdots,r\right\}。$$

对于下水平集给定的 d，只需取 $t=d$，根据二阶锥可表示集合的定义，则下水平集是二阶锥可表示集合。 □

上述定理说明对每一个给定的 i，单个二阶锥可表示函数 $g_i(\boldsymbol{x})$ 形成的约束集合 $\{\boldsymbol{x}\mid g_i(\boldsymbol{x})\leqslant 0\}$ 是二阶锥可表示的。更进一步，有下列结论。

定理 5.6 若 $\mathcal{X}_1,\mathcal{X}_2,\cdots,\mathcal{X}_k\subseteq\mathbb{R}^n$ 是二阶锥可表示集合，则

(1) 对任意 $\alpha>0$，$\alpha\,\mathcal{X}_1$ 二阶锥可表示；

(2) $\mathcal{X}_1\cap\mathcal{X}_2\cap\cdots\cap\mathcal{X}_k$ 二阶锥可表示；

(3) $\mathcal{X}_1\times\mathcal{X}_2\times\cdots\times\mathcal{X}_k$ 二阶锥可表示。

证明 (1) 记

$$\mathcal{X}_1=\left\{\boldsymbol{x}\in\mathbb{R}^n\,\middle|\,\boldsymbol{A}_i\begin{pmatrix}\boldsymbol{x}\\\boldsymbol{u}\end{pmatrix}\geq_{\mathcal{L}^{n_i}}\boldsymbol{b}^i,i=1,2,\cdots,r\right\}。$$

对任意 $1\leqslant i\leqslant r$，$\boldsymbol{A}_i\begin{pmatrix}\boldsymbol{x}\\\boldsymbol{u}\end{pmatrix}\geq_{\mathcal{L}^{n_i}}\boldsymbol{b}^i$ 等价于 $\frac{1}{\alpha}\boldsymbol{A}_i\begin{pmatrix}\alpha\boldsymbol{x}\\\alpha\boldsymbol{u}\end{pmatrix}\geq_{\mathcal{L}^{n_i}}\boldsymbol{b}^i$。将 $\frac{1}{\alpha}\boldsymbol{A}_i$ 看成一个新矩阵，$\alpha\boldsymbol{u}$ 替换成新变量，则由二阶锥可表示集合的定义得到结论。

(2) 对每一个 $\mathcal{X}_i$，$1\leqslant i\leqslant k$，存在二阶锥可表示的不等式 $\boldsymbol{A}_i^j,\boldsymbol{b}^{ij},\boldsymbol{u}^i$，使得

$$\mathcal{X}_i=\left\{\boldsymbol{x}\,\middle|\,\boldsymbol{A}_i^j\begin{pmatrix}\boldsymbol{x}\\\boldsymbol{u}^i\end{pmatrix}\geq_{\mathcal{L}^{n_i^j}}\boldsymbol{b}^{ij},1\leqslant j\leqslant \boldsymbol{r}_i\right\}。$$

构造一个新的变量 $(\boldsymbol{x}^{\mathrm{T}},(\boldsymbol{u}^1)^{\mathrm{T}},\cdots,(\boldsymbol{u}^k)^{\mathrm{T}})^{\mathrm{T}}$ 并将矩阵 $\boldsymbol{A}_i^j$ 进行列扩充到 $\bar{\boldsymbol{A}}_i^j$，使得对应新出现 $\boldsymbol{u}^l$ 的列为 $\boldsymbol{0}$。这样

$$\mathcal{X}_1\cap\mathcal{X}_2\cap\cdots\cap\mathcal{X}_k=\left\{x\ \middle|\ \bar{A}_i^j\begin{pmatrix}x\\u^1\\\vdots\\u^k\end{pmatrix}\geq_{\mathcal{L}^{n_i^j}}b^{ij},1\leqslant j\leqslant r_i,1\leqslant i\leqslant k\right\}。$$

(3) 沿袭上面证明(2)的符号,更改对应$\mathcal{X}_i$的变量为$((\boldsymbol{x}^i)^{\mathrm{T}},(\boldsymbol{u}^i)^{\mathrm{T}})^{\mathrm{T}}$,所有变量记成$((\boldsymbol{x}^1)^{\mathrm{T}},(\boldsymbol{u}^1)^{\mathrm{T}},\cdots,(\boldsymbol{x}^k)^{\mathrm{T}},(\boldsymbol{u}^k)^{\mathrm{T}})^{\mathrm{T}}$。于是只需将全为 $\mathbf{0}$ 的列扩充到 $\boldsymbol{A}_i^j$ 中,使得对应变量$((\boldsymbol{x}^i)^{\mathrm{T}},(\boldsymbol{u}^i)^{\mathrm{T}})^{\mathrm{T}}$ 以外的列全部为 $\mathbf{0}$,则$\mathcal{X}_1\times\mathcal{X}_2\times\cdots\times\mathcal{X}_k$还可由 $r_1+r_2+\cdots+r_k$ 个二阶锥不等式形式表出。 □

定理 5.5 和定理 5.6 给出非线性规划问题(4.1)是二阶锥规划问题的一个充分条件:目标函数 $f(\boldsymbol{x})$和约束中所有函数 $g_i(\boldsymbol{x}),i=1,2,\cdots,m$ 都是二阶锥可表示函数。

对一个二阶锥可表示集合,变量线性替换后还是二阶锥可表示的,定理如下。

定理 5.7 设 $\boldsymbol{B}\in\mathcal{M}(m,n)$和 $\boldsymbol{d}\in\mathbb{R}^m$ 及线性替换 $\boldsymbol{x}\in\mathcal{X}\subseteq\mathbb{R}^n\mapsto\boldsymbol{y}=\boldsymbol{Bx}+\boldsymbol{d}\in\mathbb{R}^m$。记$\mathcal{Y}=\{\boldsymbol{y}\in\mathbb{R}^m\mid\boldsymbol{y}=\boldsymbol{Bx}+\boldsymbol{d},\boldsymbol{x}\in\mathcal{X}\}$。当$\mathcal{X}$为二阶锥可表示时,则$\mathcal{Y}$二阶锥可表示。

证明 若$\mathcal{X}$二阶锥可表示,则存在 $r,\boldsymbol{A}_i,\boldsymbol{b}^i,\boldsymbol{u}$,使得,

$$\mathcal{X}=\left\{x\mid A_i\begin{pmatrix}x\\u\end{pmatrix}\geq_{\mathcal{L}^{n_i}}b^i,i=1,2,\cdots,r\right\}。$$

对矩阵 $\boldsymbol{B}$ 作行变换,即存在一个 m 阶可逆矩阵 $\boldsymbol{P}$ 使得

$$Py=PBx+Pd\Leftrightarrow\begin{pmatrix}(Py)_{1:s}\\(Py)_{s+1:m}\end{pmatrix}=\begin{pmatrix}Q&N\\0&0\end{pmatrix}\begin{pmatrix}x_{1:s}\\x_{s+1:n}\end{pmatrix}+\begin{pmatrix}(Pd)_{1:s}\\(Pd)_{s+1:m}\end{pmatrix},$$

其中 $\boldsymbol{Q}$ 为 s 阶可逆方阵,$(\boldsymbol{Py})_{1:s}$,$(\boldsymbol{Pd})_{1:s}$ 分别为 $\boldsymbol{Py}$,$\boldsymbol{Pd}$ 的前 s 维列向量,$(\boldsymbol{Py})_{s+1:m}$,$(\boldsymbol{Pd})_{s+1:m}$ 分别为 $\boldsymbol{Py}$,$\boldsymbol{Pd}$ 的后 $m-s$ 维列向量,$\boldsymbol{x}_{1:s}$,$\boldsymbol{x}_{s+1:n}$ 分别为 $\boldsymbol{x}$ 的前 s 维和后 $n-s$ 维列向量。直接推导得到$(\boldsymbol{Py})_{s+1:m}-(\boldsymbol{Pd})_{s+1:m}=\mathbf{0}$,再令 $\boldsymbol{x}_{s+1:n}=\boldsymbol{w}$ 后,得到

$$\begin{aligned}\begin{pmatrix}x_{1:s}\\x_{s+1:n}\end{pmatrix}&=\begin{pmatrix}Q^{-1}(Py)_{1:s}-Q^{-1}(Pd)_{1:s}-Q^{-1}Nw\\w\end{pmatrix}\\&=\begin{pmatrix}Q^{-1}&0&-Q^{-1}N\\0&0&I\end{pmatrix}\begin{pmatrix}(Py)_{1:s}\\(Py)_{s+1:m}\\w\end{pmatrix}-\begin{pmatrix}Q^{-1}(Pd)_{1:s}\\0\end{pmatrix}\\&=\begin{pmatrix}Q^{-1}&0&-Q^{-1}N\\0&0&I\end{pmatrix}\begin{pmatrix}P&0\\0&I\end{pmatrix}\begin{pmatrix}y\\w\end{pmatrix}-\begin{pmatrix}Q^{-1}(Pd)_{1:s}\\0\end{pmatrix}\end{aligned}\tag{5.5}$$

记

$$C=\begin{pmatrix}Q^{-1}&0&-Q^{-1}N\\0&0&I\end{pmatrix}\begin{pmatrix}P&0\\0&I\end{pmatrix},\quad f=-\begin{pmatrix}Q^{-1}(Pd)_{1:s}\\0\end{pmatrix},$$

则有

$$\begin{pmatrix}x\\u\end{pmatrix}=\begin{pmatrix}C&0\\0&I_p\end{pmatrix}\begin{pmatrix}y\\w\\u\end{pmatrix}+\begin{pmatrix}f\\0\end{pmatrix}。\tag{5.6}$$

令

$$\widetilde{\mathcal{Y}}=\left\{\boldsymbol{y}\in\mathbb{R}^m \middle| \boldsymbol{A}_i\begin{pmatrix}\boldsymbol{C} & \boldsymbol{0}\\ \boldsymbol{0} & \boldsymbol{I}_p\end{pmatrix}\left(\begin{pmatrix}\boldsymbol{y}\\ \boldsymbol{w}\end{pmatrix}\atop \boldsymbol{u}\right)\geq_{\mathcal{L}^{n_i}}\boldsymbol{b}^i-\boldsymbol{A}_i\begin{pmatrix}\boldsymbol{f}\\ \boldsymbol{0}\end{pmatrix},i=1,2,\cdots,r\right\}$$

对任意一个 $\bar{\boldsymbol{y}}\in\widetilde{\mathcal{Y}}$，由$\widetilde{\mathcal{Y}}$的构造可知，存在 $\bar{\boldsymbol{w}}$ 和 $\bar{\boldsymbol{u}}$ 使得$\widetilde{\mathcal{Y}}$中 r 个不等式满足。由矩阵(5.5)存在唯一

$$\bar{\boldsymbol{x}}=\begin{pmatrix}\boldsymbol{Q}^{-1}(\boldsymbol{P}\bar{\boldsymbol{y}})_{1:s}-\boldsymbol{Q}^{-1}(\boldsymbol{Pd})_{1:s}-\boldsymbol{Q}^{-1}\boldsymbol{N}\bar{\boldsymbol{w}}\\ \bar{\boldsymbol{w}}\end{pmatrix}$$

与之对应，再由(5.6)式和$\widetilde{\mathcal{Y}}$的定义，有

$$\boldsymbol{A}_i\begin{pmatrix}\bar{\boldsymbol{x}}\\ \bar{\boldsymbol{u}}\end{pmatrix}\geq_{\mathcal{L}^{n_i}}\boldsymbol{b}^i,\quad i=1,2,\cdots,r。$$

此时，由$\mathcal{X}$的二阶锥可表示性定义，得到 $\bar{\boldsymbol{x}}\in\mathcal{X}$，所以得到 $\bar{\boldsymbol{y}}=\boldsymbol{B}\bar{\boldsymbol{x}}+\boldsymbol{d}\in\mathcal{Y}$，即$\widetilde{\mathcal{Y}}\subseteq\mathcal{Y}$。

对任意一个 $\bar{\boldsymbol{y}}\in\mathcal{Y}$，由上面的推导直接得到 $\bar{\boldsymbol{y}}\in\widetilde{\mathcal{Y}}$。综合得到$\widetilde{\mathcal{Y}}=\mathcal{Y}$，即$\mathcal{Y}$二阶锥可表示。 □

定理 5.8 若$\mathcal{X}_1,\mathcal{X}_2,\cdots,\mathcal{X}_k\subseteq\mathbb{R}^n$ 是二阶锥可表示集合，则$\mathcal{X}_1+\mathcal{X}_1+\cdots+\mathcal{X}_k$二阶锥可表示。

证明 由定理 5.6(3)得到$\mathcal{X}_1\times\mathcal{X}_2\times\cdots\times\mathcal{X}_k$二阶锥可表示。再由定理 5.7，取 $\boldsymbol{B}=(\boldsymbol{I}_n,\boldsymbol{I}_n,\cdots,\boldsymbol{I}_n)$，$\boldsymbol{d}=\boldsymbol{0}$，其中 $\boldsymbol{I}_n$ 为 n 阶单位矩阵，得到结论。 □

由二阶锥函数和集合的关系，对二阶锥可表示函数可以总结如下。

定理 5.9 若 $f_1(\boldsymbol{x}),f_2(\boldsymbol{x}),\cdots,f_k(\boldsymbol{x})$是$\mathbb{R}^n$ 的二阶锥可表示函数，则

(1) 对任意 $\alpha>0$，$\alpha f_1(\boldsymbol{x})$二阶锥可表示；

(2) $\max\{f_1(\boldsymbol{x}),f_2(\boldsymbol{x}),\cdots,f_k(\boldsymbol{x})\}$二阶锥可表示；

(3) $f_1(\boldsymbol{x})+f_2(\boldsymbol{x})+\cdots+f_k(\boldsymbol{x})$二阶锥可表示。

证明 (1) 显然，

$$\{(\boldsymbol{x},t)\mid\alpha f_1(\boldsymbol{x})\leqslant t\}\Leftrightarrow\left\{(\boldsymbol{x},t)\mid f_1(\boldsymbol{x})\leqslant\frac{t}{\alpha}\right\}\Leftrightarrow\left\{(\boldsymbol{x},t)\mid f_1(\boldsymbol{x})\leqslant y,y\leqslant\frac{t}{\alpha}\right\},$$

由二阶锥可表示函数的定义知，满足 $f_1(\boldsymbol{x})\leqslant\boldsymbol{y}$ 的点集合可以写成系列二阶锥约束方程，而 $y\leqslant\dfrac{t}{\alpha}$为线性不等式方程，是一类特殊的二阶锥约束方程(见下子节第二项讨论的例子)，故结论成立。

(2) 由

$$\max\{f_1(\boldsymbol{x}),f_2(\boldsymbol{x}),\cdots,f_k(\boldsymbol{x})\}\leqslant t\Leftrightarrow f_1(\boldsymbol{x})\leqslant t,f_2(\boldsymbol{x})\leqslant t,\cdots,f_k(\boldsymbol{x})\leqslant t,$$

再由二阶锥可表示函数的定义及定理 5.6(2)，即可得到结论。

(3) 不难验证

$$\{(\boldsymbol{x},t)\mid f_1(\boldsymbol{x})+f_2(\boldsymbol{x})+\cdots+f_k(\boldsymbol{x})\leqslant t\}$$
$$\Leftrightarrow$$
$$\{(\boldsymbol{x},t)\mid t_1+t_2+\cdots+t_k\leqslant t,f_i(\boldsymbol{x})\leqslant t_i,t_i\in\mathbb{R},1\leqslant i\leqslant k\}。$$

按二阶锥可表示函数的定义，对每一个 i，满足 $f_i(\boldsymbol{x})\leqslant t_i$ 的点集合可由二阶锥约束方程表

示，而 $t_1+t_2+\cdots+t_k\leqslant t$ 为一个特殊的二阶锥约束方程，故有结论成立。 □

定理 5.10 若 $f_2(\boldsymbol{x})$ 为 $\mathbb{R}^n$ 的凸函数且二阶锥可表示，$f_1(s)$ 为 $\mathbb{R}$ 的单调非减凸函数且二阶锥可表示，则 $f_1(f_2(\boldsymbol{x}))$ 为凸函数且二阶锥可表示。

证明 先证明 $f_1(f_2(\boldsymbol{x}))$ 为凸函数。对任意 $0\leqslant\alpha\leqslant 1, \boldsymbol{x}^1, \boldsymbol{x}^2\in\mathbb{R}^n$，由 $f_2(\boldsymbol{x})$ 的凸性得到 $f_2(\alpha\boldsymbol{x}^1+(1-\alpha)\boldsymbol{x}^2)\leqslant\alpha f_2(\boldsymbol{x}^1)+(1-\alpha)f_2(\boldsymbol{x}^2)$。再分别由 $f_1(s)$ 的单调性和 $f_2(\boldsymbol{x})$ 的凸性得到 $f_1(f_2(\alpha x^1+(1-\alpha)x^2))\leqslant f_1(\alpha f_2(x^1)+(1-\alpha)f_2(x^2))\leqslant\alpha f_1(f_2(x^1))+(1-\alpha)f_1(f_2(x^2))$。凸性得证。

再证明二阶锥可表示。由 $f_1(\boldsymbol{x})$ 的单调性，不难证明

$$\{(\boldsymbol{x},t)\mid f_1(f_2(\boldsymbol{x}))\leqslant t\}=\{(\boldsymbol{x},t)\mid f_1(s)\leqslant t, f_2(\boldsymbol{x})\leqslant s, s\in\mathbb{R}\}。$$

再由 $f_1(x)$ 和 $f_2(\boldsymbol{x})$ 二阶锥可表示得到满足 $f_1(s)\leqslant t$ 和 $f_2(\boldsymbol{x})\leqslant s$ 的两个集合都可以写成系列二阶锥约束方程，因此结论成立。 □

5.2.3 常见的二阶锥可表示函数/集合

下面罗列一些二阶锥可表示函数或集合，以便我们能快速识别二阶锥规划问题。由于优化问题中常见多个约束，故对于 $\mathbb{R}^n$ 上的 m 维向量函数 $(g_1(\boldsymbol{x}), g_2(\boldsymbol{x}), \cdots, g_m(\boldsymbol{x}))^{\mathrm{T}}$，它的二阶锥可表示定义为对每个 $1\leqslant i\leqslant m$，都有 $g_i(\boldsymbol{x})$ 为二阶锥可表示函数，即

$$\{(\boldsymbol{x},t_i)\in\mathbb{R}^{n+1}\mid g_i(\boldsymbol{x})\leqslant t_i\}$$

为二阶锥可表示集合。

1. 常数函数 $g(\boldsymbol{x})\equiv c$ 二阶锥可表示。

考虑函数 $g(\boldsymbol{x})\equiv c$ 的上方图集 $\left\{\begin{pmatrix}\boldsymbol{x}\\ t\end{pmatrix}\middle| c\leqslant t\right\}$。当取 $\boldsymbol{A}=(0)_{m\times n}$ 时，该上方图永远可以表示成 $\|\boldsymbol{Ax}\|\leqslant t-c$，即 $\begin{pmatrix}\boldsymbol{Ax}\\ t-c\end{pmatrix}\in\mathcal{L}^{m+1}$。当 $\boldsymbol{g}(\boldsymbol{x})\equiv\boldsymbol{c}$ 为向量的形式时，即 $g_i(\boldsymbol{x})\equiv c_i, i=1,2,\cdots,n$，其中 c_i 为常数，由定理 5.6(2)知其为二阶锥可表示函数。

上述的理论分析中取 $\boldsymbol{A}=(0)_{m\times n}$，而其中的 m 可以取任意非负整数，这就使得我们自然定义 $\mathcal{L}^1=\mathcal{L}=\{x\geqslant 0\}$。

2. 线性函数 $\boldsymbol{g}(\boldsymbol{x})=\boldsymbol{Ax}+\boldsymbol{b}$ 二阶锥可表示，其中 $\boldsymbol{A}\in\mathbb{R}^{m\times n}, \boldsymbol{b}\in\mathbb{R}^m$。

先考虑 $m=1$ 时，记 $\boldsymbol{A}=\boldsymbol{a}^{\mathrm{T}}$，函数形式为 $g(\boldsymbol{x})=\boldsymbol{a}^{\mathrm{T}}\boldsymbol{x}+b, \boldsymbol{a}\in\mathbb{R}^n, b\in\mathbb{R}$。存在 $\boldsymbol{C}=(0)_{p\times n}$ 使得上方图集

$$\left\{\begin{pmatrix}\boldsymbol{x}\\ t\end{pmatrix}\middle|\boldsymbol{a}^{\mathrm{T}}\boldsymbol{x}+\boldsymbol{b}\leqslant t\right\}$$

可以被 $\|\boldsymbol{Cx}\|\leqslant t-\boldsymbol{a}^{\mathrm{T}}\boldsymbol{x}-b$ 表示。对向量形式，由定理 5.6(2)知其为二阶锥可表示函数。

多面体是有限个半空间的相交，由上面的讨论，多面体是二阶锥可表示集合。当然，$\mathbb{R}^n_+$ 也是二阶锥可表示集合，也就有线性规划是二阶锥规划问题的特殊情形。这也是我们在二阶锥规划标准形中定义二阶锥 $\mathcal{L}=\mathbb{R}_+$ 的原因。

3. $g(\boldsymbol{x})=\max\{x_1,x_2,\cdots,x_n\}$是二阶锥可表示函数。

由上述第 2 项的结论，右端中每一个函数 x_i 为二阶锥可表示函数，再由定理 5.9(2)得到结论。

4. 凸二次平方根函数 $g(\boldsymbol{x})=\|\boldsymbol{Bx}+\boldsymbol{b}\|_2=\sqrt{(\boldsymbol{Bx}+\boldsymbol{b})^{\mathrm{T}}(\boldsymbol{Bx}+\boldsymbol{b})}$二阶锥可表示，其中 $\boldsymbol{B}\in\mathcal{M}(m,n),\boldsymbol{b}\in\mathbb{R}^m$。

该函数的上方图为

$$\left\{\begin{pmatrix}\boldsymbol{x}\\t\end{pmatrix}\middle|\sqrt{(\boldsymbol{Bx}+\boldsymbol{b})^{\mathrm{T}}(\boldsymbol{Bx}+\boldsymbol{b})}\leqslant t\right\}。$$

作线性替换 $\boldsymbol{y}=\boldsymbol{Bx}+\boldsymbol{b}$，则有$\sqrt{\boldsymbol{y}^{\mathrm{T}}\boldsymbol{y}}\leqslant t$。再由二阶锥可表示集合的定义可得到结论。

上式当 $\boldsymbol{b}=\boldsymbol{0}$ 时，我们得到齐次凸二次的平方根函数 $g(\boldsymbol{x})=\sqrt{\boldsymbol{x}^{\mathrm{T}}\boldsymbol{Ax}}$，$\boldsymbol{A}\in\mathcal{S}_+^n$ 是二阶锥可表示函数。

5. 二范数和函数 $g(\boldsymbol{x})=\sum\limits_{i=1}^{p}\|\boldsymbol{B}_i\boldsymbol{x}+\boldsymbol{b}^i\|_2$ 二阶锥可表示，其中 $\boldsymbol{B}_i\in\mathcal{M}(m_i,n),\boldsymbol{b}^i\in\mathbb{R}^{m_i},i=1,2,\cdots,p$。

由上述第 4 项的结论和定理 5.9(3)得到结论。

6. 二次凸函数 $g(\boldsymbol{x})=\boldsymbol{x}^{\mathrm{T}}\boldsymbol{Ax}+\boldsymbol{b}^{\mathrm{T}}\boldsymbol{x}+c$，$\boldsymbol{A}\in\mathcal{S}_+^n$ 二阶锥可表示。

该函数上方图为

$$\left\{\begin{pmatrix}\boldsymbol{x}\\t\end{pmatrix}\middle|\boldsymbol{x}^{\mathrm{T}}\boldsymbol{Ax}+\boldsymbol{b}^{\mathrm{T}}\boldsymbol{x}+c\leqslant t\right\}。$$

利用符号 $\boldsymbol{A}=\boldsymbol{B}^{\mathrm{T}}\boldsymbol{B}$，其中 $\boldsymbol{B}$ 是一个 $m\times n$ 的矩阵，有

$$\boldsymbol{x}^{\mathrm{T}}\boldsymbol{Ax}+\boldsymbol{b}^{\mathrm{T}}\boldsymbol{x}+c\leqslant t\Leftrightarrow\boldsymbol{x}^{\mathrm{T}}\boldsymbol{Ax}\leqslant t-\boldsymbol{b}^{\mathrm{T}}\boldsymbol{x}-c$$

$$\Leftrightarrow$$

$$\sqrt{(\boldsymbol{Bx})^{\mathrm{T}}\boldsymbol{Bx}+\frac{(t-\boldsymbol{b}^{\mathrm{T}}\boldsymbol{x}-c-1)^2}{4}}\leqslant\frac{t-\boldsymbol{b}^{\mathrm{T}}\boldsymbol{x}-c+1}{2}。$$

作线性替换 $\boldsymbol{y}=\boldsymbol{Bx}$，$z_1=\dfrac{t-\boldsymbol{b}^{\mathrm{T}}\boldsymbol{x}-c-1}{2}$，$z_2=\dfrac{t-\boldsymbol{b}^{\mathrm{T}}\boldsymbol{x}-c+1}{2}$，则有 $\sqrt{\boldsymbol{y}^{\mathrm{T}}\boldsymbol{y}+z_1^2}\leqslant z_2$，即 $\begin{pmatrix}\boldsymbol{y}\\z_1\\z_2\end{pmatrix}\in\mathcal{L}^{m+2}$。由二阶锥可表示集合的定义得到结论。

上述的 $\boldsymbol{A}=\boldsymbol{B}^{\mathrm{T}}\boldsymbol{B}$ 分解不唯一，特别是 $\boldsymbol{A}$ 的秩小于 n 时的情形，此时 $\mathrm{rank}(\boldsymbol{A})\leqslant m\leqslant n$。从计算的角度来看，我们希望 m 越小越好，这样变量占据最小的空间维数。

7. 分式函数

$$g(\boldsymbol{x},s)=\begin{cases}\dfrac{(\boldsymbol{Bx}+\boldsymbol{b})^{\mathrm{T}}(\boldsymbol{Bx}+\boldsymbol{b})}{s}, & s>0\\0, & \boldsymbol{Bx}+\boldsymbol{b}=\boldsymbol{0},s=0\\+\infty, & \text{其他}\end{cases}$$

二阶锥可表示，其中 $\boldsymbol{B}\in\mathcal{M}(m,n),\boldsymbol{b}\in\mathbb{R}^m$。

上方图为

$$\left\{\begin{pmatrix} \boldsymbol{x} \\ s \\ t \end{pmatrix} \middle| g(\boldsymbol{x}, s) \leqslant t\right\}。$$

由

$$\begin{aligned} g(\boldsymbol{x}, s) \leqslant t &\Leftrightarrow (\boldsymbol{Bx} + \boldsymbol{b})^{\mathrm{T}}(\boldsymbol{Bx} + \boldsymbol{b}) \leqslant st, s \geqslant 0, t \geqslant 0 \\ &\Leftrightarrow (\boldsymbol{Bx} + \boldsymbol{b})^{\mathrm{T}}(\boldsymbol{Bx} + \boldsymbol{b}) + \frac{(t-s)^2}{4} \leqslant \frac{(t+s)^2}{4}, s \geqslant 0, t \geqslant 0 \\ &\Leftrightarrow \sqrt{(\boldsymbol{Bx} + \boldsymbol{b})^{\mathrm{T}}(\boldsymbol{Bx} + \boldsymbol{b}) + \frac{(t-s)^2}{4}} \leqslant \frac{t+s}{2}, s \geqslant 0, t \geqslant 0, \end{aligned}$$

作线性替换 $\boldsymbol{y} = \boldsymbol{Bx} + \boldsymbol{b}, z_1 = \frac{t-s}{2}, z_2 = \frac{t+s}{2}$，则有 $\sqrt{\boldsymbol{y}^{\mathrm{T}}\boldsymbol{y} + z_1^2} \leqslant z_2$。再由二阶锥可表示集合的定义可得到二阶锥可表示结论。

8. 二阶锥可表示集合 $\mathcal{X}$ 上的分式函数 $g(\boldsymbol{x}) = \frac{(\boldsymbol{Bx}+\boldsymbol{b})^{\mathrm{T}}(\boldsymbol{Bx}+\boldsymbol{b})}{\boldsymbol{c}^{\mathrm{T}}\boldsymbol{x}+d}$ 二阶锥可表示，其中 $\boldsymbol{c}^{\mathrm{T}}\boldsymbol{x}+d>0$ 对任意 $\boldsymbol{x} \in \mathcal{X}$ 成立，$\boldsymbol{B} \in \mathcal{M}(m, n)$，$\boldsymbol{b} \in \mathbb{R}^m$，$\boldsymbol{c} \in \mathbb{R}^n$，$d \in \mathbb{R}$。

该函数的上方图为

$$\left\{\begin{pmatrix} \boldsymbol{x} \\ t \end{pmatrix} \middle| g(\boldsymbol{x}) \leqslant t, \boldsymbol{x} \in \mathcal{X}\right\}。$$

由

$$\begin{aligned} g(\boldsymbol{x}) = \frac{(\boldsymbol{Bx} + \boldsymbol{b})^{\mathrm{T}}(\boldsymbol{Bx} + \boldsymbol{b})}{\boldsymbol{c}^{\mathrm{T}}\boldsymbol{x} + d} \leqslant t, \quad \boldsymbol{x} \in \mathcal{X} \\ \Leftrightarrow \frac{(\boldsymbol{Bx} + \boldsymbol{b})^{\mathrm{T}}(\boldsymbol{Bx} + \boldsymbol{b})}{s} \leqslant t, \boldsymbol{x} \in \mathcal{X}, \quad s = \boldsymbol{c}^{\mathrm{T}}\boldsymbol{x} + d, s \in \mathbb{R} \end{aligned}$$

和上面第 7 项的结果，得到满足 $\frac{(\boldsymbol{Bx}+\boldsymbol{b})^{\mathrm{T}}(\boldsymbol{Bx}+\boldsymbol{b})}{s} \leqslant t, \boldsymbol{x} \in \mathcal{X}$ 的点集合等价写成系列二阶锥约束方程，满足线性约束 $s = \boldsymbol{c}^{\mathrm{T}}\boldsymbol{x} + d$ 的点集是二阶锥可表示(第 2 项的结论)，因此，当 $\mathcal{X}$ 是二阶锥可表示集合时，由定理 5.6(2)得到集合 $\mathcal{X}$ 上的该函数为二阶锥可表示函数。

类似第 5 项函数的讨论，对于集合 $\mathcal{X}$ 上的函数 $g(\boldsymbol{x}) = \sum_{i=1}^{p} \frac{(\boldsymbol{B}_i\boldsymbol{x} + \boldsymbol{b}^i)^{\mathrm{T}}(\boldsymbol{B}_i\boldsymbol{x} + \boldsymbol{b}^i)}{(\boldsymbol{c}^i)^{\mathrm{T}}\boldsymbol{x} + d_i}$，当对每一个 $1 \leqslant i \leqslant p$，都有 $(\boldsymbol{c}^i)^{\mathrm{T}}\boldsymbol{x} + d_i > 0$ 对任意 $\boldsymbol{x} \in \mathcal{X}$ 成立，$\boldsymbol{B}_i \in \mathcal{M}(m_i, n)$，$\boldsymbol{b}^i \in \mathbb{R}^{m_i}$，$\boldsymbol{c}^i \in \mathbb{R}^n$，$d_i \in \mathbb{R}$，且 $\mathcal{X}$ 是二阶锥可表示集合时，则集合 $\mathcal{X}$ 上定义的该函数为二阶锥可表示函数。

9. 双曲线(hyperbola)的一支 $g(x) = \frac{1}{x}, x > 0$ 二阶锥可表示。上方图为

$$\left\{\begin{pmatrix} x \\ t \end{pmatrix} \middle| g(x) \leqslant t, x > 0\right\}。$$

于是有

$$\begin{aligned} g(x) \leqslant t, x > 0 \Leftrightarrow xt \geqslant 1, x \geqslant 0 \Leftrightarrow \frac{(x+t)^2}{4} \geqslant \frac{(x-t)^2}{4} + 1, x \geqslant 0 \\ \Leftrightarrow \sqrt{\frac{(x-t)^2}{4} + 1} \leqslant \frac{x+t}{2}, \quad x \geqslant 0 \end{aligned}$$

作线性替换 $y=\frac{x-t}{2},z_1=1,z_2=\frac{x+t}{2}$,则有 $\sqrt{y^{\mathrm{T}}y+z_1^2}\leqslant z_2$。再由二阶锥可表示集合的定义可得到结论。

与第 8 项中类似的讨论,当只考虑 $(\boldsymbol{c}^i)^{\mathrm{T}}\boldsymbol{x}+d_i>0$ 对所有的 $1\leqslant i\leqslant p$ 都满足的点集合,定义在该集合上的 $g(\boldsymbol{x})=\sum_{i=1}^{p}\frac{1}{(\boldsymbol{c}^i)^{\mathrm{T}}\boldsymbol{x}+d_i}$ 是二阶锥可表示函数,其中 $\boldsymbol{c}^i\in\mathbb{R}^n,d_i\in\mathbb{R}$。

10. 集合

$$\mathcal{K}_+^3=\{(x_1,x_2,x_3)^{\mathrm{T}}\in\mathbb{R}_+^3\mid\sqrt{x_1x_2}\geqslant x_3\},$$
$$\mathcal{K}^3=\{(x_1,x_2,x_3)^{\mathrm{T}}\in\mathbb{R}_+^2\times\mathbb{R}\mid\sqrt{x_1x_2}\geqslant x_3\}$$

二阶锥可表示。由例 5.4 得到上述结论。

11. 集合

$$\mathcal{K}_+^{2n+1}=\{(x_1,x_2,\cdots,x_{2^n},t)^{\mathrm{T}}\in\mathbb{R}_+^{2^n+1}\mid(x_1,x_2,\cdots,x_{2^n})^{\frac{1}{2^n}}\geqslant t\}$$

是二阶锥可表示。

分析上述集合二阶锥可表示的基本思想是重复利用例 5.4 的集合等价表示逻辑,将不等式 $(x_1,x_2,\cdots,x_{2^n})^{\frac{1}{2^n}}\geqslant t$ 写成一个 n 层而每层都是二阶锥可表示约束的等价形式,其中 x_{li} 表示第 l 层的第 i 个变量,先将原变量写成 $x_{01}=x_1,x_{02}=x_2,\cdots,x_{02^n}=x_{2^n}$,则有

$$0\leqslant x_{11}\leqslant\sqrt{x_{01}x_{02}},0\leqslant x_{12}\leqslant\sqrt{x_{03}x_{04}},\cdots,0\leqslant x_{12^{n-1}}\leqslant\sqrt{x_{0(2^n-1)}x_{02^n}},$$
$$0\leqslant x_{21}\leqslant\sqrt{x_{11}x_{12}},0\leqslant x_{22}\leqslant\sqrt{x_{13}x_{14}},\cdots,0\leqslant x_{22^{n-2}}\leqslant\sqrt{x_{1(2^{n-1}-1)}x_{12^{n-1}}},$$
$$\cdots$$
$$0\leqslant x_{(n-1)1}\leqslant\sqrt{x_{(n-2)1}x_{(n-2)2}},0\leqslant x_{(n-1)2}\leqslant\sqrt{x_{(n-2)3}x_{(n-2)4}},$$
$$0\leqslant t\leqslant\sqrt{x_{(n-1)1}x_{(n-1)2}}。$$

由上述第 10 项的结论及定理 5.6(2)知每一层的约束表示一个二阶锥可表示集合;n 层的联合约束表示一个二阶锥可表示集合,由此得到$\mathcal{K}_+^{2^n+1}$是二阶锥可表示集合。

与例 5.4 相同的逻辑,有

$$\mathcal{K}^{2^n+1}=\{(x_1,x_2,\cdots,x_{2^n},t)^{\mathrm{T}}\in\mathbb{R}_+^{2^n}\times\mathbb{R}\mid(x_1,x_2,\cdots,x_{2^n},t)^{\frac{1}{2^n}}\geqslant t\}$$

是二阶锥可表示集合。

12. $f(x)=x^{\frac{p}{q}}$ 是二阶锥可表示函数,其中 $x\geqslant 0,\frac{p}{q}>1,p,q$ 为正整数

$f(x)$的上方图为

$$\mathrm{epi}(f)=\left\{\begin{pmatrix}x\\t\end{pmatrix}\middle|\,x^{\frac{p}{q}}\leqslant t,x\geqslant 0\right\}。$$

由于 $p>q>0$,取满足 $p\leqslant 2^n$ 的最小整数 n,记 $r=2^n-p$。考虑

$$\mathcal{K}_+^{2^n+1}=\{(x_1,x_2,\cdots,x_{2^n},s)^{\mathrm{T}}\in\mathbb{R}_+^{2^n+1}\mid(x_1,x_2,\cdots,x_{2^n})^{\frac{1}{2^n}}\geqslant s\},$$

并新增约束

$$x_1=x_2=\cdots=x_q=t,$$
$$x_{q+1}=x_{q+2}=\cdots=x_p=1,$$

$$s=x, x_{p+1}=x_{p+2}=\cdots=x_{2^n}=x。$$

新增约束同$\mathcal{K}_+^{2^n+1}$为满足下列要求的集合

$$(t^q x^r)^{\frac{1}{2^n}} \geqslant x \geqslant 0, \quad t \geqslant 0,$$

等价

$$x^{1-\frac{r}{2^n}} \leqslant t^{\frac{q}{2^n}}, \quad x \geqslant 0, \quad t \geqslant 0,$$

即 $f(x)$的上方图

$$x^{\frac{p}{q}} \leqslant t, \quad x \geqslant 0,$$

由于$\mathcal{K}_+^{2^n+1}$是二阶锥可表示集合且新增约束都是线性约束,所以 epi(f)为二阶锥可表示集合,$f(x)$就是二阶锥可表示函数。

13. $f(x_1,x_2,\cdots,x_n)=(x_1x_2\cdots x_n)^{-q}$ 在 $\boldsymbol{x}\in\mathbb{R}_{++}^n$ 上是二阶锥可表示函数,其中 $q>0$ 且为有理数。

$f(\boldsymbol{x})$的上方图为

$$\operatorname{epi}(f)=\left\{\begin{pmatrix}\boldsymbol{x}\\ t\end{pmatrix} \middle| \boldsymbol{x}\in\mathbb{R}_+^n, t\in\mathbb{R}_+, (x_1x_2\cdots x_n)^{-q}\leqslant t\right\}。$$

需要特别注意,$(x_1x_2\cdots x_n)^{-q}\leqslant t, \boldsymbol{x}\in\mathbb{R}_+^n$ 和 $t\geqslant 0$ 推出 $\boldsymbol{x}\in\mathbb{R}_{++}^n$。设 $q=\dfrac{r}{p}$。其中 r,p 为正整数。取最小的 l 满足 $nr+p\leqslant 2^l$,考虑集合

$$\mathcal{K}_+^{2^l+1}=\{(\boldsymbol{y},s)\in\mathbb{R}_+^{2^l}\times\mathbb{R}_+ \mid (y_1y_2\cdots y_{2^l})^{\frac{1}{2^l}}\geqslant s\},$$

取

$$y_1=y_2=\cdots=y_r=x_1, \quad y_{r+1}=y_{r+2}=\cdots=y_{2r}=x_2,$$
$$\cdots$$
$$y_{(n-1)r+1}=y_{(n-1)r+2}=\cdots=y_{nr}=x_n, \quad y_{nr+1}=y_{nr+2}=\cdots=y_{nr+p}=t,$$
$$y_{nr+p+1}=y_{nr+p+2}=\cdots=y_{2^l}=s=1。$$

再结合$(y_1y_2\cdots y_{2^l})^{\frac{1}{2^l}}\geqslant s$ 推出

$$(x_1x_2\cdots x_n)^{\frac{r}{2^l}}t^{\frac{p}{2^l}}\geqslant 1,$$

得到

$$t^{\frac{p}{2^l}}\geqslant (x_1x_2\cdots x_n)^{-\frac{r}{2^l}},$$

即

$$t\geqslant (x_1x_2\cdots x_n)^{-\frac{r}{p}}=(x_1x_2\cdots x_n)^{-q}。$$

由上述第 11 项$\mathcal{K}_+^{2^l+1}$是二阶锥可表示集合及上面的线性约束,得到 $f(\boldsymbol{x})$为二阶锥可表示函数。

14. $f(x_1,x_2,\cdots,x_n)=-x_1^{\frac{d_1}{d}}x_2^{\frac{d_2}{d}}\cdots x_n^{\frac{d_n}{d}}$ 在 $\boldsymbol{x}\in\mathbb{R}_+^n$ 上是二阶锥可表示函数,其中 $0\leqslant d_i$, $i=1,2,\cdots,n$ 和 $d>1$ 为正整数,$\sum\limits_{i=1}^n d_i\leqslant d$。

$f(x_1,x_2,\cdots,x_n)$的上方图为

$$\begin{aligned}\mathrm{epi}(f)&=\left\{\begin{pmatrix}\boldsymbol{x}\\t\end{pmatrix}\middle|\,\boldsymbol{x}\in\mathbb{R}_+^n,t\in\mathbb{R},f(\boldsymbol{x})\leqslant t\right\}\\&=\left\{\begin{pmatrix}\boldsymbol{x}\\t\end{pmatrix}\middle|\,\boldsymbol{x}\in\mathbb{R}_+^n,f(\boldsymbol{x})\leqslant -s,s\geqslant 0,-s\leqslant t\right\}。\end{aligned}$$

仅讨论$\mathcal{X}=\left\{\begin{pmatrix}\boldsymbol{x}\\s\end{pmatrix}\in\mathbb{R}_+^{n+1}\middle|\,f(\boldsymbol{x})\leqslant -s\right\}$二阶锥可表示。取 l 是满足 $d\leqslant 2^l$ 的最小整数，令

$$\mathcal{K}_+^{2^l+1}=\left\{\begin{pmatrix}\boldsymbol{y}\\w\end{pmatrix}\in\mathbb{R}_+^{2^l+1}\mid w\leqslant(y_1y_2\cdots y_{2^l})^{1/2^l}\right\}。$$

由$\mathcal{K}_+^{2^l+1}$是二阶锥可表示的已知结论，增加如下线性约束：依次分别令 $y_1,y_2,\cdots,y_{2^l}$ 中的 d_i 个取 x_i，最后 2^l-d 个取 s，余下的取 1。w 取 s，则 $w\leqslant(y_1y_2\cdots y_{2^l})^{1/2^l}$ 等价为

$$0\leqslant s\leqslant x_1^{\frac{d_1}{2^l}}x_2^{\frac{d_2}{2^l}}\cdots x_n^{\frac{d_n}{2^l}}s^{\frac{2^l-d}{2^l}}。$$

进一步等价为$0\leqslant s\leqslant -f(\boldsymbol{x})$，故与$\mathcal{X}$等价。由此得到$\mathcal{X}$二阶锥可表示，得到$\mathrm{epi}(f)$二阶锥可表示。

5.2.4　二阶锥的应用

1. 凸二次约束二次规划问题

凸二次约束二次规划(convex quadratically constrained quadratic programming)问题为

$$\begin{aligned}\min\quad&\frac{1}{2}\boldsymbol{x}^{\mathrm{T}}\boldsymbol{Q}_0\boldsymbol{x}+(\boldsymbol{q}^0)^{\mathrm{T}}\boldsymbol{x}+c_0\\\mathrm{s.t.}\quad&\frac{1}{2}\boldsymbol{x}^{\mathrm{T}}\boldsymbol{Q}_i\boldsymbol{x}+(\boldsymbol{q}^i)^{\mathrm{T}}\boldsymbol{x}+c_i\leqslant 0,\quad i=1,2,\cdots,m\\&\boldsymbol{x}\in\mathbb{R}^n,\end{aligned}$$

其中$\boldsymbol{Q}_i\in\mathcal{S}_+^n,\boldsymbol{q}^i\in\mathbb{R}^n,c_i\in\mathbb{R},i=0,1,\cdots,m$。

以下讨论基于可行解集非空的假设。由上面讨论的目标函数线性化的方法，模型等价于

$$\begin{aligned}\min\quad&t\\\mathrm{s.t.}\quad&\frac{1}{2}\boldsymbol{x}^{\mathrm{T}}\boldsymbol{Q}_0\boldsymbol{x}\leqslant t-c_0-(\boldsymbol{q}^0)^{\mathrm{T}}\boldsymbol{x}\\&\frac{1}{2}\boldsymbol{x}^{\mathrm{T}}\boldsymbol{Q}_i\boldsymbol{x}\leqslant -c_i-(\boldsymbol{q}^i)^{\mathrm{T}}\boldsymbol{x},\quad i=1,2,\cdots,m\\&\boldsymbol{x}\in\mathbb{R}^n。\end{aligned}$$

采用定理2.8的矩阵分解得到$\boldsymbol{Q}_i=\boldsymbol{P}_i^{\mathrm{T}}\boldsymbol{P}_i$，其中$\boldsymbol{P}_i$是一个$n\times n$矩阵。由上小节二次凸函数的二阶锥可表示的推导。令

$$\begin{cases} \boldsymbol{u}^0=\boldsymbol{P}_0\boldsymbol{x}, & v_0=\dfrac{1-t+c_0+(\boldsymbol{q}^0)^{\mathrm{T}}\boldsymbol{x}}{\sqrt{2}}, \quad w_0=\dfrac{1+t-c_0-(\boldsymbol{q}^0)^{\mathrm{T}}\boldsymbol{x}}{\sqrt{2}} \\ \boldsymbol{u}^i=\boldsymbol{P}_i\boldsymbol{x}, & v_i=\dfrac{1+c_i+(\boldsymbol{q}^i)^{\mathrm{T}}\boldsymbol{x}}{\sqrt{2}}, \quad w_i=\dfrac{1-c_i-(\boldsymbol{q}^i)^{\mathrm{T}}\boldsymbol{x}}{\sqrt{2}}, \quad i=1,2,\cdots,m \end{cases}$$

则得到一个一般性模型(5.1)的二阶锥规划问题

$$\begin{aligned} \min\quad & t \\ \text{s.t.}\quad & \boldsymbol{u}^0=\boldsymbol{P}_0\boldsymbol{x} \\ & v_0=\frac{1-t+c_0+(\boldsymbol{q}^0)^{\mathrm{T}}\boldsymbol{x}}{\sqrt{2}} \\ & w_0=\frac{1+t-c_0-(\boldsymbol{q}^0)^{\mathrm{T}}\boldsymbol{x}}{\sqrt{2}} \\ & \boldsymbol{u}^i=\boldsymbol{P}_i\boldsymbol{x}, \quad i=1,2,\cdots,m \\ & v_i=\frac{1+c_i+(\boldsymbol{q}^i)^{\mathrm{T}}\boldsymbol{x}}{\sqrt{2}}, \quad i=1,2,\cdots,m \\ & w_i=\frac{1-c_i-(\boldsymbol{q}^i)^{\mathrm{T}}\boldsymbol{x}}{\sqrt{2}}, \quad i=1,2,\cdots,m \\ & \begin{pmatrix}\boldsymbol{u}^0\\ v_0\\ w_0\end{pmatrix}\in\mathcal{L}^{n+2};\ \begin{pmatrix}\boldsymbol{u}^i\\ v_i\\ w_i\end{pmatrix}\in\mathcal{L}^{n+2}, i=1,2,\cdots,m;\ \boldsymbol{x}\in\mathbb{R}^n;\ t\in\mathbb{R}\text{。} \end{aligned}$$

2. 鲁棒线性规划

我们以鲁棒线性规划(robust linear programming)问题及对应的二阶锥模型介绍作为本节的结束。选择这个问题的主要缘由,其一是大家对线性规划比较熟悉,本书中也在很多地方提及这个问题和相关结果;其二,这是学术界相当关注的一个问题。

对于线性规划问题

$$\begin{aligned} \min\quad & \boldsymbol{c}^{\mathrm{T}}\boldsymbol{x} \\ \text{s.t.}\quad & \boldsymbol{A}\boldsymbol{x}\geqslant\boldsymbol{b} \\ & \boldsymbol{x}\in\mathbb{R}^n_+, \end{aligned}$$

一种不确定环境是其中的系数 $\boldsymbol{c},\boldsymbol{A},\boldsymbol{b}$ 因某些原因无法准确地获得,但在某一个区域内变化还是可以预估的。如何考虑不确定系数的影响,建立一个合理的优化问题并易于求解?

对于系数我们做如下模型的假设。记 $\boldsymbol{A}^{\mathrm{T}}=(\boldsymbol{A}_1,\boldsymbol{A}_2,\cdots,\boldsymbol{A}_m)$,$\boldsymbol{b}=(b_1,b_2,\cdots,b_m)^{\mathrm{T}}$,其中 $\boldsymbol{A}_i\in\mathbb{R}^n$ 为 $\boldsymbol{A}$ 的第 i 行元素。假设

$$\mathcal{U}=\left\{\boldsymbol{A},\boldsymbol{b},\boldsymbol{c}\ \middle|\ \boldsymbol{c}=\boldsymbol{c}^*+\boldsymbol{P}_0\boldsymbol{u}_0, \begin{pmatrix}\boldsymbol{A}_i\\ b_i\end{pmatrix}=\begin{pmatrix}\boldsymbol{A}_i^*\\ b_i^*\end{pmatrix}+\boldsymbol{P}_i\boldsymbol{u}_i, i=1,2,\cdots,m\right\},$$

其中 $\boldsymbol{c}^*,\boldsymbol{A}_i^*,b_i^*$ 为理想数据且 $\boldsymbol{P}_i\boldsymbol{u}_i,i=0,1,\cdots,m$ 表示数据的扰动情况,$\boldsymbol{u}_i$ 是 $s\times1$ 向量,在一个球内变化;$\boldsymbol{P}_0$ 是一个已知的 $n\times s$ 矩阵且 $\boldsymbol{u}_0$ 是一个 $s\times1$ 向量,$\boldsymbol{P}_i(i=1,2,\cdots,m)$ 是已知的 $(n+1)\times s$ 矩阵。以上数据产生遵循如下的假设:对各类数据先规范化处理,使得 $\boldsymbol{u}_i^{\mathrm{T}}\boldsymbol{u}_i\leqslant1,i=0,1,2,\cdots,m$ 成为规范的变化参数,而 $\boldsymbol{P}_i$ 为各项数据的变化尺度,s 表示产生

数据扰动的变化因素个数。

假设所有 $\boldsymbol{c}^*$, $\boldsymbol{A}_i^*$, b_i^* 和 $\boldsymbol{P}_i(i=0,1,2,\cdots,m)$ 给定。这时,我们知道线性规划中系数 $\boldsymbol{c}$, $\boldsymbol{A}$, $\boldsymbol{b}$ 虽不确定但在范围 $\mathcal{U}$ 内变化。一种相对保守的策略是:在所有可能的环境系数下,选择适应所有环境系数的最佳方案。这就是鲁棒优化的基本思想。

针对线性规划,依据鲁棒优化的思想建立的模型为

$$\begin{aligned}\min_{(\boldsymbol{c},\boldsymbol{A},\boldsymbol{b})\in\mathcal{U}}\quad & t\\ \text{s. t.}\quad & \boldsymbol{c}^{\mathrm{T}}\boldsymbol{x}\leqslant t\\ & \boldsymbol{A}\boldsymbol{x}\geqslant\boldsymbol{b}\\ & \boldsymbol{x}\in\mathbb{R}_+^n。\end{aligned}\tag{5.7}$$

鲁棒优化要求 $\boldsymbol{Ax}\geqslant\boldsymbol{b}$ 对所有 $(\boldsymbol{c},\boldsymbol{A},\boldsymbol{b})\in\mathcal{U}$ 成立,对 $1\leqslant i\leqslant m$,每一个约束等同于

$$\begin{aligned}0&\leqslant\min_{\boldsymbol{u}_i^{\mathrm{T}}\boldsymbol{u}_i\leqslant 1}\left\{\boldsymbol{A}_i^{\mathrm{T}}(\boldsymbol{u}_i)\boldsymbol{x}-b_i(\boldsymbol{u}_i)\;\middle|\;\begin{pmatrix}\boldsymbol{A}_i\\ b_i\end{pmatrix}=\begin{pmatrix}\boldsymbol{A}_i^*\\ b_i^*\end{pmatrix}+\boldsymbol{P}_i\boldsymbol{u}_i\right\}\\ &=(\boldsymbol{A}_i^*)^{\mathrm{T}}\boldsymbol{x}-b_i^*+\min_{\boldsymbol{u}_i^{\mathrm{T}}\boldsymbol{u}_i\leqslant 1}\boldsymbol{u}_i^{\mathrm{T}}\boldsymbol{P}_i^{\mathrm{T}}\begin{pmatrix}\boldsymbol{x}\\ -1\end{pmatrix}\\ &=(\boldsymbol{A}_i^*)^{\mathrm{T}}\boldsymbol{x}-b_i^*-\left\|\boldsymbol{P}_i^{\mathrm{T}}\begin{pmatrix}\boldsymbol{x}\\ -1\end{pmatrix}\right\|。\end{aligned}$$

同理可以得到 $\boldsymbol{c}^{\mathrm{T}}\boldsymbol{x}\leqslant t$ 的约束形式,于是鲁棒线性规划问题就等价地写成如下的二阶锥规划模型

$$\begin{aligned}\min\quad & t\\ \text{s. t.}\quad & \|\boldsymbol{P}_0^{\mathrm{T}}\boldsymbol{x}\|+\boldsymbol{c}^{*\mathrm{T}}\boldsymbol{x}\leqslant t\\ & \left\|\boldsymbol{P}_i^{\mathrm{T}}\begin{pmatrix}\boldsymbol{x}\\ -1\end{pmatrix}\right\|-(\boldsymbol{A}_i^*)^{\mathrm{T}}\boldsymbol{x}\leqslant -b_i^*,\ i=1,2,\cdots,m\\ & \boldsymbol{x}\in\mathbb{R}_+^n,\ t\in\mathbb{R}。\end{aligned}\tag{5.8}$$

在上述的鲁棒线性规划模型中,我们假设每个约束中系数的扰动只影响本约束的系数,因此可建立等价的二阶锥规划模型。如果考虑约束间系数扰动的相互作用,则问题将复杂化。

第3节 半定规划

5.3.1 一般形式

首先,我们给出半定规划模型的分类和主要理论结果。半定规划(semi-definite programming,SDP)的标准模型为

$$\begin{aligned}\min\quad & \boldsymbol{G}\bullet\boldsymbol{X}\\ \text{s. t.}\quad & \boldsymbol{\mathcal{A}}\bullet\boldsymbol{X}=\boldsymbol{b}\qquad\text{(SDP)}\\ & \boldsymbol{X}\in\mathcal{S}_+^n,\end{aligned}$$

其中,$\boldsymbol{G}$ 是一个 n 阶实对称方阵,$\boldsymbol{A}_i$ 为 n 阶实对称方阵,$\boldsymbol{b}\in\mathbb{R}^m$,$\boldsymbol{\mathcal{A}}$ 和 $\boldsymbol{\mathcal{A}}\bullet\boldsymbol{X}$ 定义为

$$\mathcal{A}=\begin{pmatrix}\boldsymbol{A}_1\\ \boldsymbol{A}_2\\ \vdots\\ \boldsymbol{A}_m\end{pmatrix},\quad \mathcal{A}\cdot\boldsymbol{X}=\begin{pmatrix}\boldsymbol{A}_1\cdot\boldsymbol{X}\\ \boldsymbol{A}_2\cdot\boldsymbol{X}\\ \vdots\\ \boldsymbol{A}_m\cdot\boldsymbol{X}\end{pmatrix}。$$

第 1 章第 3 节的相关阵满足问题就是一个半定规划问题。

实际上，以上的模型是在半正定锥$\mathcal{S}_+^n$上讨论的，准确地应该称为半正定规划。当以上模型在半负定锥$-\mathcal{S}_+^n$上讨论时，理论分析方法与半正定规划相同，因此我们按习惯将以上模型称为半定规划模型。由于限定在锥$\mathcal{S}_+^n$上考虑，因此变量$\boldsymbol{X}$为实对称的。从模型的建立来看，对$\boldsymbol{G}$和$\boldsymbol{A}_i$不一定要求实对称矩阵，但根据$\frac{1}{2}(\boldsymbol{G}^{\mathrm{T}}+\boldsymbol{G})\cdot\boldsymbol{X}=\boldsymbol{G}\cdot\boldsymbol{X}$，则等价写成实对称形式。实对称也给模型的建立和研究带来方便，因此我们假设$\boldsymbol{G}$和$\boldsymbol{A}_i$为实对称矩阵。

完全引用第 4 章第 5 节的结论，可根据 LCoD 写出它的对偶模型为

$$\begin{aligned}\max\quad & \boldsymbol{b}^{\mathrm{T}}\boldsymbol{y}\\ \text{s.t.}\quad & \mathcal{A}^*\boldsymbol{y}+\boldsymbol{S}=\boldsymbol{G}\qquad\text{(SDD)}\\ & \boldsymbol{S}\in\mathcal{S}_+^n,\quad \boldsymbol{y}\in\mathbb{R}^m,\end{aligned}$$

其中记$\mathcal{A}^*=(\boldsymbol{A}_1,\boldsymbol{A}_2,\cdots,\boldsymbol{A}_m)$，$\mathcal{A}^*\boldsymbol{y}=\sum_{i=1}^{m}y_i\boldsymbol{A}_i$。

直接移植定理 4.28，得到半定规划具有强对偶的一些性质。

定理 5.11 (1) 当 SDP 的目标函数值无下界或 SDD 的目标值函数值无上界之一发生时，另外一个不可行。

(2) 若 SDP 和 SDD 分别存在可行解$\boldsymbol{X}^*$和$(\boldsymbol{S}^*,\boldsymbol{y}^*)$满足$\boldsymbol{X}^*\cdot\boldsymbol{S}^*=\boldsymbol{G}\cdot\boldsymbol{X}^*-\boldsymbol{b}^{\mathrm{T}}\boldsymbol{y}^*=0$，则$\boldsymbol{X}^*$和$(\boldsymbol{S}^*,\boldsymbol{y}^*)$分别为 SDP 和 SDD 的最优解。

(3) 当 SDP 存在一个可行解$\bar{\boldsymbol{X}}\in\mathcal{S}_{++}^n$且目标函数值有下界时，则原始和对偶问题具有强对偶性且 SDD 最优解可达；另外，当 SDP 的一个可行解$\boldsymbol{X}^*$为最优解时，则 SDD 存在一个可行解$(\bar{\boldsymbol{S}},\bar{\boldsymbol{y}})$满足$\boldsymbol{X}^*\cdot\bar{\boldsymbol{S}}=\boldsymbol{G}\cdot\boldsymbol{X}^*-\boldsymbol{b}^{\mathrm{T}}\bar{\boldsymbol{y}}=0$。

(4) 当 SDD 存在可行解$(\bar{\boldsymbol{S}},\bar{\boldsymbol{y}})$且目标函数值上有界时，其中$\bar{\boldsymbol{S}}\in\mathcal{S}_{++}^n$，则原始和对偶问题具有强对偶性且 SDP 的最优解可达；另外，当 SDD 的一个可行解$(\boldsymbol{S}^*,\boldsymbol{y}^*)$是最优解时，则 SDP 存在一个可行解$\bar{\boldsymbol{X}}$满足$\bar{\boldsymbol{X}}\cdot\boldsymbol{S}^*=\boldsymbol{G}\cdot\bar{\boldsymbol{X}}-\boldsymbol{b}^{\mathrm{T}}\boldsymbol{y}^*=0$。

上定理中一些细节需要关注。特别关注(3)中存在一个可行解$\bar{\boldsymbol{X}}\in\mathcal{S}_{++}^n$的条件，即存在$\mathcal{S}_+^n$一个内点可行解的要求，参考下面例子。

例 5.5 对偶问题不可行的情形。在 SDP 中，当

$$\boldsymbol{A}=\begin{pmatrix}0&0\\0&1\end{pmatrix},\quad \boldsymbol{G}=\begin{pmatrix}0&1\\1&0\end{pmatrix},\quad b=0$$

时，则对偶问题不可行。

解 容易验证，

$$\boldsymbol{X}^*=\begin{pmatrix}0&0\\0&0\end{pmatrix}$$

是 SDP 的最优解且目标值为 0，但其对偶问题的约束为

$$\boldsymbol{A}y+\boldsymbol{S}=\boldsymbol{G}\Leftrightarrow\boldsymbol{S}=\begin{pmatrix}0 & 1\\ 1 & -y\end{pmatrix},$$

而 $\boldsymbol{S}\notin\mathcal{S}_+^n$，故对偶问题不可行。究其原因可以发现，$\boldsymbol{A}\cdot\boldsymbol{X}=\boldsymbol{b}$ 迫使 $x_{22}=0$，即原问题可行解中不存在一个正定的解。

例 5.6 原问题不可达的情形。在 SDP 中，当

$$\boldsymbol{A}=\begin{pmatrix}0 & 1\\ 1 & 0\end{pmatrix},\quad \boldsymbol{G}=\begin{pmatrix}1 & 0\\ 0 & 0\end{pmatrix},\quad b=1,$$

则有最优目标值为 0 但不可达。

解 对偶问题中的约束要求：

$$\boldsymbol{S}=\begin{pmatrix}1 & 0\\ 0 & 0\end{pmatrix}-y\begin{pmatrix}0 & 1\\ 1 & 0\end{pmatrix}=\begin{pmatrix}1 & -y\\ -y & 0\end{pmatrix}$$

半正定，故得到唯一解 $y^*=0$ 和 $\boldsymbol{S}^*=\begin{pmatrix}1 & 0\\ 0 & 0\end{pmatrix}$。注意对偶问题最优目标值为 0，但对偶问题中没有内点可行解。

此时，原问题约束 $\boldsymbol{A}\cdot\boldsymbol{X}=b$ 得到 $\boldsymbol{X}=\begin{pmatrix}x_{11} & \frac{1}{2}\\ \frac{1}{2} & x_{22}\end{pmatrix}$，目标函数为 x_{11}。要保证 $\boldsymbol{X}\in\mathcal{S}_+^2$，必须有 $x_{11}>0$，可取 $x_{11}=\frac{1}{k}$，$x_{22}=k$，$k\geqslant 1$，即可推导出原问题最优目标值为 0，但 x_{11} 永远不能为 0，故不可达。

例 5.7 对偶间隙有限但不为 0 的情形。在 SDP 中，当

$$\boldsymbol{A}_1=\begin{pmatrix}0 & 0 & 0\\ 0 & 1 & 0\\ 0 & 0 & 0\end{pmatrix},\quad \boldsymbol{A}_2=\begin{pmatrix}1 & 0 & 0\\ 0 & 0 & -1\\ 0 & -1 & 0\end{pmatrix},$$

$$\boldsymbol{G}=\begin{pmatrix}0 & 0 & 0\\ 0 & 0 & 1\\ 0 & 1 & 0\end{pmatrix},\quad \boldsymbol{b}=\begin{pmatrix}0\\ 1\end{pmatrix}$$

时，对偶间隙有限但不为 0。

解 解 SDP 原问题，由 $\boldsymbol{A}_1\cdot\boldsymbol{X}=x_{22}=0$ 及 $\boldsymbol{X}\in\mathcal{S}_+^3$ 得到 $x_{12}=x_{21}=x_{23}=x_{32}=0$；由 $\boldsymbol{C}\cdot\boldsymbol{X}=2x_{23}=0$ 和 $\boldsymbol{A}_2\cdot\boldsymbol{X}=x_{11}-2x_{23}=x_{11}=1$ 得到 SDP 的最优目标值为 0 和一个最优解

$$\boldsymbol{X}^*=\begin{pmatrix}1 & 0 & 0\\ 0 & 0 & 0\\ 0 & 0 & 0\end{pmatrix}。$$

解 SDD 对偶问题，由约束

$$\boldsymbol{S}=\boldsymbol{G}-\boldsymbol{A}_1y_1-\boldsymbol{A}_2y_2=\begin{pmatrix}-y_2 & 0 & 0\\ 0 & -y_1 & 1+y_2\\ 0 & 1+y_2 & 0\end{pmatrix}$$

得到 $1+y_2=0$。所以 SDD 的最优目标值为 -1，并有一个最优解

$$y^* = \begin{pmatrix} 0 \\ -1 \end{pmatrix} \quad 和 \quad S^* = \begin{pmatrix} 1 & 0 & 0 \\ 0 & 0 & 0 \\ 0 & 0 & 0 \end{pmatrix}$$

明显地 $0 \neq -1$。此间隙产生的原因是原问题没有内点可行解($x_{22}=0$)。

可一般化地建立半定规划的一般模型,形式如下:

$$\begin{aligned} \min \quad & \boldsymbol{G} \cdot \boldsymbol{X} + \boldsymbol{c}^{\mathrm{T}} \boldsymbol{x} \\ \text{s.t.} \quad & \boldsymbol{\mathcal{A}} \cdot \boldsymbol{X} + \boldsymbol{B}\boldsymbol{x} = \boldsymbol{b} \\ & \sum_{j=1}^{r} x_j \boldsymbol{C}_j - \boldsymbol{Y} = \boldsymbol{D} \\ & \boldsymbol{X} \in \mathcal{S}_+^n, \quad \boldsymbol{x} \in \mathbb{R}_+^r, \quad \boldsymbol{Y} \in \mathcal{S}_+^s, \end{aligned} \tag{5.9}$$

其中,$(\boldsymbol{X},\boldsymbol{x},\boldsymbol{Y})$为决策变量,$\boldsymbol{G} \in \mathcal{S}^n$,$\boldsymbol{c} \in \mathbb{R}^r$,$\boldsymbol{\mathcal{A}} = \begin{pmatrix} \boldsymbol{A}_1 \\ \boldsymbol{A}_2 \\ \vdots \\ \boldsymbol{A}_m \end{pmatrix}$ 且其中每一个 $\boldsymbol{A}_i \in \mathcal{S}^n$,$\boldsymbol{b} \in \mathbb{R}^m$,$\boldsymbol{B}$ 为 $m \times r$ 矩阵,$\boldsymbol{C}_j \in \mathcal{S}^s$,$j=1,2,\cdots,r$,$\boldsymbol{D} \in \mathcal{S}^s$。

上述模型的目标函数和所有约束关于决策变量$(\boldsymbol{X},\boldsymbol{x},\boldsymbol{Y})$为线性,决策变量所在的定义域中含有半定锥$\mathcal{S}_+^n$和$\mathcal{S}_+^s$,因此这是一个半定规划问题。形式上目标函数中应该有关于决策变量$\boldsymbol{Y}$的一个线性项,但由于 $\sum_{j=1}^{r} x_j \boldsymbol{C}_j - \boldsymbol{Y} = \boldsymbol{D}$,因此可以归并到关于决策变量 $\boldsymbol{x}$ 的线性项中,所以,在模型(5.9)的目标函数中没有写出关于变量$\boldsymbol{Y}$的线性项。

记决策变量定义的锥为$\mathcal{K} = \mathcal{S}_+^n \times \mathbb{R}_+^r \times \mathcal{S}_+^s$并在$\mathcal{K}$上定义内积

$$(\boldsymbol{A},\boldsymbol{b},\boldsymbol{C}) \cdot (\boldsymbol{X},\boldsymbol{x},\boldsymbol{Y}) = \boldsymbol{A} \cdot \boldsymbol{X} + \boldsymbol{b}^{\mathrm{T}} \boldsymbol{x} + \boldsymbol{C} \cdot \boldsymbol{Y}, \quad \forall (\boldsymbol{A},\boldsymbol{b},\boldsymbol{C}),(\boldsymbol{X},\boldsymbol{x},\boldsymbol{Y}) \in \mathcal{S}_+^n \times \mathbb{R}_+^r \times \mathcal{S}_+^s。$$

上述模型就是线性锥优化的标准模型(LCoP),由第4章第5节的结论,令

$$\mathcal{X} = \left\{ (u_0,\boldsymbol{u},\boldsymbol{Y}) \in \mathbb{R} \times \mathbb{R}^m \times \mathcal{S}^s \;\middle|\; \begin{array}{l} u_0 = \boldsymbol{G} \cdot \boldsymbol{X} + \boldsymbol{c}^{\mathrm{T}} \boldsymbol{x} \\ \boldsymbol{u} = \boldsymbol{\mathcal{A}} \cdot \boldsymbol{X} + \boldsymbol{B}\boldsymbol{x} - \boldsymbol{b} \\ \boldsymbol{Y} = \sum_{j=1}^{r} x_j \boldsymbol{C}_j - \boldsymbol{D} \\ \boldsymbol{X} \in \mathcal{S}_+^n, \boldsymbol{x} \in \mathbb{R}^r \end{array} \right\}$$

$$\overline{\mathcal{K}} = \{ (u_0,\boldsymbol{u},\boldsymbol{Y}) \mid u_0 \in \mathbb{R}, \boldsymbol{u} = \boldsymbol{0}, \boldsymbol{Y} \in \mathcal{S}_+^s \}。$$

化成等价的优化问题,其共轭函数为

$$\begin{aligned} & \max_{(u_0,\boldsymbol{u},\boldsymbol{Y}) \in \mathcal{X}} \{ u_0 v_0 + \boldsymbol{u}^{\mathrm{T}} \boldsymbol{v} + \boldsymbol{Y} \cdot \boldsymbol{Z} - u_0 \} \\ = & \max_{\boldsymbol{X} \in \mathcal{S}_+^n, \boldsymbol{x} \in \mathbb{R}_+^r} \left\{ \begin{array}{l} [(v_0 - 1)\boldsymbol{G} + \boldsymbol{v}^{\mathrm{T}} \boldsymbol{\mathcal{A}}] \cdot \boldsymbol{X} + [(v_0 - 1)\boldsymbol{c}^{\mathrm{T}} + \boldsymbol{v}^{\mathrm{T}} \boldsymbol{B} \\ + (\boldsymbol{C}_1 \cdot \boldsymbol{Z}, \boldsymbol{C}_2 \cdot \boldsymbol{Z}, \cdots, \boldsymbol{C}_r \cdot \boldsymbol{Z})]\boldsymbol{x} - \boldsymbol{v}^{\mathrm{T}} \boldsymbol{b} - \boldsymbol{D} \cdot \boldsymbol{Z} \end{array} \right\} \\ = & \begin{cases} -\boldsymbol{b}^{\mathrm{T}} \boldsymbol{v} - \boldsymbol{D} \cdot \boldsymbol{Z}, & (1 - v_0)\boldsymbol{G} - \boldsymbol{v}^{\mathrm{T}} \boldsymbol{\mathcal{A}} \in \mathcal{S}_+^n, \\ & (v_0 - 1)\boldsymbol{c}^{\mathrm{T}} + \boldsymbol{v}^{\mathrm{T}} \boldsymbol{B} \\ & + (\boldsymbol{C}_1 \cdot \boldsymbol{Z}, \boldsymbol{C}_2 \cdot \boldsymbol{Z}, \cdots, \boldsymbol{C}_r \cdot \boldsymbol{Z}) \leqslant \boldsymbol{0} \\ +\infty, & 其他, \end{cases} \end{aligned}$$

和共轭对偶锥

$$\overline{\mathcal{K}}^* = \{(v_0, \boldsymbol{v}, \boldsymbol{Z}) \in \mathbb{R} \times \mathbb{R}^m \times \mathcal{S}^s \mid v_0 = 0, \boldsymbol{v} \in \mathbb{R}^m, \boldsymbol{Z} \in \mathcal{S}_+^s\}。$$

可得到对偶模型为

$$\begin{aligned} \max \quad & \boldsymbol{b}^{\mathrm{T}} \boldsymbol{y} + \boldsymbol{D} \cdot \boldsymbol{Z} \\ \text{s. t.} \quad & \sum_{i=1}^{m} y_i \boldsymbol{A}_i + \boldsymbol{S} = \boldsymbol{G} \\ & \boldsymbol{B}^{\mathrm{T}} \boldsymbol{y} + \boldsymbol{\mathcal{C}} \cdot \boldsymbol{Z} \leqslant \boldsymbol{c} \\ & \boldsymbol{S} \in \mathcal{S}_+^n, \boldsymbol{y} \in \mathbb{R}^m, \boldsymbol{Z} \in \mathcal{S}_+^s, \end{aligned} \tag{5.10}$$

其中$\boldsymbol{\mathcal{C}} = (\boldsymbol{C}_1^{\mathrm{T}}, \boldsymbol{C}_2^{\mathrm{T}}, \cdots, \boldsymbol{C}_r^{\mathrm{T}})^{\mathrm{T}}$。

在模型(5.9)中，变量$\boldsymbol{x} \in \mathbb{R}_+^r$对应对偶模型(5.10)中的$\boldsymbol{B}^{\mathrm{T}} \boldsymbol{y} + \boldsymbol{\mathcal{C}} \cdot \boldsymbol{Z} \leqslant \boldsymbol{c}$，当某决策变量$\boldsymbol{x}$中一个分量没有非负限制时，对应于对偶约束中的那一项取等号。

定理 5.12 (1) 若模型(5.9)目标函数值无下界和模型(5.10)目标函数值无上界之一出现，则另一个不可行。

(2) 若模型(5.9)和模型(5.10)分别存在可行解$(\boldsymbol{X}^*, \boldsymbol{x}^*, \boldsymbol{Y}^*)$和$(\boldsymbol{S}^*, \boldsymbol{y}^*, \boldsymbol{Z}^*)$满足$\boldsymbol{X}^* \cdot \boldsymbol{S}^* + (\boldsymbol{x}^*)^{\mathrm{T}}(\boldsymbol{c} - \boldsymbol{B}^{\mathrm{T}} \boldsymbol{y}^* - \boldsymbol{\mathcal{C}} \cdot \boldsymbol{Z}^*) = \boldsymbol{G} \cdot \boldsymbol{X}^* + \boldsymbol{c}^{\mathrm{T}} \boldsymbol{x}^* - \boldsymbol{b}^{\mathrm{T}} \boldsymbol{y}^* - \boldsymbol{D} \cdot \boldsymbol{Z}^* = 0$，则$(\boldsymbol{X}^*, \boldsymbol{x}^*, \boldsymbol{Y}^*)$和$(\boldsymbol{S}^*, \boldsymbol{y}^*, \boldsymbol{Z}^*)$分别为模型(5.9)和模型(5.10)的最优解。

(3) 当模型(5.9)存在一个可行解$(\bar{\boldsymbol{X}}, \bar{\boldsymbol{x}}, \bar{\boldsymbol{Y}})$满足$\bar{\boldsymbol{X}} \in \mathcal{S}_{++}^n$，$\bar{\boldsymbol{x}} \in \mathbb{R}_{++}^p$和$\bar{\boldsymbol{Y}} \in \mathcal{S}_{++}^s$且模型(5.9)目标函数下有界时，则原问题与对偶问题具有强对偶性且模型(5.10)最优解可达；另外，当模型(5.9)的一个可行解$(\boldsymbol{X}^*, \boldsymbol{x}^*, \boldsymbol{Y}^*)$是最优解时，则模型(5.10)存在一个可行解$(\bar{\boldsymbol{S}}, \bar{\boldsymbol{y}}, \bar{\boldsymbol{Z}})$使得$\boldsymbol{X}^* \cdot \bar{\boldsymbol{S}} + (\boldsymbol{x}^*)^{\mathrm{T}}(\boldsymbol{c} - \boldsymbol{B}^{\mathrm{T}} \bar{\boldsymbol{y}} - \boldsymbol{\mathcal{C}} \cdot \bar{\boldsymbol{Z}}) = \boldsymbol{G} \cdot \boldsymbol{X}^* + \boldsymbol{c}^{\mathrm{T}} \boldsymbol{x}^* - \boldsymbol{b}^{\mathrm{T}} \bar{\boldsymbol{y}} - \boldsymbol{D} \cdot \bar{\boldsymbol{Z}} = 0$。

(4) 当模型(5.10)存在一个可行解$(\bar{\boldsymbol{S}}, \bar{\boldsymbol{y}}, \bar{\boldsymbol{Z}})$满足$\boldsymbol{B}^{\mathrm{T}} \bar{\boldsymbol{y}} + \boldsymbol{\mathcal{C}} \cdot \bar{\boldsymbol{Z}} < c$，$\bar{\boldsymbol{S}} \in \mathcal{S}_{++}^n$，$\bar{\boldsymbol{Z}} \in \mathcal{S}_{++}^s$且模型(5.10)的目标函数上有界时，则原问题和对偶问题具有强对偶性且模型(5.9)最优解可达；另外，当模型(5.10)的一个可行解$(\boldsymbol{S}^*, \boldsymbol{y}^*, \boldsymbol{Z}^*)$是最优解时，则模型(5.9)存在一个一个可行解$(\bar{\boldsymbol{X}}, \bar{\boldsymbol{x}}, \bar{\boldsymbol{Y}})$满足$\bar{\boldsymbol{X}} \cdot \boldsymbol{S}^* + \bar{\boldsymbol{x}}^{\mathrm{T}}(\boldsymbol{c} - \boldsymbol{B}^{\mathrm{T}} \boldsymbol{y}^* - \boldsymbol{\mathcal{C}} \cdot \boldsymbol{Z}^*) = \boldsymbol{G} \cdot \bar{\boldsymbol{X}} + \boldsymbol{c}^{\mathrm{T}} \bar{\boldsymbol{x}} - \boldsymbol{b}^{\mathrm{T}} \boldsymbol{y}^* - \boldsymbol{D} \cdot \boldsymbol{Z}^* = 0$。

利用定理 4.30 可以简单地证明上述结论。如同 SOCP 的情形，SDP 模型的锥约束放在决策变量上，而 SDD 可以写成

$$\begin{aligned} \max \quad & \boldsymbol{b}^{\mathrm{T}} \boldsymbol{y} \\ \text{s. t.} \quad & \boldsymbol{\mathcal{A}}^* \boldsymbol{y} \leq_{\mathcal{S}_+^n} \boldsymbol{G} \\ & \boldsymbol{y} \in \mathbb{R}^m, \end{aligned}$$

而将锥约束放在约束条件上，同时考虑一些应用问题模型建立的简易性，还可建立半定规划的不等式模型

$$\begin{aligned} \min \quad & \boldsymbol{c}^{\mathrm{T}} \boldsymbol{x} \\ \text{s. t.} \quad & \sum_{j=1}^{r} x_j \boldsymbol{C}_j \geq_{\mathcal{S}_+^s} \boldsymbol{D} \\ & \boldsymbol{x} \in \mathbb{R}_+^r, \end{aligned} \tag{5.11}$$

其中，$\boldsymbol{c} \in \mathbb{R}^r$，$\boldsymbol{C}_i \in \mathcal{S}^s$，$i = 1, 2, \cdots, r$，$\boldsymbol{D} \in \mathcal{S}^s$。这是模型(5.9)中$\boldsymbol{G} = 0$，$\boldsymbol{\mathcal{A}} = \boldsymbol{0}$，$\boldsymbol{B} = \boldsymbol{0}$，$\boldsymbol{b} = \boldsymbol{0}$的一个特例，其共轭对偶模型为

$$\begin{aligned} \max \quad & \boldsymbol{D} \cdot \boldsymbol{Z} \\ \text{s.t.} \quad & \boldsymbol{C}_i \cdot \boldsymbol{Z} \leqslant c_i, \quad i=1,2,\cdots,r \\ & \boldsymbol{Z} \in \mathcal{S}_+^s。 \end{aligned} \tag{5.12}$$

半定规划问题是目前可用内点算法求解的问题之一。当一些问题可以直接写成半定规划模型时，如第 1 章第 3 节的相关阵满足问题，可以利用上述定理理论上判定最优解是否可达，在可达的情况下利用内点算法求出最优解。

5.3.2 线性矩阵不等式

与二阶锥可表示集合或函数相同的想法，我们需要讨论半定矩阵可表示的概念。根据半定规划问题的一般性模型(5.9)，化成其模型中目标函数或约束函数形式就划归成半定规划的讨论范畴了。模型(5.9)中约束的不等式形式称为线性矩阵不等式(linear matrix inequality，LMI)，归纳如下两大类。

第一类为数值型线性矩阵不等式：$\boldsymbol{A} \cdot \boldsymbol{X}+\boldsymbol{a}^{\mathrm{T}}\boldsymbol{x} \leqslant b$，其中 $\boldsymbol{A} \in \mathcal{S}^n$，$\boldsymbol{a} \in \mathbb{R}^r$，$b \in \mathbb{R}$ 为给定的常数，变量 $\boldsymbol{X} \in \mathcal{S}_+^n$。

第二类为矩阵型线性矩阵不等式：$\sum_{j=1}^{r} x_j \boldsymbol{C}_j - \boldsymbol{D} \in \mathcal{S}_+^s$，其中 $\boldsymbol{C}_j, \boldsymbol{D} \in \mathcal{S}^s$，$j=1,2,\cdots,r$ 为给定的常数，变量 $\boldsymbol{x} \in \mathbb{R}^r$。

因为任何一个变量 $\boldsymbol{x} \in \mathbb{R}$ 可以写成 $x=x^+-\boldsymbol{x}^-$，$x^+,\boldsymbol{x}^- \geqslant 0$，$\boldsymbol{A} \cdot \boldsymbol{X}+\boldsymbol{a}^{\mathrm{T}}\boldsymbol{x} \leqslant b$ 等价于 $\boldsymbol{A} \cdot \boldsymbol{X}+\boldsymbol{a}^{\mathrm{T}}\boldsymbol{x}+y=b$，$y \geqslant 0$，一个等式约束 $\boldsymbol{A} \cdot \boldsymbol{X}+\boldsymbol{a}^{\mathrm{T}}\boldsymbol{x}=b$ 则等价于两个第一类不等式 $\boldsymbol{A} \cdot \boldsymbol{X}+\boldsymbol{a}^{\mathrm{T}}\boldsymbol{x} \leqslant b$ 和 $-\boldsymbol{A} \cdot \boldsymbol{X}-\boldsymbol{a}^{\mathrm{T}}\boldsymbol{x} \leqslant -b$，所以第一类和第二类型线性矩阵不等式分别对应模型(5.9)中的第一个和第二个约束。对于第一类不等式，当 $\boldsymbol{A}=\boldsymbol{0}$ 时就是线性规划问题中的线性不等式。

5.3.3 半定矩阵可表示集合/函数

若集合可以被一系列线性矩阵不等式等价表示，则称该集合是线性矩阵不等式可表示或半定矩阵可表示(SD matrix representable)集合；同样，若一个函数的上方图集合是半定矩阵可表示的，则称这函数为半定矩阵可表示函数。下面罗列一些半定矩阵可表示集合或函数，便于读者快速识别。通过这些结果的讨论过程，了解半定矩阵可表示的处理手段。

1. $\mathbb{R}_+^n=\{(x_1,x_2,\cdots,x_n)^{\mathrm{T}} \mid x_i \geqslant 0, i=1,2,\cdots,n\}$是半定矩阵可表示集合。

因为$(x_1,x_2,\cdots,x_n)^{\mathrm{T}} \geqslant \boldsymbol{0}$ 可以等价地表示为 $\boldsymbol{X}=(x_{ij}) \in \mathcal{S}_+^n$，$x_{ii}-x_i=0$，$x_{ij}=0$，$i \neq j$，其中 $x_{ii}-x_i=0$ 和 $x_{ij}=0, i \neq j$ 都可用第一类线性矩阵不等式约束等价表示，即有

$$\mathbb{R}_+^n=\left\{(x_1,x_2,\cdots,x_n)^{\mathrm{T}} \in \mathbb{R} \;\middle|\; \begin{array}{l} x_{ii}-x_i=0, i=1,2,\cdots,n \\ x_{ij}=0, i \neq j, i,j=1,2,\cdots,n \\ \boldsymbol{X}=(x_{ij}) \in \mathcal{S}_+^n \end{array}\right\}。$$

2. 二阶锥是半定矩阵可表示集合。

依据定理 2.3，分别就 $x_n=0$ 和 $x_n>0$ 讨论，有

$$\boldsymbol{x} \in \mathcal{L}^n \Leftrightarrow \begin{pmatrix} x_n \boldsymbol{I}_{n-1} & \boldsymbol{x}_{1:n-1} \\ \boldsymbol{x}_{1:n-1}^{\mathrm{T}} & x_n \end{pmatrix} \in \mathcal{S}_+^n,$$

其中 $\boldsymbol{x}_{1:n-1}=(x_1,x_2,\cdots,x_{n-1})^{\mathrm{T}}$，即有

$$\mathcal{L}^n=\left\{(x_1,x_2,\cdots,x_n)^{\mathrm{T}} \in \mathbb{R}^n \;\middle|\; \begin{pmatrix} x_n \boldsymbol{I}_{n-1} & \boldsymbol{x}_{1:n-1} \\ \boldsymbol{x}_{1:n-1}^{\mathrm{T}} & x_n \end{pmatrix} \in \mathcal{S}_+^n\right\}。$$

$\begin{pmatrix} x_n \boldsymbol{I}_{n-1} & \boldsymbol{x}_{1:n-1} \\ \boldsymbol{x}_{1:n-1}^{\mathrm{T}} & x_n \end{pmatrix} \in \mathcal{S}_+^n$ 是第二类线性矩阵不等式形式，准确地表示成 $\begin{pmatrix} x_n \boldsymbol{I}_{n-1} & \boldsymbol{x}_{1:n-1} \\ \boldsymbol{x}_{1:n-1}^{\mathrm{T}} & x_n \end{pmatrix} = \sum_{j=1}^{n} x_j \boldsymbol{C}_j - \boldsymbol{D}$，其中

$$\boldsymbol{C}_1 = \begin{pmatrix} \boldsymbol{0}_{(n-1)\times(n-1)} & (1 \quad 0 \quad \cdots \quad 0)^{\mathrm{T}} \\ (1 \quad 0 \quad \cdots \quad 0) & 0 \end{pmatrix},$$

$$\boldsymbol{C}_2 = \begin{pmatrix} \boldsymbol{0}_{(n-1)\times(n-1)} & (0 \quad 1 \quad \cdots \quad 0)^{\mathrm{T}} \\ (0 \quad 1 \quad \cdots \quad 0) & 0 \end{pmatrix},$$

$$\cdots$$

$$\boldsymbol{C}_{n-1} = \begin{pmatrix} \boldsymbol{0}_{(n-1)\times(n-1)} & (0 \quad 0 \quad \cdots \quad 1)^{\mathrm{T}} \\ (0 \quad 0 \quad \cdots \quad 1) & 0 \end{pmatrix},$$

$$\boldsymbol{C}_n = \boldsymbol{I}_n, \boldsymbol{D} = \boldsymbol{0}_{n\times n}。$$

通过上面的结论可以看出，任何一个二阶锥可表示集合(函数)都是半定矩阵可表示的。为了简洁地写出线性矩阵不等式的形式，我们常用定理 2.3 直接来处理。通过下面三个例子来熟悉这个方法。需要特别注意，我们不再每次都具体指出是第一类还是第二类矩阵不等式。

例 5.8 对于$\mathbb{R}^n$ 中的椭球约束$(\boldsymbol{x}-\boldsymbol{x}^0)^{\mathrm{T}}\boldsymbol{Q}(\boldsymbol{x}-\boldsymbol{x}^0)\leqslant 1$，其中 $\boldsymbol{Q}\in\mathcal{S}_{++}^n$，当记 $\boldsymbol{Q}=\boldsymbol{B}^{\mathrm{T}}\boldsymbol{B}$ 时，由定理 2.3，有

$$(\boldsymbol{x}-\boldsymbol{x}^0)^{\mathrm{T}}\boldsymbol{Q}(\boldsymbol{x}-\boldsymbol{x}^0) \leqslant 1 \Leftrightarrow \begin{pmatrix} \boldsymbol{I}_n & \boldsymbol{Bx}-\boldsymbol{Bx}^0 \\ (\boldsymbol{Bx}-\boldsymbol{Bx}^0)^{\mathrm{T}} & 1 \end{pmatrix} \in \mathcal{S}_+^{n+1}。$$

例 5.9 对于分式约束$\dfrac{(\boldsymbol{c}^{\mathrm{T}}\boldsymbol{x})^2}{\boldsymbol{d}^{\mathrm{T}}\boldsymbol{x}}\leqslant t, t\geqslant 0, \boldsymbol{d}^{\mathrm{T}}\boldsymbol{x}>0$，由于有 $t\geqslant 0$ 对任意有限 t 成立的约束，其等价于$\dfrac{(\boldsymbol{c}^{\mathrm{T}}\boldsymbol{x})^2}{\boldsymbol{d}^{\mathrm{T}}\boldsymbol{x}}\leqslant t, t\geqslant 0, \boldsymbol{d}^{\mathrm{T}}\boldsymbol{x}\geqslant 0$。直接用定理 2.3，其等价于

$$\begin{pmatrix} \boldsymbol{d}^{\mathrm{T}}\boldsymbol{x} & \boldsymbol{c}^{\mathrm{T}}\boldsymbol{x} \\ \boldsymbol{c}^{\mathrm{T}}\boldsymbol{x} & t \end{pmatrix} \in \mathcal{S}_+^2。$$

例 5.10 考虑凸二次约束二次规划问题

$$\begin{aligned} \min \quad & \frac{1}{2}\boldsymbol{x}^{\mathrm{T}}\boldsymbol{Q}_0\boldsymbol{x} + (\boldsymbol{q}^0)^{\mathrm{T}}\boldsymbol{x} + c_0 \\ \text{s.t.} \quad & \frac{1}{2}\boldsymbol{x}^{\mathrm{T}}\boldsymbol{Q}_i\boldsymbol{x} + (\boldsymbol{q}^i)^{\mathrm{T}}\boldsymbol{x} + c_i \leqslant 0, \quad i=1,2,\cdots,m \\ & \boldsymbol{x} \in \mathbb{R}^n, \end{aligned}$$

其中 $\boldsymbol{Q}_i\in\mathcal{S}_+^n, \boldsymbol{q}^i\in\mathbb{R}^n, c_i\in\mathbb{R}, i=0,1,\cdots,m$。

记 $\boldsymbol{Q}_i=\boldsymbol{P}_i^{\mathrm{T}}\boldsymbol{P}_i$，其中 $\boldsymbol{P}_i\in\mathcal{M}(m_i,n)$，由定理 2.3 知，$\frac{1}{2}\boldsymbol{x}^{\mathrm{T}}\boldsymbol{Q}_i\boldsymbol{x}+(\boldsymbol{q}^i)^{\mathrm{T}}\boldsymbol{x}+c_i\leqslant 0$ 等价于

$\begin{pmatrix} I_{m_i} & P_i x \\ x^T P_i^T & -2(q^i)^T x - 2c_i \end{pmatrix} \in \mathcal{S}_+^{m_i+1}$。由此，上述模型等价写成下面的半定规划问题

$$
\begin{aligned}
\min \quad & t \\
\text{s. t.} \quad & \begin{pmatrix} I_{m_0} & P_0 x \\ x^T P_0^T & -2(q^0)^T x - 2c_0 + 2t \end{pmatrix} \in \mathcal{S}_+^{m_0+1} \\
& \begin{pmatrix} I_{m_i} & P_i x \\ x^T P_i^T & -2(q^i)^T x - 2c_i \end{pmatrix} \in \mathcal{S}_+^{m_i+1}, \quad i = 1,2,\cdots,m \\
& x \in \mathbb{R}^n。
\end{aligned}
$$

3. 实对称矩阵变量 $X \in \mathcal{S}^n$ 的最大特征值 $\lambda_{\max}(X)$ 是半定矩阵可表示函数。

函数的上方图集合等价为一个线性矩阵不等式约束集合，即有

$$\{(X,t) \in \mathcal{S}^n \times \mathbb{R} \mid \lambda_{\max}(X) \leqslant t\} = \{(X,t) \in \mathcal{S}^n \times \mathbb{R} \mid tI - X \in \mathcal{S}_+^n\},$$

所以结论成立。同理，对任意 $X \in \mathcal{S}^n$，其特征值绝对值的最大值的上方图等价为

$$\{(X,t) \in \mathcal{S}^n \times \mathbb{R} \mid tI - X \in \mathcal{S}_+^n, tI + X \in \mathcal{S}_+^n\}。$$

所以，实对称矩阵变量 $X \in \mathcal{S}^n$ 的特征值绝对值最大是半定矩阵可表示函数。

4. 函数

$$f(X) = \begin{cases} \det(X)^{-q}, & X \in \mathcal{S}_{++}^n \\ +\infty, & \text{其他} \end{cases}$$

是半定矩阵可表示函数，其中 $q > 0$ 为有理数。

考虑集合

$$\mathrm{epi}(f) = \{(X,t) \in \mathcal{S}^n \times \mathbb{R} \mid \det(X)^{-q} \leqslant t, X \in \mathcal{S}_+^n\}$$

和

$$\mathcal{Y} = \left\{ (X,t) \in \mathcal{S}^n \times \mathbb{R} \;\middle|\; \begin{array}{l} \begin{pmatrix} X & \Delta \\ \Delta^T & D(\Delta) \end{pmatrix} \in \mathcal{S}_+^{2n}, \Delta \text{ 下三角阵} \\ D(\Delta) = \mathrm{diag}(\delta_1, \delta_2, \cdots, \delta_n) \text{ 取自 } \Delta \text{ 的对角元素} \\ (\delta_1 \delta_2 \cdots \delta_n)^{-q} \leqslant t \end{array} \right\}$$

下面证明 $\mathcal{Y}$ 和 $\mathrm{epi}(f)$ 是完全等价的集合。

先证 $\mathcal{Y} \supseteq \mathrm{epi}(f)$。对任意 $(X,t) \in \mathrm{epi}(f)$，$X \in \mathcal{S}_+^n$ 和 $\det(X)^{-q} \leqslant t$ 推出 $X \in \mathcal{S}_{++}^n$。

由 $X \in \mathcal{S}_{++}^n$ 和定理 2.5 的 Cholesky 分解，存在对角线元素全为正数的下三角阵 L 使得 $X = LL^T$。记 L 的对角元素为 $a_1, a_2, \cdots, a_n$，令

$\Delta = L\,\mathrm{diag}(a_1, a_2, \cdots, a_n)$，则有

$$D(\Delta) = \mathrm{diag}(a_1^2, a_2^2, \cdots, a_n^2) = \mathrm{diag}(\delta_1, \delta_2, \cdots, \delta_n),$$

$$X - \Delta D^{-1}(\Delta)\Delta^T = X - LL^T = 0。 \tag{5.13}$$

继而再由定理 2.3 得到

$$\begin{pmatrix} X & \Delta \\ \Delta^T & D(\Delta) \end{pmatrix} \in \mathcal{S}_+^{2n}$$

且

$$\det(X) = \det(LL^T) = a_1^2 a_2^2 \cdots a_n^2 = \det(D(\Delta)) = \delta_1 \delta_2 \cdots \delta_n。$$

由此得到 $(X,t) \in \mathcal{Y}$。

方程(5.13)的左端项形式及其后的定理 2.3 变形在$\mathcal{Y}$的构造中起了重要的提示作用，其给出了将非线性形式写成线性不等式形式的过程。

下证$\mathcal{Y}\subseteq \mathrm{epi}(f)$。对任意$(\boldsymbol{X},t)\in\mathcal{Y}$，由$\begin{pmatrix}\boldsymbol{X} & \boldsymbol{\Delta}\\ \boldsymbol{\Delta}^{\mathrm{T}} & \boldsymbol{D}(\boldsymbol{\Delta})\end{pmatrix}\in\mathcal{S}_+^{2n}$推出$\boldsymbol{D}(\boldsymbol{\Delta})\in\mathcal{S}_+^n$，得到$\delta_i\geqslant 0, i=1,2,\cdots,n$。由$(\delta_1\delta_2\cdots\delta_n)^{-q}\leqslant t$推出$\delta_i>0, i=1,2,\cdots,n$。

继续由$\begin{pmatrix}\boldsymbol{X} & \boldsymbol{\Delta}\\ \boldsymbol{\Delta}^{\mathrm{T}} & \boldsymbol{D}(\boldsymbol{\Delta})\end{pmatrix}\in\mathcal{S}_+^{2n}$和定理 2.3 推出$\boldsymbol{X}-\boldsymbol{\Delta}\boldsymbol{D}^{-1}(\boldsymbol{\Delta})\boldsymbol{\Delta}^{\mathrm{T}}\in\mathcal{S}_+^n$，再由$\boldsymbol{\Delta}$对角线元素都大于零得到$\boldsymbol{\Delta}\boldsymbol{D}^{-1}(\boldsymbol{\Delta})\boldsymbol{\Delta}^{\mathrm{T}}\in\mathcal{S}_{++}^n$，继而得到$\boldsymbol{X}\in\mathcal{S}_{++}^n$。由定理 2.4 的证明知，存在可逆矩阵$\boldsymbol{P}$使得$\boldsymbol{P}^{\mathrm{T}}\boldsymbol{X}\boldsymbol{P}=\boldsymbol{I}$和$\boldsymbol{P}^{\mathrm{T}}\boldsymbol{\Delta}\boldsymbol{D}^{-1}(\boldsymbol{\Delta})\boldsymbol{\Delta}^{\mathrm{T}}\boldsymbol{P}=\mathrm{diag}(d_1,d_2,\cdots,d_n)$。于是得到$0\leqslant d_1d_2\cdots d_n\leqslant 1$，继而由定理 2.2 得到$\det(\boldsymbol{P}^{\mathrm{T}}\boldsymbol{X}\boldsymbol{P})\geqslant\det(\boldsymbol{P}^{\mathrm{T}}\boldsymbol{\Delta}\boldsymbol{D}^{-1}(\boldsymbol{\Delta})\boldsymbol{\Delta}^{\mathrm{T}}\boldsymbol{P})$。由行列式的性质得到

$$\det(\boldsymbol{X})\geqslant\det(\boldsymbol{\Delta}\boldsymbol{D}^{-1}(\boldsymbol{\Delta})\boldsymbol{\Delta}^{\mathrm{T}})=\delta_1\delta_2\cdots\delta_n,$$

也就得到

$$\det(\boldsymbol{X})^{-q}\leqslant(\delta_1\delta_2\cdots\delta_n)^{-q}\leqslant t。$$

因此有$\mathcal{Y}\subseteq\mathrm{epi}(f)$。

于是$\mathrm{epi}(f)=\mathcal{Y}$。由二阶锥可表示的第 10 个例子得到$(\delta_1\delta_2\cdots\delta_n)^{-q}\leqslant t$二阶锥可表示，因此，$\mathcal{Y}$半定矩阵可表示集合，也就得到结论。

5. 函数$f(\boldsymbol{X})=-(\det(\boldsymbol{X}))^q$，其中$\boldsymbol{X}\in\mathcal{S}_+^n$和$0\leqslant q\leqslant\frac{1}{n}$为有理数，是半定矩阵可表示函数。

对其半定矩阵可表示的讨论与上述第 4 个函数的思想类似，主要在于半定矩阵可表示集合的构造。令

$$\mathcal{Y}=\left\{(\boldsymbol{X},t)\in\mathcal{S}^n\times\mathbb{R}\;\middle|\;\begin{array}{l}\begin{pmatrix}\boldsymbol{X} & \boldsymbol{\Delta}\\ \boldsymbol{\Delta}^{\mathrm{T}} & \boldsymbol{D}(\boldsymbol{\Delta})\end{pmatrix}\in\mathcal{S}_+^{2n}\\ \boldsymbol{D}(\boldsymbol{\Delta})=\mathrm{diag}(\delta_1,\delta_2,\cdots,\delta_n)\text{ 为}\boldsymbol{\Delta}\text{ 的对角元素}\\ -t\leqslant(\delta_1\delta_2\cdots\delta_n)^q,\boldsymbol{\Delta}\text{ 为下三角矩阵}\end{array}\right\},$$

$f(\boldsymbol{X})$的上方图为

$$\mathrm{epi}(f)=\{(\boldsymbol{X},t)\mid\boldsymbol{X}\in\mathcal{S}_+^n,-t\leqslant\det{}^q(\boldsymbol{X})\}。$$

只要证明两个集合相同，再根据二阶锥可表示的第 11 个函数知$-t\leqslant(\delta_1\delta_2\cdots\delta_n)^q$是二阶锥可表示集合，综合得到结论。

先证$\mathcal{Y}\subseteq\mathrm{epi}(f)$。对任意$(\boldsymbol{X},t)\in\mathcal{Y}$，由$\begin{pmatrix}\boldsymbol{X} & \boldsymbol{\Delta}\\ \boldsymbol{\Delta}^{\mathrm{T}} & \boldsymbol{D}(\boldsymbol{\Delta})\end{pmatrix}\in\mathcal{S}_+^{2n}$得到$\boldsymbol{X}\in\mathcal{S}_+^n$和$\delta_i\geqslant 0, i=1,2,\cdots,n$。若存在$\delta_i=0$时，则$-t\leqslant(\delta_1,\delta_2\cdots\delta_n)^q=0$，因此得到$\boldsymbol{X}\in\mathcal{S}_+^n, -t\leqslant 0\leqslant\det{}^q(\boldsymbol{X})$。此时$(\boldsymbol{X},t)\in\mathrm{epi}(f)$。当$\delta_i>0, \forall 1\leqslant i\leqslant n$时，由$\begin{pmatrix}\boldsymbol{X} & \boldsymbol{\Delta}\\ \boldsymbol{\Delta}^{\mathrm{T}} & \boldsymbol{D}(\boldsymbol{\Delta})\end{pmatrix}\in\mathcal{S}_+^{2n}$和定理 2.3 得到$\boldsymbol{X}-\boldsymbol{\Delta}\boldsymbol{D}^{-1}(\boldsymbol{\Delta})\boldsymbol{\Delta}^{\mathrm{T}}\in\mathcal{S}_+^n$，进一步$\boldsymbol{X}\in\mathcal{S}_{++}^n$和$\boldsymbol{\Delta}\boldsymbol{D}^{-1}(\boldsymbol{\Delta})\boldsymbol{\Delta}^{\mathrm{T}}\in\mathcal{S}_{++}^n$。因此$\det(\boldsymbol{X})\geqslant\det(\boldsymbol{\Delta}\boldsymbol{D}^{-1}(\boldsymbol{\Delta})\boldsymbol{\Delta}^{\mathrm{T}})=\delta_1\delta_2\cdots\delta_n$。$-t\leqslant(\delta_1\delta_2\cdots\delta_n)^q$推出$-t\leqslant\det{}^q(\boldsymbol{X})$。此时$(\boldsymbol{X},t)\in\mathrm{epi}(f)$。由此得到$\mathcal{Y}\subseteq\mathrm{epi}(f)$。

对任意$(\boldsymbol{X},t)\in\mathrm{epi}(f)$，当$\det(\boldsymbol{X})=0$时，推出$-t\leqslant 0$。取$\boldsymbol{\Delta}=\boldsymbol{0}$，则$\begin{pmatrix}\boldsymbol{X} & \boldsymbol{\Delta}\\ \boldsymbol{\Delta}^{\mathrm{T}} & \boldsymbol{D}(\boldsymbol{\Delta})\end{pmatrix}\in$

$\mathcal{S}_+^{2n}$，此时$(\boldsymbol{X},t)\in\mathcal{Y}$。当 $\det(\boldsymbol{X})>0$ 时，由正定矩阵的 Cholesky 分解定理 2.5 知，存在对角为正数的下三角矩阵 $\boldsymbol{L}$ 使得 $\boldsymbol{X}=\boldsymbol{L}\boldsymbol{L}^{\mathrm{T}}$。记 $\boldsymbol{L}$ 的对角元素为 $l_{11},l_{22},\cdots,l_{nn}$。令 $\boldsymbol{\Delta}=\boldsymbol{L}\operatorname{diag}(l_{11},l_{22},\cdots,l_{nn})$，则 $\boldsymbol{D}(\boldsymbol{\Delta})=\operatorname{diag}(\delta_1,\delta_2,\cdots,\delta_n)=\operatorname{diag}(l_{11}^2,l_{22}^2,\cdots,l_{nn}^2)$。于是，$\boldsymbol{X}-\boldsymbol{\Delta}\boldsymbol{D}^{-1}(\boldsymbol{\Delta})\boldsymbol{\Delta}^{\mathrm{T}}=\boldsymbol{X}-\boldsymbol{L}\boldsymbol{L}^{\mathrm{T}}=\boldsymbol{0}$，由定理 2.3 得$\begin{pmatrix}\boldsymbol{X} & \boldsymbol{\Delta}\\ \boldsymbol{\Delta}^{\mathrm{T}} & \boldsymbol{D}(\boldsymbol{\Delta})\end{pmatrix}\in\mathcal{S}_+^{2n}$且 $\det(\boldsymbol{X})=l_{11}^2l_{22}^2\cdots l_{nn}^2=\delta_1\delta_2\cdots\delta_n$。故$(\boldsymbol{X},t)\in\mathcal{Y}$，得到$\mathcal{Y}\supseteq\operatorname{epi}(f)$。$\mathcal{Y}=\operatorname{epi}(f)$因此得证。

5.3.4 半定规划应用

下面再给出一些半定规划应用的例子。

1. 不确定线性动力系统的稳定性问题

考虑一个不确定的线性动力系统(uncertain dynamical linear system，ULS)：

$$\frac{\mathrm{d}}{\mathrm{d}t}\boldsymbol{x}(t)=\boldsymbol{A}(t)\boldsymbol{x}(t),\quad \boldsymbol{x}(0)=\boldsymbol{x}^0,$$

其中 $\boldsymbol{A}(t)$是一个 $n\times n$ 带有不确定性的矩阵，$\boldsymbol{x}(t)$为 $n\times 1$ 表示轨迹曲线的向量，$\boldsymbol{x}^0$ 为动力系统的初始状态，同样假设初始状态具有一定的不确定性。如果当 $t\to+\infty$时，有 $\boldsymbol{x}(t)\to\boldsymbol{0}$，则称 ULS 为稳定的。

我们希望得到动力系统的稳定性条件，即 $\boldsymbol{A}(t)$和 $\boldsymbol{x}^0$ 在满足什么条件 下，ULS 是稳定的？

讨论一般性的非线性动力系统

$$\frac{\mathrm{d}}{\mathrm{d}t}\boldsymbol{x}(t)=\boldsymbol{f}(t,\boldsymbol{x}(t)),\quad \boldsymbol{x}(0)=\boldsymbol{x}^0,$$

其中非线性函数满足 $\boldsymbol{f}(t,\boldsymbol{0})=\boldsymbol{0}$。设 $\boldsymbol{f}(t,\boldsymbol{x})$为光滑函数，则

$$\boldsymbol{f}(t,\boldsymbol{x}(t))=\boldsymbol{f}(t,\boldsymbol{0})+\int_0^1\frac{\partial}{\partial s}\boldsymbol{f}(t,s\boldsymbol{x})\boldsymbol{x}\,\mathrm{d}s$$

等同于一个不确定的线性动力系统

$$\frac{\mathrm{d}}{\mathrm{d}t}\boldsymbol{x}(t)=\boldsymbol{A}(\boldsymbol{x},t)\boldsymbol{x}(t),\quad \boldsymbol{x}(0)=\boldsymbol{x}^0,$$

其中将 $\boldsymbol{A}(\boldsymbol{x},t)=\int_0^1\frac{\partial}{\partial s}f(t,s\boldsymbol{x})\mathrm{d}s$ 看成不确定项。

ULS 具有稳定性的充分性条件之一是：寻求具有正定矩阵 $\boldsymbol{X}$ 的函数 $L(\boldsymbol{x})=\boldsymbol{x}^{\mathrm{T}}\boldsymbol{X}\boldsymbol{x}$，使得存在有一个 $\alpha>0$ 满足

$$\frac{\mathrm{d}}{\mathrm{d}t}L(\boldsymbol{x}(t))\leqslant-\alpha L(\boldsymbol{x}(t)),$$

这个函数 $L(\boldsymbol{x})=\boldsymbol{x}^{\mathrm{T}}\boldsymbol{X}\boldsymbol{x}$ 称为 Lyapunov 二次函数(Lyapunov's quadratic function)，而这种方法称为 Lyapunov 第二方法。一个 ULS 如果有满足上述条件的 Lyapunov 二次函数，则该系统是稳定的。从优化的角度来看，这个 Lyapunov 二次函数被看成动力系统的能量函数，系统达到稳定时，对应的能量系统到达局部最优解。这里的系数 α 为系统的自耗散速度。这样的思想在 Hopfield 神经网络算法的理论中得到充分的应用(参考文献[54])。此

处不妨将以上的结论以定理的形式给出。

定理 5.13 若 ULS 存在一个具有 $\alpha>0$ 的 Lyapunov 二次函数 $L(\boldsymbol{x})$，则系统是稳定的。

证明 对存在满足条件 Lyapunov 函数 $L(\boldsymbol{x})$ 的动力系统，我们有

$$L(\boldsymbol{x}(t))\leqslant c_0\exp\{-\alpha t\}\to 0 \quad 当 \quad t\to+\infty,$$

其中 c_0 是与 t 无关的常数。因为 $L(\boldsymbol{x})=\boldsymbol{x}^{\mathrm{T}}\boldsymbol{X}\boldsymbol{x}$ 且 $\boldsymbol{X}$ 正定，由 $L(\boldsymbol{x}(t))\to 0$ 可推出 $\boldsymbol{x}(t)\to\boldsymbol{0}$。

□

定理 5.14 设 $\mathcal{U}$ 是 ULS 的不确定集合，若下列半定规划问题的最优目标值为负数：

$$\begin{aligned}\min\quad & s\\ \text{s.t.}\quad & s\boldsymbol{I}_n-\boldsymbol{A}^{\mathrm{T}}\boldsymbol{X}-\boldsymbol{X}\boldsymbol{A}\succeq\boldsymbol{0},\quad \forall\boldsymbol{A}\in\mathcal{U}\\ & \boldsymbol{X}\succeq\boldsymbol{I}_n\\ & \boldsymbol{X}\in\mathcal{S}_+^n,\quad s\in\mathbb{R},\end{aligned}\tag{5.14}$$

则动力系统存在耗散系数 $\alpha>0$ 的 Lyapunov 二次函数。

证明 设 $s^*,\boldsymbol{X}^*$ 为优化问题的最优解。$\boldsymbol{X}^*\succeq\boldsymbol{I}_n$ 推出 $\boldsymbol{X}^*$ 的最大特征值 $\lambda_{\max}(\boldsymbol{X}^*)\geqslant 1$ 且 $\dfrac{1}{\lambda_{\max}(\boldsymbol{X}^*)}\boldsymbol{X}^*\preceq\boldsymbol{I}_n$。

结合当 $s^*<0$ 时，$s^*\boldsymbol{I}_n-\boldsymbol{A}^{\mathrm{T}}\boldsymbol{X}^*-\boldsymbol{X}^*\boldsymbol{A}\in\mathcal{S}_+^n$，推出

$$\frac{s^*}{\lambda_{\max}(\boldsymbol{X}^*)}\boldsymbol{X}^*-\boldsymbol{A}^{\mathrm{T}}\boldsymbol{X}^*-\boldsymbol{X}^*\boldsymbol{A}\succeq s^*\boldsymbol{I}_n-\boldsymbol{A}^{\mathrm{T}}\boldsymbol{X}^*-\boldsymbol{X}^*\boldsymbol{A}\in\mathcal{S}_+^n。$$

取 $\alpha=-\dfrac{s^*}{\lambda_{\max}(\boldsymbol{X}^*)}$，令 $L(\boldsymbol{x}(t))=\boldsymbol{x}^{\mathrm{T}}(t)\boldsymbol{X}^*\boldsymbol{x}(t)$，有

$$\begin{aligned}\frac{\mathrm{d}}{\mathrm{d}t}L(\boldsymbol{x}(t))&=\left[\frac{\mathrm{d}}{\mathrm{d}t}\boldsymbol{x}(t)\right]^{\mathrm{T}}\boldsymbol{X}^*\boldsymbol{x}(t)+\boldsymbol{x}^{\mathrm{T}}(t)\boldsymbol{X}^*\left[\frac{\mathrm{d}}{\mathrm{d}t}\boldsymbol{x}(t)\right]\\&=\boldsymbol{x}^{\mathrm{T}}(t)[\boldsymbol{A}^{\mathrm{T}}(t)\boldsymbol{X}^*+\boldsymbol{X}^*\boldsymbol{A}(t)]\boldsymbol{x}(t)\leqslant-\alpha L(\boldsymbol{x}(t))。\end{aligned}$$

故结论得证。 □

半定规划模型(5.14)中，$\mathcal{U}$ 是一个一般化的集合，因此无法实现对其计算求解。一个简单的情形是

$$\mathcal{U}=\operatorname{conv}\{\boldsymbol{A}_1,\boldsymbol{A}_2,\cdots,\boldsymbol{A}_K\},$$

其中 $\boldsymbol{A}_i$ 表示一个给定的 $n\times n$ 矩阵，此时模型(5.14)的半定规划模型转化为

$$\begin{aligned}\min\quad & s\\ \text{s.t.}\quad & s\boldsymbol{I}_n-\boldsymbol{A}_i^{\mathrm{T}}\boldsymbol{X}-\boldsymbol{X}\boldsymbol{A}_i\succeq\boldsymbol{0},\quad i=1,2,\cdots,K\\ & \boldsymbol{X}\succeq\boldsymbol{I}_n\\ & \boldsymbol{X}\in\mathcal{S}_+^n,\quad s\in\mathbb{R},\end{aligned}$$

它就成了一个可计算的半定规划模型。

2. 二次约束二次规划问题的半定规划松弛

半定规划的一个应用是提供一些难解问题的下界，常用的手段为半定规划松弛(SDP relaxation)。半定规划松弛的基本思想是将 $\mathbb{R}^n$ 空间的优化问题提升到 $\mathcal{M}(n,n)$ 空间上的半正定锥 $\mathcal{S}_+^n$ 优化问题来求解。通过空间维数的提升来达到问题求解变易。下面通过一个

例子来理解这个方法。

前面多次提到二次约束二次规划问题，我们再次将模型表示为

$$\begin{aligned} \min \quad & f(\boldsymbol{x})=\frac{1}{2}\boldsymbol{x}^{\mathrm{T}}\boldsymbol{Q}_0\boldsymbol{x}+(\boldsymbol{q}^0)^{\mathrm{T}}\boldsymbol{x}+c_0 \\ \text{s.t.} \quad & g_i(\boldsymbol{x})=\frac{1}{2}\boldsymbol{x}^{\mathrm{T}}\boldsymbol{Q}_i\boldsymbol{x}+(\boldsymbol{q}^i)^{\mathrm{T}}\boldsymbol{x}+c_i\leqslant 0,\quad i=1,2,\cdots,m \\ & \boldsymbol{x}\in\mathbb{R}^n, \end{aligned} \tag{5.15}$$

并记其最优目标值为 v_{QP}。等价地写成矩阵形式

$$\begin{aligned} \min \quad & \frac{1}{2}\begin{pmatrix}1\\ \boldsymbol{x}\end{pmatrix}^{\mathrm{T}}\begin{pmatrix}2c_0 & (\boldsymbol{q}^0)^{\mathrm{T}}\\ \boldsymbol{q}^0 & \boldsymbol{Q}_0\end{pmatrix}\begin{pmatrix}1\\ \boldsymbol{x}\end{pmatrix} \\ \text{s.t.} \quad & \frac{1}{2}\begin{pmatrix}1\\ \boldsymbol{x}\end{pmatrix}^{\mathrm{T}}\begin{pmatrix}2c_i & (\boldsymbol{q}^i)^{\mathrm{T}}\\ \boldsymbol{q}^i & \boldsymbol{Q}_i\end{pmatrix}\begin{pmatrix}1\\ \boldsymbol{x}\end{pmatrix}\leqslant 0,\quad i=1,2,\cdots,m \\ & \boldsymbol{x}\in\mathbb{R}^n。 \end{aligned}$$

利用定理 2.1 有关矩阵内积的性质，得到一个等价问题

$$\begin{aligned} \min \quad & \frac{1}{2}\begin{pmatrix}2c_0 & (\boldsymbol{q}^0)^{\mathrm{T}}\\ \boldsymbol{q}^0 & \boldsymbol{Q}_0\end{pmatrix}\bullet\boldsymbol{X} \\ \text{s.t.} \quad & \frac{1}{2}\begin{pmatrix}2c_i & (\boldsymbol{q}^i)^{\mathrm{T}}\\ \boldsymbol{q}^i & \boldsymbol{Q}_i\end{pmatrix}\bullet\boldsymbol{X}\leqslant 0,\quad i=1,2,\cdots,m \\ & x_{11}=1 \\ & \operatorname{rank}(\boldsymbol{X})=1 \\ & \boldsymbol{X}\in\mathcal{S}_+^{n+1}, \end{aligned}$$

其中 $\boldsymbol{X}=(\boldsymbol{x}_{ij})_{(n+1)\times(n+1)}$。

可以看到：一个有 n 个变量的二次约束二次规划问题，表示为一个有 $\dfrac{n(n+1)}{2}$ 个变量的等价问题。

上个模型中 $\operatorname{rank}(\boldsymbol{X})=1$ 不是线性约束而保持了问题求解难度，它的松弛可得到一个半定规划问题：

$$\begin{aligned} \min \quad & \frac{1}{2}\begin{pmatrix}2c_0 & (\boldsymbol{q}^0)^{\mathrm{T}}\\ \boldsymbol{q}^0 & \boldsymbol{Q}_0\end{pmatrix}\bullet\boldsymbol{X} \\ \text{s.t.} \quad & \frac{1}{2}\begin{pmatrix}2c_i & (\boldsymbol{q}^i)^{\mathrm{T}}\\ \boldsymbol{q}^i & \boldsymbol{Q}_i\end{pmatrix}\bullet\boldsymbol{X}\leqslant 0,\quad i=1,2,\cdots,m \\ & x_{11}=1 \\ & \boldsymbol{X}\in\mathcal{S}_+^{n+1}。 \end{aligned} \tag{5.16}$$

记模型(5.16)的最优目标值为 v_{RP}，明显有 $v_{\mathrm{RP}}\leqslant v_{\mathrm{QP}}$，所以半定规划提供了原问题的一个下界。

将模型(5.16)写成模型(5.12)的形式并利用互为对偶问题的定理 4.27，依据模型(5.11)和模型(5.12)的对偶模型关系可写出模型(5.16)的对偶模型为

$$\max \quad \sigma$$

$$\text{s.t.} \quad \begin{pmatrix} -2\sigma + 2c_0 + 2\sum_{i=1}^{m}\lambda_i c_i & \left(\boldsymbol{q}^0 + \sum_{i=1}^{m}\lambda_i \boldsymbol{q}^i\right)^{\mathrm{T}} \\ \boldsymbol{q}^0 + \sum_{i=1}^{m}\lambda_i \boldsymbol{q}^i & \boldsymbol{Q}_0 + \sum_{i=1}^{m}\lambda_i \boldsymbol{Q}_i \end{pmatrix} \in \mathcal{S}_+^{n+1}$$

$$\sigma \in \mathbb{R}, \quad \boldsymbol{\lambda} \in \mathbb{R}_+^m。$$

上述模型正好是二次约束二次规划问题的 Lagrange 对偶模型(4.15)。由此我们可以总结如下：二次约束二次规划问题对应半定规划松弛模型(5.16)的对偶模型与其对应的 Lagrange 对偶模型完全相同,因此,其对应半定规划松弛模型和 Lagrange 对偶模型的目标值相同为其下界；可以由线性锥优化的理论提供其半定规划松弛模型与对偶模型强对偶的充分条件,但与原问题是否有间隙则需要具体问题具体分析。

3. 秩一分解

我们不仅期望半定松弛能提供一个好的下界,同时,还希望利用半定规划得到的解还原出原问题的解。秩一分解(rank-one decomposition)就是这样一种的方法,常在二次规划问题求解中使用。

以二次约束二次规划的半正定松弛模型(5.16)为背景来讨论秩一分解方法。

记

$$\boldsymbol{C} = \frac{1}{2}\begin{pmatrix} 2c_0 & (\boldsymbol{q}^0)^{\mathrm{T}} \\ \boldsymbol{q}^0 & \boldsymbol{Q}_0 \end{pmatrix}。$$

当得到模型(5.16)的一个最优解 $\boldsymbol{X}^*$ 后,因 $\boldsymbol{X}^*$ 是一个半正定矩阵,由定理 2.8 知,一定存在秩一分解 $\boldsymbol{X}^* = \sum_{i=1}^{r} \boldsymbol{p}^i(\boldsymbol{p}^i)^{\mathrm{T}}$,其中 $r = \mathrm{rank}(\boldsymbol{X}^*)$。记 p_1^i 和 $\boldsymbol{p}_{2:n+1}^i$ 分别表示 $\boldsymbol{p}^i$ 向量的第一个元素和后 n 个元素。当对所有的 $1 \leqslant i \leqslant r$ 都有 $p_1^i \neq 0$ 时,记

$$\boldsymbol{x}^i = \frac{\boldsymbol{p}_{2:n+1}^i}{p_1^i},$$

则有

$$\boldsymbol{X}^* = \sum_{i=1}^{r}(p_1^i)^2 \begin{pmatrix} 1 \\ \boldsymbol{x}^i \end{pmatrix}\begin{pmatrix} 1 \\ \boldsymbol{x}^i \end{pmatrix}^{\mathrm{T}}。$$

由模型(5.16)中 $\boldsymbol{x}_{11} = 1$ 的约束,得到 $\sum_{i=1}^{r}(p_1^i)^2 = 1$。由定理 2.1,有

$$\begin{aligned} \boldsymbol{C} \bullet \boldsymbol{X}^* &= \boldsymbol{C} \bullet \left(\sum_{i=1}^{r} \boldsymbol{p}^i(\boldsymbol{p}^i)^{\mathrm{T}}\right) \\ &= \sum_{i=1}^{r}(p_1^i)^2 \begin{pmatrix} 1 \\ \boldsymbol{x}^i \end{pmatrix}^{\mathrm{T}} \boldsymbol{C} \begin{pmatrix} 1 \\ \boldsymbol{x}^i \end{pmatrix} \\ &= \sum_{i=1}^{r}(p_1^i)^2 \left[\frac{1}{2}(\boldsymbol{x}^i)^{\mathrm{T}}\boldsymbol{Q}_0\boldsymbol{x}^i + (\boldsymbol{q}^0)^{\mathrm{T}}\boldsymbol{x}^i + c_0\right] \qquad (5.17) \\ &\geqslant \frac{1}{2}(\boldsymbol{x}^i)^{\mathrm{T}}\boldsymbol{Q}_0\boldsymbol{x}^i + (q^0)^{\mathrm{T}}\boldsymbol{x}^i + c_0, \quad i \in \mathcal{T}, \end{aligned}$$

其中,定义$\mathcal{T}=\left\{i\,\middle|\,\frac{1}{(p_1^i)^2}(\boldsymbol{p}^i)^{\mathrm{T}}\boldsymbol{C}\boldsymbol{p}^i\leqslant v_{\mathrm{RP}}\right\}$且我们可利用反证法得到$\mathcal{T}\neq\varnothing$。

一旦存在$i\in\mathcal{T}$满足$\boldsymbol{x}^i$为二次约束二次规划问题(5.15)的一个可行解,我们就幸运地得到了模型(5.15)的全局最优解,即

$$v_{\mathrm{QP}}\leqslant\frac{1}{2}(\boldsymbol{x}^i)^{\mathrm{T}}\boldsymbol{Q}_0\boldsymbol{x}^i+(\boldsymbol{q}^0)^{\mathrm{T}}\boldsymbol{x}^i+c_0\leqslant v_{\mathrm{RP}}\leqslant v_{\mathrm{QP}}。$$

从模型(5.16)的求解过程来看,得到最优解$\boldsymbol{X}^*$是由算法决定的。而求解满足(5.17)式的指标集$\mathcal{T}$和对应的向量,则依赖秩一分解的方法。

定理 5.15 考虑模型(5.15)中$m=1$的二次约束二次规划问题,当其可行解集非空且$\boldsymbol{Q}_1\in\mathcal{S}_{++}^n$时,半定规划松弛模型(5.16)的最优值与模型(5.15)的最优值相等,且存在模型(5.16)的最优解的一个秩一分解向量为模型(5.15)的全局最优解。

证明 我们利用定理5.11的结论首先证明半定规划松弛模型(5.16)可达,此时必须证明其对偶问题严格可行和最优目标值有限。因此,需要先写出模型(5.16)的对偶。直接套用共轭对偶方法,步骤如下。

记

$$\mathcal{K}=\left\{\boldsymbol{u}\in\mathbb{R}^3\,\middle|\,\begin{array}{l}u_1=\dfrac{1}{2}\begin{pmatrix}2c_1 & (\boldsymbol{q}^1)^{\mathrm{T}}\\ \boldsymbol{q}^1 & \boldsymbol{Q}_1\end{pmatrix}\bullet\boldsymbol{X},u_2=\begin{pmatrix}1 & 0\\ 0 & 0\end{pmatrix}\bullet\boldsymbol{X}\\ u_3=\dfrac{1}{2}\begin{pmatrix}2c_0 & (\boldsymbol{q}^0)^{\mathrm{T}}\\ \boldsymbol{q}^0 & \boldsymbol{Q}_0\end{pmatrix}\bullet\boldsymbol{X},\boldsymbol{X}\in\mathcal{S}_+^{n+1}\end{array}\right\},$$

$$\mathcal{X}=\{\boldsymbol{u}\in\mathbb{R}^3\mid u_1\leqslant 0,u_2=1,u_3\in\mathbb{R}\}。$$

易验证$\mathcal{K}$为一个闭锥。

由共轭函数

$$\max_{u\in\mathcal{X}}\{\boldsymbol{u}^{\mathrm{T}}\boldsymbol{v}-u_3\}=\max_{u_1\leqslant 0,u_2=1,u_3\in\mathbf{R}}\{u_1v_1+v_2+u_3(v_3-1)\}<+\infty,$$

得到其定义域

$$\mathcal{Y}=\{\boldsymbol{v}\in\mathbb{R}^3\mid v_1\geqslant 0,v_2\in\mathbb{R},v_3=1\}$$

和共轭函数为v_2。

对任给$\boldsymbol{X}\in\mathcal{S}_+^{n+1}$,$\mathcal{K}$的对偶锥中元素满足

$$\boldsymbol{v}^{\mathrm{T}}\boldsymbol{u}=\left[\frac{v_1}{2}\begin{pmatrix}2c_1 & (\boldsymbol{q}^1)^{\mathrm{T}}\\ \boldsymbol{q}^1 & \boldsymbol{Q}_1\end{pmatrix}+v_2\begin{pmatrix}1 & \boldsymbol{0}\\ \boldsymbol{0} & \boldsymbol{0}\end{pmatrix}+\frac{v_3}{2}\begin{pmatrix}2c_0 & (\boldsymbol{q}^0)^{\mathrm{T}}\\ \boldsymbol{q}^0 & \boldsymbol{Q}_0\end{pmatrix}\right]\bullet\boldsymbol{X}\geqslant 0,$$

得到

$$\mathcal{K}^*=\left\{\boldsymbol{v}\in\mathbb{R}^3\,\middle|\,\frac{v_1}{2}\begin{pmatrix}2c_1 & (\boldsymbol{q}^1)^{\mathrm{T}}\\ \boldsymbol{q}^1 & \boldsymbol{Q}_1\end{pmatrix}+\begin{pmatrix}v_2 & \boldsymbol{0}\\ \boldsymbol{0} & \boldsymbol{0}\end{pmatrix}+\frac{v_3}{2}\begin{pmatrix}2c_0 & (\boldsymbol{q}^0)^{\mathrm{T}}\\ \boldsymbol{q}^0 & \boldsymbol{Q}_0\end{pmatrix}\in\mathcal{S}_+^{n+1}\right\}$$

和

$$\mathcal{Y}\cap\mathcal{K}^*=\left\{\boldsymbol{v}\in\mathbb{R}^3\,\middle|\,\begin{array}{l}\dfrac{1}{2}\begin{pmatrix}2(c_0+v_1c_1+v_2) & (\boldsymbol{q}^0+v_1\boldsymbol{q}^1)^{\mathrm{T}}\\ \boldsymbol{q}^0+v_1\boldsymbol{q}^1 & \boldsymbol{Q}_0+v_1\boldsymbol{Q}_1\end{pmatrix}\in\mathcal{S}_{n+1}^{+}\\ v_1\geqslant 0,v_2\in\mathbb{R},v_3=1\end{array}\right\}。$$

令 $\sigma=-v_2,\lambda=v_1$，再按常规推导去掉目标值前的负号，得到对偶问题为

$$\begin{aligned}&\max\quad \sigma\\&\text{s.t.}\quad \begin{pmatrix}2(c_0+\lambda c_1-\sigma) & (\boldsymbol{q}^0+\lambda\boldsymbol{q}^1)^{\mathrm{T}}\\ \boldsymbol{q}^0+\lambda\boldsymbol{q}^1 & \boldsymbol{Q}_0+\lambda\boldsymbol{Q}_1\end{pmatrix}\in\mathcal{S}_+^{n+1}\\&\qquad \lambda\geqslant 0,\sigma\in\mathbb{R}\end{aligned}\tag{5.18}$$

并记其最优目标值为 v_{DR}。

由定理给定的假设条件 $\boldsymbol{Q}_1\in\mathcal{S}_{++}^n$，则存在 $\lambda>0$ 使得 $\boldsymbol{Q}_0+\lambda\boldsymbol{Q}_1\in\mathcal{S}_{++}^n$，只要取 σ 充分小的数，就可以保证

$$\begin{pmatrix}2(c_0+\lambda c_1-\sigma) & (\boldsymbol{q}^0+\lambda\boldsymbol{q}^1)^{\mathrm{T}}\\ \boldsymbol{q}^0+\lambda\boldsymbol{q}^1 & \boldsymbol{Q}_0+\lambda\boldsymbol{Q}_1\end{pmatrix}\in\mathcal{S}_{++}^{n+1}。$$

故对偶问题内点非空。再加上原问题可行解集非空和弱对偶定理 4.26，得到对偶的最优目标值有限。所以，半定规划松弛模型(5.16)最优解可达。

记半定规划松弛模型(5.16)最优解为 $\boldsymbol{X}^*$，对于给定的矩阵

$$\boldsymbol{G}=-\frac{1}{2}\begin{pmatrix}2c_1 & (\boldsymbol{q}^1)^{\mathrm{T}}\\ \boldsymbol{q}^1 & \boldsymbol{Q}_1\end{pmatrix},$$

由定理 2.9 知，存在秩一分解的 r 个向量 $\boldsymbol{p}^i,i=1,2,\cdots,r$ 使得 $(\boldsymbol{p}^i)^{\mathrm{T}}\boldsymbol{G}\boldsymbol{p}^i\geqslant 0$，即满足模型(5.16)中第一个约束。

记 $\boldsymbol{p}^i=(p_1^i,p_2^i,\cdots,p_{n+1}^i)^{\mathrm{T}}$。若 $p_1^i=0$，得到

$$(\boldsymbol{p}^i)^{\mathrm{T}}\boldsymbol{G}\boldsymbol{p}^i=-\frac{1}{2}(p_2^i,\cdots,p_{n+1}^i)\boldsymbol{Q}_1(p_2^i,\cdots,p_{n+1}^i)^{\mathrm{T}}\geqslant 0。$$

由 $\boldsymbol{Q}_1\in\mathcal{S}_{++}^n$，得到 $p_2^i=\cdots=p_{n+1}^i=0$，即 $\boldsymbol{p}^i=\boldsymbol{0}$，此与秩为一的假设矛盾。

因此，$p_1^i\neq 0,i=1,2,\cdots,r$。

令 $\boldsymbol{y}^i=\dfrac{1}{p_1^i}\boldsymbol{p}_{2:n+1}^i$，则 $\boldsymbol{y}^i$ 为模型(5.15)的可行解且 $\sum\limits_{i=1}^r(p_1^i)^2=1$。再由

$$\begin{aligned}v_{\mathrm{RP}}=\boldsymbol{C}\bullet\boldsymbol{X}^*&=\sum_{i=1}^r\frac{1}{2}(\boldsymbol{p}^i)^{\mathrm{T}}\begin{pmatrix}2c_0 & (\boldsymbol{q}^0)^{\mathrm{T}}\\ \boldsymbol{q}^0 & \boldsymbol{Q}_0\end{pmatrix}\boldsymbol{p}^i\\&=\sum_{i=1}^r\frac{1}{2}(p_1^i)^2\begin{pmatrix}1\\ \boldsymbol{y}^i\end{pmatrix}^{\mathrm{T}}\boldsymbol{C}\begin{pmatrix}1\\ \boldsymbol{y}^i\end{pmatrix}\leqslant v_{\mathrm{QP}},\end{aligned}$$

和

$$\frac{1}{2}\begin{pmatrix}1\\ \boldsymbol{y}^k\end{pmatrix}^{\mathrm{T}}\boldsymbol{C}\begin{pmatrix}1\\ \boldsymbol{y}^k\end{pmatrix}=\min_{1\leqslant i\leqslant r}\frac{1}{2}\begin{pmatrix}1\\ \boldsymbol{y}^i\end{pmatrix}^{\mathrm{T}}\boldsymbol{C}\begin{pmatrix}1\\ \boldsymbol{y}^i\end{pmatrix}\leqslant v_{\mathrm{RP}}\leqslant v_{\mathrm{QP}},$$

得到 $v_{\mathrm{RP}}=v_{\mathrm{QP}}$ 且 $\boldsymbol{y}^k$ 为全局最优解。 □

秩一分解是处理$(n+1)\times(n+1)$空间的半定矩阵解降到$\mathbb{R}^n$空间一个向量解的一种有效方法。对具有一个二次凸函数不等式约束和一个线性不等式约束的二次约束二次规划问题，Sturm 和 Zhang[45]采用这一思想也得到秩一分解的结果。

4. 随机近似方法

随机近似方法(randomized approximation approach)通过半定规划松弛后的最优解得

到原问题的一个随机解。对半定规划松弛问题的一个最优解,该解一定是一个半正定矩阵,当这个半定阵还满足 $x_{ii}=1,i=1,2,\cdots,n$ 时,这个矩阵就满足相关矩阵的性质。根据相关阵产生其随机数,依此建立这些随机数同原问题解的关系,并设计随机近似算法,求得原问题的近似解。我们以第 1 章第 4 节的最大割为例来说明此方法(可参见文献[19])。

最大割模型为

$$\begin{aligned}\max\quad & \frac{1}{4}\sum_{i,j=1}^{n} w_{ij}(1-x_i x_j)\\ \text{s.t.}\quad & x_i^2=1,i=1,2,\cdots,n\\ & \boldsymbol{x}\in\mathbb{R}^n,\end{aligned}$$

并记其最优目标值为 v_{MC}。半定规划松弛后的模型为

$$\begin{aligned}\max\quad & \frac{1}{4}\sum_{i,j=1}^{n} w_{ij}(1-x_{ij})=\frac{1}{4}\sum_{i,j=1}^{n} w_{ij}-\min\frac{1}{4}\sum_{i,j=1}^{n} w_{ij}x_{ij}\\ \text{s.t.}\quad & x_{ii}=1,\quad i=1,2,\cdots,n\\ & \boldsymbol{X}=(x_{ij})_{n\times n}\in\mathcal{S}_+^n,\end{aligned}$$

并记其最优目标值为 v_{RM}。于是有 $v_{\mathrm{MC}}\leqslant v_{\mathrm{RM}}$。

写出半定规划松弛模型的对偶模型为

$$\begin{aligned}& \frac{1}{4}\sum_{i,j=1}^{n} w_{ij}-\max\frac{1}{4}\sum_{i=1}^{n}\lambda_i\\ \text{s.t.}\quad & \boldsymbol{\Lambda}+\boldsymbol{S}=\boldsymbol{W}\\ & \boldsymbol{S}\in\mathcal{S}_+^n,\quad \boldsymbol{\lambda}\in\mathbb{R}^n,\end{aligned}$$

并记其最优目标值为 v_{DR},其中 $\boldsymbol{W}=(w_{ij})_{n\times n},w_{ii}=0,i=1,2,\cdots,n,\boldsymbol{\Lambda}=\mathrm{diag}(\boldsymbol{\lambda})$。

只要 $\boldsymbol{\Lambda}$ 中每一个对角元素充分小,就可以保证 $\boldsymbol{S}\in\mathcal{S}_{++}^n$。而对任何一个 $\boldsymbol{x}\in\{-1,1\}^n$,都可以构造 $\boldsymbol{X}=(\boldsymbol{x}_{ij})=\boldsymbol{x}\boldsymbol{x}^{\mathrm{T}}$,是半定松弛问题的一个可行解。由弱对偶定理 4.26 可知,对偶问题有上界,即最优目标值有限。再由定理 5.11(3)得到半定规划松弛问题最优解可达。

计算上面半定松弛问题得到一个最优解 $\boldsymbol{X}\in\mathcal{S}_+^n$。依据定理 2.9 证明后面的说明,存在一个 $O(n^3)$ 的算法得到一个满行秩 $\boldsymbol{B}\in\mathcal{M}(m,n)$ 使得 $\boldsymbol{X}=\boldsymbol{B}^{\mathrm{T}}\boldsymbol{B}$。记 $\boldsymbol{B}=(\boldsymbol{v}^1,\boldsymbol{v}^2,\cdots,\boldsymbol{v}^n)$,则有 $\boldsymbol{X}=\boldsymbol{B}^{\mathrm{T}}\boldsymbol{B}=((\boldsymbol{v}^i)^{\mathrm{T}}\boldsymbol{v}^j)$,就有 $(\boldsymbol{v}^i)^{\mathrm{T}}\boldsymbol{v}^j=\boldsymbol{x}_{ij}$ 和 $(\boldsymbol{v}^i)^{\mathrm{T}}\boldsymbol{v}^i=x_{ii}=1$,即 $\boldsymbol{v}^i$ 为单位向量。此时设计随机近似算法如下。

步骤 0 求解出最大割半定规划松弛模型的最优解 $\boldsymbol{X}$ 并给出上述分解

$$(\boldsymbol{v}^1,\boldsymbol{v}^2,\cdots,\boldsymbol{v}^n),\boldsymbol{v}^i\in\mathbb{R}^m,\quad i=1,2,\cdots,n,m=\mathrm{rank}(\boldsymbol{X});$$

步骤 1 在 $\mathbb{R}^m$ 的单位球面 $\{\boldsymbol{x}\in\mathbb{R}^m\mid\|\boldsymbol{x}\|=1\}$ 随机产生一点 $\boldsymbol{a}$;

步骤 2 对 $i=1,2,\cdots,n$,当 $\boldsymbol{a}^{\mathrm{T}}\boldsymbol{v}^i\geqslant 0$ 时,则令 $\boldsymbol{\eta}_i=1$。否则 $\boldsymbol{\eta}_i=-1$。

上述算法输出一个值为 $\{-1,1\}$ 的向量 $(\eta_1,\eta_2,\cdots,\eta_n)^{\mathrm{T}}$,其为最大割问题的一个可行解。由于步骤 1 中的 $\boldsymbol{a}$ 系随机产生,我们可以随机产生 $\boldsymbol{a}$ 而重复上述算法。则随机算法的平均目标值为

$$E\left[\frac{1}{4}\sum_{i,j=1}^{n} w_{ij}(1-\eta_i\eta_j)\right]=\frac{1}{2}\sum_{i,j=1}^{n} w_{ij}\Pr(\mathrm{sign}(\boldsymbol{a}^{\mathrm{T}}\boldsymbol{v}^i)\neq\mathrm{sign}(\boldsymbol{a}^{\mathrm{T}}\boldsymbol{v}^j))$$

并记成 v_{RA},其中 $\Pr(\cdot)$ 表示概率。而 $\Pr(\mathrm{sign}(\boldsymbol{a}^{\mathrm{T}}\boldsymbol{v}^i)\neq\mathrm{sign}(\boldsymbol{a}^{\mathrm{T}}\boldsymbol{v}^j))$ 等价如下的数值:由

于$\boldsymbol{v}^i$，$\boldsymbol{v}^j$ 和$\boldsymbol{a}$ 都是单位向量，上述算法中$\boldsymbol{a}$ 的随机产生等价于在$\mathbb{R}^n$ 中的单位球面上均匀分布撒点。在$\boldsymbol{a}$，$\boldsymbol{v}^i$ 和$\boldsymbol{v}^j$ 不共面的条件下，唯一确定一个过原点且平行于$\boldsymbol{a}$，$\boldsymbol{v}^i$ 和$\boldsymbol{v}^j$ 法方向的平面$\mathcal{P}$。将$\boldsymbol{a}$ 以原点为中心，在平面$\mathcal{P}$内按锐角方向旋转到过原点且平行$\boldsymbol{v}^i$ 和$\boldsymbol{v}^j$ 的平面内的向量并记为$\boldsymbol{b}$。内积$(\boldsymbol{a},\boldsymbol{v}^i)$和$(\boldsymbol{a},\boldsymbol{v}^j)$正负号与$(\boldsymbol{b},\boldsymbol{v}^i)$和$(\boldsymbol{b},\boldsymbol{v}^j)$正负号完全相同，这样不妨假设$\boldsymbol{a}$，$\boldsymbol{v}^i$ 和$\boldsymbol{v}^j$ 共面的情形。在$\boldsymbol{a}$，$\boldsymbol{v}^i$ 和$\boldsymbol{v}^j$ 所在的平面内，依据$\boldsymbol{a}$，$\boldsymbol{v}^i$，$\boldsymbol{v}^j$ 都是单位向量，以原点为中心单位圆周上投入一个单位向量$\boldsymbol{a}$，此时可以参考图 5.2 的几何直观来计算$\Pr(\operatorname{sign}(\boldsymbol{a}^{\mathrm{T}}\boldsymbol{v}^i)\neq\operatorname{sign}(\boldsymbol{a}^{\mathrm{T}}\boldsymbol{v}^j))$。

我们关注图 5.2 中单位圆周弧长的分割值。从图中看出，由于将$\boldsymbol{v}^i$ 和$\boldsymbol{v}^j$ 的夹角θ 视为锐角，两条虚线分别表示垂直于$\boldsymbol{v}^i$ 和$\boldsymbol{v}^j$ 的线段，此时$\operatorname{sign}(\boldsymbol{a}^{\mathrm{T}}\boldsymbol{v}^i)\neq\operatorname{sign}(\boldsymbol{a}^{\mathrm{T}}\boldsymbol{v}^j)$正好是两条虚线所夹锐角部分对应的两段弧长。此对应部分的圆周弧长为$2\arccos(\boldsymbol{v}^i,\boldsymbol{v}^j)=2\theta$，其中$\cos(\boldsymbol{v}^i,\boldsymbol{v}^j)=(\boldsymbol{v}^i)^{\mathrm{T}}\boldsymbol{v}^j$。单位圆的弧长为$2\pi$，故有

$$\Pr(\operatorname{sign}(\boldsymbol{a}^{\mathrm{T}}\boldsymbol{v}^i)\neq\operatorname{sign}(\boldsymbol{a}^{\mathrm{T}}\boldsymbol{v}^j))=\frac{\arccos(\boldsymbol{v}^i,\boldsymbol{v}^j)}{\pi}。$$

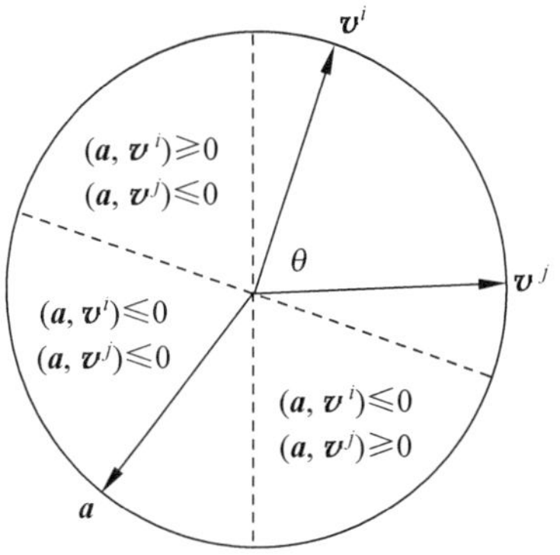

图 5.2　$\Pr(\operatorname{sign}(\boldsymbol{a}^{\mathrm{T}}\boldsymbol{v}^i)\neq\operatorname{sign}(\boldsymbol{a}^{\mathrm{T}}\boldsymbol{v}^j))$的几何直观

令$\theta=\arccos(\boldsymbol{v}^i,\boldsymbol{v}^j)$，再利用导数的方法求如下最小值问题

$$\alpha=\min_{0<\theta\leqslant\pi}\frac{2}{\pi}\frac{\theta}{1-\cos\theta},$$

得到$\alpha\approx 0.87856$。

进一步可得到

$$\begin{aligned}v_{\mathrm{RA}}&=E\left[\frac{1}{4}\sum_{i,j=1}^{n}w_{ij}(1-\eta_i\eta_j)\right]=\frac{1}{2}\sum_{i,j=1}^{n}w_{ij}\frac{\arccos(\boldsymbol{v}^i,\boldsymbol{v}^j)}{\pi}\\&\geqslant\frac{\alpha}{4}\sum_{i,j=1}^{n}w_{ij}(1-(\boldsymbol{v}^i)^{\mathrm{T}}\boldsymbol{v}^j)=\frac{\alpha}{4}\sum_{i,j=1}^{n}w_{ij}(1-x_{ij})\\&=\alpha v_{\mathrm{RM}}。\end{aligned}$$

因此

$$v_{\mathrm{RA}}=\alpha v_{\mathrm{RM}}\geqslant\alpha v_{\mathrm{MC}},$$

其中$\alpha=0.87856\cdots$。由此表明，如果采用上述的随机近似算法进行若干次计算，得到的可行解的目标值虽无法超过v_{MC}，但其平均值不低于v_{MC} 的 87.856%。

第4节 内点算法简介

可计算线性锥优化受重视的原因之一在于其存在有效算法。尤其是当问题所涉及的锥是$\mathbb{R}_+^n$、二阶锥或是半正定锥时，我们可构造多项式时间复杂性的内点算法（interior-point method）求解这些问题。在本节中，我们将简单地介绍适用于线性锥优化的内点算法。由于篇幅所限，在此我们仅提供算法框架，而省略实现细节及理论性定理的证明。

为了便于理解，我们从线性规划的内点算法说起，据此导出半定规划的多项式时间内点算法。由于二阶锥可等同于一个半正定锥，我们就不单独列出二阶锥规划的内点算法。特别要提醒的是将二阶锥视为半正定锥会增加维度而降低算法效率。

线性规划的内点算法概念可追溯到 John von Neumann[10]，而 N. Karmarkar[25] 于 1984 年首创了多项式时间的内点算法，其后经由多位学者的改进拓展，逐渐成为理论完备和计算高效的算法。它的基本原理非常简单，分三部分完成。第一步是找到一个内点并由此出发。第二步是检验现有内点的最优条件，若条件满足，则输出最优解并停止运行，否则进入第三步。第三步是寻找一个改善方向和决定一个适当步长。再由现有内点移动到一个更优的内点，并回到第二步做进一步的处理。如此循环往复，终可求得最优解。若将上述三个步骤作用在原问题上，则称为原始内点算法（primal interior-point method）。若作用在对偶问题上，则称为对偶内点算法（dual interior-point method）。若将此三个步骤同时作用在原问题和对偶问题上，则称为原始对偶内点算法（primal-dual interior-point method）。

要了解线性锥优化内点算法，以下几个重要概念是必备的：(1)内点，(2)障碍函数（barrier function），(3)最优性条件（system of optimality conditions），(4)中心路径（central path），(5)Newton 法以及(6)路径追踪（path following）。我们在此逐项介绍。为了突出内点算法的特性和易于了解，以下仅以线性锥优化的标准模型来讨论。

1. 内点

对第 4 章第 5 节的线性锥优化标准问题（LCoP）而言，由于其线性约束为等式形式，此处所谓的内点其实是所在锥上的内点，$\boldsymbol{x}$ 是 LCoP 的一个内点，当且仅当 $\boldsymbol{a}^i \cdot \boldsymbol{x}=b_i, i=1,2,\cdots,m$，而且 $\boldsymbol{x}\in \operatorname{int}(\mathcal{K})$。对其对偶问题（LCoD），$(\boldsymbol{y},\boldsymbol{s})$ 是 LCoD 的一个内点，当且仅当 $\sum_{i=1}^{m} y_i\boldsymbol{a}^i+\boldsymbol{s}=\boldsymbol{c}$，而且 $\boldsymbol{s}\in \operatorname{int}(\mathcal{K}^*)$，$\boldsymbol{y}\in\mathbb{R}^m$。比对第 2 章相对内点的定义，我们会发现这里的内点实际上就是可行解集的相对内点。在不产生混淆的情况下，本节我们沿用“内点”的名称。

例 5.11 在线性规划标准模型中，$\boldsymbol{x}$ 是一个内点，当且仅当 $\boldsymbol{Ax}=\boldsymbol{b}$ 且 $x_j>0, j=1,2,\cdots,n$。在其对偶模型中，$(\boldsymbol{y},\boldsymbol{s})$ 是一个内点，当且仅当 $\boldsymbol{A}^{\mathrm{T}}\boldsymbol{y}+\boldsymbol{s}=\boldsymbol{c}$ 且 $s_j>0, j=1,2,\cdots,n$。

我们记线性规划标准模型、对偶模型和原始对偶模型的内点集合分别为

$$\text{feas}^+(\text{LP})=\{\boldsymbol{x}\in\mathbb{R}^n \mid \boldsymbol{Ax}=\boldsymbol{b}, \boldsymbol{x}\in\mathbb{R}_{++}^n\},$$

$$\text{feas}^+(\text{LD})=\{(\boldsymbol{y},\boldsymbol{s})\in\mathbb{R}^m\times\mathbb{R}^n \mid \boldsymbol{A}^{\mathrm{T}}\boldsymbol{y}+\boldsymbol{s}=\boldsymbol{c}, \boldsymbol{s}\in\mathbb{R}_{++}^n\},$$

以及

$$\text{feas}^+(\text{LPD})=\text{feas}^+(\text{LP})\times\text{feas}^+(\text{LD})。$$

例 5.12 在半定规划标准模型中，$\boldsymbol{X}$ 是一个内点，当且仅当 $\boldsymbol{\mathcal{A}}\cdot\boldsymbol{X}=\boldsymbol{b}$ 且 $\boldsymbol{X}\in\mathcal{S}_{++}^{n}$。在其对偶模型中，$(\boldsymbol{y},\boldsymbol{S})$ 是一个内点，当且仅当 $\boldsymbol{\mathcal{A}}^{*}\boldsymbol{y}+\boldsymbol{S}=\boldsymbol{C}$ 且 $\boldsymbol{S}\in\mathcal{S}_{++}^{n}$，$\boldsymbol{y}\in\mathbb{R}^{m}$。

我们令半定规划标准模型、对偶模型及原始对偶模型的内点集合分别为

$$\text{feas}^{+}(\text{SDP})=\{\boldsymbol{X}\in\mathcal{S}^{n}\mid\boldsymbol{\mathcal{A}}\cdot\boldsymbol{X}=\boldsymbol{b},\boldsymbol{X}\in\mathcal{S}_{++}^{n}\},$$

$$\text{feas}^{+}(\text{SDD})=\{(\boldsymbol{y},\boldsymbol{S})\in\mathbb{R}^{m}\times\mathcal{S}^{n}\mid\boldsymbol{\mathcal{A}}^{*}\boldsymbol{y}+\boldsymbol{S}=\boldsymbol{C},\boldsymbol{S}\in\mathcal{S}_{++}^{n},\boldsymbol{y}\in\mathbb{R}^{m}\},$$

以及

$$\text{feas}^{+}(\text{SDPD})=\text{feas}^{+}(\text{SDP})\times\text{feas}^{+}(\text{SDD})。$$

为使内点算法运行无误，通常我们做如下假设：

(1) 对线性规划问题，$\text{feas}^{+}(\text{LP})\neq\varnothing$，$\text{feas}^{+}(\text{LD})\neq\varnothing$，而且矩阵 $\boldsymbol{A}$ 行满秩。

(2) 对半定规划问题，$\text{feas}^{+}(\text{SDP})\neq\varnothing$，$\text{feas}^{+}(\text{SDD})\neq\varnothing$，而且$\boldsymbol{\mathcal{A}}$的 $\boldsymbol{A}_i$，$i=1,2,\cdots,m$ 线性无关。

同样的道理，我们也定义 LCoP、LCoD 和原始对偶模型的内点集分别为

$$\text{feas}^{+}(\text{LCoP})=\{\boldsymbol{x}\in\text{int}(\mathcal{K})\mid\boldsymbol{a}^{i}\cdot\boldsymbol{x}=b_i,i=1,2,\cdots,m\},$$

$$\text{feas}^{+}(\text{LCoD})=\left\{(\boldsymbol{y},\boldsymbol{s})\in\mathbb{R}^{m}\times\text{int}(\mathcal{K}^{*})\,\middle|\,\sum_{i=1}^{m}y_i\boldsymbol{a}^{i}+\boldsymbol{s}=\boldsymbol{c}\right\},$$

和

$$\text{feas}^{+}(\text{LCoPD})=\text{feas}^{+}(\text{LCoP})\times\text{feas}^{+}(\text{LCoD})。$$

2. 障碍函数

障碍函数的作用是在线性锥优化问题的锥边界上产生壁障，迫使一个可行解留在锥的内部。一般来说，对于一个求极小值的优化问题，其障碍函数为定义于$\mathcal{K}$内点上的一个连续函数 $B(\cdot)$，使得 (1) $B(\boldsymbol{x})\geqslant 0$，$\forall\,\boldsymbol{x}\in\text{int}(\mathcal{K})$，(2) 当 $\boldsymbol{x}$ 由$\mathcal{K}$内部趋近其边界点，$B(\boldsymbol{x})\to+\infty$。

例 5.13 在线性规划标准模型中，对其内点 $\boldsymbol{x}\in\mathbb{R}_{++}^{n}$，可定义障碍函数

$$B(\boldsymbol{x})=-\sum_{j=1}^{n}\log\boldsymbol{x}_j。$$

在其对偶模型中，对其内点 $(\boldsymbol{y},\boldsymbol{s})\in\mathbb{R}^{m}\times\mathbb{R}_{++}^{n}$，可定义障碍函数

$$B(\boldsymbol{s})=\sum_{j=1}^{n}\log s_j。$$

在同时考虑原始对偶模型时，对其内点 $\boldsymbol{x}\in\mathbb{R}_{++}^{n}$，$(\boldsymbol{y},\boldsymbol{s})\in\mathbb{R}^{m}\times\mathbb{R}_{++}^{n}$，可定义障碍函数

$$B(\boldsymbol{x},\boldsymbol{s})=-\sum_{j=1}^{n}\log(x_js_j)。$$

例 5.14 在半定规划标准模型中，对其内点 $\boldsymbol{X}\in\mathcal{S}_{++}^{n}$，可定义障碍函数

$$B(\boldsymbol{X})=-\log\det(\boldsymbol{X})。$$

在其对偶模型中，对其内点 $(\boldsymbol{y},\boldsymbol{S})\in\mathbb{R}^{m}\times\mathcal{S}_{++}^{n}$，可定义障碍函数

$$B(\boldsymbol{S})=\log\det(\boldsymbol{S})。$$

在同时考虑原始对偶模型时，对其内点 $\boldsymbol{X}\in\mathcal{S}_{++}^{n}$，$(\boldsymbol{y},\boldsymbol{S})\in\mathbb{R}^{m}\times\mathcal{S}_{++}^{n}$，可定义障碍函数

$$B(\boldsymbol{X},\boldsymbol{S})=-\log\det(\boldsymbol{XS})。$$

引进障碍函数后，对于给定的 $\mu\geqslant 0$，线性锥优化标准模型(LCoP)就变成了

$$\begin{aligned}\min \quad & \boldsymbol{c} \cdot \boldsymbol{x} + \mu B(\boldsymbol{x}) \\ \text{s.t.} \quad & \boldsymbol{a}^i \cdot \boldsymbol{x} = b_i, \quad i = 1, 2, \cdots, m \\ & \boldsymbol{x} \in \operatorname{int}(\mathcal{K})\end{aligned}$$

相对地，我们还有对偶锥优化问题：

$$\begin{aligned}\max \quad & b^{\mathrm{T}} \boldsymbol{y} + \mu B(\boldsymbol{s}) \\ \text{s.t.} \quad & \sum_{i=1}^{m} y_i \boldsymbol{a}^i + \boldsymbol{s} = \boldsymbol{c} \\ & \boldsymbol{s} \in \operatorname{int}(\mathcal{K}^*), \quad \boldsymbol{y} \in \mathbb{R}^m\end{aligned}$$

以及一个附带的双边优化问题

$$\begin{aligned}\min \quad & \boldsymbol{s} \cdot \boldsymbol{x} + \mu B(\boldsymbol{x}, \boldsymbol{s}) \\ \text{s.t.} \quad & \boldsymbol{a}^i \cdot \boldsymbol{x} = \boldsymbol{b}_i, \quad i = 1, 2, \cdots, m \\ & \sum_{i=1}^{m} y_i \boldsymbol{a}^i + \boldsymbol{s} = \boldsymbol{c} \\ & \boldsymbol{x} \in \operatorname{int}(\mathcal{K}), \quad \boldsymbol{s} \in \operatorname{int}(\mathcal{K}^*), \quad \boldsymbol{y} \in \mathbb{R}^m。\end{aligned}$$

上述三个带有障碍函数的优化问题中，当 $\mu=0$ 时，由线性函数的连续性和$\mathcal{K}$为闭凸锥可知，第一和第二个问题就是原有的 LCoP 和 LCoD，而第三个问题则是定理 4.30 最优性条件的一个描述：分别存在原始问题和对偶问题可行解是各自最优解的充分必要条件为其最优目标值为 0。

因内点的要求，模型中只能选取 $\mu>0$，否则目标函数就没有定义了。μ 的大小影响了最优目标函数的取值。因此，内点算法基本逻辑是：对初始的内点，μ 可以较大；随着算法迭代数的增加，减小 μ 直至趋于 0，使得迭代点从内点逐步逼近于边界点的最优解。

由于内点算法假设迭代点是锥的内点，只要迭代的步长选择合适，可保 证下一个迭代点还是锥的内点。在这样的假设前提下，在锥的内点集中寻求上述优化问题目标函数的下降方向。因此，内点算法的基本思想就是基于以上模型的目标函数，计算目标函数的梯度，以目标函数下降(对偶问题为上升)的选取下一个迭代的锥内点，直至达到最优目标值。

例 5.15 对线性规划标准模型而言，在给定参数 $\mu>0$ 后，加入障碍函数的优化问题如下：

$$\begin{aligned}\min \quad & \boldsymbol{c}^{\mathrm{T}} \boldsymbol{x} - \mu \sum_{j=1}^{n} \log x_j \\ \text{s.t.} \quad & \boldsymbol{A}\boldsymbol{x} = \boldsymbol{b}, \\ & x_j > 0, \quad j = 1, 2, \cdots, n,\end{aligned}$$

$$\begin{aligned}\max \quad & \boldsymbol{b}^{\mathrm{T}} \boldsymbol{y} + \mu \sum_{j=1}^{n} \log s_j \\ \text{s.t.} \quad & \boldsymbol{A}^{\mathrm{T}} \boldsymbol{y} + \boldsymbol{s} = \boldsymbol{c} \\ & s_j > 0, \quad j = 1, 2, \cdots, n,\end{aligned}$$

和

$$\min \quad \boldsymbol{s}^{\mathrm{T}} \boldsymbol{x} - \mu \sum_{j=1}^{n} \log(x_j s_j)$$

$$\begin{aligned} \text{s. t.}\quad & \boldsymbol{Ax}=\boldsymbol{b} \\ & \boldsymbol{A}^{\mathrm{T}}\boldsymbol{y}+\boldsymbol{s}=\boldsymbol{c} \\ & x_j>0, s_j>0,\quad j=1,2,\cdots,n。\end{aligned} \tag{5.19}$$

对半定规划的标准模型而言，在给定参数 $\mu>0$ 后，加入障碍函数的优化问题如下：

$$\begin{aligned} \min\quad & \boldsymbol{C}\cdot\boldsymbol{X}-\mu\log\det(\boldsymbol{X}) \\ \text{s. t.}\quad & \boldsymbol{\mathcal{A}}\cdot\boldsymbol{X}=\boldsymbol{b} \\ & \boldsymbol{X}\succ\boldsymbol{0}, \\ \max\quad & \boldsymbol{b}^{\mathrm{T}}\boldsymbol{y}+\mu\log\det(\boldsymbol{S}) \\ \text{s. t.}\quad & \boldsymbol{\mathcal{A}}^{*}\boldsymbol{y}+\boldsymbol{S}=\boldsymbol{C} \\ & \boldsymbol{S}\succ\boldsymbol{0}, \end{aligned}$$

和

$$\begin{aligned} \min\quad & \boldsymbol{S}\cdot\boldsymbol{X}-\mu\log\det(\boldsymbol{XS}) \\ \text{s. t.}\quad & \boldsymbol{\mathcal{A}}\cdot\boldsymbol{X}=\boldsymbol{b} \\ & \boldsymbol{\mathcal{A}}^{*}\boldsymbol{y}+\boldsymbol{S}=\boldsymbol{C} \\ & \boldsymbol{X}\succ\boldsymbol{0},\quad \boldsymbol{S}\succ\boldsymbol{0}。\end{aligned} \tag{5.20}$$

3. 最优性条件

在上述有障碍函数的最小化优化模型中，目标函数都是凸函数，凸函数的极小点是梯度为 0 的点。理论上希望对每一个给定的 μ，都有一个锥内点达到问题的最优。在假设对于给定的 $\mu>0$ 有锥内点达到最优解的前提下，考虑原始对偶模型(5.19)和模型(5.20)在最优解点的最优性见下例。

例 5.16 对线性规划原始对偶模型(5.19)而言，对于给定的 $\mu>0$，目标函数

$$f(\boldsymbol{s},\boldsymbol{x})=\boldsymbol{s}^{\mathrm{T}}\boldsymbol{x}-\mu\sum_{j=1}^{n}\log(x_j s_j)$$

是凸函数，最优解满足

$$\frac{\partial}{\partial x_i}f(\boldsymbol{s},\boldsymbol{x})=s_i-\mu\frac{1}{x_i}=0,\quad \frac{\partial}{\partial s_i}f(\boldsymbol{s},\boldsymbol{x})=x_i-\mu\frac{1}{s_i}=0。$$

我们期望得到原始和对偶问题都可行且为各自锥内点的解满足

$$\begin{cases} \boldsymbol{Ax}=\boldsymbol{b} \\ \boldsymbol{A}^{\mathrm{T}}\boldsymbol{y}+\boldsymbol{s}=\boldsymbol{c} \\ \boldsymbol{\Lambda}_x\boldsymbol{s}=\mu\boldsymbol{e} \\ \boldsymbol{x}\in\mathbb{R}^n_{++},\quad \boldsymbol{s}\in\mathbb{R}^n_{++}, \end{cases} \tag{5.21}$$

其中 $\boldsymbol{e}=(1,1,\cdots,1)^{\mathrm{T}}$，$\boldsymbol{\Lambda}_x=\mathrm{diag}(x_1,x_2,\cdots,x_n)$。上述方程组成为线性规划原始对偶模型的最优性条件。

注意到上式中 $\boldsymbol{\Lambda}_x\boldsymbol{s}=\mu\boldsymbol{e}$ 为 $\boldsymbol{x}_i s_i=\mu, i=1,2,\cdots,n$。在 $x_i>0, s_i>0$ 的条件下，$x_i s_i\to 0$，$\forall 1\leqslant i\leqslant n$ 等价于 $\boldsymbol{x}^{\mathrm{T}}\boldsymbol{s}\to 0$。而

$$\mu=\frac{\boldsymbol{x}^{\mathrm{T}}\boldsymbol{s}}{n}=\frac{\boldsymbol{c}^{\mathrm{T}}\boldsymbol{x}-\boldsymbol{b}^{\mathrm{T}}\boldsymbol{y}}{n},$$

当 $\mu \to 0$ 时 $\boldsymbol{s}^{\mathrm{T}}\boldsymbol{x} \to 0$。因此，在(5.21)式的最优性条件中将 $\boldsymbol{\Lambda}_x \boldsymbol{s} = \mu \boldsymbol{e}$ 被 $\frac{\boldsymbol{x}^{\mathrm{T}}\boldsymbol{s}}{n} = \mu$ 替代，所得到的方程与(5.21)式判别最优解等价。

对半定规划模型(5.20)而言，与上相同的考虑，对于给定的 $\mu > 0$，目标函数

$$f(\boldsymbol{S}, \boldsymbol{X}) = \boldsymbol{S} \cdot \boldsymbol{X} - \mu \log \det(\boldsymbol{XS}),$$

的偏导数为

$$\frac{\partial}{\partial x_{ij}} f(\boldsymbol{S}, \boldsymbol{X}) = s_{ij} - \mu \frac{X_{ij}^*}{\det(\boldsymbol{X})} = 0,$$

$$\frac{\partial}{\partial s_{ij}} f(\boldsymbol{S}, \boldsymbol{X}) = x_{ij} - \mu \frac{S_{ij}^*}{\det(\boldsymbol{S})} = 0,$$

其中 $\boldsymbol{X} = (x_{ij})$，$\boldsymbol{S} = (s_{ij})$ 以及 (X_{ij}^*)，(S_{ij}^*) 分别表示 $\boldsymbol{X}$，$\boldsymbol{S}$ 的伴随矩阵。因 $\boldsymbol{X}$，$\boldsymbol{S}$ 为实对称矩阵，所以 $X_{ij}^* = X_{ji}^*$，$S_{ij}^* = S_{ji}^*$。故其相对的最优性条件亦随参数 μ 而变化成为

$$\begin{cases} \boldsymbol{\mathcal{A}} \cdot \boldsymbol{X} = \boldsymbol{b} \\ \boldsymbol{\mathcal{A}}^* \boldsymbol{y} + \boldsymbol{S} = \boldsymbol{C} \\ \boldsymbol{XS} = \mu \boldsymbol{I} \\ \boldsymbol{X} \succ \boldsymbol{0}, \boldsymbol{S} \succ \boldsymbol{0}, \end{cases} \tag{5.22}$$

其中 $\boldsymbol{I} = \mathrm{diag}(1, 1, \cdots, 1)$。注意到当 $\boldsymbol{X} \succeq \boldsymbol{0}$，$\boldsymbol{S} \succeq \boldsymbol{0}$，$\boldsymbol{SX} = \boldsymbol{0}$ 当且仅当 $\boldsymbol{S} \cdot \boldsymbol{X} = 0$。当 $\boldsymbol{XS} = \mu \boldsymbol{I}$ 时，由 $\boldsymbol{S} \cdot \boldsymbol{X} = \mathrm{tr}(\boldsymbol{SX}) = n\mu$，将(5.22)式中的 $\boldsymbol{XS} = \mu I$ 由下式替代

$$\mu = \frac{\boldsymbol{S} \cdot \boldsymbol{X}}{n} = \frac{\boldsymbol{C} \cdot \boldsymbol{X} - \boldsymbol{b}^{\mathrm{T}} \boldsymbol{y}}{n},$$

则我们得到等价的最优性条件。

根据定理 4.30 的最优性结论，线性锥优化问题(LCoP)或 LCoD 的一个最优性条件是

$$\begin{cases} \boldsymbol{a}^i \cdot \boldsymbol{x} = b_i, \quad i = 1, 2, \cdots, m \\ \sum_{i=1}^{m} y_i \boldsymbol{a}^i + \boldsymbol{s} = \boldsymbol{c} \\ \boldsymbol{x} \in \mathcal{K}, \boldsymbol{s} \in \mathcal{K}^*, \quad \text{且 } \boldsymbol{x} \cdot \boldsymbol{s} = 0。 \end{cases}$$

依据上述(5.21)式和(5.22)式的等价最优性条件讨论，$\boldsymbol{x} \cdot \boldsymbol{s} = 0$ 可用 $\boldsymbol{x} \cdot \boldsymbol{s} = n\mu$ 等价替代，内点算法的最优性条件为

$$\begin{cases} \boldsymbol{a}^i \cdot \boldsymbol{x} = b_i, \quad i = 1, 2, \cdots, m \\ \sum_{i=1}^{m} y_i \boldsymbol{a}^i + \boldsymbol{s} = \boldsymbol{c} \\ \boldsymbol{x} \in \mathrm{int}(\mathcal{K}), \boldsymbol{s} \in \mathrm{int}(\mathcal{K}^*), \quad \text{且 } \boldsymbol{x} \cdot \boldsymbol{s} = n\mu。 \end{cases} \tag{5.23}$$

4. 中心路径

若对于每一个给定的 $\mu > 0$，系统(5.23)都有唯一解 $(\boldsymbol{x}(\mu), \boldsymbol{y}(\mu), \boldsymbol{s}(\mu))$ 时，我们便可定义出一条中心路径

$$\mathcal{C}_{\mathrm{LCoP}} = \{(\boldsymbol{x}, \boldsymbol{y}, \boldsymbol{s}) \in \mathrm{feas}^+(\mathrm{LCoPD}) \mid \boldsymbol{x} \cdot \boldsymbol{s} = n\mu, 0 < \mu < +\infty\}。$$

在适当条件下，比如说知道有一个 $\bar{\mu} > 0$ 使得集合

$$\{(\boldsymbol{x}, \boldsymbol{y}, \boldsymbol{s}) \in \mathrm{feas}^+(\mathrm{LCoPD}) \mid \boldsymbol{x} \cdot \boldsymbol{s} = n\mu, 0 < \mu < \bar{\mu}\}$$

为有界集合，这条中心路径上的点将由解集合的内部随着 μ 值的降低而趋向线性锥规划问

题的最优解。

例 5.17 线性规划标准模型的中心路径为

$$\mathcal{C}_{\text{LP}}=\{(\boldsymbol{x},\boldsymbol{y},\boldsymbol{s})\in \text{feas}^{+}(\text{LPD})\mid \boldsymbol{x}^{\text{T}}\boldsymbol{s}=n\mu,0<\mu<+\infty\}$$

半定规划标准模型的中心路径为

$$\mathcal{C}_{\text{SDP}}=\{(\boldsymbol{x},\boldsymbol{y},\boldsymbol{s})\in \text{feas}^{+}(\text{SDPD})\mid \boldsymbol{X}\cdot\boldsymbol{S}=n\mu,0<\mu<+\infty\}$$

例 5.18 给定如下线性规划问题

$$\begin{aligned}\min\quad & x_1+x_2\\ \text{s.t.}\quad & x_1+x_2\leqslant 3\\ & x_1-x_2\leqslant 1\\ & x_2\leqslant 2\\ & x_1\geqslant 0,\quad x_2\geqslant 0,\end{aligned}$$

其最优解是(0,0),而沿着 $\mu=100$ 降至 $\mu=0$ 的中心路径则如图 5.3 所示。

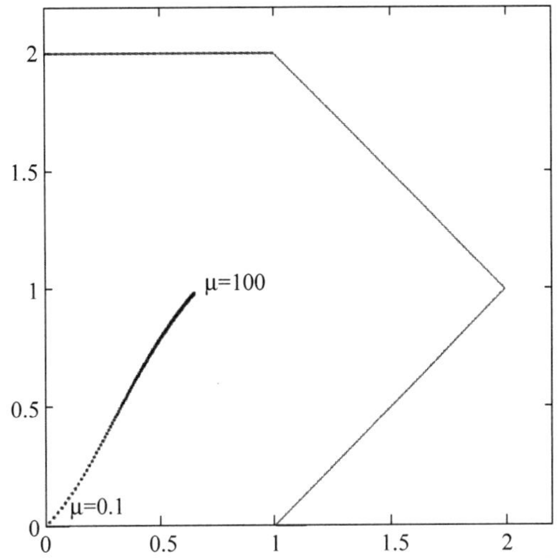

图 5.3 中心路径示意图

一个理想状况,设计的内点算法就是按中心路径,按 μ 从大到小直至趋于 0,通过解方程组(5.23)计算出唯一的$(\boldsymbol{x}(\mu),\boldsymbol{y}(\mu),\boldsymbol{s}(\mu))$,从而得到问题的最优解。因方程组(5.23)是一个非线性方程组,实际算法实现时就需要考虑求解该方程组的有效方法。

5. Newton 法

为了寻找中心路径,对于每一个给定的参数 $0<\mu<+\infty$,我们需要求解中心路径相对应的最优性条件方程组(5.23)。要注意的是该方程组中除了锥的内点要求外,约束 $\boldsymbol{a}^i\cdot\boldsymbol{x}=b_i,i=1,2,\cdots,m$,以及 $\sum_{i=1}^{m}y_i\boldsymbol{a}^i+\boldsymbol{s}=\boldsymbol{c}$ 是变数$(\boldsymbol{x},\boldsymbol{y},\boldsymbol{s})$的线性方程,但 $\boldsymbol{x}\cdot\boldsymbol{s}=n\mu$ 为二次函数方程。为节省计算时间,一个简易的方法是将这个二次函数方程采用线性方程近似,然后再求解。具体步骤如下,已知$(\boldsymbol{x}^0,\boldsymbol{y}^0,\boldsymbol{s}^0)\in\text{feas}^{+}(\text{LCoPD})$,令 $\mu_0=\dfrac{\boldsymbol{s}^0\cdot\boldsymbol{x}^0}{n}$ 和 $0<\gamma<1$,我们希望找到好的移动方向$(\boldsymbol{d}_x,\boldsymbol{d}_y,\boldsymbol{d}_s)$将现有解移到

$$\boldsymbol{x}^1=\boldsymbol{x}^0+\boldsymbol{d}_x,\quad \boldsymbol{y}^1=\boldsymbol{y}^0+\boldsymbol{d}_y,\quad \boldsymbol{s}^1=\boldsymbol{s}^0+\boldsymbol{d}_s$$

并使得$(\boldsymbol{x}^1,\boldsymbol{y}^1,\boldsymbol{s}^1)\in \text{feas}^+(\text{LCoPD})$且

$$\frac{\boldsymbol{s}^1\cdot\boldsymbol{x}^1}{n}=\gamma\mu_0<\mu_0。$$

对二次函数方程$\boldsymbol{x}\cdot\boldsymbol{s}=n\mu$和给定的点$(\boldsymbol{x}^0,\boldsymbol{y}^0,\boldsymbol{s}^0)$，我们在$(\boldsymbol{x}^0,\boldsymbol{y}^0,\boldsymbol{s}^0)$点对$\boldsymbol{x}\cdot\boldsymbol{s}=n\mu$做线性近似并更新最优性条件(5.23)，这样更新后的(5.23)式中除约束$\boldsymbol{x}\in\text{int}(\mathcal{K})$，$\boldsymbol{s}\in\text{int}(\mathcal{K}^*)$外全部为线性方程组。设法求解这个线性方程组，得到的新解所产生的变化方向称为一个Newton方向。

由于我们主要目的是介绍可计算锥的多项式时间内点算法，以下的内容将专注于线性规划及半定规划两类问题。

线性规划的Newton方向 对线性规划标准模型而言，给定$(\boldsymbol{x}^0,\boldsymbol{y}^0,\boldsymbol{s}^0)\in\text{feas}^+(\text{LPD})$，$\mu_0=\dfrac{(\boldsymbol{s}^0)^{\text{T}}\boldsymbol{x}^0}{n}$且$0<\gamma<1$，其变化方向$(\boldsymbol{d}_x,\boldsymbol{d}_y,\boldsymbol{d}_s)$由下列条件决定：

$$\begin{cases}\boldsymbol{A}(\boldsymbol{x}^0+\boldsymbol{d}_x)=\boldsymbol{b},\\ \boldsymbol{A}^{\text{T}}(\boldsymbol{y}^0+\boldsymbol{d}_y)+(\boldsymbol{s}^0+\boldsymbol{d}_s)=\boldsymbol{c},\\ \boldsymbol{\Lambda}_{\boldsymbol{x}^0+\boldsymbol{d}_x}(\boldsymbol{s}^0+\boldsymbol{d}_s)=\gamma\mu_0\boldsymbol{e},\\ \boldsymbol{x}^0+\boldsymbol{d}_x>\boldsymbol{0},\boldsymbol{s}^0+\boldsymbol{d}_s>\boldsymbol{0}。\end{cases}\tag{5.24}$$

注意到$(\boldsymbol{x}^0,\boldsymbol{y}^0,\boldsymbol{s}^0)$为一个内点，$\boldsymbol{A}\boldsymbol{x}^0=\boldsymbol{b}$，$\boldsymbol{A}^{\text{T}}\boldsymbol{y}^0+\boldsymbol{s}^0=\boldsymbol{c}$以及$0<\gamma<1$为一个可控参数的事实，满足上述条件的解存在。在不考虑约束$\boldsymbol{x}^0+\boldsymbol{d}_x>0$，$\boldsymbol{s}^0+\boldsymbol{d}_s>\boldsymbol{0}$的前提下，我们同样可以求解满足余下条件的方程组，一旦得到一个非零解$(\boldsymbol{d}_x,\boldsymbol{d}_y,\boldsymbol{d}_s)$，通过缩小处理可保证$\boldsymbol{x}^0+\boldsymbol{d}_x>\boldsymbol{0}$，$\boldsymbol{s}^0+\boldsymbol{d}_s>\boldsymbol{0}$并得到一个新的$0<\gamma<1$。由此，下面讨论的目的是寻找一个非零方向$(\boldsymbol{d}_x,\boldsymbol{d}_y,\boldsymbol{d}_s)$而暂且不考虑约束$\boldsymbol{x}^0+\boldsymbol{d}_x>\boldsymbol{0}$，$\boldsymbol{s}^0+\boldsymbol{d}_s>\boldsymbol{0}$。

为了提高计算效率，将上述第三个条件的第i个二次函数方程$(\boldsymbol{x}^0+\boldsymbol{d}_x)_i(\boldsymbol{s}^0+\boldsymbol{d}_s)_i-\gamma\mu_0$在$(\boldsymbol{x}^0,\boldsymbol{y}^0,\boldsymbol{s}^0)$用Taylor展开的线性部分$\boldsymbol{x}_i^0\boldsymbol{s}_i^0-\gamma\mu_0+s_i^0(\boldsymbol{d}_x)_i+x_i^0(\boldsymbol{d}_s)_i$替代后，我们得到

$$\begin{pmatrix}\boldsymbol{A}&\boldsymbol{0}&\boldsymbol{0}\\ \boldsymbol{0}&\boldsymbol{A}^{\text{T}}&\boldsymbol{I}\\ \boldsymbol{\Lambda}_{\boldsymbol{s}^0}&\boldsymbol{0}&\boldsymbol{\Lambda}_{\boldsymbol{x}^0}\end{pmatrix}\begin{pmatrix}\boldsymbol{d}_x\\ \boldsymbol{d}_y\\ \boldsymbol{d}_s\end{pmatrix}=\begin{pmatrix}0\\ 0\\ \gamma\mu_0\boldsymbol{e}-\boldsymbol{\Lambda}_{\boldsymbol{x}^0}\boldsymbol{\Lambda}_{\boldsymbol{s}^0}\boldsymbol{e}\end{pmatrix}$$

上述方程组正是方程组(5.24)前三组方程迭代求解的Newton方程组，Newton方向的称谓由此而得。上述方程组不易直接求解，同时为了方便处理Newton方向使其保证内点$\boldsymbol{x}^0+\boldsymbol{d}_x>\boldsymbol{0}$，$\boldsymbol{s}^0+\boldsymbol{d}_s>\boldsymbol{0}$的要求，常用的一种方法是“线性尺度变换”(linear scaling transformation)。先选择一个对角线上元素为正值的n维对角矩阵$\boldsymbol{D}$，再考虑如下尺度变换：

$$\bar{\boldsymbol{A}}=\boldsymbol{A}\boldsymbol{D},\quad \bar{\boldsymbol{x}}^0=\boldsymbol{D}^{-1}\boldsymbol{x}^0,\quad \bar{\boldsymbol{s}}^0=\boldsymbol{D}\boldsymbol{s}^0,\quad \bar{\boldsymbol{c}}=\boldsymbol{D}\boldsymbol{c}。$$

此时对应的待解方程组变成

$$\begin{pmatrix}\bar{\boldsymbol{A}}&\boldsymbol{0}&\boldsymbol{0}\\ \boldsymbol{0}&\bar{\boldsymbol{A}}^{\text{T}}&\boldsymbol{I}\\ \boldsymbol{\Lambda}_{\bar{\boldsymbol{s}}^0}&\boldsymbol{0}&\boldsymbol{\Lambda}_{\bar{\boldsymbol{x}}^0}\end{pmatrix}\begin{pmatrix}\bar{\boldsymbol{d}}_x\\ \bar{\boldsymbol{d}}_y\\ \bar{\boldsymbol{d}}_s\end{pmatrix}=\begin{pmatrix}\boldsymbol{0}\\ \boldsymbol{0}\\ \gamma\mu_0\boldsymbol{e}-\boldsymbol{\Lambda}_{\bar{\boldsymbol{x}}^0}\boldsymbol{\Lambda}_{\bar{\boldsymbol{s}}^0}\boldsymbol{e}\end{pmatrix}$$

再进一步考虑这个涉及尺度变换的矩阵 $\boldsymbol{D}$。线性尺度变换的目的是将每次考虑的一个内点变换到一个固定的内点，以便于下一个迭代点的设计，如利用线性规划原问题设计内点算法时，已知一个内点 $\boldsymbol{x}^0\in\mathbb{R}_{++}^n$，选择变换 $\boldsymbol{x}\in\mathbb{R}^n\to\boldsymbol{D}\boldsymbol{x}$，其中 $\boldsymbol{D}=(\boldsymbol{\Lambda}_{x^0})^{-1}$，则将 $\boldsymbol{x}^0$ 这一点变换到 $\boldsymbol{e}$。由此可以看出，线性尺度变换基于一个点设计，每一个迭代点由其自身的线性尺度变换。线性尺度变换进一步要求是一个一对一的映射，这也就保证了其逆映射的存在。更详细的有关线性尺度的设计和性质请参考文献[13]。

(1) 就原问题而言，当 $\boldsymbol{D}=\boldsymbol{\Lambda}_{x^0}$ 时，$\bar{\boldsymbol{x}}^0=\boldsymbol{\Lambda}_{x^0}^{-1}\boldsymbol{x}^0=\boldsymbol{e}$。所以 $\bar{\boldsymbol{x}}^0+\bar{\boldsymbol{d}}_x>\boldsymbol{0}$ 对所有 $\|\bar{\boldsymbol{d}}_x\|_2<1$ 均成立。

(2) 就对偶问题而言，当 $\boldsymbol{D}=\boldsymbol{\Lambda}_{s^0}^{-1}$ 时，$\bar{\boldsymbol{s}}^0=\boldsymbol{\Lambda}_{s^0}^{-1}\boldsymbol{s}^0=\boldsymbol{e}$。所以 $\bar{\boldsymbol{s}}^0+\bar{\boldsymbol{d}}_s>0$ 对所有 $\|\bar{\boldsymbol{d}}_s\|_2<1$ 均成立。

(3) 就原始对偶问题而言，当 $\boldsymbol{D}=\boldsymbol{\Lambda}_{x^0}^{\frac{1}{2}}\boldsymbol{\Lambda}_{s^0}^{-\frac{1}{2}}$ 时，$\bar{\boldsymbol{x}}^0=\bar{\boldsymbol{s}}^0=\boldsymbol{\Lambda}_{x^0}^{\frac{1}{2}}\boldsymbol{\Lambda}_{s^0}^{\frac{1}{2}}\boldsymbol{e}=\boldsymbol{v}^0$。

对考虑原始对偶的最优性条件，经过尺度变换后，新对应的方程组

$$\begin{pmatrix}\bar{\boldsymbol{A}} & \boldsymbol{0} & \boldsymbol{0}\\ \boldsymbol{0} & \bar{\boldsymbol{A}}^{\mathrm{T}} & \boldsymbol{I}\\ \boldsymbol{I} & \boldsymbol{0} & \boldsymbol{I}\end{pmatrix}\begin{pmatrix}\bar{\boldsymbol{d}}_x\\ \bar{\boldsymbol{d}}_y\\ \bar{\boldsymbol{d}}_s\end{pmatrix}=\begin{pmatrix}\boldsymbol{0}\\ \boldsymbol{0}\\ \gamma\mu_0\boldsymbol{\Lambda}_{v^0}^{-1}\boldsymbol{e}-\boldsymbol{v}^0\end{pmatrix}$$

我们便可先由 $\bar{\boldsymbol{A}}\bar{\boldsymbol{A}}^{\mathrm{T}}\bar{\boldsymbol{d}}_y=-\bar{\boldsymbol{A}}(\gamma\mu_0\boldsymbol{\Lambda}_{v^0}^{-1}\boldsymbol{e}-\boldsymbol{v}^0)$求出

$$\bar{\boldsymbol{d}}_y=-(\bar{\boldsymbol{A}}\bar{\boldsymbol{A}}^{\mathrm{T}})^{-1}\bar{\boldsymbol{A}}(\gamma\mu_0\boldsymbol{\Lambda}_{v^0}^{-1}\boldsymbol{e}-\boldsymbol{v}^0),$$

再由 $\bar{\boldsymbol{d}}_s=-\bar{\boldsymbol{A}}^{\mathrm{T}}\bar{\boldsymbol{d}}_y$ 求出 $\bar{\boldsymbol{d}}_s$。最后由 $\bar{\boldsymbol{d}}_x=-\bar{\boldsymbol{d}}_s+\gamma\mu_0\boldsymbol{\Lambda}_{v^0}^{-1}\boldsymbol{e}-\boldsymbol{v}^0$求出 $\bar{\boldsymbol{d}}_x$。如何使用计算得到的$(\bar{\boldsymbol{d}}_x,\bar{\boldsymbol{d}}_y,\bar{\boldsymbol{d}}_s)$将在路径追踪部分讨论。

半定规划的 Newton 方向 对半定规划标准模型而言，给定$(\boldsymbol{X}^0,\boldsymbol{y}^0,\boldsymbol{S}^0)\in\mathrm{feas}^+(\mathrm{SDPD})$，$\mu_0=\dfrac{\boldsymbol{S}^0\cdot\boldsymbol{X}^0}{n}$且 $0<\gamma<1$，其变化方向$(\Delta\boldsymbol{X},\boldsymbol{d}_y,\Delta\boldsymbol{S})$由下列条件决定：

$$\begin{cases}\mathcal{A}(\boldsymbol{X}^0+\Delta\boldsymbol{X})=\boldsymbol{b}\\ \mathcal{A}^*(\boldsymbol{y}^0+\boldsymbol{d}_y)+(\boldsymbol{S}^0+\Delta\boldsymbol{S})=\boldsymbol{S}\\ (\boldsymbol{X}^0+\Delta\boldsymbol{X})(\boldsymbol{S}^0+\Delta\boldsymbol{S})=\gamma\mu_0\boldsymbol{I}\\ \boldsymbol{X}^0+\Delta\boldsymbol{X}\succ\boldsymbol{0},\boldsymbol{S}^0+\Delta\boldsymbol{S}\succ\boldsymbol{0}\text{。}\end{cases}$$

同线性规划 Newton 方向求解相同的思想，将第三个条件的二次方程线性化替代后，我们得到采用 Newton 法后的线性方程组

$$\begin{pmatrix}\mathcal{A} & \boldsymbol{0} & \boldsymbol{0}\\ \boldsymbol{0} & \mathcal{A}^* & \boldsymbol{I}\\ \boldsymbol{S}^0 & \boldsymbol{0} & \boldsymbol{X}^0\end{pmatrix}\begin{pmatrix}\Delta\boldsymbol{X}\\ \boldsymbol{d}_y\\ \Delta\boldsymbol{S}\end{pmatrix}=\begin{pmatrix}\boldsymbol{0}\\ \boldsymbol{0}\\ \gamma\mu_0\boldsymbol{I}-\boldsymbol{X}^0\boldsymbol{S}^0\end{pmatrix}$$

类似处理线性规划的方式，我们先选择一个线性变换 $\boldsymbol{L}\in\mathcal{S}_{++}^n$，再考虑如下尺度变换：

$$\bar{\mathcal{A}}=(\bar{\boldsymbol{A}}_1,\bar{\boldsymbol{A}}_2,\cdots,\bar{\boldsymbol{A}}_m),\quad \bar{\boldsymbol{A}}_i=\boldsymbol{L}^{\mathrm{T}}\boldsymbol{A}_i\boldsymbol{L},\quad i=1,2,\cdots,m,$$

$$\bar{\boldsymbol{X}}^0=\boldsymbol{L}^{-1}\boldsymbol{X}^0\boldsymbol{L}^{-\mathrm{T}},\quad \bar{\boldsymbol{S}}^0=\boldsymbol{L}^{\mathrm{T}}\boldsymbol{S}^0\boldsymbol{L},\quad \bar{\boldsymbol{C}}=\boldsymbol{L}^{\mathrm{T}}\boldsymbol{C}\boldsymbol{L}\text{。}$$

此时对应的待解方程组变成

$$\begin{pmatrix} \bar{\mathcal{A}} & \mathbf{0} & \mathbf{0} \\ \mathbf{0} & \bar{\mathcal{A}}^* & \boldsymbol{I} \\ \bar{\boldsymbol{S}}^0 & \mathbf{0} & \bar{\boldsymbol{X}}^0 \end{pmatrix} \begin{pmatrix} \Delta\bar{\boldsymbol{X}} \\ \bar{\boldsymbol{d}}_y \\ \Delta\bar{\boldsymbol{S}} \end{pmatrix} = \begin{pmatrix} \mathbf{0} \\ \mathbf{0} \\ \gamma\mu_0\boldsymbol{I} - \bar{\boldsymbol{X}}^0\bar{\boldsymbol{S}}^0 \end{pmatrix}$$

再进一步考虑这个线性变换 $\boldsymbol{L}$：

（1）就原问题而言，当 $\boldsymbol{L}=(\boldsymbol{X}^0)^{\frac{1}{2}}$ 时，$\bar{\boldsymbol{X}}^0=(\boldsymbol{X}^0)^{-\frac{1}{2}}\boldsymbol{X}^0(\boldsymbol{X}^0)^{-\frac{1}{2}}=\boldsymbol{I}$。所以 $\bar{\boldsymbol{X}}^0+\Delta\bar{\boldsymbol{X}}>\mathbf{0}$ 对所有 $\|\Delta\bar{\boldsymbol{X}}\|_F<1$ 均成立。

（2）就对偶问题而言，当 $\boldsymbol{L}=(\boldsymbol{S}^0)^{-\frac{1}{2}}$ 时，$\bar{\boldsymbol{S}}^0=(\boldsymbol{S}^0)^{-\frac{1}{2}}\boldsymbol{S}^0(\boldsymbol{S}^0)^{-\frac{1}{2}}=\boldsymbol{I}$。所以 $\bar{\boldsymbol{S}}^0+\Delta\bar{\boldsymbol{S}}>\mathbf{0}$ 对所有 $\|\Delta\bar{\boldsymbol{S}}\|_F<1$ 均成立。

（3）就原始对偶问题而言，当 $\boldsymbol{L}=\{(\boldsymbol{S}^0)^{-\frac{1}{2}}[(\boldsymbol{S}^0)^{\frac{1}{2}}\boldsymbol{X}^0(\boldsymbol{S}^0)^{\frac{1}{2}}]^{\frac{1}{2}}(\boldsymbol{S}^0)^{-\frac{1}{2}}\}^{\frac{1}{2}}$ 时，$\bar{\boldsymbol{X}}^0=\bar{\boldsymbol{S}}^0=(\boldsymbol{X}^0)^{\frac{1}{2}}(\boldsymbol{S}^0)^{\frac{1}{2}}=\boldsymbol{V}^0$。

对于原始对偶问题的考虑，经过尺度变换后，对应的最优性条件

$$\begin{pmatrix} \bar{\mathcal{A}} & \mathbf{0} & \mathbf{0} \\ \mathbf{0} & \bar{\mathcal{A}}^* & \boldsymbol{I} \\ \boldsymbol{I} & \mathbf{0} & \boldsymbol{I} \end{pmatrix} \begin{pmatrix} \Delta\bar{\boldsymbol{X}} \\ \bar{\boldsymbol{d}}_y \\ \Delta\bar{\boldsymbol{S}} \end{pmatrix} = \begin{pmatrix} \mathbf{0} \\ \mathbf{0} \\ \gamma\mu_0(\boldsymbol{V}^0)^{-1} - \boldsymbol{V}^0 \end{pmatrix}$$

我们便可先由 $\bar{\mathcal{A}}\bar{\mathcal{A}}^*\bar{\boldsymbol{d}}_y=-\bar{\mathcal{A}}(\gamma\mu_0(\boldsymbol{V}^0)^{-1}-\boldsymbol{V}^0)$ 求出 $\bar{\boldsymbol{d}}_y$，再求出 $\Delta\bar{\boldsymbol{S}}=-\bar{\mathcal{A}}^*\bar{\boldsymbol{d}}_y$，$\Delta\bar{\boldsymbol{X}}=-\Delta\bar{\boldsymbol{S}}+\gamma\mu_0(\boldsymbol{V}^0)^{-1}-\boldsymbol{V}^0$，可以得到 Newton 方向。

6. 路径追踪

知道了中心路径和 Newton 方向之后，接着要讨论的便是路径追踪。就是说我们由现有内点解开始，沿着 Newton 方向，找到一个适当步长，使下一个迭代点贴近中心路径而前进到最优解。在这个过程中，虽然每一步的内点解并不一定落在中心路径上，但始终离此路径不远，而且与此路径的距离可经由控制缩小到零。

我们先引进两个有关中心路径距离的定义。对于定义在$\mathbb{R}^n_+$中的线性规划标准模型，设 $\boldsymbol{u}\in\mathbb{R}^n_+$，$\boldsymbol{u}$ 与中心路径的距离定义为

$$\delta(\boldsymbol{u})=\left\|\boldsymbol{e}-\frac{n}{\boldsymbol{u}^{\mathrm{T}}\boldsymbol{u}}\boldsymbol{\Lambda}_u\boldsymbol{u}\right\|_2。$$

中心路径的邻域则定义为

$$\mathcal{N}_2(\beta)=\{\boldsymbol{u}\in\mathbb{R}^n \mid \boldsymbol{u}>\mathbf{0},\delta(\boldsymbol{u})\leqslant\beta\},$$

其中 $\beta>0$ 是个参数。

注意到$\mathcal{N}_2(\beta)$只是一个由 2-范数定义的邻域，也可由不同范数定义的其他邻域，如

$$\mathcal{N}_{-\infty}(\beta)=\left\{\boldsymbol{u}\in\mathbb{R}^n \mid \boldsymbol{u}>\mathbf{0},\quad \boldsymbol{\Lambda}_u\boldsymbol{u}\geqslant_{\mathbb{R}^n_+}(1-\beta)\frac{\boldsymbol{u}^{\mathrm{T}}\boldsymbol{u}}{n}\boldsymbol{e}\right\}。$$

对于定义在半正定锥$\mathcal{S}^n_+$的半定规划标准模型，设 $\boldsymbol{U}\in\mathcal{S}^n_+$，$\boldsymbol{U}$ 与中心路径的距离定义为

$$\delta(\boldsymbol{U})=\left\|\boldsymbol{I}-\frac{n}{\boldsymbol{I}\cdot\boldsymbol{U}^2}\boldsymbol{U}^2\right\|_F。$$

中心路径的邻域则定义为

$$\mathcal{N}_2(\beta)=\{\boldsymbol{U}\in\mathcal{S}_+^n \mid \boldsymbol{U}\succ\boldsymbol{0},\delta(\boldsymbol{U})\leqslant\beta\},$$

其中 $\beta>0$ 是个参数。

同样地，由其他范数也可定义其他的邻域，如

$$\mathcal{N}_{-\infty}(\beta)=\left\{\boldsymbol{U}\in\mathcal{S}_+^n \mid \boldsymbol{U}\succ\boldsymbol{0},\boldsymbol{U}^2\geq(1-\beta)\frac{\boldsymbol{I}\bullet\boldsymbol{U}^2}{n}\boldsymbol{I}\right\}。$$

线性规划问题路径追踪算法。现在讨论步长的选取。先考虑线性规划的原始对偶问题。我们考虑一个从$(\boldsymbol{x}^0,\boldsymbol{y}^0,\boldsymbol{s}^0)$迭代到$(\boldsymbol{x}^1,\boldsymbol{y}^1,\boldsymbol{s}^1)$的完整过程。给定一个现有可行内点解$(\boldsymbol{x}^0,\boldsymbol{y}^0,\boldsymbol{s}^0)$，其相关参数是$\mu_0$，经$(\boldsymbol{x}^0,\boldsymbol{y}^0,\boldsymbol{s}^0)$决定的尺度变换后，得到 Newton 方向$(\bar{\boldsymbol{d}}_x,\bar{\boldsymbol{d}}_y,\bar{\boldsymbol{d}}_s)$且有 $\bar{\boldsymbol{x}}^0=\bar{\boldsymbol{s}}^0$。记 $\boldsymbol{v}^0=\bar{\boldsymbol{x}}^0=\bar{\boldsymbol{s}}^0$。若是取定一个步长 $0<\alpha\leqslant1$，我们移动到$(\bar{\boldsymbol{x}}^0+\alpha\bar{\boldsymbol{d}}_x,\bar{\boldsymbol{y}}^0+\alpha\bar{\boldsymbol{d}}_y,\bar{\boldsymbol{s}}^0+\alpha\bar{\boldsymbol{d}}_s)$。将这个结果按原有的线性尺度逆映射回原空间就得到$(\boldsymbol{x}^1,\boldsymbol{y}^1,\boldsymbol{s}^1)$。接下来，经$(\boldsymbol{x}^1,\boldsymbol{y}^1,\boldsymbol{s}^1)$决定的尺度变换映射到$(\bar{\boldsymbol{x}}^1,\bar{\boldsymbol{y}}^1,\bar{\boldsymbol{s}}^1)$，此时我们有 $\bar{\boldsymbol{x}}^1=\bar{\boldsymbol{s}}^1$并记其值为$\boldsymbol{v}^1$。

由线性规划的 Newton 方向中考虑原始对偶问题所得到的$(\bar{\boldsymbol{d}}_x,\bar{\boldsymbol{d}}_y,\bar{\boldsymbol{d}}_s)$，将得到的 $\bar{\boldsymbol{d}}_y$代入到 $\bar{\boldsymbol{d}}_s$ 和 $\bar{\boldsymbol{d}}_x$，不难验证$(\bar{\boldsymbol{d}}_s)^{\mathrm{T}}\bar{\boldsymbol{d}}_x=0$。另外，不难验证 $\mu_0=\dfrac{(\boldsymbol{s}^0)^{\mathrm{T}}\boldsymbol{x}^0}{n}=\dfrac{\|\boldsymbol{v}^0\|_2^2}{n}$。同理得到 $\mu_1=\dfrac{(\boldsymbol{s}^1)^{\mathrm{T}}\boldsymbol{x}^1}{n}=\dfrac{\|\boldsymbol{v}^1\|_2^2}{n}$。

于是，当 $0<\alpha\leqslant1$ 时，有

$$\begin{aligned}\mu_1&=\frac{\|\boldsymbol{v}^1\|_2^2}{n}=\frac{(\bar{\boldsymbol{x}}^0+\alpha\bar{\boldsymbol{d}}_x)^{\mathrm{T}}(\bar{\boldsymbol{s}}^0+\alpha\bar{\boldsymbol{d}}_s)}{n}=\frac{(\boldsymbol{v}^0+\alpha\bar{\boldsymbol{d}}_x)^{\mathrm{T}}(\boldsymbol{v}^0+\alpha\bar{\boldsymbol{d}}_s)}{n}\\&=\frac{(\boldsymbol{v}^0)^{\mathrm{T}}\boldsymbol{v}^0}{n}+\frac{\alpha(\bar{\boldsymbol{d}}_x+\bar{\boldsymbol{d}}_s)^{\mathrm{T}}\boldsymbol{v}^0}{n}+\frac{\alpha^2(\bar{\boldsymbol{d}}_s)^{\mathrm{T}}\bar{\boldsymbol{d}}_x}{n}=(1-\alpha+\gamma\alpha)\mu_0。\end{aligned}\tag{5.25}$$

因为我们已选过 $0<\gamma<1$，所以 $\mu_1<\mu_0$，这表示新的内部可行解可以更贴近中心路径。事实上，下列引理成立。

引理 5.16 若有 $\delta(\boldsymbol{v}^0)<1$ 及 $0<\alpha\leqslant1$ 使得 $\bar{\boldsymbol{x}}^0+\alpha\bar{\boldsymbol{d}}_x>\boldsymbol{0}$ 和 $\bar{\boldsymbol{s}}^0+\alpha\bar{\boldsymbol{d}}_s>\boldsymbol{0}$，则下列不等式成立：

$$(1-\alpha+\gamma\alpha)\delta(\boldsymbol{v}^1)\leqslant(1-\alpha)\delta(\boldsymbol{v}^0)+\frac{\alpha^2}{2}\left[\frac{\gamma^2\delta(\boldsymbol{v}^0)^2}{1-\delta(\boldsymbol{v}^0)}+n(1-\gamma)^2\right]。$$

证明 由上面线性规划的 Newton 方向部分有关 $\bar{\boldsymbol{d}}_x,\bar{\boldsymbol{d}}_y,\bar{\boldsymbol{d}}_s$ 之间的关系，可得到

$$\begin{aligned}\mu_1\delta(\boldsymbol{v}^1)&=\mu_1\left\|\boldsymbol{e}-\frac{1}{\mu_1}\boldsymbol{\Lambda}_{\boldsymbol{v}^1}\boldsymbol{v}^1\right\|_2\\&=\|(1-\alpha+\gamma\alpha)\mu_0\boldsymbol{e}-\boldsymbol{\Lambda}_{(\boldsymbol{v}^0+\alpha\bar{\boldsymbol{d}}_x)}(\boldsymbol{v}^0+\alpha\bar{\boldsymbol{d}}_s)\|_2\\&\leqslant\left\|(1-\alpha)\mu_0\left(\boldsymbol{e}-\frac{1}{\mu_0}\boldsymbol{\Lambda}_{\boldsymbol{v}^0}\boldsymbol{v}^0\right)\right\|_2+\|\alpha^2\boldsymbol{\Lambda}_{\bar{\boldsymbol{d}}_x}\bar{\boldsymbol{d}}_s\|_2\\&\leqslant(1-\alpha)\mu_0\delta(\boldsymbol{v}^0)+\frac{\alpha^2}{2}\|\bar{\boldsymbol{d}}_x+\bar{\boldsymbol{d}}_s\|_2^2\\&=(1-\alpha)\mu_0\delta(\boldsymbol{v}^0)+\frac{\alpha^2}{2}\|\gamma\mu_0\boldsymbol{\Lambda}_{\boldsymbol{v}^0}^{-1}\boldsymbol{e}-\gamma\boldsymbol{v}^0+(\gamma-1)\boldsymbol{v}^0\|_2^2\end{aligned}$$

$$=(1-\alpha)\mu_0\delta(\boldsymbol{v}^0)+\frac{\alpha^2}{2}(\gamma^2\|\mu_0\boldsymbol{\Lambda}_{v^0}^{-1}\boldsymbol{e}-\boldsymbol{v}^0\|_2^2+(1-\gamma)^2n\mu_0)$$

$$\leqslant(1-\alpha)\mu_0\delta(\boldsymbol{v}^0)+\frac{\alpha^2}{2}(\gamma^2\|\mu_0\boldsymbol{\Lambda}_{v^0}^{-1}\|_2^2\delta(\boldsymbol{v}^0)^2+(1-\gamma)^2n\mu_0)。$$

上式出现的 $\|\mu_0\boldsymbol{\Lambda}_{v^0}^{-1}\|_2^2\delta(\boldsymbol{v}^0)^2$ 用到推论 2.7 有关矩阵范数的性质。再由推论 2.7，得知

$$\delta(\boldsymbol{v}^0)=\left\|\boldsymbol{e}-\frac{1}{\mu_0}\boldsymbol{\Lambda}_{v^0}\boldsymbol{v}^0\right\|_2=\left\|\boldsymbol{I}-\frac{1}{\mu_0}\boldsymbol{\Lambda}_{v^0}^2\right\|_F\geqslant\left\|\boldsymbol{I}-\frac{1}{\mu_0}\boldsymbol{\Lambda}_{v^0}^2\right\|_2。$$

由矩阵 2 范数的定义，得到 $\boldsymbol{I}-\frac{1}{\mu_0}\boldsymbol{\Lambda}_{v^0}^2\preceq\delta(\boldsymbol{v}^0)\boldsymbol{I}$，变形得到 $(1-\delta(\boldsymbol{v}^0))(\mu_0)^2\boldsymbol{\Lambda}_{v^0}^{-2}\preceq\mu_0\boldsymbol{I}$。由于 $\delta(\boldsymbol{v}^0)<1$，我们有 $\|\mu_0\boldsymbol{\Lambda}_{v^0}^{-1}\|_2^2\leqslant\frac{\mu_0}{1-\delta(\boldsymbol{v}^0)}$，代入到上面的推导，则该引理得证。 □

以上结果为我们提供一个选择适当步长的方法。

引理 5.17 当 $\beta=\frac{1}{2},\gamma=\frac{1}{1+\frac{1}{\sqrt{2n}}},\alpha=1$ 时，若 $\boldsymbol{v}^0\in\mathcal{N}_2(\beta)$，则 (1) $\boldsymbol{v}^1\in\mathcal{N}_2(\beta)$，(2) $(\boldsymbol{x}^1)^{\mathrm{T}}\boldsymbol{s}^1=(\bar{\boldsymbol{x}}^1)^{\mathrm{T}}\bar{\boldsymbol{s}}^1=\|\boldsymbol{v}^1\|_2^2=\gamma\mu_0 n$。

据此我们可构建一个线性规划的原始对偶路径跟踪算法。

步骤 1 （初始化）令 $\beta=\frac{1}{2}$。取定 $\varepsilon>0$ 和 $(\boldsymbol{x}^0,\boldsymbol{y}^0,\boldsymbol{s}^0)$ 满足 $\boldsymbol{v}^0\in\mathcal{N}_2(\beta)$。令 $k=0,\gamma=\frac{1}{1+\frac{1}{\sqrt{2n}}},\alpha=1$。

步骤 2 将 $(\boldsymbol{x}^k,\boldsymbol{y}^k,\boldsymbol{s}^k)$ 进行线性尺度变换得到 $(\bar{\boldsymbol{x}}^k,\bar{\boldsymbol{y}}^k,\bar{\boldsymbol{s}}^k)$，并且在新的尺度空间解得 Newton 方向 $(\bar{\boldsymbol{d}}_x,\bar{\boldsymbol{d}}_y,\bar{\boldsymbol{d}}_s)$。令

$$\begin{cases}\tilde{\boldsymbol{x}}^{k+1}=\bar{\boldsymbol{x}}^k+\alpha\bar{\boldsymbol{d}}_x\\ \tilde{\boldsymbol{y}}^{k+1}=\bar{\boldsymbol{y}}^k+\alpha\bar{\boldsymbol{d}}_y\\ \tilde{\boldsymbol{s}}^{k+1}=\bar{\boldsymbol{s}}^k+\alpha\bar{\boldsymbol{d}}_s\end{cases}$$

将 $(\tilde{\boldsymbol{x}}^{k+1},\tilde{\boldsymbol{y}}^{k+1},\tilde{\boldsymbol{s}}^{k+1})$ 映射回原空间得到 $(\boldsymbol{x}^{k+1},\boldsymbol{y}^{k+1},\boldsymbol{s}^{k+1})$。重设 $k=k+1$。

步骤 3 如果 $(\boldsymbol{x}^k)^{\mathrm{T}}\boldsymbol{s}^k<\varepsilon$，算法停止。否则继续执行步骤 2。

有关此路径跟踪算法的计算复杂性可参见下一定理（参考文献[15]的引理 3.13 和定理 3.14）。但由于篇幅所限，我们不另外提供证明。

定理 5.18 对上述线性规划的原始对偶路径跟踪算法，我们有以下结果：(1) $\boldsymbol{v}^k\in\mathcal{N}_2(\beta),k=0,1,2,\cdots$，(2) 算法在运行 $O\left(\sqrt{n}\log\frac{(\boldsymbol{x}^0)^{\mathrm{T}}\boldsymbol{s}^0}{\varepsilon}\right)$ 步之后停止，并输出一对原始对偶解 $(\boldsymbol{x}^k,\boldsymbol{y}^k,\boldsymbol{s}^k)$ 满足 $(\boldsymbol{x}^k)^{\mathrm{T}}\boldsymbol{s}^k<\varepsilon$。

例 5.19 同例 5.18，当 $\beta=\frac{1}{2}$ 时，原始对偶路径跟踪轨迹如图 5.4 所示，其中“*”为路径跟踪轨迹。

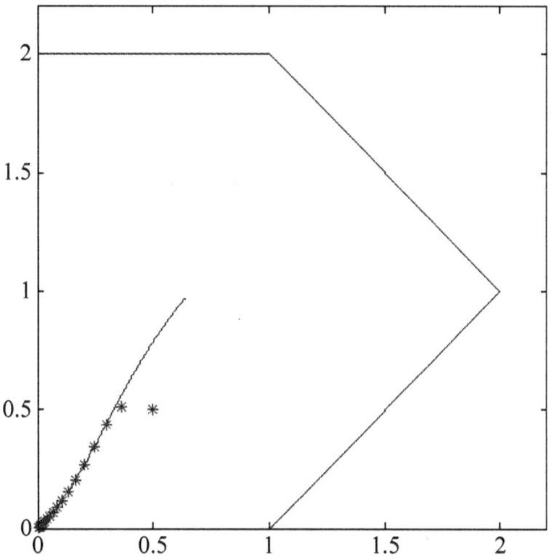

图 5.4　当$\beta=\frac{1}{2}$时的路径跟踪轨迹

半定规划路径追踪算法。类似上述线性规划的原始对偶路径跟踪算法的讨论，现在考虑半定规划的原始对偶问题。我们由一个给定的可行内点解$(\boldsymbol{X}^0,\boldsymbol{y}^0,\boldsymbol{S}^0)$，经过线性尺度变换后，计算得到 Newton 方向。再选择一个步长 $0<\alpha\leqslant 1$ 后，我们移动到了$(\bar{\boldsymbol{X}}^0+\alpha\Delta\bar{\boldsymbol{X}},\bar{\boldsymbol{y}}^0+\alpha\bar{\boldsymbol{d}}_y,\bar{\boldsymbol{S}}^0+\alpha\Delta\bar{\boldsymbol{S}})$，再映回原空间得到$(\boldsymbol{X}^1,\boldsymbol{y}^1,\boldsymbol{S}^1)$。再重复线性尺度变换，我们知道$\bar{\boldsymbol{X}}^1=\bar{\boldsymbol{S}}^1=\boldsymbol{V}^1$。在上述过程中，若取步长 $0<\alpha\leqslant 1$ 而移动，类似(5.25)式的推导，则有

$$\mu_1=\frac{\|\boldsymbol{V}^1\|_F^2}{n}=\frac{(\bar{\boldsymbol{X}}^0+\alpha\Delta\bar{\boldsymbol{X}})\cdot(\bar{\boldsymbol{S}}^0+\alpha\Delta\bar{\boldsymbol{S}})}{n}=(1-\alpha+\gamma\alpha)\mu_0。$$

与引理 5.16 有相同的结论，叙述如下。

引理 5.19　*若有$\delta(\boldsymbol{V}^0)<1$及$0<\alpha\leqslant 1$使得$\bar{\boldsymbol{X}}^0+\alpha\Delta\bar{\boldsymbol{X}}\in\mathcal{S}_+^n$且$\bar{\boldsymbol{S}}^0+\alpha\Delta\bar{\boldsymbol{S}}\in\mathcal{S}_+^n$，则下列不等式成立：*

$$(1-\alpha+\gamma\alpha)\delta(\boldsymbol{V}^1)\leqslant(1-\alpha)\delta(\boldsymbol{V}^0)+\frac{\alpha^2}{2}\left(\frac{\gamma^2\delta(\boldsymbol{V}^0)^2}{1-\delta(\boldsymbol{V}^0)}+n(1-\gamma)^2\right)。$$

证明　同引理 5.16 证明中的推导完全相同，有关范数的关系用到推论 2.7 的结论，我们有

$$\begin{aligned}
\mu_1\delta(\boldsymbol{V}^1)&=\|(1-\alpha+\gamma\alpha)\mu_0\boldsymbol{I}-(\boldsymbol{V}^1)^2\|_F\\
&\leqslant(1-\alpha)\mu_0\delta(\boldsymbol{V}^0)+\alpha^2\left\|\frac{\Delta\bar{\boldsymbol{X}}\Delta\bar{\boldsymbol{S}}+\Delta\bar{\boldsymbol{S}}\Delta\bar{\boldsymbol{X}}}{2}\right\|_F\\
&\leqslant(1-\alpha)\mu_0\delta(\boldsymbol{V}^0)+\frac{\alpha^2}{2}\|\Delta\bar{\boldsymbol{X}}+\Delta\bar{\boldsymbol{S}}\|_F^2\\
&=(1-\alpha)\mu_0\delta(\boldsymbol{V}^0)+\frac{\alpha^2}{2}(\gamma^2\|\mu^0(\boldsymbol{V}^0)^{-1}-\boldsymbol{V}^0\|_F^2+(1-\gamma)^2n\mu_0)\\
&\leqslant(1-\alpha)\mu_0\delta(\boldsymbol{V}^0)+\frac{\alpha^2}{2}(\gamma^2\|\mu^0(\boldsymbol{V}^0)^{-1}\|_2^2\delta(\boldsymbol{V}^0)^2+(1-\gamma)^2n\mu_0)\\
&\leqslant(1-\alpha)\mu_0\delta(\boldsymbol{V}^0)+\frac{\mu_0\alpha^2}{2}\left(\frac{\gamma^2\delta(\boldsymbol{V}^0)^2}{1-\delta(\boldsymbol{V}^0)}+n(1-\gamma)^2\right),
\end{aligned}$$

上式中 $\|\mu^0(\boldsymbol{V}^0)^{-1}\|_2^2\leqslant\frac{\mu_0}{1-\delta(\boldsymbol{V}^0)}$ 的推导与引理 5.16 证明中的推导完全相同。

因此结论成立。 □

以上分析提供我们一个选择适当步长的方法。

引理 5.20 当选取 $\beta=\frac{1}{2},\gamma=\frac{1}{1+\frac{1}{\sqrt{2n}}},\alpha=1$ 时，若 $\boldsymbol{V}^0\in\mathcal{N}_2(\beta)$，则 (1) $\boldsymbol{V}^1\in\mathcal{N}_2(\beta)$，(2) $\boldsymbol{X}^1\cdot\boldsymbol{S}^1=\bar{\boldsymbol{X}}^1\cdot\bar{\boldsymbol{S}}^1=\|\boldsymbol{V}^1\|_F^2=\gamma\mu_0 n$。

据此我们可构建一个半定规划的原始对偶路径跟踪算法。

步骤 1 （初始化）令 $\beta=\frac{1}{2}$。取定 $\varepsilon>0$ 和 $(\boldsymbol{X}^0,\boldsymbol{y}^0,\boldsymbol{S}^0)$ 满足 $\boldsymbol{V}^0\in\mathcal{N}_2(\beta)$。

令 $k=0,\gamma=\frac{1}{1+\frac{1}{\sqrt{2n}}},\alpha=1$。

步骤 2 将 $(\boldsymbol{X}^k,\boldsymbol{y}^k,\boldsymbol{S}^k)$ 进行线性尺度变换得到 $(\bar{\boldsymbol{X}}^k,\bar{\boldsymbol{y}}^k,\bar{\boldsymbol{S}}^k)$，并且在新的尺度空间解得 Newton 方向 $(\Delta\bar{\boldsymbol{X}},\bar{\boldsymbol{d}}_y,\Delta\bar{\boldsymbol{S}})$。令

$$\begin{cases}\widetilde{\boldsymbol{X}}^{k+1}=\bar{\boldsymbol{X}}^k+\alpha\Delta\bar{\boldsymbol{X}}\\ \tilde{\boldsymbol{y}}^{k+1}=\bar{\boldsymbol{y}}^k+\alpha\bar{\boldsymbol{d}}_y\\ \widetilde{\boldsymbol{S}}^{k+1}=\bar{\boldsymbol{S}}^k+\alpha\Delta\bar{\boldsymbol{S}}\end{cases}$$

将 $(\widetilde{\boldsymbol{X}}^{k+1},\tilde{\boldsymbol{y}}^{k+1},\widetilde{\boldsymbol{S}}^{k+1})$ 映射回原空间得到 $(\boldsymbol{X}^{k+1},\boldsymbol{y}^{k+1},\boldsymbol{S}^{k+1})$。重设 $k=k+1$。

步骤 3 如果 $\boldsymbol{X}^k\cdot\boldsymbol{S}^k<\varepsilon$，算法停止。否则继续执行步骤 2。

此路径跟踪算法的计算复杂性分析可总结为下一定理(参考文献[15]的引理 3.13 和定理 3.14)，由此得知其为多项式时间算法。

定理 5.21 对于上述给定的半定规划的原始对偶路径跟踪算法，我们得到以下结果：(1) $\boldsymbol{V}^k\in\mathcal{N}_2(\beta),k=0,1,2,\cdots$，(2) 算法在运行 $O\left(\sqrt{n}\log\frac{\boldsymbol{X}^0\cdot\boldsymbol{S}^0}{\varepsilon}\right)$ 步之后停止，并输出一对原始对偶解 $(\boldsymbol{X}^k,\boldsymbol{y}^k,\boldsymbol{S}^k)$ 满足 $\boldsymbol{X}^k\cdot\boldsymbol{S}^k<\varepsilon$。

本小节仅粗略地介绍了有关线性锥优化内点算法的基本观念，以线性规划及半定规划的标准模型为主线，给出其原始对偶路径追踪算法的框架。至于如何找到一个起始内点解，通常使用的技术包括大 M 方法，二阶段法及自对偶嵌入(self-dual embedding)方法。路径追踪法本身也有不同的变异，如短步算法(short-step algorithm)，长步算法(long-step algorithm)以及预测修正法(predictor-corrector algorithm)。我们不在此赘述。有关线性规划的内点算法可参考文献[13,43]，有关半定规划的内点算法可参考文献[15,50]，有关二阶锥规划的内点算法可参考文献[2]，至于一般凸优化的内点算法则可参阅文献[38,39]。

第 5 节 线性锥优化问题都可计算吗

在本章的第 2、3 节中，我们想方设法地将一些表面看起来复杂的问题等价化成二阶锥或半定锥可表示问题，也就得到了线性规划、二阶锥规划和半定规划问题，继而采用内点算

法求解这些等价的优化问题，这些问题由此就是多项式时间可计算的。这里关注的一个主要话题是多项式时间可计算。习惯上，我们将多项式时间可计算的问题称之为简单问题。从函数和约束集合的特性来看，一个直观的结论是，线性规划、二阶锥或半定锥优化问题都是凸优化问题。所谓的凸优化问题是指在凸约束集合上极小化一个凸目标函数。那么凸优化问题是否就多项式时间可解了？下面以二次约束二次规划问题为例来说明我们的结论。

二次约束二次规划问题的一般形式如下：

$$\begin{aligned} \min \quad & f(\boldsymbol{x}) = \frac{1}{2}\boldsymbol{x}^{\mathrm{T}}\boldsymbol{Q}_0\boldsymbol{x} + (\boldsymbol{q}^0)^{\mathrm{T}}\boldsymbol{x} + c_0 \\ \text{s. t.} \quad & g_i(\boldsymbol{x}) = \frac{1}{2}\boldsymbol{x}^{\mathrm{T}}\boldsymbol{Q}_i\boldsymbol{x} + (\boldsymbol{q}^i)^{\mathrm{T}}\boldsymbol{x} + c_i \leqslant 0, \quad i = 1,2,\cdots,m \\ & \boldsymbol{x} \in \mathbb{R}^n, \end{aligned}$$

其中，对任意 $0 \leqslant i \leqslant m$，$\boldsymbol{Q}_i$ 为 n 阶实对称常数矩阵，$\boldsymbol{q}^i$ 为 n 维常数列向量，c_i 为实常数。记可行解区域为

$$\mathcal{F} = \left\{ \boldsymbol{x} \in \mathbb{R}^n \mid g_i(\boldsymbol{x}) = \frac{1}{2}\boldsymbol{x}^{\mathrm{T}}\boldsymbol{Q}_i\boldsymbol{x} + (\boldsymbol{q}^i)^{\mathrm{T}}\boldsymbol{x} + c_i \leqslant 0, i = 1,2,\cdots,m \right\}。$$

当二次规划问题中 $\boldsymbol{Q}_i$ 不满足半正定性条件时，问题难度可升达 NP 难，如 $\boldsymbol{Q}_0$ 中只有一个负特征值且约束为线性函数时，问题是 NP 难[41]。

利用第 4 章第 3 节的广义 Lagrange 对偶方法，对任意 $\mathcal{G} \supseteq \mathcal{F}$，二次约束二次规划问题的广义 Lagrange 函数是

$$L(\boldsymbol{x}, \boldsymbol{\lambda}) = \frac{1}{2}\boldsymbol{x}^{\mathrm{T}}\left(\boldsymbol{Q}_0 + \sum_{i=1}^{m}\lambda_i\boldsymbol{Q}_i\right)\boldsymbol{x} + \left(\boldsymbol{q}^0 + \sum_{i=1}^{m}\lambda_i\boldsymbol{q}^i\right)^{\mathrm{T}}\boldsymbol{x} + c_0 + \sum_{i=1}^{m}\lambda_i c_i, \quad \boldsymbol{x} \in \mathcal{G}。$$

广义 Lagrange 对偶问题(4.14)写成矩阵形式为

$$\begin{aligned} \max \quad & \sigma \\ \text{s. t.} \quad & \begin{pmatrix} 1 \\ \boldsymbol{x} \end{pmatrix}^{\mathrm{T}} \boldsymbol{U} \begin{pmatrix} 1 \\ \boldsymbol{x} \end{pmatrix} \geqslant 0, \quad \forall \boldsymbol{x} \in \mathcal{G} \\ & \sigma \in \mathbb{R}, \quad \boldsymbol{\lambda} \in \mathbb{R}_+^m, \end{aligned}$$

其中

$$\boldsymbol{U} = \begin{pmatrix} -2\left(\sigma - c_0 - \sum_{i=1}^{m}\lambda_i c_i\right) & \left(\boldsymbol{q}^0 + \sum_{i=1}^{m}\lambda_i\boldsymbol{q}^i\right)^{\mathrm{T}} \\ \boldsymbol{q}^0 + \sum_{i=1}^{m}\lambda_i\boldsymbol{q}^i & \boldsymbol{Q}_0 + \sum_{i=1}^{m}\lambda_i\boldsymbol{Q}_i \end{pmatrix}$$

进一步可以写成

$$\begin{aligned} \max \quad & \sigma \\ \text{s. t.} \quad & \begin{pmatrix} -2\sigma + 2c_0 + 2\sum_{i=1}^{m}\lambda_i c_i & \left(\boldsymbol{q}^0 + \sum_{i=1}^{m}\lambda_i\boldsymbol{q}^i\right)^{\mathrm{T}} \\ \boldsymbol{q}^0 + \sum_{i=1}^{m}\lambda_i\boldsymbol{q}^i & \boldsymbol{Q}_0 + \sum_{i=1}^{m}\lambda_i\boldsymbol{Q}_i \end{pmatrix} \in \mathcal{D}_{\mathcal{G}} \\ & \sigma \in \mathbb{R}, \quad \boldsymbol{\lambda} \in \mathbb{R}_+^m, \end{aligned} \tag{5.26}$$

其中

$$\mathcal{D}_{\mathcal{G}}=\left\{\boldsymbol{U}\in\mathcal{S}^{n+1}\ \middle|\ \begin{pmatrix}1\\ \boldsymbol{x}\end{pmatrix}^{\mathrm{T}}\boldsymbol{U}\begin{pmatrix}1\\ \boldsymbol{x}\end{pmatrix}\geqslant 0,\quad \forall\,\boldsymbol{x}\in\mathcal{G}\right\}。$$

$\begin{pmatrix}1\\ \boldsymbol{x}\end{pmatrix}^{\mathrm{T}}\boldsymbol{U}\begin{pmatrix}1\\ \boldsymbol{x}\end{pmatrix}\geqslant 0$,对所有 $\boldsymbol{x}\in\mathcal{G}$成立

是定义域$\mathcal{G}$上的非齐次二次型。文献[45]中将$\mathcal{D}_{\mathcal{G}}$称为非负二次函数锥。再由

$$\begin{pmatrix}2\left(c_0+\sum_{i=1}^{m}\lambda_i c_i-\sigma\right) & \left(\boldsymbol{q}^0+\sum_{i=1}^{m}\lambda_i\boldsymbol{q}^i\right)^{\mathrm{T}}\\ \boldsymbol{q}^0+\sum_{i=1}^{m}\lambda_i\boldsymbol{q}^i & \boldsymbol{Q}_0+\sum_{i=1}^{m}\lambda_i\boldsymbol{Q}_i\end{pmatrix}$$

$$=-\sum_{i=1}^{m}\lambda_i\begin{pmatrix}-2c_i & -(\boldsymbol{q}^i)^{\mathrm{T}}\\ -\boldsymbol{q}^i & -\boldsymbol{Q}_i\end{pmatrix}-\sigma\begin{pmatrix}2 & \boldsymbol{0}\\ \boldsymbol{0} & \boldsymbol{0}\end{pmatrix}+\begin{pmatrix}2c_0 & (\boldsymbol{q}^0)^{\mathrm{T}}\\ \boldsymbol{q}^0 & \boldsymbol{Q}_0\end{pmatrix},$$

则模型(5.26)为一个线性锥优化问题,我们简称之为非负二次函数锥规划问题。由定理 4.18 的(1)和(3)得到:

(1) 当$\mathcal{G}\supseteq\mathcal{F}$时,则模型(5.26)的最优目标值为 QCQP 最优目标值的下界。

(2) 当$\mathcal{G}=\mathcal{F}$时,则模型(5.26)的最优目标值与 QCQP 最优目标值相等。

由例 2.11 可知:当$\mathcal{G}\neq\varnothing$时,$\mathcal{D}_{\mathcal{G}}$为闭凸锥。因此,模型(5.26)为一个线性锥优化问题,当然也是一个凸优化问题。求解该问题的一个难点是判断$\boldsymbol{U}\in\mathcal{D}_{\mathcal{G}}$。当$\mathcal{G}=\mathbb{R}^n_+$时,$\mathcal{D}_{\mathcal{G}}$称为协正锥,判断$\boldsymbol{U}$不属于这个锥是 NP 完全的[34]。因此,并不是所有线性锥优化问题或凸优化问题都是多项式时间可计算的。

小　　结

因多项式时间复杂度的内点算法可求解到符合精度要求的近似最优解,线性规划、二阶锥规划和半定规划问题被归为可计算的线性锥优化问题。目前的公开计算软件 SeDuMi[59] 和 CVX[20] 都可以高效地求解这些问题。在使用这些软件时,仅仅建立起模型是不够的,需要从理论上知道模型最优解是否可达,否则可能无法解释软件提供的计算结果,详情可以参见第 7 章中的一些计算示例。

仿效第 2 节和第 3 节中二阶锥和半定矩阵可表示集合或函数的建立,一些非线性的优化问题得以写成二阶锥规划和半定规划模型,因此得以计算求解。本书用了很大篇幅分门别类地讨论那些二阶锥可表示的集合(函数)及可半定规划表示的优化问题。如何有系统地将一个非线性规划问题写成二阶锥规划或半定规划模型是解决问题的关键,而写成这样的模型需要有扎实的数学基础,这是线性锥优化的一个重要研究方向。

除可计算的线性规划、二阶锥规划和半定规划问题之外,哪些线性锥优化问题还是可计算的?目前,可计算线性锥优化模型的发现受限于内点算法的可计算范围。从理论上,Y.

E. Nesterov 和 M. J. Todd[39,40]给出了具有自尺度(self-scaled)的线性锥优化问题都可用内点算法高效求解。线性规划、二阶锥规划和半定规划问题都归于此类且其锥均为自对偶锥。Y. Matsukawa 和 A. Yoshise[32]对非自对偶锥$\mathcal{S}_+^n+\mathcal{N}^n$设计了内点算法。因此,线性锥优化算法上的突破对可计算问题的归类起着至关重要的作用。

习 题

5.1 证明二阶锥可表示集合为凸集,二阶锥可表示函数为凸函数。

5.2 已知$\mathcal{X}\subseteq\mathbb{R}^n$且存在映射$\psi$满足:对任给$\boldsymbol{z}\in\mathcal{X}$,存在$\boldsymbol{y}\in\mathbb{R}^m$,使得$\psi:\boldsymbol{y}\to\boldsymbol{z}=\psi(\boldsymbol{y})=\boldsymbol{A}\boldsymbol{y}+\boldsymbol{b}$,其中$\boldsymbol{A}\in\mathcal{M}(n,m)$。记$\psi^{-1}(\mathcal{X})=\{\boldsymbol{y}\in\mathbb{R}^m\mid\psi(\boldsymbol{y})\in\mathcal{X}\}$。证明:当$\mathcal{X}\subseteq\mathbb{R}^n$为二阶锥可表示集合时,$\psi^{-1}(\mathcal{X})$是二阶锥可表示集合。

5.3 设$\mathcal{X}\subseteq\mathbb{R}^n$为二阶锥可表示集合,$\varphi:\boldsymbol{x}\in\mathcal{X}\to\varphi(\boldsymbol{x})=\boldsymbol{A}\boldsymbol{x}+\boldsymbol{b}\in\mathbb{R}^m$,其中$\boldsymbol{A}\in\mathcal{M}(m,n)$。证明:$\varphi(\mathcal{X})=\{\varphi(\boldsymbol{x})\mid\boldsymbol{x}\in\mathcal{X}\}$是二阶锥可表示集合。

5.4 设$g_i(\boldsymbol{x}),i=1,2,\cdots,m$是定义在$\mathbb{R}^n$上的二阶锥可表示函数,证明:$g(\boldsymbol{x})=\max\limits_{1\leqslant i\leqslant m}g_i(\boldsymbol{x})$是二阶锥可表示函数。

5.5 设$g_i(\boldsymbol{x}),i=1,2,\cdots,m$是定义在$\mathbb{R}^n$上的二阶锥可表示函数,$\lambda_i\geqslant 0,i=1,2,\cdots,m$。证明:$\sum\limits_{i=1}^{m}\lambda_i g_i(\boldsymbol{x})$是二阶锥可表示函数。

5.6 设$\mathcal{X}_i,i=1,2,\cdots,s$是二阶锥可表示集合,证明:$\mathcal{X}_1+\mathcal{X}_2+\cdots+\mathcal{X}_s$为二阶锥可表示集合。

5.7 证明:$\mathcal{K}=\{(\boldsymbol{x},t_1,t_2)\in\mathbb{R}^n\times\mathbb{R}_+\times\mathbb{R}_+\mid t_1t_2\geqslant\boldsymbol{x}^{\mathrm{T}}\boldsymbol{x}\}$是二阶锥可表示集合。

5.8 证明:$\mathcal{K}=\{(x_1,x_2,t)^{\mathrm{T}}\in\mathbb{R}_+^2\times\mathbb{R}\mid t\leqslant\sqrt{x_1x_2}\}$是二阶锥可表示集合。

5.9 证明:$\mathcal{K}=\{(x_1,x_2,\cdots,x_{2^L},t)^{\mathrm{T}}\in\mathbb{R}_+^{2^L}\times\mathbb{R}\mid t\leqslant(x_1x_2\cdots x_{2^L})^{\frac{1}{2^L}}\}$,其中$L$为正整数,是二阶锥可表示集合。

5.10 证明:$\mathcal{X}=\{(\boldsymbol{x}_1,\boldsymbol{x}_2,\cdots,\boldsymbol{x}_n,t)^{\mathrm{T}}\in\mathbb{R}_{++}^{n+1}\mid(\boldsymbol{x}_1\boldsymbol{x}_2\cdots\boldsymbol{x}_n)^{-q}\leqslant t\}$二阶锥可表示集合,其中$q$为正有理数。

5.11 设$f(\boldsymbol{x})$为二阶锥可表示函数,即存在$r,\boldsymbol{A}_i,\boldsymbol{p}^i,\boldsymbol{B}_i,\boldsymbol{b}^i,\boldsymbol{u}$,使得

$$\operatorname{epi}(f)=\left\{\begin{pmatrix}\boldsymbol{x}\\t\end{pmatrix}\,\middle|\,f(\boldsymbol{x})\leqslant t\right\}$$

$$=\left\{\begin{pmatrix}\boldsymbol{x}\\t\end{pmatrix}\,\middle|\,(\boldsymbol{A}_i,\boldsymbol{p}^i,\boldsymbol{B}_i)\begin{pmatrix}\boldsymbol{x}\\t\\\boldsymbol{u}\end{pmatrix}\geq_{\mathcal{L}^{n_i}}\boldsymbol{b}^i,1\leqslant i\leqslant r\right\},$$

当存在$\bar{\boldsymbol{x}},\bar{t},\bar{\boldsymbol{u}}$使得

$$(\boldsymbol{A}_i,\boldsymbol{p}^i,\boldsymbol{B}_i)\begin{pmatrix}\bar{\boldsymbol{x}}\\\bar{t}\\\bar{\boldsymbol{u}}\end{pmatrix}>_{\mathcal{L}^{n_i}}\boldsymbol{b}^i,\quad 1\leqslant i\leqslant r$$

时,利用原始问题与共轭对偶问题强对偶的结论证明:$f^*(\boldsymbol{y})$为二阶锥可表示函数。

5.12 试将下问题写成二阶锥规划问题

$$\begin{aligned} \max \quad & \left(\sum_{i=1}^{m} \frac{1}{(\boldsymbol{a}^i)^{\mathrm{T}}\boldsymbol{x}-b_i}\right)^{-1} \\ \text{s.t.} \quad & (\boldsymbol{a}^i)^{\mathrm{T}}\boldsymbol{x}-b_i>0, \quad i=1,2,\cdots,m \\ & \boldsymbol{x}\in\mathbb{R}^n, \end{aligned}$$

其中 $\boldsymbol{a}^i\in\mathbb{R}^n, i=1,2,\cdots,m$ 为给定的常数向量。

5.13 试将下问题写成半定规划问题

$$\begin{aligned} \min \quad & (\boldsymbol{Ax}+\boldsymbol{b})^{\mathrm{T}}(\boldsymbol{I}+\boldsymbol{B}(\mathrm{diag}(\boldsymbol{x}))\boldsymbol{B}^{\mathrm{T}})^{-1}(\boldsymbol{Ax}+\boldsymbol{b}) \\ \text{s.t.} \quad & \boldsymbol{x}\in\mathbb{R}_+^n, \end{aligned}$$

其中 $\boldsymbol{A},\boldsymbol{B}\in\mathcal{M}(n,n),\boldsymbol{b}\in\mathbb{R}^n$ 为给定的常数矩阵和向量。

5.14 将求解给定 n 阶实对称矩阵 $\boldsymbol{A}$ 所有特征值绝对值的最大值问题写成半定规划问题。

5.15 对于给定的 n 阶实对称矩阵 $\boldsymbol{A}$ 和给定的正整数 $K\leqslant n$，证明：下列半定规划问题：

$$\begin{aligned} \min \quad & t \\ \text{s.t.} \quad & t-Ks-\mathrm{tr}(\boldsymbol{X})\geqslant 0 \\ & \boldsymbol{X}-\boldsymbol{A}+s\boldsymbol{I}\in\mathcal{S}_+^n \\ & \boldsymbol{X}\in\mathcal{S}_+^n \\ & s,t\in\mathbb{R} \end{aligned}$$

的最优目标值为 $\boldsymbol{A}$ 的前 K 个(包含第 K 个)较大的特征值之和。

5.16 设 $0\leqslant q\leqslant\dfrac{1}{n}$ 为有理数，$f(\boldsymbol{X})=-(\det(\boldsymbol{X}))^q$，证明：

$$\begin{aligned} \min \quad & f(\boldsymbol{X}) \\ \text{s.t.} \quad & x_{ii}\leqslant 1, \quad i=1,2,\cdots,n \\ & \boldsymbol{X}=(x_{ij})\in\mathcal{S}_+^n \end{aligned}$$

可等价写成一个半定规划问题。请写出等价的半定规划模型。

5.17 证明二阶锥可表示集合/函数为半正定锥可表示集合/函数。

5.18 设

$$f(\boldsymbol{X})=\begin{cases}\det(\boldsymbol{X})^{-q}, & \boldsymbol{X}\in\mathcal{S}_{++}^n\\ +\infty, & \text{其他},\end{cases}$$

其中 $q>0$ 的有理数。证明：

$$\begin{aligned} \min \quad & f(\boldsymbol{X}) \\ \text{s.t.} \quad & \boldsymbol{X}-\boldsymbol{I}\in\mathcal{S}_+^n \\ & \lambda_{\max}(\boldsymbol{X})\leqslant 3 \end{aligned}$$

可等价写成一个半定规划问题，其中 $\lambda_{\max}(\boldsymbol{X})$ 表示 $\boldsymbol{X}$ 的最大特征值。请写出等价的半定规划模型。

5.19 给定 $\boldsymbol{v}^i\in\mathbb{R}^n, i=1,2,\cdots,p$，试将下列问题写成半定规划问题。

(1)
$$\begin{aligned}\min\quad & \left\|\sum_{i=1}^{p}\lambda_i\boldsymbol{v}^i(\boldsymbol{v}^i)^{\mathrm{T}}\right\|_2\\ \text{s.t.}\quad & \sum_{i=1}^{p}\lambda_i=1\\ & \boldsymbol{\lambda}\in\mathbb{R}_+^p。\end{aligned}$$

(2)
$$\begin{aligned}\min\quad & \left(\mathrm{tr}\left(\sum_{i=1}^{p}\lambda_i\boldsymbol{v}^i(\boldsymbol{v}^i)^{\mathrm{T}}\right)\right)^{-1}\\ \text{s.t.}\quad & \sum_{i=1}^{p}\lambda_i=1\\ & \lambda\in\mathbb{R}_+^p。\end{aligned}$$

5.20 已知 $\boldsymbol{S}\in\mathcal{S}_+^n, \boldsymbol{X}\in\mathcal{S}_+^n$，证明：$\boldsymbol{SX}=\boldsymbol{0}$ 的充要条件为 $\boldsymbol{S}\cdot\boldsymbol{X}=\mathrm{tr}(\boldsymbol{SX})=0$。

5.21 设 $\boldsymbol{A},\boldsymbol{C}\in\mathcal{M}(p,m), \boldsymbol{B},\boldsymbol{D}\in\mathcal{M}(n,p), \boldsymbol{E}\in\mathcal{S}^p$ 为给定的实矩阵，记

$$f(\boldsymbol{X})=(\boldsymbol{AXB})(\boldsymbol{AXB})^{\mathrm{T}}+\boldsymbol{CXD}+(\boldsymbol{CXD})^{\mathrm{T}}+\boldsymbol{E},$$

写出下列优化问题等价的半定规划模型。

$$\begin{aligned}\min\quad & \mathrm{tr}(\boldsymbol{Y})\\ \text{s.t.}\quad & \boldsymbol{Y}-f(\boldsymbol{X})\in\mathcal{S}_+^p\\ & \boldsymbol{X}\in\mathcal{M}(m,n)。\end{aligned}$$

5.22 已知 $\boldsymbol{A}\in\mathcal{M}(m,n)$，(1)用共轭对偶方法证明如下半定规划问题

$$\begin{aligned}\max\quad & \boldsymbol{A}\cdot\boldsymbol{Y}\\ \text{s.t.}\quad & \begin{bmatrix}\boldsymbol{I}_m & \boldsymbol{Y}\\ \boldsymbol{Y}^{\mathrm{T}} & \boldsymbol{I}_n\end{bmatrix}\in\mathcal{S}_+^{m+n}\\ & \boldsymbol{Y}\in\mathcal{M}(m,n)\end{aligned}$$

的对偶问题为

$$\begin{aligned}\min\quad & \mathrm{tr}(\boldsymbol{W}_1)+\mathrm{tr}(\boldsymbol{W}_2)\\ \text{s.t.}\quad & \begin{bmatrix}\boldsymbol{W}_1 & -\dfrac{\boldsymbol{A}}{2}\\ -\dfrac{\boldsymbol{A}^{\mathrm{T}}}{2} & \boldsymbol{W}_2\end{bmatrix}\in\mathcal{S}_+^{m+n}\\ & W_1\in\mathcal{S}^m,\quad W_2\in\mathcal{S}^n。\end{aligned}$$

(2) 设 $\mathrm{rank}(\boldsymbol{X})=r$，若 $\boldsymbol{X}=\boldsymbol{U}\Sigma\boldsymbol{V}^{\mathrm{T}}$，其中 $\boldsymbol{U}\in\mathcal{M}(m,r), \boldsymbol{V}\in\mathcal{M}(n,r)$ 具有正交单位列向量，

$$\boldsymbol{\Sigma}=\mathrm{diag}(\sigma_1,\sigma_2,\cdots,\sigma_r)\in\mathcal{M}(r,r)$$

为对角元全正阵，则这样的分解称为奇异值分解。定义 $\|\boldsymbol{X}\|_*=\sum_{i=1}^{r}\sigma_i$，称为核范数(nuclear norm)。证明：上述两个半定规划模型正好都求解 $\boldsymbol{A}$ 的核范数。(提示：利用 $\boldsymbol{Y}=\boldsymbol{UV}^{\mathrm{T}}$ 和 $\boldsymbol{W}_1=\dfrac{1}{2}\boldsymbol{U\Sigma U}^{\mathrm{T}}, \boldsymbol{W}_2=\dfrac{1}{2}\boldsymbol{V\Sigma V}^{\mathrm{T}}$ 分别为上述两个问题的可行解。)

第6章

应用案例

在第 1 章、第 4 章和第 5 章中我们已经给出线性锥优化的部分应用问题，本章进一步提供一些应用案例，以加深对线性锥优化理论的了解。第 1 节基于不同范数的选择，给出描述线性方程组近似解的不同目标和模型，其涉及线性规划、二阶锥规划和半定规划问题。第 2 节根据投资管理问题中有关风险和效益的不同目标要求，建立相应的模型并写成等价的二阶锥规划模型，继而在收益系数不确定的情况下，讨论了投资管理的鲁棒优化模型。第 3 节主要讨论单变量的多项式优化问题，给出了半定规划的求解方案。第 4 节在鲁棒优化的考虑下，讨论凸二次约束二次规划的二阶锥和半定规划模型。

本章的主要工作是将优化问题转化成等价的线性锥优化模型，然后交予公开的计算软件计算。至于问题本身理论上是否最优解可达，本章并没有全部回答。实际应用中，应该根据数据的具体情况，通过第 4 章和第 5 章的理论给出问题最优解可达的结论，再进行计算。有关可计算线性锥优化一些公开算法和使用，请参考第 7 章。

第 1 节　线性方程组近似与稀疏解

一些应用问题可以归结为线性方程组的近似求解，所谓线性方程组的近似解(approximation solution of linear equations)定义为：给定 $\boldsymbol{A}\in\mathcal{M}(m,n)$ 和 $\boldsymbol{b}\in\mathbb{R}^m$，寻求使得 $\boldsymbol{Ax}=\boldsymbol{b}$ 尽可能满足的近似解。

在数据处理过程中，根据不同需要可以给出不同的目标函数使得 $\boldsymbol{Ax}=\boldsymbol{b}$ 尽可能满足。最为直观的是 l_1 范数(l_1-norm)模型，实用中较为常见的是最小二乘方法(least square method)，根据实际的需求又产生了 l_∞ 范数(l_∞-norm)和对数近似(logarithmic approximation)等不同的近似解模型。下面将逐一介绍。

1. l_1 范数模型

l_1 范数的基本模型为

$$\min_{x\in\mathbb{R}^n}\|\boldsymbol{Ax}-\boldsymbol{b}\|_1 \tag{6.1}$$

其中 $\boldsymbol{A}\in\mathcal{M}(m,n)$ 和 $\boldsymbol{b}\in\mathbb{R}^m$ 为给定的常数，定义

$$\|\boldsymbol{y}\|_1=\sum_{i=1}^{m}|y_i|,\quad \boldsymbol{y}\in\mathbb{R}^m。$$

这个模型最为直观，偏差的大小 $\|\boldsymbol{Ax}-\boldsymbol{b}\|_1$ 与 $\boldsymbol{b}$ 都采用相同计量单位，但 $\|\boldsymbol{Ax}-\boldsymbol{b}\|_1$ 对于 $\boldsymbol{x}$ 是一个非光滑函数。从优化的角度来看模型(6.1)等价如下模型

$$\begin{aligned}\min\quad & \sum_{i=1}^{m}t_i\\ \text{s.t.}\quad & -t_i\leqslant\sum_{j=1}^{n}a_{ij}x_j-b_i\leqslant t_i,\quad i=1,2,\cdots,m\\ & \boldsymbol{x}\in\mathbb{R}^n,(t_1,t_2,\cdots,t_m)^{\mathrm{T}}\in\mathbb{R}_+^m,\end{aligned}\tag{6.2}$$

其中 $\boldsymbol{A}=(a_{ij})$，$\boldsymbol{b}=(b_1,b_2,\cdots,b_m)^{\mathrm{T}}$。

这其实是一个线性规划模型，据此处理了 $\|\boldsymbol{Ax}-\boldsymbol{b}\|_1$ 对于 $\boldsymbol{x}$ 非光滑的问题，同时也说明本问题可计算。

2. l_2 范数模型

l_2 范数的基本模型为

$$\min_{x\in\mathbf{R}^n}\|\boldsymbol{Ax}-\boldsymbol{b}\|_2,\tag{6.3}$$

其中定义 $\|\boldsymbol{y}\|_2=\sqrt{\sum_{i=1}^{m}y_i^2}$，$\boldsymbol{y}\in\mathbb{R}^m$，或二次目标函数的形式

$$\min_{x\in\mathbf{R}^n}\|\boldsymbol{Ax}-\boldsymbol{b}\|_2^2=\min_{x\in\mathbf{R}^n}(\boldsymbol{Ax}-\boldsymbol{b})^{\mathrm{T}}(\boldsymbol{Ax}-\boldsymbol{b})。$$

上述模型通常称为最小二乘模型，由二阶锥的定义，可知其等价于如下的优化模型

$$\begin{aligned}\min\quad & t\\ \text{s.t.}\quad & \begin{pmatrix}\boldsymbol{Ax}-\boldsymbol{b}\\ t\end{pmatrix}\in\mathcal{L}^{m+1}\\ & \boldsymbol{x}\in\mathbb{R}^n,\quad t\in\mathbb{R}。\end{aligned}\tag{6.4}$$

这是一个具有模型(5.3)形式的二阶锥规划不等式约束模型。更深一个层次的应用研究需要知道上述模型最优解是否可达。利用第 4 章的结果，其对偶问题为

$$\begin{aligned}\max\quad & \boldsymbol{b}^{\mathrm{T}}\boldsymbol{y}\\ \text{s.t.}\quad & \boldsymbol{A}^{\mathrm{T}}\boldsymbol{y}=\boldsymbol{0}\\ & s=1\\ & \begin{pmatrix}\boldsymbol{y}\\ s\end{pmatrix}\in\mathcal{L}^{m+1}。\end{aligned}$$

明显可以看出

$$\begin{pmatrix}\boldsymbol{y}\\ s\end{pmatrix}=\begin{pmatrix}\boldsymbol{0}\\ 1\end{pmatrix}\in\operatorname{int}(\mathcal{L}^{m+1})。$$

由原问题(6.4)可行解集非空及对偶模型的定义得知，上述对偶问题有上界。综上并由定理 5.4 得知模型(6.4)的最优解可达，并且原始对偶问题有强对偶性。非常直观，当 $\boldsymbol{A}$ 的行向量满秩时，$\boldsymbol{A}^{\mathrm{T}}\boldsymbol{y}=\boldsymbol{0}$ 有唯一的解 $\boldsymbol{y}=\boldsymbol{0}$，其目标值为 $\boldsymbol{b}^{\mathrm{T}}\boldsymbol{y}=0$。由强对偶性便可得到原问题的最小二乘解为精确解。这与线性代数理论完全吻合。

实际上，在假设模型(6.3)中的 $\boldsymbol{A}$ 列满秩条件下，令 $F(\boldsymbol{x})=\|\boldsymbol{A}\boldsymbol{x}-\boldsymbol{b}\|_2^2=(\boldsymbol{A}\boldsymbol{x}-\boldsymbol{b})^{\mathrm{T}}(\boldsymbol{A}\boldsymbol{x}-\boldsymbol{b})$，由于 $F(\boldsymbol{x})$ 为凸函数和

$$\frac{\partial}{\partial x}F(\boldsymbol{x})=2\boldsymbol{A}^{\mathrm{T}}(\boldsymbol{A}\boldsymbol{x}-\boldsymbol{b})=0,$$

解出

$$\boldsymbol{x}=(\boldsymbol{A}^{\mathrm{T}}\boldsymbol{A})^{-1}\boldsymbol{A}^{\mathrm{T}}\boldsymbol{b}$$

为模型(6.3)的最优解。

到此，最小二乘问题就有两种求解方法。这两种方法哪个更好？从应用的角度来讲，计算速度快慢和占用计算空间大小是比较好坏的重要指标。因此，后一种方法的应用更为广泛。

3. l_∞ 范数模型

l_∞ 范数的基本模型为

$$\min_{x\in\mathbf{R}^n}\|\boldsymbol{A}\boldsymbol{x}-\boldsymbol{b}\|_\infty \tag{6.5}$$

其中定义

$$\|\boldsymbol{y}\|_\infty=\max_{1\leqslant i\leqslant m}|y_i|,\quad \boldsymbol{y}\in\mathbb{R}^m。$$

其等价线性规划模型如下：

$$\begin{aligned}
&\min\quad t\\
&\text{s.t.}\quad -t\leqslant\sum_{j=1}^n a_{ij}x_j-b_i\leqslant t,\quad i=1,2,\cdots,m\\
&\qquad\ \ \boldsymbol{x}\in\mathbb{R}^n,\quad t\in\mathbb{R}_+。
\end{aligned}\tag{6.6}$$

比较 l_1 和 l_∞ 范数模型，前者认为每一组数据的偏差 $\left|\sum_{j=1}^n a_{ij}x_j-b_i\right|$ 受关注程度相同，因此要求总体和 $\sum_{i=1}^m t_i$ 最小。而后者则要求

$$\left|\sum_{j=1}^n a_{ij}x_j-b_i\right|,\quad i=1,2,\cdots,m$$

中最大的偏差最小，更关注个体绝对偏差的控制。

4. 对数范数模型

将 $\boldsymbol{b}=(b_1,b_2,\cdots,b_m)^{\mathrm{T}}$ 的分量按非递减顺序排列并画出这 m 个点的图，当发现 $\boldsymbol{b}$ 的取值范围过大且数值呈现指数函数的图形时，我们可以采用预处理的方法而考虑 $\log b_i$ 和 $\log(\sum_{j=1}^n a_{ij}x_j)$ 的偏差作为评价指标，此时要求数据满足 $b_i>0$ 和 $\sum_{j=1}^n a_{ij}x_j>0$。对数范数模型为

$$\min_{x\in\mathbf{R}^n}\max_{1\leqslant i\leqslant m}\left|\log(\sum_{j=1}^n a_{ij}x_j)-\log b_i\right|。\tag{6.7}$$

上述模型依据 l_∞ 范数的逻辑而建立，可以写成如下等价的模型

$$
\begin{aligned}
\min \quad & t \\
\text{s. t.} \quad & \frac{1}{t} \leqslant \frac{\sum_{j=1}^{n} a_{ij} x_j}{b_i} \leqslant t, \quad i = 1,2,\cdots,m \\
& \boldsymbol{x} \in \mathbb{R}^n, \quad t \in \mathbb{R}_{++}。
\end{aligned} \tag{6.8}
$$

进一步可写成下列半定规划等价模型

$$
\begin{aligned}
\min \quad & t \\
\text{s. t.} \quad & \begin{pmatrix} t - \dfrac{\sum_{j=1}^{n} a_{ij} x_j}{b_i} & 0 & 0 \\ 0 & \dfrac{\sum_{j=1}^{n} a_{ij} x_j}{b_i} & 1 \\ 0 & 1 & t \end{pmatrix} \in \mathcal{S}_+^3, \quad i = 1,2,\cdots,m \\
& \boldsymbol{x} \in \mathbb{R}^n, \quad t \in \mathbb{R}_+。
\end{aligned} \tag{6.9}
$$

如果想进一步从理论上研究上述半定规划问题的最优解可达性，则第 5 章的半定规划理论可以提供充分条件。先将其写成形如(5.11)式的半定规划不等式形式

$$
\begin{aligned}
\min \quad & t \\
\text{s. t.} \quad & \sum_{j=1}^{n} \boldsymbol{A}_j x_j + \boldsymbol{A}_0 t - \boldsymbol{D} \in S_+^{3m} \\
& \boldsymbol{x} \in \mathbb{R}^n, \quad t \in \mathbb{R}_+,
\end{aligned}
$$

其中

$$
\boldsymbol{A}_j = \begin{pmatrix}
-\dfrac{a_{1j}}{b_1} & 0 & 0 & \cdots & 0 & 0 & 0 \\
0 & \dfrac{a_{1j}}{b_1} & 0 & \cdots & 0 & 0 & 0 \\
0 & 0 & 0 & \cdots & 0 & 0 & 0 \\
\vdots & \vdots & \vdots & \ddots & \vdots & \vdots & \vdots \\
0 & 0 & 0 & \cdots & -\dfrac{a_{mj}}{b_m} & 0 & 0 \\
0 & 0 & 0 & \cdots & 0 & \dfrac{a_{mj}}{b_m} & 0 \\
0 & 0 & 0 & \cdots & 0 & 0 & 0
\end{pmatrix}
$$

$$
\boldsymbol{A}_0 = \begin{pmatrix}
1 & 0 & 0 & \cdots & 0 & 0 & 0 \\
0 & 0 & 0 & \cdots & 0 & 0 & 0 \\
0 & 0 & 1 & \cdots & 0 & 0 & 0 \\
\vdots & \vdots & \vdots & \ddots & \vdots & \vdots & \vdots \\
0 & 0 & 0 & \cdots & 1 & 0 & 0 \\
0 & 0 & 0 & \cdots & 0 & 0 & 0 \\
0 & 0 & 0 & \cdots & 0 & 0 & 1
\end{pmatrix}
$$

$$
-\boldsymbol{D}=\begin{pmatrix}
0 & 0 & 0 & \cdots & 0 & 0 & 0\\
0 & 0 & 1 & \cdots & 0 & 0 & 0\\
0 & 1 & 0 & \cdots & 0 & 0 & 0\\
\vdots & \vdots & \vdots & \ddots & \vdots & \vdots & \vdots\\
0 & 0 & 0 & \cdots & 0 & 0 & 0\\
0 & 0 & 0 & \cdots & 0 & 0 & 1\\
0 & 0 & 0 & \cdots & 0 & 1 & 0
\end{pmatrix}
$$

注意上式与(5.11)式形式的微小差别。按(5.11)式的要求,需要满足 $\boldsymbol{x}\in\mathbb{R}_{+}^{n}$。在目前的条件下,观察导出(5.12)式共轭对偶的过程,对偶问题中 x_i 变量对应的约束由不等式号变成等号,亦即是

$$
\begin{aligned}
\max\quad & \boldsymbol{D}\cdot\boldsymbol{Y}\\
\text{s.t.}\quad & \boldsymbol{A}_i\cdot\boldsymbol{Y}=0,\quad j=1,2,\cdots,n\\
& \boldsymbol{A}_j\cdot\boldsymbol{Y}\leqslant 1\\
& \boldsymbol{Y}\in\mathcal{S}_{+}^{3m}。
\end{aligned}
$$

明显可见,可以选充分小的 $\varepsilon>0$ 使得 $\bar{\boldsymbol{Y}}=\varepsilon\boldsymbol{I}\in\mathcal{S}_{++}^{3m}$ 且 $\boldsymbol{A}_0\cdot\bar{\boldsymbol{Y}}<1$。在原问题可行解集非空的假设下,由定理 4.23 得知模型(6.9)的最优解可达,即该问题可解。

5. 正则化近似方法与稀疏解

在线性方程组近似求解问题中,可能会有稀疏要求,即不但要求 $\boldsymbol{Ax}-\boldsymbol{b}$ 的偏差较小,同时要求 $\boldsymbol{x}$ 非零变量的个数尽量少。这样的要求是稀疏优化或数据压缩领域一个重要指标。非零变量个数用 0 范数定义为

$$\|\boldsymbol{x}\|_0=\{i\mid x_i\neq 0,i=1,2,\cdots,n\}\text{ 中元素的个数。}$$

一旦加入 0 范数的要求,线性方程组近似求解优化问题就变成一个有组合性质的优化问题,其计算难度就可能增加。如对最小二乘问题(6.3)改进模型为

$$
\begin{aligned}
\min\quad & \|\boldsymbol{Ax}-\boldsymbol{b}\|_2\\
\text{s.t.}\quad & \|\boldsymbol{x}\|_0\leqslant s\\
& \boldsymbol{x}\in\mathbb{R}^n,
\end{aligned}
$$

其中 s 是一个给定的正整数,表示非 0 决策变量数的上限。由于 0 范数的组合优化特性及造成直接求解问题的难度,如何处理 $\|\boldsymbol{x}\|_0\leqslant s$ 这项约束以便于稀疏问题的计算求解成为学术界研究的话题。数值实验发现利用在目标函数中加入 $\|\boldsymbol{x}\|_1$ 项,其计算得到的最优解有非常好的稀疏结果。由此,一个 l_1 正则化松弛模型为 $\min\limits_{x\in\mathbf{R}^n}(\|\boldsymbol{Ax}-\boldsymbol{b}\|_2+\alpha\|\boldsymbol{x}\|_1)$,其中 $\alpha>0$ 称为正则化因子,α 越大越呈现 $\|\boldsymbol{x}\|_1$ 的重要性,其稀疏性的表现就越好。由上面 l_1,l_2 范数模型的讨论以及定理 5.9(3)的结论可知,上述模型为一个凸优化松弛模型。

对 $0<p$,我们可以一般性定义

$$\|\boldsymbol{x}\|_p=\left(\sum_{i=1}^{n}|x_i|^p\right)^{1/p}。$$

当 $p\geqslant 1$ 时,$\|\boldsymbol{x}\|_p$ 关于 $\boldsymbol{x}$ 是凸函数,满足三角不等式,由此定义了范数。当 $0<p<1$ 时,则 $\|\boldsymbol{x}\|_p$ 关于 $\boldsymbol{x}$ 不再具有凸性,不满足范数的定义。但目前学术界习惯将 $\|\boldsymbol{x}\|_p(p>0)$ 称为 l_p 范数。当 p 越接近 0 时,$\|\boldsymbol{x}\|_p$ 对 $\|\boldsymbol{x}\|_0$ 的近似越好,因此,直接研究 $l_p(0<p<1)$ 范数所

具有的性质是一个值得关注的方向。

根据以上讨论得知，要分析一个线性锥优化问题是否可求出最优解，我们可利用对偶模型和共轭对偶理论给出最优解可达的充分条件。针对每一个具体的计算实例，该例的最优解可达性需要就具体模型做具体分析。为了突显问题的建模过程，在以下应用问题的介绍中我们将省略模型最优解可达性的分析，读者可以根据需要自行补足。

第 2 节　投资管理问题

面对投资市场上成千上万的投资机会以及瞬息万变的投资环境，投资者最关心的问题自然是投资收益率的高低及投资风险的大小，这就产生了投资管理(portfolio management)问题。早在 1952 年，Harry M. Markowitz[31] 就将数理统计的均值方差概念引入到资产组合选择的研究中，第一次给出了风险和收益的量化定义。他的基本假定是(1)所有投资者都是风险规避的；(2)所有投资者处于同一单期投资期；(3)投资者根据收益率的均值和方差选择投资组合，使其在给定的风险水平下期望收益率最高，或者在给定的期望收益率水平下风险最小。

假定投资者有 n 种投资选择，投资的期望收益率为 $\boldsymbol{b}\in\mathbb{R}^n$。假设每两种投资产品之间的期望收益率相关，则组合投资的期望收益率存在一个半正定协方差矩阵 $\boldsymbol{V}$。若投资者对每种产品的投资百分比为 $\boldsymbol{x}\in\mathbb{R}^n_+$，第一类模型可以归结为在满足一定的收益条件下最小化投资风险：

$$\begin{aligned}\min\quad & \boldsymbol{x}^{\mathrm{T}}\boldsymbol{V}\boldsymbol{x}\\ \text{s.t.}\quad & \boldsymbol{b}^{\mathrm{T}}\boldsymbol{x}\geqslant\mu\\ & \boldsymbol{e}^{\mathrm{T}}\boldsymbol{x}=1\\ & \boldsymbol{x}\in\mathbb{R}^n_+,\end{aligned}\tag{6.10}$$

其中，$\boldsymbol{e}=(1,1,\cdots,1)^{\mathrm{T}}$，$\mu$ 为给定的收益下界。以 $\boldsymbol{x}^{\mathrm{T}}\boldsymbol{V}\boldsymbol{x}$ 最小为目标，表示投资产品间相关性越小，风险也就越小。

由于 $\boldsymbol{V}$ 是一个半正定矩阵，因此上述模型为一个凸二次规划问题。可变形为

$$\begin{aligned}\min\quad & t\\ \text{s.t.}\quad & \boldsymbol{x}^{\mathrm{T}}\boldsymbol{V}\boldsymbol{x}\leqslant t\\ & b^{\mathrm{T}}\boldsymbol{x}\geqslant\mu\\ & \boldsymbol{e}^{\mathrm{T}}\boldsymbol{x}=1\\ & \boldsymbol{x}\in\mathbb{R}^n_+,t\in\mathbb{R}\,。\end{aligned}$$

由第 5 章第 2 节二阶锥可表示函数的结论，可知其等价于如下一个二阶锥规划问题

$$\begin{aligned}\min\quad & t\\ \text{s.t.}\quad & \begin{pmatrix}\boldsymbol{B}\boldsymbol{x}\\ \dfrac{1-t}{2}\\ \dfrac{1+t}{2}\end{pmatrix}\in\mathcal{L}^{r+2}\end{aligned}\tag{6.11}$$

$$
\begin{aligned}
&\boldsymbol{b}^{\mathrm{T}}\boldsymbol{x} \geqslant \mu \\
&\boldsymbol{e}^{\mathrm{T}}\boldsymbol{x} = 1 \\
&\boldsymbol{x} \in \mathbb{R}_{+}^{n}, \quad t \in \mathbb{R},
\end{aligned}
$$

其中 $r=\operatorname{rank}(\boldsymbol{V}), \boldsymbol{V}=\boldsymbol{B}^{\mathrm{T}}\boldsymbol{B}, \boldsymbol{B}\in\mathcal{M}(r,n)$。

另一个情景是将最大风险控制在 ν 以下的最大化期望收益投资问题

$$
\begin{aligned}
\max \quad & \boldsymbol{b}^{\mathrm{T}}\boldsymbol{x} \\
\text{s.t.} \quad & \boldsymbol{x}^{\mathrm{T}}\boldsymbol{V}\boldsymbol{x} \leqslant \nu \\
& \boldsymbol{e}^{\mathrm{T}}\boldsymbol{x} = 1 \\
& \boldsymbol{x} \in \mathbb{R}_{+}^{n}。
\end{aligned}
\tag{6.12}
$$

可以写成如下的等价模型

$$
\begin{aligned}
\max \quad & \boldsymbol{b}^{\mathrm{T}}\boldsymbol{x} \\
\text{s.t.} \quad & \begin{pmatrix} \boldsymbol{B}\boldsymbol{x} \\ \dfrac{1-\nu}{2} \\ \dfrac{1+\nu}{2} \end{pmatrix} \in \mathcal{L}^{n+2} \\
& \boldsymbol{e}^{\mathrm{T}}\boldsymbol{x} = 1 \\
& \boldsymbol{x} \in \mathbb{R}_{+}^{n}。
\end{aligned}
\tag{6.13}
$$

当然,我们还关心在满足一定收益的条件下,单位收益风险最小的第三类模型

$$
\begin{aligned}
\min \quad & \frac{\boldsymbol{x}^{\mathrm{T}}\boldsymbol{V}\boldsymbol{x}}{\boldsymbol{b}^{\mathrm{T}}\boldsymbol{x}} \\
\text{s.t.} \quad & \boldsymbol{b}^{\mathrm{T}}\boldsymbol{x} \geqslant \mu \\
& \boldsymbol{e}^{\mathrm{T}}\boldsymbol{x} = 1 \\
& \boldsymbol{x} \in \mathbb{R}_{+}^{n}。
\end{aligned}
\tag{6.14}
$$

由第 5 章第 2 节二阶锥可表示函数的分式函数结论,模型(6.14)可等价地写成下列二阶锥规划模型

$$
\begin{aligned}
\min \quad & t \\
\text{s.t.} \quad & \begin{pmatrix} \boldsymbol{B}\boldsymbol{x} \\ \dfrac{t-s}{2} \\ \dfrac{t+s}{2} \end{pmatrix} \in \mathcal{L}^{n+2} \\
& \boldsymbol{b}^{\mathrm{T}}\boldsymbol{x} - s = 0 \\
& \boldsymbol{e}^{\mathrm{T}}\boldsymbol{x} = 1 \\
& s \geqslant \mu \\
& \boldsymbol{x} \in \mathbb{R}_{+}^{n}, \quad s, t \in \mathbb{R}。
\end{aligned}
\tag{6.15}
$$

注意到前面假设投资期望收益率 $\boldsymbol{b}$ 为确定常数,我们可以考虑在另一类较为实际的环境中,$\boldsymbol{b}$ 为一个不确定的收益率,但在

$$\mathcal{B}=\left\{\boldsymbol{b}^0+\sum_{j=1}^{p}w_j\boldsymbol{v}^j \mid \|\boldsymbol{w}\|_2\leqslant 1\right\}$$

区域中变化。上述区域中，$\boldsymbol{b}^0\in\mathbb{R}^n$ 为常数，表示收益率的中间点；p 为引起收益率不确定的主因素个数；$\boldsymbol{v}^j$ 表示第 j 个主因素变化的规范化向量且 $\{\boldsymbol{v}^j, j=1,2,\cdots,p\}$ 线性无关。$\mathcal{B}$ 的几何直观是 p 维仿射空间中一个以 $\boldsymbol{b}^0$ 为中心点，$\{\boldsymbol{v}^j, j=1,2,\cdots,p\}$ 为轴方向和轴长度 $\|\boldsymbol{v}^j\|^2$ 的椭球。在以上不确定环境下，可以考虑一个最低收益不低于 μ 的鲁棒投资管理(robust portfolio management)问题

$$\begin{aligned}\min\quad & \boldsymbol{x}^{\mathrm{T}}\boldsymbol{V}\boldsymbol{x}\\ \text{s. t.}\quad & \min_{b\in\mathcal{B}}\boldsymbol{b}^{\mathrm{T}}\boldsymbol{x}\geqslant\mu\\ & \boldsymbol{e}^{\mathrm{T}}\boldsymbol{x}=1\\ & \boldsymbol{x}\in\mathbb{R}^n_+,\end{aligned}\tag{6.16}$$

其中 $\boldsymbol{V}$ 和 $\boldsymbol{e}$ 的定义与模型(6.10)中的相同。

注意模型(6.16)中，依据$\mathcal{B}$的定义，可得到

$$\min_{b\in\mathcal{B}}\boldsymbol{b}^{\mathrm{T}}\boldsymbol{x}\geqslant\mu\Leftrightarrow(\boldsymbol{b}^0)^{\mathrm{T}}\boldsymbol{x}+\min_{\|\boldsymbol{w}\|_2\leqslant 1}\sum_{j=1}^{p}w_j(\boldsymbol{v}^j)^{\mathrm{T}}\boldsymbol{x}\geqslant\mu。$$

将 $\boldsymbol{w}$ 看成变量且要求 $\|\boldsymbol{w}\|_2\leqslant 1$，则知其在 $-((\boldsymbol{v}^1)^{\mathrm{T}}\boldsymbol{x},(\boldsymbol{v}^2)^{\mathrm{T}}\boldsymbol{x},\cdots,(\boldsymbol{v}^p)^{\mathrm{T}}\boldsymbol{x})^{\mathrm{T}}$ 方向且长度为 1 的点上取得最小值。记 $\boldsymbol{Q}=(\boldsymbol{v}^1,\boldsymbol{v}^2,\cdots,\boldsymbol{v}^p)$，则

$$\min_{\|\boldsymbol{w}\|_2\leqslant 1}\sum_{j=1}^{p}w_j(\boldsymbol{v}^j)^{\mathrm{T}}\boldsymbol{x}=-\sqrt{\boldsymbol{x}^{\mathrm{T}}\boldsymbol{Q}\boldsymbol{Q}^{\mathrm{T}}\boldsymbol{x}}。$$

因此可知

$$\min_{b\in\mathcal{B}}\boldsymbol{b}^{\mathrm{T}}\boldsymbol{x}\geqslant\mu\Leftrightarrow\sqrt{\boldsymbol{x}^{\mathrm{T}}\boldsymbol{Q}\boldsymbol{Q}^{\mathrm{T}}\boldsymbol{x}}\leqslant(\boldsymbol{b}^0)^{\mathrm{T}}\boldsymbol{x}-\mu。$$

根据与模型(6.10)化成二阶锥规划模型(6.11)相同的道理，模型(6.16)等价于如下的一个二阶锥规划问题

$$\begin{aligned}\min\quad & t\\ \text{s. t.}\quad & \begin{pmatrix}\boldsymbol{B}\boldsymbol{x}\\ \dfrac{1-t}{2}\\ \dfrac{1+t}{2}\end{pmatrix}\in\mathcal{L}^{n+2}\\ & \begin{pmatrix}\boldsymbol{Q}^{\mathrm{T}}\boldsymbol{x}\\ (\boldsymbol{b}^0)^{\mathrm{T}}\boldsymbol{x}-\mu\end{pmatrix}\in\mathcal{L}^{p+1}\\ & \boldsymbol{e}^{\mathrm{T}}\boldsymbol{x}=1\\ & \boldsymbol{x}\in\mathbb{R}^n_+。\end{aligned}\tag{6.17}$$

到此，我们发现投资管理中一定收益条件下的风险最小化、风险控制 下的收益最大化、单位收益风险最小化和鲁棒投资优化管理等四类模型都可化成了二阶锥规划模型，并都是可计算问题。

第3节 单变量多项式优化

单变量 x 的 n 阶多项式可表示为

$$p(x)=a_nx^n+a_{n-1}x^{n-1}+\cdots+a_1x+a_0,$$

其中，$a_i\in\mathbb{R}$，$i=0,1,2,\cdots,n$。明显看出，当 n 为奇数且 $a_n\neq 0$ 时，$p(x)$在$\mathbb{R}$中无上下界。当 n 为偶数且 $a_n\neq 0$ 时，$p(x)$依据 a_n 的符号，有下界或上界。下面仅考虑当 n 为偶数且 $a_n>0$ 时的情形，此时 $p(x)$有下界。考虑下列的优化问题

$$\begin{aligned}\min\quad & p(x)\\ \text{s.t.}\quad & x\in\mathbb{R},\end{aligned}\tag{6.18}$$

其中 $p(x)=x^{2n}+a_{2n-1}x^{2n-1}+\cdots+a_1x+a_0$。

上述模型可等价写成

$$\begin{aligned}\max\quad & t\\ \text{s.t.}\quad & p(x)\geqslant t,\forall x\in\mathbb{R}\\ & t\in\mathbb{R}。\end{aligned}\tag{6.19}$$

这是一种半无限规划模型的描述。下面介绍一种用半定规划模型求解问题(6.18)的最小值的方法。

若 $p(x)=\sum_{i=1}^{r}q_i(x)^2$ 时，其中 $q_i(x)$ 为多项式且 $r\geqslant 1$ 为整数，则称 $p(x)$ 可以表示成多项式平方和(sum of squares)。明显可以看出，当 $p(x)$ 可以表示成多项式平方和时，则 $p(x)$ 为偶数阶多项式且 $p(x)\geqslant 0$ 对所有 $x\in\mathbb{R}$ 成立，故此时其为一个非负多项式(nonnegative polynomial)。

反之，当 $p(x)$为一个 n 阶非负多项式时，可知 n 为偶数且 $a_n>0$。进一步，由于 $p(x)$为$\mathbb{R}$上的连续函数，当 x 趋于$\pm\infty$时，$p(x)$趋于正无穷。因此，$p(x)$的最小值可达并记可达点为 x_0 和最小值为 t_0。此时，由代数学基本定理得到 $p(x)-t_0=q(x)(x-x_0)^{n_0}\geqslant 0$ 对所有 $x\in\mathbb{R}$ 成立，其中 $q(x_0)\neq 0$。由此推出，$n_0\geqslant 2$ 为偶数且 $q(x)$为非负多项式。注意到当 $q(x)$为二阶非负多项式时，一定可以写成多项式平方和的形式，也就是 0 次或 1 次函数的平方和形式。再由归纳法假设任意一个阶数不超过 $n-1$ 的非负多项式可以写成多项式平方和形式，记 $q(x)=\sum_{i=1}^{r}q_i(x)^2$，则

$$p(x)=q(x)(x-x_0)^{n_0}+t_0=\sum_{i=1}^{r}(q_i(x)(x-x_0)^{n_0/2})^2+(\sqrt{t_0})^2,$$

即得到 $p(x)$为多项式平方和。

总结上面的讨论，$p(x)$为非负多项式的充分必要条件是其可以表示成多项式平方和形式。当 $2n$ 阶多项式 $p(x)$写成平方和形式 $\sum_{i=1}^{r}q_i(x)^2$ 时，记

$$(q_1(x),q_2(x),\cdots,q_r(x))^{\mathrm{T}}=\boldsymbol{P}(1,x,x^2,\cdots,x^n)^{\mathrm{T}},$$

其中 $\boldsymbol{P}$ 为一个 $n+1$ 阶矩阵，则有

$$
\begin{aligned}
p(x) &= \sum_{i=1}^{r} q_i(x)^2 = (q_1(x), q_2(x), \cdots, q_r(x))(q_1(x), q_2(x), \cdots, q_r(x))^{\mathrm{T}} \\
&= (1, x, x^2, \cdots, x^n)\boldsymbol{P}^{\mathrm{T}}\boldsymbol{P}(1, x, x^2, \cdots, x^n)^{\mathrm{T}} \\
&= (1, x, x^2, \cdots, x^n)\boldsymbol{X}(1, x, x^2, \cdots, x^n)^{\mathrm{T}},
\end{aligned}
$$

此处 $\boldsymbol{X}=\boldsymbol{P}^{\mathrm{T}}\boldsymbol{P}$ 为一个 $n+1$ 阶的半正定矩阵。反之，任何一个上述形式的多项式一定为非负多项式。

模型(6.19)中，约束要求 $p(x)-t=x^{2n}+a_{2n-1}x^{2n-1}+\cdots+a_1x+a_0-t$ 为非负多项式。因此，其模型等价为

$$
\begin{aligned}
\max \quad & t \\
\text{s.t.} \quad & x_{11}+t=a_0 \\
& \sum_{i+j=2(n+1)-k} x_{ij}=a_{2n-k}, \quad k=1,2,\cdots,2n-1 \\
& x_{n+1,n+1}=1 \\
& \boldsymbol{X}=(x_{ij}) \in \mathcal{S}_{+}^{n+1}, \quad t \in \mathbb{R}\text{。}
\end{aligned}
\tag{6.20}
$$

上式是一个半定规划模型，因此求解问题(6.18)的最优值就等价于线性锥优化中的半定规划问题求解。如何求解问题(6.18)的一个最优解还是一个有待解决的问题。

上述单变量多项式的优化求解方法带来了对多变量多项式最优化问题求解的尝试。一个多变量非负多项式能否写成平方和形式，这正是 David Hilbert(1862—1943)在 1900 年提出的 23 个问题中的第 17 个。1927 年匈牙利科学家 Emil Artin(1898—1962)给出一个否定的回答。理论上的结果告知，一个多变量非负多项式虽不一定能写成多项式平方和形式，但对于给定的任何非零精度，可以通过一个多项式平方和逼近。这也就给多项式优化的求解带来了一线光明。2001 年，文献[29]采用平方和逼近多项式并用半定规划求解的方法给出求解多项式优化的计算方法。当时也引起学术界的关注，但 计算效率的不理想又使得这方面的研究暂时冷却下来。

第 4 节　鲁棒凸二次约束二次优化问题

第 5 章第 2 节已经建立了一个鲁棒线性规划模型，在此研究鲁棒凸二次约束二次规划。考虑如下的鲁棒凸二次约束二次规划问题

$$
\begin{aligned}
\min \quad & \boldsymbol{d}^{\mathrm{T}}\boldsymbol{x} \\
\text{s.t.} \quad & \frac{1}{2}\boldsymbol{x}^{\mathrm{T}}\boldsymbol{A}_i^{\mathrm{T}}\boldsymbol{A}_i\boldsymbol{x}+(\boldsymbol{q}^i)^{\mathrm{T}}\boldsymbol{x}+c_i \leqslant 0, \quad i=1,2,\cdots,m \\
& (\boldsymbol{A}_i, \boldsymbol{q}^i, c_i) \in \left\{(\boldsymbol{A}_i^0, \boldsymbol{q}^{i0}, c_i^0)+\sum_{j=1}^{p_i} u_j(\boldsymbol{A}_i^j, \boldsymbol{q}^{ij}, c_i^j) \mid \|\boldsymbol{u}\|_2 \leqslant 1\right\} \\
& \boldsymbol{x} \in \mathbb{R}^n,
\end{aligned}
$$

其中 $\boldsymbol{d}\in\mathbb{R}^n$ 为给定的系数，p_i 为影响第 i 个约束中系数变化的因素个数，$\boldsymbol{A}_i\in\mathcal{M}(r_i,n)$，$\boldsymbol{q}^i\in\mathbb{R}^n$ 和 $c_i\in\mathbb{R}$ 为不确定系数，$\boldsymbol{A}_i^j\in\mathcal{M}(r_i,n)$，$\boldsymbol{q}^{ij}\in\mathbb{R}^n$ 和 $c_i^j\in\mathbb{R}$ 为给定的常数。

上述模型中，假设 m 个约束间的系数不确定性相互独立，即第 i 个约束中的系数单独

变化，只与中位值$(\boldsymbol{A}_i^0,\boldsymbol{q}^{i0},c_i^0)$和各个方向的最大量$\{(\boldsymbol{A}_i^j,\boldsymbol{q}^{ij},c_i^j),j=1,2,\cdots,p_i\}$有关。这些数据可以通过实验或其他的方法估计得到。

就第 i 个约束而言，记

$$\boldsymbol{U}_i(\boldsymbol{x})=(\boldsymbol{A}_i^0\boldsymbol{x},\boldsymbol{A}_i^1\boldsymbol{x},\cdots,\boldsymbol{A}_i^{p_i}\boldsymbol{x})$$

和

$$\boldsymbol{V}_i(\boldsymbol{x})=\begin{pmatrix} 2c_i^0+2(\boldsymbol{q}^{i0})^{\mathrm{T}}\boldsymbol{x} & c_1^i+(\boldsymbol{q}^{i1})^{\mathrm{T}}\boldsymbol{x} & \cdots & c_i^{p_i}+(\boldsymbol{q}^{ip_i})^{\mathrm{T}}\boldsymbol{x} \\ c_i^1+(\boldsymbol{q}^{i1})^{\mathrm{T}}\boldsymbol{x} & 0 & & \\ \vdots & & \ddots & \\ c_i^{p_i}+(\boldsymbol{q}^{ip_i})^{\mathrm{T}}\boldsymbol{x} & & & 0 \end{pmatrix},$$

则对任意$\|\boldsymbol{u}\|_2\leqslant 1$，有

$$\begin{aligned}
&\frac{1}{2}\boldsymbol{x}^{\mathrm{T}}\boldsymbol{A}_i^{\mathrm{T}}\boldsymbol{A}_i\boldsymbol{x}+(\boldsymbol{q}^i)^{\mathrm{T}}\boldsymbol{x}+c_i\leqslant 0\\
\Leftrightarrow\ &\frac{1}{2}\begin{pmatrix}1\\ \boldsymbol{u}\end{pmatrix}^{\mathrm{T}}\boldsymbol{U}_i^{\mathrm{T}}(\boldsymbol{x})\boldsymbol{U}_i(\boldsymbol{x})\begin{pmatrix}1\\ \boldsymbol{u}\end{pmatrix}+\frac{1}{2}\begin{pmatrix}1\\ \boldsymbol{u}\end{pmatrix}^{\mathrm{T}}\boldsymbol{V}_i(\boldsymbol{x})\begin{pmatrix}1\\ \boldsymbol{u}\end{pmatrix}\leqslant 0\\
\Leftrightarrow\ &\frac{1}{2}\begin{pmatrix}1\\ \boldsymbol{u}\end{pmatrix}^{\mathrm{T}}[\boldsymbol{U}_i^{\mathrm{T}}(\boldsymbol{x})\boldsymbol{U}_i(\boldsymbol{x})+\boldsymbol{V}_i(\boldsymbol{x})]\begin{pmatrix}1\\ \boldsymbol{u}\end{pmatrix}\leqslant 0\\
\Leftrightarrow\ &-\boldsymbol{U}_i^{\mathrm{T}}(\boldsymbol{x})\boldsymbol{U}_i(\boldsymbol{x})-\boldsymbol{V}_i(\boldsymbol{x})\in\mathcal{D}_{\mathcal{G}},
\end{aligned}$$

其中$\mathcal{G}=\{\boldsymbol{u}\in\mathbb{R}^{p_i}\mid\|\boldsymbol{u}\|_2\leqslant 1\}$且

$$\mathcal{D}_{\mathcal{G}}=\left\{\boldsymbol{U}\in\mathcal{S}^{p_i+1}\,\middle|\,\begin{pmatrix}1\\ \boldsymbol{u}\end{pmatrix}^{\mathrm{T}}\boldsymbol{U}\begin{pmatrix}1\\ \boldsymbol{u}\end{pmatrix}\geqslant 0,\forall\boldsymbol{u}\in\mathcal{G}\right\}。$$

用 p 替代 p_i，讨论一般形式的给定矩阵$\boldsymbol{U}\in\mathcal{S}^{p+1}$，记

$$f_{\boldsymbol{U}}(\boldsymbol{u})=\frac{1}{2}\begin{pmatrix}1\\ \boldsymbol{u}\end{pmatrix}^{\mathrm{T}}\boldsymbol{U}\begin{pmatrix}1\\ \boldsymbol{u}\end{pmatrix}。$$

和比$\mathcal{G}$更广泛的一类集合

$$\mathcal{F}=\left\{\boldsymbol{u}\in\mathbb{R}^p\mid g(\boldsymbol{u})=\frac{1}{2}\boldsymbol{u}^{\mathrm{T}}\boldsymbol{Q}\boldsymbol{u}+\boldsymbol{q}^{\mathrm{T}}\boldsymbol{u}+c\leqslant 0\right\},$$

其中$\boldsymbol{Q}\in\mathcal{S}_{++}^p$。

非常直观，当$\mathcal{F}\neq\varnothing$时，$\boldsymbol{U}\in\mathcal{D}_{\mathcal{F}}$当且仅当 $f_{\boldsymbol{U}}(\boldsymbol{u})\geqslant 0$ 对任意 $\boldsymbol{u}\in\mathcal{F}$成立。因此$\boldsymbol{U}\in\mathcal{D}_{\mathcal{F}}$当且仅当下列二次约束二次规划问题的最优目标值非负

$$\begin{aligned}
\min\quad & f_{\boldsymbol{U}}(\boldsymbol{u})\\
\text{s.t.}\quad & g(\boldsymbol{u})\leqslant 0\\
& \boldsymbol{u}\in\mathbb{R}^p。
\end{aligned}\tag{6.21}$$

由定理 5.15 可知，上述一个约束的二次约束二次规划问题与下列半定规划模型的最优目标值相同

$$\begin{aligned}
\min\quad & \frac{1}{2}\boldsymbol{U}\cdot\boldsymbol{X}\\
\text{s.t.}\quad & x_{11}=1\\
& \frac{1}{2}\begin{pmatrix}2c & \boldsymbol{q}^{\mathrm{T}}\\ \boldsymbol{q} & \boldsymbol{Q}\end{pmatrix}\cdot\boldsymbol{X}\leqslant 0\\
& \boldsymbol{X}=(x_{ij})\in\mathcal{S}_+^{p+1}。
\end{aligned}\tag{6.22}$$

模型(6.22)的共轭对偶模型为

$$\begin{aligned} \max\quad & \sigma \\ \text{s.t.}\quad & \boldsymbol{U}+\lambda\begin{pmatrix} 2c & \boldsymbol{q}^{\mathrm{T}} \\ \boldsymbol{q} & \boldsymbol{Q}\end{pmatrix}-\sigma\begin{pmatrix} 2 & \boldsymbol{0} \\ \boldsymbol{0} & \boldsymbol{0}\end{pmatrix}\in \mathcal{S}_+^{p+1} \\ & \sigma\in\mathbb{R},\lambda\geqslant 0。\end{aligned} \tag{6.23}$$

进一步可以得到如下的定理。

定理 6.1 记$\mathcal{F}=\{\boldsymbol{u}\in\mathbb{R}^p \mid g(\boldsymbol{u})\leqslant 0\}$，其中 $g(\boldsymbol{u})=\frac{1}{2}\boldsymbol{u}^{\mathrm{T}}\boldsymbol{Q}\boldsymbol{u}+\boldsymbol{q}^{\mathrm{T}}\boldsymbol{u}+c$。当 $\mathrm{int}(\mathcal{F})\neq\varnothing$ 且 $\boldsymbol{Q}\in\mathcal{S}_{++}^p$ 时，$\boldsymbol{U}\in\mathcal{D}_{\mathcal{F}}$当且仅当如下系统存在可行解：

$$\begin{cases} \boldsymbol{U}+\tau\begin{pmatrix} 2c & \boldsymbol{q}^{\mathrm{T}} \\ \boldsymbol{q} & \boldsymbol{Q}\end{pmatrix}\in\mathcal{S}_+^{p+1} \\ \tau\geqslant 0。\end{cases} \tag{6.24}$$

证明 由上面的讨论得知模型(6.21)和模型(6.22)的最优目标值相同。

由$\mathcal{F}$为内点非空的有界闭椭球，故存在 $p+1$ 个仿射线性无关点 $\boldsymbol{x}^i\in\mathrm{int}(\mathcal{F}),i=0,1,2,\cdots,p$ 满足 $g(\boldsymbol{x}^i)<0$。对 $\sum_{i=0}^{p}k_i\begin{pmatrix}1\\ \boldsymbol{x}^i\end{pmatrix}=\boldsymbol{0}$，有$\sum_{i=0}^{p}k_i=0$ 和 $\sum_{i=1}^{p}k_i(\boldsymbol{x}^i-\boldsymbol{x}^0)=\boldsymbol{0}$。由$\{\boldsymbol{x}^i,i=0,1,2,\cdots,p\}$ 的仿射线性无关得到 $k_i=0,i=1,2,\cdots,p$。进一步得到 $k_0=0$。因此，$\left\{\begin{pmatrix}1\\ \boldsymbol{x}^i\end{pmatrix},i=0,1,2,\cdots,p\right\}$ 线性无关。取$\{\alpha_i>0,i=0,1,2,\cdots,p\}$ 且 $\sum_{i=0}^{p}\alpha_i=1$，记 $\bar{\boldsymbol{X}}=(\bar{x}_{ij})=\sum_{i=0}^{p}\alpha_i\begin{pmatrix}1\\ \boldsymbol{x}^i\end{pmatrix}\begin{pmatrix}1\\ \boldsymbol{x}^i\end{pmatrix}^{\mathrm{T}}$，不难验证

$$\bar{\boldsymbol{X}}\in\mathcal{S}_{++}^{p+1},\quad \bar{x}_{11}=1,\quad \frac{1}{2}\begin{pmatrix} 2c & \boldsymbol{q}^{\mathrm{T}} \\ \boldsymbol{q} & \boldsymbol{Q}\end{pmatrix}\bullet\bar{\boldsymbol{X}}<0。$$

$\bar{\boldsymbol{X}}$ 为模型(6.22)的一个相对内点。

又因$\mathcal{F}$为有界闭集，目标二次函数 $f_U(\boldsymbol{u})$连续，所以模型(6.21)的目标值有下界，也就是模型(6.22)有下界。

由定理 4.30 得知模型(6.22)与对偶问题模型(6.23)之间不存在对偶间隙且模型(6.23)最优解可达。因此得到模型(6.21)，模型(6.22)和模型(6.23)三者的最优目标值都相同。模型(6.21)问题最优值非负当且仅当模型(6.23)的最优值非负。

当模型(6.23)的最优值非负时，由上面讨论的可达性，则存在 $\bar{\sigma}\geqslant 0,\bar{\lambda}\geqslant 0$ 使得

$$\boldsymbol{U}+\bar{\lambda}\begin{pmatrix} 2c & \boldsymbol{q}^{\mathrm{T}} \\ \boldsymbol{q} & \boldsymbol{Q}\end{pmatrix}-\bar{\sigma}\begin{pmatrix} 2 & \boldsymbol{0} \\ \boldsymbol{0} & \boldsymbol{0}\end{pmatrix}\in\mathcal{S}_+^{p+1}$$

也就有

$$\boldsymbol{U}+\bar{\lambda}\begin{pmatrix} 2c & \boldsymbol{q}^{\mathrm{T}} \\ \boldsymbol{q} & \boldsymbol{Q}\end{pmatrix}\in\mathcal{S}_+^{p+1},$$

即模型(6.24)可行解 $\tau=\bar{\lambda}$ 存在。

反之，若存在 τ 使得模型(6.24)成立，取 $\bar{\sigma}=0$ 和 $\bar{\lambda}=\tau$，则知$(\bar{\sigma},\bar{\lambda})$为模型(6.23)的一个可行解，所以模型(6.23)的最优值不小于 0。定理证毕。 □

依上定理得到

$$-\boldsymbol{U}_i^{\mathrm{T}}(\boldsymbol{x})\boldsymbol{U}_i(\boldsymbol{x})-\boldsymbol{V}_i(\boldsymbol{x})\in\mathcal{D}_{\mathcal{G}}$$

$$\Leftrightarrow \text{存在}\ \lambda_i\geqslant 0\ \text{使得}\ -\boldsymbol{U}_i^{\mathrm{T}}(\boldsymbol{x})\boldsymbol{U}_i(\boldsymbol{x})-\boldsymbol{V}_i(\boldsymbol{x})+\lambda_i\begin{pmatrix}-1 & \boldsymbol{0}\\ \boldsymbol{0} & \boldsymbol{I}\end{pmatrix}\in\mathcal{S}_+^{p_i+1}$$

由定理 2.3 得到

$$\text{存在}\ \lambda_i\geqslant 0\ \text{使得}\begin{pmatrix}-\boldsymbol{V}_i(\boldsymbol{x})+\lambda_i\begin{pmatrix}-1 & \boldsymbol{0}\\ \boldsymbol{0} & \boldsymbol{I}\end{pmatrix} & \boldsymbol{U}_i^{\mathrm{T}}(\boldsymbol{x})\\ \boldsymbol{U}_i(\boldsymbol{x}) & \boldsymbol{I}_{r_i}\end{pmatrix}\in\mathcal{S}_+^{r_i+p_i+1}\text{。}$$

据此,我们得到鲁棒凸二次约束二次规划的一个半定规划模型

$$\begin{aligned}\min\quad & \boldsymbol{d}^{\mathrm{T}}\boldsymbol{x}\\ \text{s.t.}\quad & \begin{pmatrix}-\boldsymbol{V}_i(\boldsymbol{x})+\lambda_i\begin{pmatrix}-1 & \boldsymbol{0}\\ \boldsymbol{0} & \boldsymbol{I}\end{pmatrix} & \boldsymbol{U}_i^{\mathrm{T}}(\boldsymbol{x})\\ \boldsymbol{U}_i(\boldsymbol{x}) & \boldsymbol{I}_{r_i}\end{pmatrix}\in\mathcal{S}_+^{r_i+p_i+1},\quad i=1,2,\cdots,m\\ & \boldsymbol{x}\in\mathbb{R}^n,\boldsymbol{\lambda}\in\mathbb{R}_+^m\end{aligned}$$

这个模型同样可计算。

小 结

我们试图通过本章所罗列的几个应用实例说明应用中需要注意的问题。

第一,模型的建立。由于目前所知的可计算线性锥优化问题仅有线性规划、二阶锥规划和半定规划模型,受限于此,我们想方设法地将实际问题建立成这些模型之一。即使无法写成这些模型,也得通过松弛的方法化成这些模型求解;或化成一系列这些模型近似求解。

第二,注重线性锥优化理论的应用。本书笔墨繁多地给出了各种线性锥优化模型的强对偶性质和最优解可达的条件等共轭对偶理论结果。在实际应用中,很多人忽略了这些结论。认为一旦将模型写出,余下的工作就交给软件计算了。我们特别在本章前两节的两个案例介绍中,利用对偶模型给出最优解可达的条件。需要强调的是:共轭对偶理论不仅仅在线性锥优化理论分析中非常实用,同时,可以给出优化问题最优解可达等结论。这可避免盲目依赖软件求解而不了解软件计算得到的解是否可用的危险。

习 题

6.1 给定 $\boldsymbol{A}\in\mathcal{M}(m,n)$,$\boldsymbol{b}\in\mathbb{R}^m$ 和 $\alpha>0$,对于下列的 l_1 正则优化问题,等价地写出其可计算线性锥优化模型并给出该优化问题最优解可达的一个充分条件。

$$\min_{x\in\mathbf{R}^n}\|\boldsymbol{A}\boldsymbol{x}-\boldsymbol{b}\|_2+\alpha\|\boldsymbol{x}\|_1\text{。}$$

6.2 给定 $\boldsymbol{A}\in\mathcal{M}(m,n)$,$\boldsymbol{b}\in\mathbb{R}^m$ 和 $\varepsilon>0$,等价地写出下列模型的可计算线性锥优化模型并给出该优化问题最优解可达的一个充分条件。

$$\min\quad\|\boldsymbol{x}\|_1$$

$$\begin{aligned} \text{s.t.} \quad & \|\boldsymbol{Ax}-\boldsymbol{b}\|_2 \leqslant \varepsilon \\ & \boldsymbol{x} \in \mathbb{R}^n. \end{aligned}$$

6.3 已知 $\boldsymbol{V}\in\mathcal{S}_+^n$，$\boldsymbol{b}\in\mathbb{R}_{++}^n$，$\mu>0$ 和 $\boldsymbol{e}=(1,1,\cdots,1)^{\mathrm{T}}\in\mathbb{R}^n$，给出

$$\begin{aligned} \min \quad & \boldsymbol{x}^{\mathrm{T}}\boldsymbol{Vx} \\ \text{s.t.} \quad & \boldsymbol{b}^{\mathrm{T}}\boldsymbol{x} \geqslant \mu \\ & \boldsymbol{e}^{\mathrm{T}}\boldsymbol{x}=1 \\ & \boldsymbol{x} \in \mathbb{R}_+^n, \end{aligned}$$

最优解可达的一个充分条件。

6.4 已知 $\boldsymbol{V}\in\mathcal{S}_+^n$，$\boldsymbol{b}\in\mathbb{R}_{++}^n$，$\mu>0$ 和 $\boldsymbol{e}=(1,1,\cdots,1)^{\mathrm{T}}\in\mathbb{R}^n$，给出

$$\begin{aligned} \min \quad & \frac{\boldsymbol{x}^{\mathrm{T}}\boldsymbol{Vx}}{\boldsymbol{b}^{\mathrm{T}}\boldsymbol{x}} \\ \text{s.t.} \quad & \boldsymbol{b}^{\mathrm{T}}\boldsymbol{x} \geqslant \mu \\ & \boldsymbol{e}^{\mathrm{T}}\boldsymbol{x}=1 \\ & \boldsymbol{x} \in \mathbb{R}_+^n \end{aligned}$$

最优解可达的一个充分条件。

6.5 已知 $\boldsymbol{V}\in\mathcal{S}_+^n$，$\boldsymbol{b}\in\mathbb{R}_{++}^n$，$\mu>0$ 和 $\boldsymbol{e}=(1,1,\cdots,1)^{\mathrm{T}}\in\mathbb{R}^n$，写出下列模型的等价可计算线性锥优化模型

$$\begin{aligned} \min \quad & \frac{\sqrt{\boldsymbol{x}^{\mathrm{T}}\boldsymbol{Vx}}}{\boldsymbol{b}^{\mathrm{T}}\boldsymbol{x}} \\ \text{s.t.} \quad & \boldsymbol{b}^{\mathrm{T}}\boldsymbol{x} \geqslant \mu \\ & \boldsymbol{e}^{\mathrm{T}}\boldsymbol{x}=1 \\ & \boldsymbol{x} \in \mathbb{R}_+^n \end{aligned}$$

（提示：令 $\boldsymbol{b}^{\mathrm{T}}\boldsymbol{x}=t$，将 $\dfrac{\boldsymbol{x}}{t}$ 和 $\dfrac{1}{t}$ 看成新的变量后，写出上述模型的等价模型，然后再写出等价的可计算锥优化模型。）

6.6 某投资公司欲将 50 万元基金用于股票投资，股票的收益是随机的。公司选择了 3 种股票作为候选的投资对象。从统计数据的分析得到：股票 A 每股的年期望收益为 5 元，标准差为 2 元；股票 B 每股的年期望收益为 8 元，标准差为 6 元；股票 C 每股的年期望收益为 10 元，标准差也为 10 元；股票 A，B 收益的相关系数为 5/24，股票 A，C 收益的相关系数为 -0.5，股票 B，C 收益的相关系数为 -0.25。目前股票 A，B，C 的市价分别为每股 20 元，25 元，30 元。

（1）用方差衡量风险，当公司期望今年得到至少 30% 的投资回报，建立风险最小的优化模型；

（2）将优化模型等价地写成二阶锥优化模型；

（3）写出共轭对偶模型；

（4）讨论（1）的优化问题可解且与对偶问题满足强对偶的条件。

6.7 当 $p(x)$ 为一个 n 阶非负多项式时，证明：n 为偶数且 $p(x)$ 一定可以写成多项式

平方和的形式，即 $p(x)=\sum_{i=1}^{r}(s_i(x))^2$，这里 $s_i(x),i=1,2,\cdots,r$ 均为阶数不超过 n 的多项式。

6.8 记多项式 $p(t)=x_1+x_2t+x_3t^2+\cdots+x_{2k+1}t^{2k}$，

$$\mathcal{K}=\{\boldsymbol{x}\in\mathbb{R}^{2k+1}\mid p(t)\geqslant 0,\forall t\in\mathbb{R}\}。$$

(1) 证明$\mathcal{K}$为真锥；

(2) 利用 $p(t)\geqslant 0$ 可表示成多项式平方和的结论，证明：

$$\mathcal{K}=\left\{\boldsymbol{x}\in\mathbb{R}^{2k+1}\mid x_i=\sum_{p+q=i+1}y_{pq},\boldsymbol{Y}=(y_{pq})\in S_+^{k+1}\right\}；$$

(3) 将如下问题写成半定规划问题：

$$\begin{aligned}\max_{x}\ \inf_{t}\quad & p(t)\\ \text{s. t.}\quad & l_i\leqslant p(t_i)\leqslant u_i,\quad i=1,2,\cdots,m\\ & \boldsymbol{x}\in\mathbb{R}^{2k+1},\end{aligned}$$

其中，$l_i,t_i,u_i\in\mathbb{R}$ 为给定的常数。

6.9 在投资管理最小化风险模型中

$$\begin{aligned}\min\quad & \boldsymbol{x}^{\mathrm{T}}\boldsymbol{V}\boldsymbol{x}\\ \text{s. t.}\quad & \boldsymbol{b}^{\mathrm{T}}\boldsymbol{x}\geqslant\mu\\ & \boldsymbol{e}^{\mathrm{T}}\boldsymbol{x}=1\\ & \boldsymbol{x}\in\mathbb{R}_+^n,\end{aligned}$$

其中 $\boldsymbol{e}=(1,1,\cdots,1)^{\mathrm{T}}\in\mathbb{R}^n$ 和 μ 为给定的收益下界，假设 $\boldsymbol{V}$ 在一个不确定集合变化，满足

$$\boldsymbol{V}\in\mathcal{U}=\left\{\boldsymbol{B}^{\mathrm{T}}\boldsymbol{B}\mid \boldsymbol{B}=\boldsymbol{B}_0+\sum_{i=1}^{p}\sigma_i\boldsymbol{B}_i,\sum_{i=1}^{p}\sigma_i^2\leqslant 1\right\},$$

其中 $\boldsymbol{B}_i\in\mathcal{M}(r,n),i=0,1,\cdots,p$ 为给定的矩阵，建立其鲁棒优化模型；写出其等价的可计算线性锥优化模型并讨论其对应的鲁棒优化模型最优解可达的条件。

6.10 对给定的数据$\{(\boldsymbol{x}^i,y_i)\in\mathbb{R}^n\times\{-1,1\}\mid i=1,2,\cdots,m\}$，若存在 $\boldsymbol{a}\in\mathbb{R}^n,b\in\mathbb{R}$ 和 $\varepsilon>0$ 使得

$$\boldsymbol{a}^{\mathrm{T}}\boldsymbol{x}^i+b\geqslant\varepsilon,\quad\forall y_i=1,\quad \boldsymbol{a}^{\mathrm{T}}\boldsymbol{x}^i+b\leqslant-\varepsilon,\quad\forall y_i=-1,$$

称数据$\{(\boldsymbol{x}^i,y_i)\mid i=1,2,\cdots,m\}$可线性分离。对于可线性分离数据，线性可分离支持向量机(linearly separable support vector machine)问题是希望寻求两个平行平面 $\boldsymbol{a}^{\mathrm{T}}\boldsymbol{x}+b=\varepsilon$，$\boldsymbol{a}^{\mathrm{T}}\boldsymbol{x}+b=-\varepsilon$ 使得其距离最大，表示成优化模型为

$$\begin{aligned}\min\quad & \frac{1}{2}\|\boldsymbol{w}\|_2^2\\ \text{s. t.}\quad & y_i(\boldsymbol{w}^{\mathrm{T}}\boldsymbol{x}^i+b)\geqslant 1,\quad i=1,2,\cdots,m\\ & \boldsymbol{w}\in\mathbb{R}^n,\quad b\in\mathbb{R}。\end{aligned}$$

(1) 用 Lagrange 对偶的方法写出上述模型的 Lagrange 对偶模型；

(2) 给出 Lagrange 对偶模型最优解可达的一个充分条件；

(3) 利用对偶模型的最优解和 KKT 条件，给出线性可分离支持向量机问题的最优解表示形式。

第7章

CVX使用简介

本章以前面6章的内容为背景，简介CVX在求解线性锥优化问题相关模型的具体实现，详细的使用说明参考CVX的使用说明书[20]。

我们知道线性规划、二阶锥规划和半定规划问题是可计算的，其主要算法为内点算法[13,3]。理论提供给我们分析问题的逻辑和建立模型的工具，算法则真正实现计算求解。

目前，内点算法为线性锥优化可计算模型的一个主要求解方法，而SeDuMi[59]和SDPT3[46]是对研究者公开、免费使用、较为普及的实现内点算法的核心软件。CVX[20]以MATLAB为平台，以SeDuMi和SDPT3为核心调用算法，遵循线性锥优化模型的表现方式，达到了求解线性锥优化问题最为直观的输入效果。

CVX2.0及以上的版本另加入了部分优化商业软件，使用增加的商业软件需要使用证书，但对科研使用者可通过使用证书的注册免费使用。CVX2.0及以上的版本扩展到求解带有整数约束的优化问题。针对那些满足CVX可计算凸优化规则的优化问题，在增加变量的整数性要求后，CVX可以求解。原有的满足CVX可计算凸优化规则的优化问题在加入整数变量要求后不再是一个凸优化问题，求解算法主要原理是：调用CVX后加入的优化商业软件，采用分支定界方法，以CVX计算下界，最后得到带有整数约束问题最优解。需要特别注意，如果求解带有整数约束的优化问题，必须下载CVX后添加的商业软件，否则运行出现错误，本书不讨论带有整数约束的优化问题。

由于CVX以MATLAB为开发平台，因此本章内容假设读者对MATLAB的基本命令有一定基础。本章的第1节重点介绍CVX的使用环境和求解线性锥优化的典型命令。第2节介绍CVX判断函数为凸(凹)的基本准则和核心库函数的作用，这部分是CVX算法开发的核心。第3节介绍主要控制参数和输出结果的形式。

第1节　使用环境和典型命令

CVX针对多个运行平台设计了不同的版本，CVX2.0需要MATLAB 7.8或以上的版本，如果仅使用CVX的核心软件SeDuMi和SDPT3，在使用CVX之前务必已成功安装MATLAB和下载CVX文件到计算机上；如果还需要使用CVX中提供的除SeDuMi和

SDPT3 以外的商业优化软件，还需要得到一个名称为 cvx_license. mat 使用许可密码文件。以下仅在使用 SeDuMi 和 SDPT3 的前提下介绍 CVX 的使用步骤。

第一步到相应的网页下载 CVX 的压缩文件。目前的下载网址为：http://cvxr.com/cvx/download/，进入页面可见一个下载表(download matrix)，根据你的计算机性能选择下载文件。

第二步仅以 CVX2.0 在 Window 系统 64 位微型计算机简介其安装过程。在下载表中根据计算机性能选择适用 Window 系统 64 位的"cvx_w64.zip"压缩文件到计算机上，解压存储在计算机的一个目录下，如目录 D:\cvx-w64 下。运行 MATLAB，在 MATLAB 中通过文件浏览将工作路径设置在 D:\cvx-w64\cvx 下。然后在命令行窗口运行 cvx_setup 后，可看到运行的结果，其中有"2 solvers initialized"和"3 solvers skipped"等信息。此时，SeDuMi 和 SDPT3 已成功链接，可以使用 CVX 的核心软件了，但添加的商业软件则被跳过链接而无法使用。

实际上在 D:\cvx-w64\cvx 下，cvx_setup 以一个 cvx_setup.m 文件形式存储，可在 MATLAB 编辑器中打开 cvx_setup.m 文件，并且运行这个文件，则得到与命令行窗口运行 cvx_setup 相同的结果。

若需要使用 CVX 添加的商业软件，则需要联系软件开发方得到一个名称为 cvx_license.mat 使用许可密码文件，若存储在 D:\cvx-w64\cvx\lic 下，则完全遵循上述的步骤，启动命令 cvx_setup\lic\cvx_license.mat 即可。

第三步使用 MATLAB 编辑器按优化模型编写程序求解一些优化问题。

本节主要针对线性规划、二阶锥规划和半定规划问题，介绍求解这些问题的典型命令。CVX 采用 MATLAB 编程语言，形式上与优化问题的表达形式非常接近，非常容易被理解。基于这一节的内容，这三类问题的计算实例都可以使用 CVX 计算求解。我们以一些简单的例子，介绍 CVX 的使用方法。

首先针对大家熟悉的线性规划问题，介绍 CVX 求解实现的过程，借此推广到其他可计算线性锥优化问题。

例 7.1 考虑如下的线性规划的标准模型

$$\begin{aligned} \min\quad & -x_1 - 2x_2 \\ \text{s.t.}\quad & x_1 + x_2 + x_3 = 40 \\ & 2x_1 + x_2 + x_4 = 60 \\ & x_1, x_2, x_3, x_4 \geqslant 0。\end{aligned}$$

CVX 编程为

```
cvx_begin                                   % CVX 的标准开始语句。
    A = [1 1 1 0; 2 1 0 1];                 % 约束的 2 × 4 的矩阵。
    b = [40 60]';                           % 约束的右端项。
    c = [-1 - 2 0 0]';                      % 目标函数的系数。
    variable x(4);                          % 设定 x 为变量。
    minimize(c' * x);                       % 目标函数。
    subject to                              % 与模型一致，不起任何作用。
        A * x == b;                         % 约束方程。
        x == nonnegative(4);                % 变量属于ℝ⁴₊。
```

```
    cvx_end                                  % CVX 的标准结束语句。
x                                            % 注意写在 CVX 模块之外。
```

计算输出包括调用的核心软件、变量个数、约束方程的情况、调用软件的具体算法及其参数等、算法的迭代次数、目标和对偶目标值、偏差程度、解的近似程度和计算时间等，最终可看到输出：

```
Status : Solved
Optimal value(cvx_optval) : -80
x = 0 40 0 20.
```

表示该问题得以求解，最优解 $x=(0,40,0,20)^{\mathrm{T}}$，最优目标值为：$-80$。

CVX 程序设计时需要注意如下几点。第一，程序以模块形式表达，cvx_begin 开始，cvx_end 结束，中间采用 MATLAB 语言和 CVX 特定的函数语言编写。第二，在优化目标和约束描述之前给出变量的定义。用 variable 定义一个变量，variables 定义多个变量，变量之间用空格间隔。变量必须明确其维数。第三，优化目标和约束描述仿实际优化模型形式编写。目标命令为 minimize()或 maximize()，分别表示对括号内的目标函数极小化和极大化。约束通过命令 subject to 来表示，实际上这个命令不起任何作用，省略后对程序没有影响。约束在目标命令之后，都采用 MATLAB 中的逻辑关系“>=”，“<=”和“==”表示。有逻辑运算符号的表达式被 CVX 认定为约束语句。最后，针对线性锥优化的不同模型，给出锥的约束形式语言，如上述程序的 x==nonnegative(4)，表示限定在 $\mathbb{R}_+^4$ 中。

CVX 模块中的逻辑关系“>=”，“<=”可以用“>”，“<” 替代，它们具有等价的作用。需要注意模块之内约束符号“==”与赋值“=”的差别。它们之间不能替代，否则将出现错误。另外，CVX 中的 variable x(n)为模块内的全程变量，模块内不能重新计算赋值，如在模块内出现 x(1)=1，则出现赋值覆盖，是一个错误。当约束要求第一个分量为 1 时，则在模块内写成约束形式 x(1)==1。注意上述程序中，cvx_end 后的 x 表示输出最优解 $\boldsymbol{x}$ 的结果，如果在模块内有这样一行命令，则输出结果为：“cvx real affine expression(2x1 vector)”，只表明是一个 2 维列向量，在 cvx_begin 到 cvx_end 这个模块中是一个全程变量。

在本书给出的可计算线性锥优化问题中，第一类为线性规划问题，对应的锥为 $\mathbb{R}_+^n$。CVX 中将 $\boldsymbol{x}\in\mathbb{R}_+^n$ 等价地表示成 x==nonnegative(n)，也可以直接用 MATLAB 语言写成 x>=0。上述的 0 被默认为一个 n 维列向量。一般的 $\boldsymbol{l}\leqslant\boldsymbol{x}\leqslant\boldsymbol{u}$ 中的 $\boldsymbol{l}$ 和 $\boldsymbol{u}$ 需赋予具体的 n 维列向量数值，如 $0\leqslant x_1\leqslant 1, 3\leqslant x_2\leqslant 4$ 可写成

```
l=[0 3]';
u=[1 4]';
l<=x<=u;
```

CVX 特别将二阶锥 $(\boldsymbol{x},y)^{\mathrm{T}}\in\mathcal{L}^{n+1}$ 表示成

```
variables x(n) y;
{x,y}<In>lorentz(n);
```

需要注意，{x,y}<In>lorentz(n)的表达式中是 lorentz(n)，而不是 lorentz(n+1)！

在 MATLAB 中有二阶锥等价的表示语句，

```
variables x(n) y;
norm(x,2)<=y;
```

在 CVX 中,要特别注意函数的凸性规则,下列 MATLAB 语句虽也起到与上函数要求的相同功效,

```
variables x(n) y;
sqrt(x' * x)<=y;
```

但对凸函数 $f(\boldsymbol{x})$,$\sqrt{f(\boldsymbol{x})}$不一定是凸函数,CVX 不认为是合法语句,会输出

```
Disciplined convex programming error:
Illegal operation: sqrt(convex).
```

的错误信息,表示不满足 CVX 的凸性规则,这一点需特别注意。有关 CVX 的凸性规则将在第 2 节介绍。

基于以上语言,类似线性规划问题求解程序,二阶锥规划问题求解就可以模仿写出来了。

例 7.2 某公司有 6 个建筑工地要开工,每个工地的位置(用平面坐标 a,b 表示,单位:km)及水泥日用量 d(单位:t)由表 7.1 给出。现规划建立一个新的料场并假设从料场到工地之间均有直线道路相连,试选定料场位置使总的吨公里数最小。

表 7.1 工地的位置(a,b)及水泥日用量 d

	1	2	3	4	5	6
a	1.25	8.75	0.5	5.75	3	7.25
b	1.25	0.75	4.75	5	6.5	7.75
d	3	5	4	7	6	11

解 设待建料场位置为 x,y,则该问题的优化模型为

$$
\begin{aligned}
\min\quad & 3t_1+5t_2+4t_3+7t_4+6t_5+11t_6\\
\text{s.t.}\quad & \sqrt{(x-1.25)^2+(y-1.25)^2}\leqslant t_1\\
& \sqrt{(x-8.75)^2+(y-0.75)^2}\leqslant t_2\\
& \sqrt{(x-0.5)^2+(y-4.75)^2}\leqslant t_3\\
& \sqrt{(x-5.75)^2+(y-5)^2}\leqslant t_4\\
& \sqrt{(x-3)^2+(y-6.5)^2}\leqslant t_5\\
& \sqrt{(x-7.25)^2+(y-7.75)^2}\leqslant t_6\\
& x,y,t_i(i=1,2,\cdots,6)\in\mathbb{R}。
\end{aligned}
$$

上述模型是第 1 章第 2 节的 Torricelli 点问题的变形,是一个二阶锥规划问题。CVX 的程序如下:

```
cvx_begin
    a = [1.25 8.75 0.5 5.75 3 7.25]';
    b = [1.25 0.75 4.75 5 6.5 7.75]';
```

```
    d = [3 5 4 7 6 11]';
    variables x(2) t(6);
    minimize(d' * t);
    subject to
        norm(x - [a(1) b(1)]') <= t(1);                % 采用 2 范数程序语言。
        norm(x - [a(2) b(2)]') <= t(2);
        norm(x - [a(3) b(3)]') <= t(3);
        norm(x - [a(4) b(4)]') <= t(4);
        {x - [a(5) b(5)]', t(5)} < In > lorentz(2);    % 采用二阶锥程序语言。
        {x - [a(6) b(6)]', t(6)} < In > lorentz(2);
cvx_end
x                                                      % 输出选定料场位置。
```

以上算例得以成功计算,目标的最优值为:117.855(吨公里),新建料场位置为$(5.7279,5.0414)^{T}$。

对于半定规划问题,通常 n 阶矩阵变量要求实对称 $\boldsymbol{X}\in\mathcal{S}^{n}$,CVX 写成

```
variable X(n, n) symmetric
```

半正定的约束 $\boldsymbol{X}\in\mathcal{S}_{+}^{n}$ 用

```
X==semidefinite(n)
```

表示。这样的写法已默认 $\boldsymbol{X}$ 为实对称矩阵。半正定锥上的关系 $\boldsymbol{X}\succeq\boldsymbol{Y}$ 表示成

```
X-Y==semidefinite(n)
```

n 阶矩阵 $\boldsymbol{A}$ 与 $\boldsymbol{X}\in\mathcal{S}^{n}$ 的 Frobenius 内积 $\boldsymbol{A}\cdot\boldsymbol{X}$ 写成

```
trace(A * X)
```

有了这些语句,任何一个半定规划问题都可以通过 CVX 来计算了。

例 7.3 如下的程序

```
n=6;
A=ones(n,n); C=eye(n); b=2;
cvx_begin
variable X(n,n) symmetric;
minimize(trace(C * X));
subject to
    trace(A * X)>=b;
    X(1,1)==1;
    X==semidefinite(n);
cvx_end
X
```

求解下列半定规划问题

$$
\begin{aligned}
\min \quad & \boldsymbol{C}\cdot\boldsymbol{X} \\
\text{s.t.} \quad & \boldsymbol{A}\cdot\boldsymbol{X}\geqslant b \\
& x_{11}=1 \\
& \boldsymbol{X}=(x_{ij})\in\mathcal{S}_{+}^{n}
\end{aligned}
$$

其中，$n=6$，$\boldsymbol{C}$ 为单位矩阵，$\boldsymbol{A}$ 为元素都为 1 的矩阵，$b=2$。计算输出的部分结果为

```
Status : Solved
Optimal value (cvx_optval) : +1.03431
X =
1.0000 0.0828 0.0828 0.0828 0.0828 0.0828
0.0828 0.0069 0.0069 0.0069 0.0069 0.0069
0.0828 0.0069 0.0069 0.0069 0.0069 0.0069
0.0828 0.0069 0.0069 0.0069 0.0069 0.0069
0.0828 0.0069 0.0069 0.0069 0.0069 0.0069
0.0828 0.0069 0.0069 0.0069 0.0069 0.0069
```

到此为止，我们发现本书前 6 章研究的线性规划、二阶锥规划和半定规划的标准模型、一般模型和不等式模型都可以通过 CVX 简单表达且得到求解。只要我们在理论上得知一个问题等价于上面三类可计算线性锥优化问题之一并写成了对应的线性锥优化模型，那么，编程语言非常之简单。实际上 CVX 提供了更方便的功能，一些凸优化问题不需要变形为线性锥优化问题，就可以计算，这大大节省了模型转换和数据转换输入等繁琐的工作。具体内容将在下一节中介绍。

本书前 6 章的理论部分对每一个线性锥优化模型都给出了对偶模型及强对偶结论。由于 SeDuMi 和 SDPT3 算法设计采用了原始对偶的信息，算法成功输出的同时也提供原始对偶最优解的信息。因此，CVX 提供对偶解输出的程序命令。只需在变量定义后加入：

```
dual variable z
```

表示对偶变量，而不需要给出其维数。在约束给出对偶变量的匹配，如线性规划标准型的例子加入

```
z: A * x==b
```

或等价的

```
A * x==b : z
```

就可以得到对偶解的信息。对于对偶变量的设定，必须有线性锥优化理论的基础，才可能准确定义出对偶变量的对应关系。我们再以上面三个主要程序来理解对偶变量的设定和程序使用。

对于线性规划标准形模型的 CVX 程序，修改为

```
cvx_begin
    A=[1 1 1 0; 2 1 0 1];
    b=[40 60]';
    c=[-1 -2 0 0]';
    variable x(4);
    dual variables y z;            % 设定 y 和 z 为对偶变量。
    minimize(c' * x);
    subject to
        y : A * x==b;              % 对应等式约束的对偶变量，2 维。
        z : x==nonnegative(4);     % 对应变量 x 的对偶变量，4 维。
cvx_end
```

```
x
y                                          % 输出对偶变量值。
z                                          % 输出对偶变量值。
```

输出的部分结果为

```
Status: Solved
Optimal value (cvx_optval): -80
x = -0.0000  40.0000  0  20.0000
y =-2  0
z= 1  0  2  0
```

通过上述的程序可知，对偶变量 $\boldsymbol{y}$，$\boldsymbol{z}$ 的对应关系和维数完全由其约束中的对偶关系确定。同时，必须知道线性规划定理 5.1 中关于原始和对偶模型中原始及对偶变量的关系。参见定理 5.1 可知，$\boldsymbol{x}$ 为原问题的最优解，$\boldsymbol{y}$ 和 $\boldsymbol{z}$ 为对偶问题的最优解且 $\boldsymbol{x}^{\mathrm{T}}\boldsymbol{z}=0$。

由于采用约束与变量的对应关系，CVX 目前无法给出本书第 5 章第 2 节有关二阶锥规划各模型的二阶锥对偶变量信息。实际上 CVX 给出的是 Lagrange 对偶的 Lagrange 乘子的信息(参考第 4 章)。

对于半定规划，则可以得到对偶变量的信息，如上述的半定规划例子修改后

```
n = 6;
A = ones(n, n);
C = eye(n);
b =2;
cvx_begin
variable X(n, n) symmetric;
dual variables y1 y2 V;
minimize( trace( C * X ) );
subject to
    y1 : trace( A * X ) >= b;
    y2 : X(1, 1)==1;
    V : X == semidefinite(n);
cvx_end
y1
y2
V
```

部分输出结果为

```
Status: Solved
Optimal value (cvx_optval): +1.03431
y1 = 0.0586
y2 = 0.9172
V =
  0.0243 -0.0586 -0.0586 -0.0586 -0.0586 -0.0586
 -0.0586  0.9414 -0.0586 -0.0586 -0.0586 -0.0586
 -0.0586 -0.0586  0.9414 -0.0586 -0.0586 -0.0586
 -0.0586 -0.0586 -0.0586  0.9414 -0.0586 -0.0586
 -0.0586 -0.0586 -0.0586 -0.0586  0.9414 -0.0586
 -0.0586 -0.0586 -0.0586 -0.0586 -0.0586  0.9414
```

由于上述半定规划模型属于第 4 章的半定规划一般模型(5.9),参见模型(5.9)和模型(5.10)的关系,就可以知道对偶变量的含义。

CVX2.0 及以上的版本增加了求解整数规划的功能。计算的原理是:针对 CVX 原有核心软件 SeDuMi 和 SDPT3 可求解的模型,在加上整数变量限定的整数优化模型,通过调用新增加的商业软件,达到求解整数规划的功能。求解整数规划的程序的区别是在程序中给出变量的整数定义,如

```
variable x(4) integer;
variable x(5) binary;
```

分别表示 4 维的整数变量和 5 为的 0-1 变量。

如果没有安装商业软件,CVX 是无法求解整数规划问题,运行后会出现整数变量无定义的错误信息,如下例

```
cvx_begin
    variable x(4) integer;                % 整数变量, 4 维。
    maximize(2 * x(1)+x(2)+3 * x(3)+2 * x(4));
    subject to
    x(1)+x(2)+4 * x(3)+3 * x(4)<=5;
    x==nonnegative(4);
cvx_end
    x
```

运行程序得到不支持整数变量 'SDTP3 does not support integer vari ables' 的计算错误信息。

第 2 节　可计算凸优化规则及核心函数库

CVX 不是对任何凸优化问题都可以求解,首先必须满足其设定的凸优化规则(disciplined convex optimization programming)。CVX 可以作为一个平台软件的核心是给出了这些可计算规则,同时以一个核心函数库的方式记录那些可计算凸优化问题并允许不断地扩展。

首先,我们介绍 CVX 给出的可计算基本规则。一个优化问题由目标函数和约束式来表示,这些目标函数和约束式统称表达式。表达式由决策变量的函数形式及等号或不等号关系符号组成。在目标函数和约束的表达式中,CVX 采用核心函数库的方式存贮合法的函数形式。这些函数既保证可计算性,也要保证函数的凸(凹)性等。表达式通过满足 CVX 凸优化规则(也称可计算基本规则)的判别,实现可计算问题类的扩展。满足 CVX 凸优化规则的表达式称为是有效的。

CVX 的表达式中仅考虑常数、线性函数、凸函数和凹函数四类。优化问题限定为三类问题:第一类为极小化问题,要求目标函数为凸函数,分无约束和有约束两种情形;第二类为极大化问题,要求目标函数为凹函数,分无约束和有约束两种情形;第三类为可行性问题,包含至少一个约束。

有效约束必须满足以下三个规则：

- 等号约束，采用关系符号“==”，如果两端都是函数形式，要求等号两端必须为变量的线性函数；如果一端为集合，另一端必须为变量的线性函数。
- 小于等于约束，关系符号“<=”或“<”可以等价使用，不等号的左端是凸函数且右端为凹函数。
- 大于等于约束，关系符号“>=”或“>”可以等价使用，不等号的左端是凹函数且右端为凸函数。

不等号约束“~=”不容许使用。上述约束逻辑运算符号的两端可以是向量的形式，但必须符合要求。

对于目标函数或约束中的表达式，有效的表达形式必须满足下列规则：

- 常数表达式，是 MATLAB 的数值运算且结果为有限值。
- 线性表达式，具有下列情形之一：
  — 常数表达式；
  — 表示变量所在的集合；
  — 调用已标明为线性的 MATLAB 中或自定义的核心函数；
  — 线性函数的和或差；
  — 线性函数与常数表达式的乘积。
- 凸函数表达式，具有下列情形之一：
  — 调用已标明为凸的 MATLAB 中或自定义的核心函数；
  — 线性函数的偶数幂函数；
  — 凸表达式的和；
  — 一个凸表达式和一个凹表达式的差；
  — 一个凸表达式和一个非负常数的乘积；
  — 一个凹表达式和一个非正常数的乘积。
- 凹函数表达式，具有下列情形之一：
  — 调用已标明为凹的 MATLAB 中或自定义的核心函数；
  — 线性函数的 p 幂函数，其中 $p\in(0,1)$；
  — 凹表达式的和；
  — 一个凹表达式和一个凸表达式的差；
  — 一个凹表达式和一个非负常数的乘积；
  — 一个凸表达式和一个非正常数的乘积。
- 复合函数 $f(g(\boldsymbol{x}))$ 表达式，具有下列情形之一：
  — $f(u)$为凸、凹或线性函数，$g(\boldsymbol{x})$为线性函数；$f(g(\boldsymbol{x}))$分别为凸、凹或线性函数。
  — $f(u)$是非减且凸函数，$g(\boldsymbol{x})$是凸函数，$f(g(\boldsymbol{x}))$是凸函数；
  — $f(u)$是非增且凸函数，$g(\boldsymbol{x})$是凹函数，$f(g(\boldsymbol{x}))$是凸函数；
  — $f(u)$是线性函数，$g(\boldsymbol{x})$是线性函数，$f(g(\boldsymbol{x}))$是凸函数；
  — $f(u)$是非减且凹函数，$g(\boldsymbol{x})$是凹函数，$f(g(\boldsymbol{x}))$是凹函数；
  — $f(u)$是非增且凹函数，$g(\boldsymbol{x})$是凸函数，$f(g(\boldsymbol{x}))$是凹函数；
  — $f(u)$是线性函数，$g(\boldsymbol{x})$是线性函数，$f(g(\boldsymbol{x}))$是凹函数。

上述所有的线性、凸、凹、非增、非减等函数必须是 CVX 核心函数库认定的合法函数，这样才能进行上述的规则判定。当上述表达式中 $g(\boldsymbol{x})$ 为向量函数（泛函）时，线性、凸、凹、非增、非减都按向量函数的对应性质讨论。

如果一个表达式无法满足上述规则，则 CVX 将返回错误信息而拒绝进一步计算。如

```
sqrt(x' * x)<=y;
```

CVX 不认为是有效语句，会输出

```
Disciplined convex programming error:
Illegal operation: sqrt(convex).
```

的错误信息。这是因为 sqrt($\boldsymbol{x}' * \boldsymbol{x}$)中的 $f(u)=\sqrt{u}$ 没有在 CVX 的核心函数库中被定义为合法凸函数，如当 $g(x)=x(x-1)$，$x\in\mathbb{R}$ 时，$\sqrt{x(x-1)}$ 在 $x\geqslant 1$ 或 $x\leqslant 0$ 才有定义，不能认为其为$\mathbb{R}$ 的凸函数。由于 norm()被 CVX 核心函数库接受，当 $\boldsymbol{A}$ 为一个 $m\times n$ 实常数矩阵，$\boldsymbol{b}\in\mathbb{R}^m$ 的常数向量，$c\in\mathbb{R}_+$ 的常数且 $\boldsymbol{x}\in\mathbb{R}^n$ 的列决策变量时，下面的表达式

```
norm(A * x-b)+c * norm(x,1)
```

被 CVX 接受为有效凸函数表达式。被接受的原因是 A * x-b 为线性向量函数，norm()为单调升的凸函数，norm(A * x-b)和 norm(x,1)符合复合函数的第一条规则，整体表达式 norm(A * x-b)+c * norm(x,1)符合凸函数表达式规则之三。

上述罗列的判断凸或凹的规则都比较简单，是提供判别目标和约束函数是否为凸或凹的充分条件。CVX 实现上述规则的原理是通过 CVX 核心函数库记录每一个函数的线性函数、凸函数、凹函数、单调增或单调减等特性，然后通过上述规则给予判断。需要注意的是：一些理论上的凸（凹）函数可能不满足这些规则而不能被 CVX 核心函数库认为合法。如 $(x^2+1)^2=x^4+2x^2+1$，$x\in\mathbb{R}$ 明显为一个凸函数，但 MATLAB 的 square(square(x)+1)命令不被 CVX 认为是凸函数。究其原因是其采用了函数复合的形式，$f(u)=u^2$，$g(x)=x^2+1$。此时来看，$g(x)$明显是一个凸函数，$f(u)$是一个凸函数但不是非减，不满足复合函数的规则，因此 CVX 认为无效。这样考虑是有道理的，如 $g(x)=x^2-1$，有$(x^2-1)^2$ 不是凸函数。

由此，使用者一定要对 CVX 核心函数库中的函数有较全面的了解，在使用 CVX 随时注意编译中类似上述错误信息的出现。一旦出现，需查找 CVX 的说明部分[20]。

对于核心函数库中的函数，我们通过前 6 章的一些应用例子介绍几个函数，以方便读者的理解。

根据上面的介绍，sqrt 是 MATLAB 内部提供的函数，但其不属于 CVX 核心函数库。MATLAB 提供了 norm(x,p)函数，当 $\boldsymbol{x}$ 为一个向量且 $p=2$ 时，其与 sqrt 功能完全等价。当 $\boldsymbol{x}\in\mathbb{R}^n$ 且 $p=2$ 时，norm(x,p)在 CVX 核心函数库定义为凸和非减函数。当 $\boldsymbol{A}$ 为 $m\times n$ 矩阵，$\boldsymbol{x}$ 为 n 维列向量的变量，$\boldsymbol{b}$ 为 m 维列向量的常数时，由上面的规则，CVX 接受 norm(Ax-b,p)的命令。第 6 章第 1 节的 l_1 范数模型

$$\min_{x\in\mathbf{R}^n}\|\boldsymbol{A}\boldsymbol{x}-\boldsymbol{b}\|_1$$

非常简单地得以实现。

当 $n, m, \boldsymbol{A}$ 和 $\boldsymbol{b}$ 已输入，l_1 范数模型的编程为

```
cvx_begin
variable x(n);
minimize( norm(A * x—b, 1));                  % 其中 norm(A * x—b, 1) 表示 l1范数
cvx_end
```

l_∞ 范数模型

$$\min_{x\in\mathbf{R}^n} \|\boldsymbol{Ax}-\boldsymbol{b}\|_\infty$$

的编程为

```
cvx_begin
variable x(n);
minimize( norm(A * x—b, Inf));            % 其中 norm(A * x—b, Inf) 表示 l1范数
cvx_end
```

类似地，l_2 范数同样可以简单编程计算，norm(A * x-b,2)可默认地写成 norm(A * x—b)。

对于模型(6.14)这样形式的优化问题，我们在理论上已经推导出其为一个二阶锥规划问题，但写出模型(6.15)的二阶锥规划模型还需有一定的理论基础，不如直接求解模型(6.14)方便。针对类似问题，CVX 在核心函数库中专门提供了求解这些问题的函数，同时也提供了增加函数到核心函数库的功能，这个功能将在第 3 节介绍。

描述模型(6.14)的目标函数的一个 CVX 函数命令为

```
quad_over_lin( A * x—b, c′ * x+d )
```

其中 $\boldsymbol{A}$ 为 $m\times n$ 实系数矩阵，$\boldsymbol{x}$ 为 n 维列决策变量，$\boldsymbol{b}$ 为 m 维列系数向量，$\boldsymbol{c}$ 为 n 维列系数向量，d 为常数，其表达的函数关系为

$$\frac{(\boldsymbol{A}x-\boldsymbol{b})^{\mathrm{T}}(\boldsymbol{A}x-\boldsymbol{b})}{\boldsymbol{c}^{\mathrm{T}}\boldsymbol{x}+\boldsymbol{d}}。$$

若用上述命令求解模型(6.14)，首先将 $\boldsymbol{V}$ 分解成 $\boldsymbol{V}=\boldsymbol{A}^{\mathrm{T}}\boldsymbol{A}$，其中 $\boldsymbol{A}$ 为 n 阶实矩阵；在(6.14)中 $\boldsymbol{A}$ 和 $\boldsymbol{b}$ 都给定且 $\mu=0.2$ 时，然后

```
A=[......];                          % 假设已输入 A 矩阵。
b=[......]′;                         % 假设已输入 b 向量。
n=size(b);                           % 计算出 b 的维数，也是 A 的阶数。
mu=0.2;
cvx_begin
variable x(n);
minimize( quad_over_lin( A * x, b′ * x) );
subject to
    b′ * x>=mu;
    ones(1, n) * x==1;
    x>=0;
cvx_end
```

就是求解模型(6.14)的程序。

注意 quad_over_lin(A * x-b,c' * x+d)命令中,分子是$(\boldsymbol{Ax}-\boldsymbol{b})^{\mathrm{T}}(\boldsymbol{Ax}-\boldsymbol{b})$的形式,自然保证这是一个凸函数。对模型(6.14)目标函数的分子 $\boldsymbol{x}^{\mathrm{T}}\boldsymbol{Vx}$,如要采用 CVX 的 quad_over_lin(A * x-b,c' * x+d)命令还需做分解 $\boldsymbol{V}=\boldsymbol{A}^{\mathrm{T}}\boldsymbol{A}$。当 $\boldsymbol{V}$ 为半正定矩阵时,$\boldsymbol{x}^{\mathrm{T}}\boldsymbol{Vx}$ 是一个凸函数,我们可以自己设计一个计算模型(6.14)的程序加载到 CVX 核心函数库中,就不需要这样的分解了。

quad_over_lin(A * x-b,c' * x+d)作为一个 MATLAB 中的函数可在 CVX 环境外使用。当 $\boldsymbol{c}^{\mathrm{T}}\boldsymbol{x}+d\geqslant 0$ 时,它输出$\dfrac{(\boldsymbol{Ax}-\boldsymbol{b})^{\mathrm{T}}(\boldsymbol{Ax}-\boldsymbol{b})}{\boldsymbol{c}^{\mathrm{T}}\boldsymbol{x}+d}$函数值,当 $\boldsymbol{c}^{\mathrm{T}}\boldsymbol{x}+d<0$ 时,它输出$+\infty$。

第 3 节 参数控制及核心函数的扩展

CVX 目前支持的核心算法为 SeDuMi 和 SDPT3,其中 SDPT3 为默认算法。如果要特别指定采用那一个算法,可在 MATLAB 的命令窗口运行

```
cvx_solver sdpt3
```

后,则其后调用 SDPT3 算法。若输入并运行

```
cvx_solver sedumi
```

则回到调用 SeDuMi。目前运算的结果比较,SeDuMi 比 SDPT3 普遍较快。

如果在 MATLAB 的程序文件。m 中插入上述命令,则只在当时的运行环境中调用指定的算法,程序运算结束后恢复默认的 SDPT3 指定算法。

CVX 误差精度(tolerance)采用三个评价标准,分别记为内部精度(solver tolerance)$\varepsilon_{\text{solver}}$,标准精度(standard tolerance)$\varepsilon_{\text{standard}}$ 和容忍精度(reduced tolerancc)$\varepsilon_{\text{reduced}}$,满足关系 $\varepsilon_{\text{solver}}\leqslant\varepsilon_{\text{standard}}\leqslant\varepsilon_{\text{reduced}}$,它们的标准为:内部精度为算法的内设精度;标准精度给出一个模型得以求解的临界值;容忍精度给出一个算法没有精确求解的临界值,当不高于这个精度并高于标准精度时,CVX 认为该模型没有精确求解,当高于这个精度时,CVX 报告计算失败的结果。默认的三个精度值为$[\varepsilon_{\text{solver}},\varepsilon_{\text{standard}},\varepsilon_{\text{reduced}}]=[\varepsilon^{\frac{1}{2}},\varepsilon^{\frac{1}{2}},\varepsilon^{\frac{1}{4}}]$,其中 $\varepsilon=2.22\times10^{-16}$ 为机器精度。

CVX 设置了 5 个可以选择的精度标准,分别为

- cvx_precision low:$[\varepsilon^{\frac{3}{8}},\varepsilon^{\frac{1}{4}},\varepsilon^{\frac{1}{4}}]$。
- cvx_precision medium:$[\varepsilon^{\frac{1}{2}},\varepsilon^{\frac{3}{8}},\varepsilon^{\frac{1}{4}}]$。
- cvx_precision default:$[\varepsilon^{\frac{1}{2}},\varepsilon^{\frac{1}{2}},\varepsilon^{\frac{1}{4}}]$。
- cvx_precision high:$[\varepsilon^{\frac{3}{4}},\varepsilon^{\frac{3}{4}},\varepsilon^{\frac{3}{8}}]$。
- cvx_precision best:$[0,\varepsilon^{\frac{1}{2}},\varepsilon^{\frac{1}{4}}]$。

注意最佳精度中的第一项 $\varepsilon_{\text{solver}}=0$,表明只要没有达到 0 这个精度,则算法就一直算下去。

精度要求的实现通过在 CVX 内部或外部加入命令实现,如

```
cvx_begin
cvx_precision high
...
cvx_end
```

表示在 cvx_begin 到 cvx_end 内部采用 cvx_precision high 精度。若 cvx_precision high 在 cvx_begin 到 cvx_end 之外出现，则 cvx_precision high 为全局精度。

当 CVX 程序正确无误后，计算结果可能有以下 6 种情况输出，分别罗列如下：

- Solved：对偶互补的最优解得到，存贮在 CVX 程序定义的变量中，最优值为 cvx_optval。
- Unbounded：对于极小化目标函数的模型，表明原问题沿一个方向无界，这个方向通过原始问题的变量表出，目标值 cvx_optval 为-Inf。对于极大化问题可以得到类似信息。需要注意的是：无界情况下的无界方向通过原始问题的变量输出，其不一定是原问题的可行解。
- Infeasible：通过对偶问题的无界方向推出原问题无可行解。输出的原始问题的变量值为 NaNs，极小化问题的目标值 cvx_optval 为＋Inf，极大化的目标值 cvx_optval 为-Inf。
- Inaccurate 有时因算法的设计和精度的问题，无法肯定算例的计算结果，因此出现：
  — Inaccurate/Solved：算例可能有互补对偶解，
  — Inaccurate/Unbounded：算例可能无界，
  — Inaccurate/Infeasible：算例可能不可行。
- Failed：算法无法得到满足要求的解，此时变量和目标值都标识 NaNs。
- Overdetermined：CVX 的预处理发现算例的约束个数大于变量个数。

由于 SeDumi 和 SDPT3 都采用原始和对偶解信息，通过原始和对偶解的可行和正交互补条件来判断是否达到最优解（参考 Fenchel 引理 3.9），加之计算机本身计算误差的问题，使用者对于计算软件的输出结果不应无条件相信，最好对计算结果加以验证和分析。我们以例 5.5 说明这个问题。

对于例 5.5 的半定规划

$$
\begin{aligned}
\min\quad & \begin{pmatrix}0 & 1\\ 1 & 0\end{pmatrix}\bullet \boldsymbol{X}\\
\text{s. t.}\quad & \begin{pmatrix}0 & 0\\ 0 & 1\end{pmatrix}\bullet \boldsymbol{X}=0\\
& \boldsymbol{X}=(x_{ij})\in \mathcal{S}_{+}^{2},
\end{aligned}
$$

其对偶模型为

$$
\begin{aligned}
\max\quad & 0\\
\text{s. t.}\quad & \begin{pmatrix}0 & 0\\ 0 & 1\end{pmatrix}y+\boldsymbol{S}=\begin{pmatrix}0 & 1\\ 1 & 0\end{pmatrix}\\
& \boldsymbol{S}\in \mathcal{S}_{+}^{2},\quad y\in \mathbb{R}\text{。}
\end{aligned}
$$

我们得知其理论上最优目标值为 0 且对偶问题不存在可行解。CVX 程序为

```
A =[0 0; 0 1];
C =[0 1; 1 0];
b=0;
cvx_begin
variable X(2,2) symmetric;
dual variables y S;
minimize( trace( C * X ) );
```

```
subject to
    y : trace( A * X ) == b;
    S : X == semidefinite(2);
cvx_end
X
y
S
```

CVX 将给出这样的输出：

```
Status: Failed
Optimal value (cvx_optval): NaN
X = 1.0e+10 *
    4.9721 -0.0000
    -0.0000 0
y =-1.7767e+13
S = 1.0e+13 *
    0   0.0000
    0.0000 1.7767
```

可以明显看出，计算结果告知没有成功求解该问题，但例 5.5 最优目标值为 0 和最优解可达的。这就说明 CVX 的计算结果和理论分析还是有差距的，应该特别注意待解问题是否满足最优解可达的充分条件，在可能的情况下，对输出的解进行一定的验证是非常必要的，如在已有的输出结果中，验证是否满足原始或对偶问题的可行性等。以上述数值结果为例，在已知的 $\boldsymbol{X}, y, \boldsymbol{S}$ 输出结果中，易验证 $y, \boldsymbol{S}$ 不满足对偶模型的约束条件，所以这些输出结果是错误的。

MATLAB 本身提供函数的增加功能，如何区别满足 CVX 的核函数与 MATLAB 的函数？在读者自设的 CVX 程序实现中一定要注意函数内部的开始和结束语句一定用 cvx_begin 和 cvx_end 标识，这样其中的语句一定满足 CVX 可计算的基本规则，整个也就自然满足可计算的那些基本规则。例如在上一节中，我们知道 MATLAB 命令

```
square(square(x)+1)
```

无法被 CVX 认为是一个凸函数，现构造一个 MATLAB 的函数

```
function cvx_optval=square_pos(x)
v=max(0,x);
cvx_optval=square(v);
```

则可将这个函数增加在 CVX 的核函数库中，这时

```
square_pos(square(x)+1)
```

按复合函数的可计算规则是凸函数。

小　结

本章主要从线性锥优化计算实现的角度介绍了 CVX 的主要功能和使用方法。在目前情况下线性锥优化计算主要使用 SeDuMi 和 SDPT3 两个计算软件，可能得到不令人完全满

意的计算输出,建议使用者特别注意对输出结果的验证。同时,设计和开发完善且高效的内点算法商业软件来求解可计算线性锥优化问题,将对线性锥优化的研究和应用提供极大的帮助。

CVX 主要基于内点算法而开发,也就局限于内点算法可计算的优化模型的求解,主要包括线性规划、二阶锥规划和半定规划;在增加凸优化规则后,扩展了求解一部分凸优化问题;近期再结合一类利用数学规划模型求解全局最优解的软件,如 GUROBI 和 MOSEK 等软件包,更扩大到对整数或混合整数的线性或非凸二次规划等问题,用一些确定型算法给出全局最优解。CVX、GUROBI 和 MOSEK 等软件包都归类为基于数学规划模型的计算软件,其特征是:必须将优化问题写成典型的数学规划模型,如线性规划、二阶锥规划、二次约束二次规划模型或其中变量带有整数约束等;求解的算法都是一些确定性的,如分枝定界等,最终计算出满足精度的全局最优解。

另外还有一些智能算法或代码开源的算法用于求解优化问题,其主要特点是在软件平台上,调用智能算法或一些代码开源的软件,综合比较给出优化问题的解。这一类软件更易于应用研究,一些软件具有开源型,可自主开发和内置。典型软件有 MATLAB 中的 Optimization Toolbox 和 MAPLE 中的 Global Optimization Toolbox 等。

习 题

7.1 计算下列线性规划问题:

(1) $$\begin{aligned} \max\quad & -3x_1+2x_2-x_3 \\ \text{s.t.}\quad & 50x_1-10x_2=-2 \\ & -10x_1-7x_2-x_3\leqslant 200 \\ & x_1\geqslant 10 \\ & x_3\geqslant -12。\end{aligned}$$

(2) $$\begin{aligned} \min\quad & x_1-x_3 \\ \text{s.t.}\quad & -2x_1+3x_2-4x_3+6x_4\leqslant 3 \\ & x_1-x_2+3x_3-2x_4\geqslant 1 \\ & x_1+x_2+x_3-x_4\geqslant 3 \\ & x_1\geqslant 1, x_3\geqslant 0。\end{aligned}$$

7.2 计算下列二阶锥规划问题。

(1) $$\begin{aligned} \min\quad & x_1+2x_2+x_3 \\ \text{s.t.}\quad & \sqrt{x_1^2+x_2^2}-x_3\leqslant 10 \\ & x_1-x_2+x_3=1 \\ & x_3\geqslant 1。\end{aligned}$$

(2) $$\begin{aligned} \min\quad & x_1^2+2x_2^2 \\ \text{s.t.}\quad & x_1^2+x_2^2-x_3\leqslant 10 \\ & x_1\geqslant 1 \\ & x_3\leqslant 3。\end{aligned}$$

7.3 计算下列半定规划问题:

(1) $$\begin{aligned} \min\quad & x_{11}+x_{22}+x_{33}+x_{13} \\ \text{s.t.}\quad & x_{11}\geqslant 1 \\ & x_{22}+x_{33}\leqslant 1 \\ & (x_{ij})\in\mathcal{S}_+^3。\end{aligned}$$

(2) $$\begin{aligned} \min\quad & x+y+z+u \\ \text{s.t.}\quad & x\geqslant 0 \\ & z\geqslant 0 \\ & v\geqslant 0 \\ & xz-y^2\geqslant 0 \\ & zv-u^2\geqslant 0。\end{aligned}$$

7.4 计算习题 6.6 问题的最优投资方案。

7.5 求例 5.2 和例 5.3 的如下的数值解,分析与第 5 章中理论最优解产生差异的原因。

(1) $\min\ -x_2$
s.t. $x_1+x_3-x_4+x_5=0$
$x_2+x_4=1$
$x\in\mathcal{L}^3\times\mathcal{L}^2$。

(2) $\min\ x_1$
s.t. $-x_2-x_3=0$
$x_2=-1$
$x\in\mathcal{L}^3$。

7.6 求例5.5、例5.6和例5.7的如下的数值解，分析与第5章中理论最优解产生差异的原因。

(1) $\min\ \begin{pmatrix}0&1\\1&0\end{pmatrix}\bullet \boldsymbol{X}$
s.t. $\begin{pmatrix}0&0\\0&1\end{pmatrix}\bullet \boldsymbol{X}=0$
$\boldsymbol{X}\in\mathcal{S}_+^2$。

(2) $\min\ \begin{pmatrix}1&0\\0&0\end{pmatrix}\bullet \boldsymbol{X}$
s.t. $\begin{pmatrix}0&1\\1&0\end{pmatrix}\bullet \boldsymbol{X}=1$
$\boldsymbol{X}\in\mathcal{S}_+^2$。

(3) $\min\ \begin{pmatrix}0&0&0\\0&0&1\\0&1&0\end{pmatrix}\bullet \boldsymbol{X}$
s.t. $\begin{pmatrix}0&0&0\\0&1&0\\0&0&0\end{pmatrix}\bullet \boldsymbol{X}=0$
$\begin{pmatrix}1&0&0\\0&0&-1\\0&-1&0\end{pmatrix}\bullet \boldsymbol{X}=1$
$\boldsymbol{X}\in\mathcal{S}_+^3$。

7.7 对第6章第2节线性方程组近似解的 l_2 范数模型，就 $\boldsymbol{A}\in\mathcal{M}(m,n)$ 设置参数 $m=100,200,n=10,50$ 的4个组合，每一组合 $\boldsymbol{A}$ 服从[10,50]的均匀分布和 $\boldsymbol{b}$ 服从[50,100]的均匀分布并选择 $\boldsymbol{A}$ 列满秩的10个实例，在MATLAB通过CPU的平均计算时间比较采用二阶锥模型和最小二乘直接求 $\boldsymbol{x}=(\boldsymbol{A}^{\mathrm{T}}\boldsymbol{A})^{-1}\boldsymbol{b}$ 的方法的时间差异。

7.8 通过数值计算比较两个正则化方法

$$\min_{x\in\mathbf{R}^n}\|\boldsymbol{Ax}-\boldsymbol{b}\|_2+\alpha\|\boldsymbol{x}\|_1,\quad \min_{x\in\mathbf{R}^n}\|\boldsymbol{Ax}-\boldsymbol{b}\|_2+\alpha\|\boldsymbol{x}\|_2$$

关于 $\|\boldsymbol{Ax}-\boldsymbol{b}\|_2$ 残差数和 $\|\boldsymbol{x}\|_0$ 稀疏度的计算效果。设置参数如下：$\alpha=0,100,10000$ 三组设置，$m=100,200,n=10,50$ 的4个组合，每一组合选择 $\boldsymbol{A}$ 服从[10,50]的均匀分布和 $\boldsymbol{b}$ 服从均值为60，标准差为10的正态分布的10个实例。

7.9 对于单变量 x 的 n 次多项式可表示为 $p(x)=x^n+a_{n-1}x^{n-1}+\cdots+a_1x+a_0$，设计算法求 $p(x)$ 的最小值，通过数值实验分析计算时间与 n 的关系。数值实验的参数设置如下：$n=10,20,30,40,50,(a_{n-1},a_{n-2},\cdots,a_0)^{\mathrm{T}}$ 服从均值为0标准方差为5的正态分布 $N(0,25)$。对不同的 n，每组数据产生10个随机算例。

参考文献

[1] Abadie J. On the Kuhn-Tucker theorem[C]. In Nonlinear Programming (ed. Abadie J.), North-Holland Pub. Co., 1967.

[2] Alizadeh F., Goldfarb D. Second-order cone programming[J]. Math. Programming, 95(1): 3-51, 2003.

[3] Ben-Tal A, Nemirovski A. S. Lectures on Modern Convex Optimization[R]. ISyE, Georgia Institute of Technology, 2013.

[4] Bertsekas D P. Convex Optimization Theory[M]. Athena Scientific, Belmont, Massachusetts, 2009.

[5] Bertsekas D P. Convex Optimization Algorithms[M]. Athena Scientific, Belmont, Massachusetts, 2015.

[6] Blum L, Shub M, Smale S. On a theory of computation and complexity over the real numbers: NP-completeness, recursive functions and universal machines[J]. Bull Am Math Soc (NS), 21(1): 1-46, 1989.

[7] Boyd S, Vandenberghe L. Convex Optimization[M]. Cambridge University Press, sixth printing, 2008.

[8] Cottle R, John F. A theorem of Fritz John in mathematical programming[R]. Memorandum (Rand Corporation), Rand Corporation, 1963.

[9] Dantzig G B. Linear Programming and Extensions[M]. Princeton University Press, 1963.

[10] Dantzig G B, Thapa M N. Linear Programming 2: Theory and Extensions[M]. Springer-Verlag, 2003.

[11] Fang S-C, Gao D Y, Sheu R-L, Wu S-Y. Canonical dual approach to solving 0-1 quadratic programming problems[J]. J. Industrial and Management Optimization, 4(1): 125-142, 2008.

[12] Fang S-C, Gao D Y, Sheu R-L, Xing W. Global optimization for a class of fractional programming problems[J]. J. Global Optimization, 45(3): 337-353, 2009.

[13] Fang S-C, Puthenpura S. Linear Optimization and Extensions: Theory and Algorithms[M]. Prentice-Hall Inc., Englewood Cliffs, NJ USA 1993.

[14] 方述诚，邢文训. 线性锥优化[M]. 北京：科学出版社，2013.

[15] Frenk H, Roos K, Terlaky T, Zhang S. (Eds.), High performance optimization[M]. Applied Optimization, 33, Springer, 1999.

[16] Gao D Y, Canonical dual transformation method and generalized triality theory in nonsmooth global optimization[J]. J. Global Optimization, 17, 127-160, 2000.

[17] Gao D Y, Strang G. Geometric nonlinearity: potential energy, complementary energy, and the gap function[J]. Quart. Appl. Math., 47(3): 487-504, 1989.

[18] Garey M R, Johnson D S. Computers and Intractability: A Guide to the Theory of NP-Completeness[M]. W. H. Freeman and Company, New York, 1979.

[19] Goemans M X, Williamson D P. Improved approximation algorithms for maximum cut and satisfyability problems using semidefinite programming[J]. J. ACM, 42(6): 1115-1145, 1995.

[20] Grant M, Boyd S. The CVX Users'Guide. Release 2.1, http://web.cvxr.com/cvx/doc/cvx.pdf, 2017.

[21] Guignard M. Generalized Kuhn-Tucker condition for mathematical programming problems in a

Banach space[J]. SIAM J. Control,7(2): 232-241,1969.

[22] 黄红选,韩继业. 数学规划[M]. 北京: 清华大学出版社,2006.

[23] Jin Q,Fang S-C,Xing W. On the global optimality of generalized trust region subproblems[J]. Optimization,59(8): 1139-1151,2010.

[24] Ju Y,Xing W,Lin C,Hu J,Wang F. Linear Algebra: Theory and Applications[M]. CENGAGE Learning and Tsinghua University Press,2010.

[25] Karmarkar N. A new polynomial-time algorithm for linear programming[J]. Combinatorica 4,373-395,1984.

[26] Khachiyan L G. A polynomial algorithm in linear programming[J](in Russian). Doklady Akademii Nauk SSSR,244,1093-1097,1979. (English traslation: Soviet Mathematics Doklady 20,191-194).

[27] Klee V,Minty G J. How good is the simplex algorithm? [C]. In Shisha, Oved. Inequalities Ⅲ (Proceedings of the Third Symposium on Inequalities held at the University of California, Los Angeles,Calif. ,September 1-9,1969,dedicated to the memory of Theodore S. Motzkin). New York London: Academic Press,159-175,1972.

[28] Kuhn H W, Tucker A W. Nonlinear programming [C]. In Proceedings of the Second Berkeley Symposium on Mathematical Statistics and Probability,481-492,1951.

[29] Lasserre J B. Global optimization with polynomials and the problem of moments[J]. SIAM J. Optimization,11(3): 796-817,2001.

[30] Mangasarian O L,Fromovitz S. The Fritz John necessary optimality conditions in the presence of equality and inequality constraints [J]. J. Mathematical Analysis and Applications, 17 (1): 37-47,1967.

[31] Markowitz H M,Portfolio selection[J]. The Journal of Finance,7(1): 7791,1952.

[32] Matsukawa Y,Yoshise A. A primal barrier function Phase I algorithm for nonsymmetric conic optimization problems[J]. Japan J. Indust. Appl. Math. 29(3): 499-517,2012.

[33] Motzkin T S,Straus E G. Maxima for graphs and a new proof of a theorem of Turan[J]. Canadian J. Mathematics,17,533-540,1965.

[34] Murty K G,Kabdai S N. Some NP-complete problems in quadratic and linear programming[J]. Math. Programming,39,117-129,1987.

[35] Nemirovski A S. Advances in convex optimization: conic programming [C]. Plenary Lecture in International Congress of Mathematicians,ICM,Madrid 2006.

[36] Nemirovski A S,Yudin D B. Problem Complexity and Method Efficiency in Optimization[M]. Wiley-Interscience,New York,1983.

[37] Nesterov Y. Lectures on Convex Optimization[M]. Springer Optimization and Its Appplications 137, Springer,2018.

[38] Nesterov Y,Nemirovski A S. Interior-Point Polynomial Algorithms in Convex Programming[M]. SIAM Studies in Applied and Numerical Mathematics,Philadelphia,1994.

[39] Nesterov Y,Todd M J. Self-scaled barriers and interior-point methods for convex programming[J]. Mathematics of Operations Research,22(1): 1-42,1997.

[40] Nesterov Y,Todd M J. Primal-dual interior-point methods for self-scaled cones [J]. SIAM J. Optimization,8(2): 324-364,1998.

[41] Pardalos P M,Vavasis S A,Quadratic programming with one negative eigenvalue is NP-hard[J]. J. Global Optimization,1(1): 15-22,1991.

[42] Rockafellar R T. Convex Analysis[M]. Princeton University Press,Second Printing,1972.

[43] Saigal R. Linear Programming: A Modern Integrated Analysis [M]. Kluwer Academic Publishers,1995.

[44] Slater M. Lagrange multipliers revisited, Cowles foundation discussion papers 80 [M]. Cowles Foundation for Research in Economics, Yale University, 1959.

[45] Sturm J F, Zhang S. On cones of nonnegative quadratic functions [J]. Mathematics of Operations Research, 28(2): 246-267, 2003.

[46] Toh K, Tütüncü R, Todd M. On the implementation and usage of SDPT3-a Matlab software package for semidefinite-quadratic-linear programming. version 4. 0, http://www. math. nus. edu. sg/ ~ mattohkc/ sdpt3. html, July 2006.

[47] Vavasis S A. Nonlinear Optimization: Complexity Issues [M]. Oxford University Press, 1991.

[48] Wang Z, Fang S-C, Gao D Y, Xing W. Global extremal conditions for multi-integer quadratic programming [J]. J. Industrial and Management Optimization, 4(2): 213-225, 2008.

[49] Wang Z, Fang S-C, Xing W. On constraint qualifications: motivation, design and inter-relations [J]. J. Industrial and Management Optimization, 9(4): 982-1001, 2013.

[50] Wolkowicz H, Saigal R, Vandenberghe L. Handbook of Semidefinite Programming: Theory, Algorithms, and Applications [M]. Springer, 2000.

[51] Xing W, Fang S-C, Sheu R-L, Zhang L. Canonical dual solutions to quadratic optimization over one quadratic constraint [J]. Asia-Pacific Journal of Operational Research 32(1): 1540007, 2015.

[52] 邢文训. 离散优化与连续优化的复杂性概念[J]. 运筹学学报, 21(2): 39-45, 2017.

[53] Xing W, Fang S-C, Sheu R-L, Wang Z. A canonical dual approach for solving linearly constrained quadratic programs [J]. European J. Operational Research, 218(1): 21-27, 2012.

[54] 邢文训, 谢金星. 现代优化计算方法[M]. 2 版. 北京: 清华大学出版社, 2005.

[55] Ye Y. Conic Linear Programming. manuscript. Stanford University, http://www. stanford. edu/ class/msande314, 2004.

[56] Yakubovich V A, S-procedure in nonlinear control theory [J]. Vestnik Leningrad. Univ., 1, 62-77, 1971 (in Russian).

[57] 袁亚湘. 非线性优化计算方法[M]. 北京: 科学出版社, 2008.

[58] Zangwill W I. Nonlinear Programming: A Unified Approach [M]. Prentice-Hall, Englewood Cliffs, NJ, 1969.

[59] SeDuMi. http://sedumi. ie. lehigh. edu

索　　引